普通高等教育"十三五"规划教材——化工安全系列

化工工艺安全分析

主　编　张　峰

副主编　王　勇　谢传欣

中国石化出版社

内 容 提 要

本书针对化工工艺过程中存在的安全问题,在介绍系统安全分析方法的基础上,就如何用系统安全工程等先进管理方法和技术手段解决工艺过程中存在的安全问题进行了详细描述。内容涵盖:系统安全分析内容及方法、化工工艺安全分析评价方法、化工反应过程热风险评估技术等。同时,结合国家公布的18种危险化工工艺,重点对裂解乙烯、烧碱、氯乙烯合成与聚合、合成氨、催化加氢、硝化、蒽醌法双氧水等工艺过程进行了安全分析。最后,本书还介绍了化工工艺过程常用的安全分析工具。

本书可作为高等院校安全工程、化学工程与工艺、消防工程及相关工程类专业本科生的教学用书,同时也可作为从事化学工业、石油化学工业安全生产技术与管理专业人员的参考用书。

图书在版编目(CIP)数据

化工工艺安全分析 / 张峰主编. —北京:中国石化出版社,2019.1(2021.7重印)
普通高等教育"十三五"规划教材·化工安全系列
ISBN 978-7-5114-5102-6

Ⅰ.①化… Ⅱ.①张… Ⅲ.①化学工业-生产工艺-安全技术-高等学校-教材 Ⅳ.①TQ086

中国版本图书馆 CIP 数据核字(2018)第 285639 号

中国石化出版社出版发行
地址:北京市东城区安定门外大街 58 号
邮编:100011 电话:(010)57512500
发行部电话:(010)57512575
http://www.sinopec-press.com
E-mail:press@sinopec.com
北京富泰印刷有限责任公司印刷
全国各地新华书店经销
*
787×1092 毫米 16 开本 21.25 印张 481 千字
2019 年 1 月第 1 版 2021 年 7 月第 2 次印刷
定价:59.00 元

前　言

在安全工程学科领域，化工安全的专业技术性非常强，它同化学品、化工工艺过程本身联系极为紧密。化工工艺过程中的危险通常来自两个方面：涉及化学品本身的危险和工艺处理过程（工艺技术和工艺设备）所带来的危险。往往安全问题原本就是工艺过程的问题，或者反之，工艺问题带来的也是安全问题。这是由于化工生产所用物料危险性大、工艺条件苛刻、生产工艺复杂，一旦不慎，就有可能酿成一次重大的安全事故。因此，为化工行业培养大量的与当代乃至未来发展相适应的安全工程专业人才，显得十分迫切。当前，我国规模以上大、中型石油和化工企业约有40000余家，这些企业中许多直接从事安全生产的管理人员没有系统地学习过化工工程和化工安全知识。此外，全国各级政府的不少安全监督管理部门和社会从事安全咨询、培训、评价等工作的中介机构也十分缺乏这方面的专业人才。

目前我国传统化工类院校也已经开始设立安全工程专业，基本都是以化工安全为特色。但是，化工工艺安全分析相关教材却非常少，有些内容比较陈旧，难以满足人才培养的需求。青岛科技大学作为化工特色显著的高等院校，积极顺应社会的需要，于2002年开始创办安全工程本科专业，并突出化工安全特色。在十余年的教学过程中，积累了丰富的实践教学经验，为本教材的编写积累了大量的经验和素材。同时，汇集了国内一批在化工安全领域长期从事教学、科研的专家、教授参与本书的编写。

本书针对化工工艺过程中存在的安全问题，在介绍系统安全分析方法的基础上，就如何用系统安全工程等先进管理方法和技术手段解决工艺过程中存在的安全问题进行了描述，为培养化工安全复合型人才提供教材。

本书第一章、第四章、第八章由青岛科技大学张峰编写；第六章由青岛科技大学张峰和成云飞共同编写；第二章、第三章由青岛科技大学王勇编写；第五章由华东理工大学孙东亮编写；第七章由青岛科技大学杨霞编写；第九章由常熟理工学院石建东编写；第十章、第十一章由青岛科技大学谢传欣编写；第十二章由常州大学袁雄军编写。全书由青岛科技大学张峰统稿。在本书编写过程中，还得到了常州大学王凯全教授和中国石化出版社的大力支持和帮助，在此表示感谢！同时本书还参考了大量的文献，向文献作者表示衷心感谢！

由于编者水平有限，书中难免存在错误和不足之处，恳请广大读者批评指正。

目 录

第一章 概 述

第一节 化工安全生产及事故特点

化学工业泛指在生产过程中表现为化学反应或生产相关化学产品的工业。化学工业主要包括无机酸、碱、盐、稀有元素、冶金、硅酸盐、石油化工、天然气、橡胶、塑料、农药、医药、化肥、合成纤维、染料、日用化学品工业等。化工产品不仅与人们的生活密切相关，还渗透到国民经济的各个领域如飞机、船舶、汽车、制造工业、建筑工业和农业等。伴随着我国经济的飞速发展，化学工业必将在我国的经济、社会、生活过程中发挥更重要的地位。

一、化工生产的主要特点

1. 生产中所涉及的危险化学品多

化工生产使用的大多数物质属于易燃、易爆、有毒、有害或者具有腐蚀性的危险化学品。在生产、使用、储存等环节中会涉及对这些物质进行处理，蕴含着隐患和风险。而且，在生产过程中，会产生许多中间产物和副产物，导致大量废气、废液、废渣的产生，如果处理不及时或处理不当，会对人身安全和生态环境造成严重的影响。例如，2017年新疆某化工厂气化炉在进料过程中发生煤尘燃爆，造成5人死亡、27人受伤。

2. 生产装置大型化

化工生产过程一般是在由多种设备(如反应设备、罐、管路、阀门、泵、仪表等)连接而成的整套装置中进行的。世界各国的化工生产规模越来越向大型化发展。如合成氨生产装置如今已发展到$100×10^4 t/a$以上，乙烯装置规模已达$45×10^4 t/a$以上。采用大型装置可以明显降低单位产品的建设投资和生产成本，有利于提高劳动生产率。不过，生产装置在大型化发展的同时，技术也越来越复杂、设备制造和安装成本也越来越高，装置资本密集，所以一次事故就会引起巨大的经济损失。如1989年10月，美国休斯顿化工区爆炸事故，事故造成23人死亡和130多人受伤。化工区内两套占地面积约65000 m²的聚乙烯装置被彻底破坏，财产损失达到7.5亿美元。

3. 工艺条件苛刻

化工生产是在高温、高压、低温、负压等条件下进行的，这种生产性质决定其工艺参数指标的控制相当严格，也十分苛刻。例如，在轻柴油裂解制乙烯、进而生产聚乙烯的过程中，轻柴油在裂解炉中的裂解温度为800℃；裂解气要在深冷(−96℃)条件下进行分离；高压聚乙烯的操作压力高达340MPa，而聚酯生产却在真空条件下进行，操作压力仅有

1×10^{-4}MPa。在这些苛刻条件下，任何一个小的失误都有可能导致灾难性后果。为了生产的安全和稳定，工艺条件控制要求十分严格，不允许超过规定界限操作，这对生产设备的制造、维护以及人员素质都提出了严格要求。另外，化工生产过程中大都涉及到化学反应，化学反应往往是整套化工装置的核心，主要包括氧化、加氢、硝化、过氧化、异构化等反应过程。随着反应物结构发生变化，几乎所有的化学反应过程都表现出一定热效应，即吸收或释放一定热量，有时还会有气体、副产物生成，使反应体系的温度、压力等条件随反应进行而不断发生变化。化学反应的非线性特点使工艺参数稍有变化或生产操作不当，就会导致事故发生，甚至演变成影响面广、危害长远的重大灾害事故。

4. 生产过程自动化程度高

现代化工企业的生产方式已经从过去的手工操作、间歇生产转变为高度自动化、连续化生产；生产设备由敞开式变为密闭式；生产装置由室内走向露天；生产操作由分散控制变为集中控制，继而又发展到计算机控制。化工生产装置大量采用了先进技术，如自动控制、安全联锁、信号报警装置和电视监视及显示等。其中，应用于生产过程的集散控制系统(DCS)已成为企业生产的重要硬件设施，其运行状况直接影响着企业的安全生产和经济效益。2004年某化工厂合成气装置2号终洗塔过氧，待处理中发生爆炸。直接原因是操作工没有认真监盘，未能及时发现气化炉裂解严重超温，造成裂解气洗涤塔过氧危况运行。

二、化工安全生产现状

化工生产得到的产品可以给人们带来很多便利。不过，由于化工生产过程复杂多样，高温、高压、深冷等不安全因素有可能导致发生火灾、爆炸、中毒、环境污染等安全事故发生，造成大量人员伤亡和财产损失，从而造成社会危害。当前我国化工行业安全生产水平呈现出"两极化"的发展态势：①以装备大型化、工艺复杂化、产业集约化、技术资金密集化为突出特点的大型化工企业，安全管理水平较高，近年来有效减少了事故的发生，但重特大事故时有发生；②以装备水平相对较低、人员专业素质不高为显著特征的中小化工企业，以"短、平、快"的发展模式，不重视产业技术升级，安全管理水平较低，事故易发多发。2017年，化工经济向好势态明显，化工行业利润同比增加60%。企业受经济利益驱动，增加产能，产量冲动明显增加，一些停产的化工企业纷纷恢复生产。重效益、轻安全的问题又一次集中暴露，安全风险与事故隐患叠加，防范事故的难度加大。

图1-1给出了近年来我国化工企业较大以上事故起数及死亡人数。

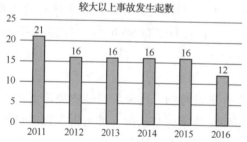
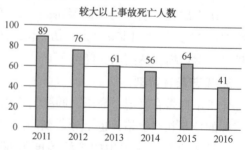

图1-1　2011—2016年我国化工企业较大以上事故起数及死亡人数

1. 存在的主要问题

（1）企业安全生产主体责任落实不到位

企业安全生产主体责任落实不到位主要体现在：

① 部分企业法制观念淡薄，无证生产经营、违法出租生产装置等违法违规行为突出。2016年山东省郓城县某非法化工厂发生较大中毒窒息事故，造成3人死亡，直接经济损失279万元。该事故系个人违法自行安装建设了一套橡胶助剂装置，在未取得任何证照的情况下组织人员违法生产，仅1个月就发生了较大事故。

② 部分企业重效益轻安全，安全管理人员和操作人员能力不足、缺乏培训，"三违"行为突出。如2016年4月25日，江西宜春某化工公司生产负责人违章指挥、违章作业，将碱性的工作液泄放至酸性储槽，并违规添加磷酸企图将工作液调成酸性，但含双氧水的工作液在碱性条件下迅速分解放热，引起密闭的酸性储槽发生容器爆炸，造成3人死亡。

③ 部分企业不重视风险辨识与评估，新工艺未进行反应风险评估，变更管理未得到重视。如2016年山东省潍坊市某化工公司发生了氟化氢中毒事故，造成3人死亡、1人受伤，直接经济损失约270万元。事故直接原因是：四氟对苯二甲醇车间作业人员擅自变更生产工艺违规操作，反应釜加料盖密封不严，导致氟化氢泄漏并扩散，造成作业人员中毒。

④ 部分企业应急能力严重不足；部分企业未依法制定事故应急预案，企业员工缺乏安全意识和应急能力，发生事故后盲目施救导致事故扩大。

（2）危化品企业安全生产基础依然薄弱

危化品企业安全生产基础依然薄弱主要体现在：

① 部分企业安全生产条件差，特殊作业管理不到位，动火、进入受限空间等特殊作业制度不落实。如2016年11月13日，湖北省荆门市某化工公司的3名操作人员在未办理作业票、未进行有毒有害气体分析、未佩戴防护装备的情况下，其中1人进入脱硫塔查看设备设施时缺氧晕倒，另外2人盲目入塔施救，最终导致3人缺氧窒息死亡，酿成窒息事故。

② 部分企业实施自动化改造后，随意拆除、停用自动化控制系统，未起到应有的安全保障作用。

③ 我国危化品生产企业数量上仍以中小企业为主。很多中小企业存在设计标准偏低，工艺技术落后、安全投入不足、安全管理和技术人才缺乏等问题。

（3）布局与城市建设缺少统筹规划

主要表现在：①新建居住区及商业区逐渐与化工企业毗邻，城区内高风险化工企业的问题严重；②部分地方政府重经济轻安全，盲目投资、重复建设，对新建化工企业缺乏统筹规划和科学布局；③缺少对城市土地使用安全规划、化工园区区域定量风险评价、安全容量等关键问题的重视；④有些化工园区也存在着与周边社区选址不合理、内部布局不合理、应急救援能力不足、园区安全监管力量薄弱等问题，总体风险管控能力下降。

（4）危险化学品应急救援能力不足，急需建设专业化应急救援队伍

"十二五"期间初步建立了22个危险化学品专业应急救援基地，但与我国化工对应急救援能力的需求相比仍不匹配。部分地区应急救援基地空白，应急救援(实训)专业基地不足。应急救援装备配备水平低，特别是针对危险化学品的专业应急装备配备、应急物资储备严重不足。应急救援队伍人员缺乏系统性培训，缺乏化工专业化应急救援队伍，应急能力偏低。

（5）标准规范管理体系不完善，不能适应大型化工装置、罐区的安全要求

① 我国化工设计、管理有关标准主要包括国标（GB）、化工（HG）、石油（SY）、石化（SH）、安全（AQ）等众多体系，现行标准交叉重复矛盾，统一性和权威性存在问题。

② 随着化工产业的高速发展，沿江、沿海集中建设，生产装备和罐区大型化趋势逐渐突显，重大危险源密集，而我国目前大量相关标准缺失老旧滞后，未能与时俱进。

③ 在建设项目管理方面，规划、设计、施工、管理等全过程管理体系还存在着法律法规不足和技术标准落后等问题。

2. 化工安全生产的对策措施

（1）统筹规划科学布局，建立全过程安全管理体系

① 从产业规划、行业引导、市场调节、科技创新等方面提出举措，全面推动化工企业退城入园，提高化工园区和化工企业安全准入门槛，避免简单重复性建设。

② 地方政府加强规划统筹，将化工安全规划纳入城市总体规划，做好化工规划和土地利用总体规划的衔接。

③ 化工园区要着力推进区域定量风险评价和安全规划等工作，做好园区优化布局，严控安全容量，严把外部安全距离，加快化工园区安全环保一体化管理，降低整体风险水平。

（2）优化布局、提升装备，完善应急救援体系

① 建立国家化学品事故应急救援指挥中心，完善事故现场救援统一指挥制度，加强协调组织，提升救援处置能力和水平。

② 加大应急救援保障资金投入力度和扶持力度，建立资金投入长效保障机制。

③ 建立针对重点、覆盖全面的区域级引领、专业级辅助的国家石油化工和油气管道应急救援（实训）基地，配备大型、先进适用的高端应急救援装备，形成国家石油化工和油气管道一体化应急救援体系。

④ 建立国家应急物资储备制度与调运机制，形成多层次、多形式的应急物资储备体系，保障应急物资的战略储备。

（3）完善我国化学品法规标准体系

① 强化企业安全生产基础，建立与国际接轨并且符合我国发展实际化学品安全生产法规标准体系。

② 将化工（HG）、石油（SY）、石化（SH）中涉及到安全的标准，统一纳入国标（GB）和安全（AQ）体系，加强、加快在装备、工艺技术、施工建设、检验检测、防洪、防震、防雷电等方面标准的制修订工作，尽快出台安全距离、安全设施、应急救援装备配备、风险评估等技术标准。

③ 建立覆盖规划、设计、施工、管理等全过程的法规标准和监管体系，规范加强建设项目全环节安全管理，提升风险管控能力。

（4）推动企业落实主体责任，提升企业本质安全水平

① 落实"党政同责""一岗双责"的责任体系，建立安全生产组织领导机构和安全管理机构，加强企业落实安全生产主体责任的体制机制基础。

② 完善化工人才培养机制，通过化工安全人才培养基地建设，为企业培养和输送既懂化工又懂安全的高素质、复合型人才，提供充足的人才保障。

③ 加强安全投入，采用先进适用科学的技术和装备，推动企业自动化、信息化改造和升级，淘汰落后技术和工艺。

④ 应用风险管理、过程安全管理、系统安全工程等先进管理方法和技术手段。

本书将针对化工工艺过程中存在的安全问题，在介绍系统安全分析方法的基础上，说明如何用系统安全工程等先进管理方法和技术手段解决工艺过程中存在的问题，为培养化工安全复合型人才提供教材。

（5）创新事故调查机制，强化事故分析，挖掘事故案例价值

① 建立国家化学品事故案例库，通过大数据的统计、分析，改变目前我国化学品事故隐蔽性、突发性、反复性、规律性不清的局面，为事故的预测预警提供依据。树立全社会"绿色化学""责任关怀""零死亡"的理念，加大典型事故案例的宣传警示教育力度，挖掘事故的价值，举一反三。

② 加强与民众和社会的沟通和宣传力度，提高全社会防灾救灾的意识和能力。

三、化工事故及特点

一般而言，化工生产常见的事故主要有：燃烧与爆炸事故、电气事故、静电和雷电事故、职业中毒与尘肺事故、压力容器爆炸事故和化工厂腐蚀事故等。

化工事故的特点，基本上是由所用加工工艺方法和生产规模所决定的。为了预防事故，必须首先了解事故基本特征。

1. 事故的基本特征

事故的基本特征主要有事故的因果性、事故的偶然性、必然性和规律性，事故的潜在性、再现性和预测性。

（1）事故的因果性

因果性是指事物之间，一事物是另一事物发生的根据，这是一种关联性。事故是许多因素互为因果连续发生的结果，一个因素是前一个因素的结果，而又是后一因素的原因。也就是说，因果关系是有继承性，是多层次的。给人造成直接伤害的原因（或物体）是比较容易掌握的，这是由于它所产生的某种后果是显而易见的。然而，要寻找出究竟为何种原因，又是经过何种过程而造成这样的结果，却非易事。因为会有多种因素同时存在，并且它们之间存在某种相互关系。因此，在制定预防措施时，应尽最大努力掌握造成事故的直接和间接的原因，深入剖析其根源，防止同类事故重演。

（2）事故的偶然性、必然性和规律性

从本质上讲，伤亡事故属于在一定条件下可能发生，也可能不发生的随机事件。对某一特定事故而言，其发生的时间、地点、状况等均无法预测。从偶然性中找出必然性，认识事故发生的规律性，变不安全条件为安全条件，把事故消除在萌芽状态之中。这也是防患于未然，预防为主的科学根据。

（3）事故的潜在性、再现性、预测性和复杂性

事故往往是突然发生的。然而事故隐患可能早就存在，如果不消除，一旦条件成熟，就会发生事故，这就是事故的潜在性。事故一经发生，就成为过去。不过如果没有真正地

了解事故发生的原因，并采取有效措施去消除这些原因，就会再次出现类似的事故。应当努力去消除这种事故的再现性，这是能够做到的。人们通过对事故规律的认识，结合经验，并使用科学的方法和手段，可以对未来可能发生的事故进行预测。事故的发生取决于人、物和环境的关系，具有极大的复杂性。

2. 化工事故的特点

上述事故的基本特征当然也会体现在化工事故中，同时，化工事故还具有以下特点：

（1）泄漏事故经常发生

化工过程安全事故初期的基本特征是泄漏（物料泄漏或能量释放），它们的后果往往是灾难性的。泄漏中毒灼伤事故是化工生产普遍发生的事故。如1984年12月3日发生在印度博帕尔的甲基异氰酸酯（Methyl Isocyanate，MIC）泄漏事故，是迄今为止最严重的工业安全事故。MIC是一种毒性很强的化学品，在事故过程中，从一个储罐泄漏了约25t MIC，造成大量人员和牲畜死亡，国际聚氨酯协会异氰酸酯分会提供的事故伤亡数据：死亡6495人，中毒12.5万人，接受治疗20万人，其中5万人终身受害！

（2）相同事故重复发生

不论是化工设备还是化工机器，有些事故会重复发生，甚至在一台设备上连续发生多次。

（3）设备缺陷比例很大

在大量的设备事故中，因设计制造缺陷而导致的事故所占比例很大。例如自制设备，擅自修改图纸改装设备，材质不符合要求、随意选用代材，铸造、焊接质量低劣，以及管件、阀门质量不佳而留下隐患等。

（4）正常生产时事故隐患多

第一，化工生产过程中有许多副反应发生，有些机理还不完全清楚，有些则是在危险边缘（如爆炸极限）附近生产，如乙烯制环氧乙烷、甲醇氧化制甲醛等，生产条件稍一波动就会发生严重事故。1999年2月19日，某公司位于美国宾夕法尼亚州的一套羟胺装置发生爆炸，造成5人死亡，并有多人受伤。事故发生时，该公司的员工正在对羟胺和硫酸钾的混合物进行蒸馏操作。羟胺浓度没有控制好，超过爆炸浓度，是事故发生的根本原因。

第二，化工生产工艺中影响各种参数的干扰因素很多，设定的参数很容易发生偏移，而参数的偏移也是事故的根源之一。即使在自动调节过程中也会产生失调或失控现象，而人工调节更容易发生事故。

第三，由于人的素质或人机工程设计欠佳，往往会造成误操作，如看错仪表、开错阀门等。特别是在现代化的生产中，人是通过控制台进行操作的，发生误操作的机会更多。

总之，化工事故的发生主要与工艺流程有关。由于一套完整化工流程是一复杂的大系统，因此事故的发生往往是渐变的，但后果又是十分严重的。在化工事故当中，由于化学品本身不稳定、化工反应工艺过程本身不安全等内在因素造成的事故占绝大部分。控制化工安全事故，首先要求人们能够深入认识化工生产过程中存在的危险、有害因素及危险源，并对其潜在的风险进行分析，并提出降低风险的措施，以避免事故的发生。本书针对典型危险化工工艺过程及其相关安全问题，运用安全系统工程的理念和方法进行分析。

第二节　系统安全分析的内容及方法

安全，是指免遭不可接受危险的伤害，它是一种使伤害或损害的风险限制处于可以接受水平的状态。生产过程中的安全，即安全生产，指的是"不发生工伤事故、职业病、设备或财产损失的状况；即指人不受伤害，物不受损失"。系统安全是指在系统寿命期内应用系统安全工程和系统安全管理方法，辨识系统中的危险源，并采取控制措施使其危险性最小，从而使系统在规定的性能、时间和成本范围内达到最佳的安全程度。安全系统工程是以系统工程的观点和方法，认识系统安全问题，并寻求系统整体最大程度安全的一种科学思想和技术。安全系统工程使用系统工程的知识、方法和手段，解决生产中的安全问题，其最终目的是消除危险，防止灾害，避免损失，保证人身财产安全。安全系统工程主要研究内容有系统安全分析、系统安全评价、安全决策与控制。

系统安全分析是安全系统工程的核心内容。系统安全分析对系统进行深入、细致分析，充分了解和查明系统存在的危险性，估计事故发生的概率和可能产生伤害及损失的严重程度，为确定出哪种危险能够通过修改系统设计或改变控制系统运行程序来进行预防提供依据。要提高系统的安全性，使其不发生或少发生事故，其前提条件是预先发现系统可能存在的危险因素，全面掌握其基本特点，明确其对系统安全性影响的程度。只有这样，才有可能抓住系统可能存在的主要危险，采取有效的安全防护措施，改善系统安全状况。因此，系统安全分析方法是实现系统安全工程中危险源辨识、危险性评价两项基本工作的重要手段。

一、系统安全分析的内容

系统安全分析有安全目标、可选用方案、系统模式、评价标准、方案选优五个基本要素和程序。

① 把所研究的生产过程或作业形态作为一个整体，确定安全目标，系统地提出问题，确定明确的分析范围。

② 将工艺过程或作业形态分成几个单元和环节，绘制流程图，选择评价系统功能的指标或顶端事件。

③ 确定终端事件，应用数学模式或图表形式及有关符号，以使系统数量化或定型化；将系统的结构和功能加以抽象化，将其因果关系、层次及逻辑结构变换为图像模型。

④ 分析系统的现状及其组成部分，测定与诊断可能发生的事故危险性，灾害后果，分析并确定导致危险的各个事件的发生条件及其相互关系，建立数学模型或进行数学模拟。

⑤ 对已建立的系统，综合采用概率论、数理统计、网络技术、模糊技术、最优化技术等数学方法，对各种因素进行数量描述，分析它们之间的数量关系，观察各种因素的数量变化及规律。根据数学模型的分析结论及因果关系，确定可行的措施方案，建立消除危险、防止危险转化或条件耦合的控制系统。

对化工工艺过程进行系统安全分析前，首先要提出以下问题：

① 危险是什么？

② 会发生什么事故？

③ 事故发生的概率是多少？

④ 发生事故的后果是什么？

第一个问题是指危险源的辨识，后面三个问题与风险评价联系在一起。系统安全分析就是使用系统工程的原理和方法，辨识、分析系统存在的危险因素，并根据实际需要对其进行定性、定量描述的技术方法。它是从安全角度对系统中的危险因素进行分析，主要分析导致系统故障或事故的各种因素及其相关关系，通常包括如下内容：

① 对可能出现的初始的、诱发的或直接引起事故的各种危险因素及其相互关系进行调查和分析；

② 对与系统有关的环境条件、设备、人员及其他有关因素进行调查和分析；

③ 对能够利用适当的设备、规程、工艺或材料控制或根除某种特殊危险因素的措施进行分析；

④ 对可能出现的危险因素的控制措施及实施这些措施的最好方法进行调查和分析；

⑤ 当不能根除的危险因素失去控制或减少控制时，对其可能出现的后果进行调查和分析；

⑥ 当危险因素一旦失去控制，就要对为防止伤害和损害而采取的安全防护措施进行调查和分析。

由此可见，安全工作者做系统安全分析需要一些独特的方法。对于简单的事故，只要凭借一般人的逻辑分析就能解决问题，但对于复杂巨系统，没有专用的分析方法就无从着手进行系统危险因素辨识和系统事故分析。因此，复杂系统的安全分析必须采用科学的方法。而学习系统安全分析方法的实质就是学习系统安全的方法论。

二、系统安全分析方法

系统安全分析方法有数十种，对所有的分析方法进行归类是比较困难的，这些分析方法之间既有联系，又有区别。它们或者分析方法比较相近，或具有共同分析特点；有些分析方法既可以划分为这一类，又可以划分为另一类。系统安全分析法从定性和定量角度可将其分为定性分析方法和定量分析方法。

（1）定性分析

是指对引起系统事故的影响因素进行非量化分析，即只进行可能性分析或做出事故能否发生的感性判断。

定性分析主要有安全检查表、预先危险性分析、危险及可操作性研究、因果分析、作业危害分析等。

（2）定量分析

是在定性分析的基础上，运用数学方法分析系统事故及其影响因素之间的数量关系，对事故的危险性作出数量化的描述。

定量分析主要包括事件树分析、事故树分析、管理疏忽与危险树分析、系统可靠性分析等。

在上述分析法中，事件树分析、事故树分析和管理疏忽与危险树分析既可用于定性，也可用于定量分析。

系统安全分析的重要内容是危险源辨识。危险源辨识是发现、识别系统中危险源的工作。这是一件非常重要的工作，是危险源控制的基础，只有识别了危险源之后才能有的放矢地考虑如何采取控制危险源。危险源辨识包括：①危险源类别的辨识；②危险源变化的辨识；③可能产生新危险源的辨识。

系统安全分析和系统安全评价也密不可分。安全评价是安全系统工程的重要组成部分之一，是一种行之有效的管理方法。随着科技的进步和社会经济的发展，生产规模日益扩大，新工艺、新产品、新材料的应用，使得系统越来越复杂，系统中微小的差错就可能引起巨大能量的意外释放，导致灾难性事故。如何以最优的安全投资获得最小事故率，从而减少事故损失，已成为人们关注的问题。安全评价技术的出现使问题的解决成为可能。安全评价是评价危险源导致各类事故的可能性、事故造成损失的严重程度，判断系统的危险性是否超出了安全标准，以决定是否应采取危险控制措施以及采取何种控制措施的工作。评价包括：①事故发生概率的确定；②事故后果严重度的确定；③与安全标准的比较。

第三节 化工工艺安全分析的适用方法及对象

化工工艺过程中的危险通常来自两个方面：所涉及的化学品本身的危险和工艺处理过程(工艺技术和工艺设备)所带来的危险。对于化学工业，在危险辨识时，仅考虑物料的性质是不够的，还必须同时考虑生产工艺和条件，因为生产工艺和条件也会产生危险。例如，水仅就其性质来说没有爆炸危险，然而如果生产工艺的温度和压力超过了水的沸点，那么水的存在就具有蒸汽爆炸的危险。分析生产工艺和条件还可使有些危险物质免于进一步分析和评价。例如，某物质的闪点高于400℃，而生产是在室温和常压下进行的，那就可排除这种物质引发重大火灾的可能性。当然，在危险辨识时既要考虑正常生产过程，也要考虑生产不正常的情况。危险辨识的另一个重要内容是化工设备、装置中可能存在的危险因素，包括高温、低温、腐蚀、高压、振动、关键部位备用设备的控制、操作、检修和故障、失误时的紧急异常情况等。

在进行危险、有害因素的识别时，要全面、有序地进行，防止出现漏项，宜从厂址、总平面布置、道路运输、建构筑物、生产工艺、物流、主要设备装置、作业环境、安全措施管理等几个方面进行。识别的过程实际上就是系统安全分析的过程。

1. 适用的安全分析方法

可使用多种方法进行系统安全分析。它们各有其优缺点。1992 年美国职业安全健康局（Occupational Safety and Health Administration， OSHA）颁布的工艺安全管理（29CFR1910. 119：Process Safety Management of Highly Hazardous Chemicals，PSM）以及我国颁布的 AQ/T 3034—2010《化工企业工艺安全管理实施导则》中推荐了一些安全分析方法。主要的安全分析方法有：

① "如果……会怎么样?"提问法(What if);

② 安全检查表(Checklist);

③ "如果……怎么样?""What if"+"安全检查表""Checklist";

④ 预先危险性分析(PHA);

⑤ 危险及可操作性研究(HAZOP);

⑥ 故障类型及影响分析(FMEA);

⑦ 事故树分析(FTA);

⑧ 事件树分析(ETA);

⑨ 或者等效的其他方法。

无论选用哪种方法,工艺过程安全分析都应涵盖以下内容:

① 工艺系统的危害;

② 对以往发生的可能导致严重后果的事件的审查;

③ 控制危害的工程措施和管理措施,以及失效时的后果;

④ 现场设施;

⑤ 人为因素;

⑥ 失控后可能对人员安全和健康造成影响的范围。

在装置投产后,需要与设计阶段的安全分析比较;由于经常需要对工艺系统进行更新,对于复杂的变更或者变更可能增加危害的情形,需要对发生变更的部分进行安全分析。

在役装置的安全分析还需要审查过去几年的变更、本企业或同行业发生的事故和严重未遂事故。

2. 安全分析方法的选择

安全分析方法的选择受多种因素的影响,例如工艺系统的规模和复杂程度、操作人员是否有相关的生产操作经验及对工艺系统的掌握程度、工艺系统已经投产的时间和变更的情况(变更是否频繁)等。对于同一套工艺系统,可以同时采用两种或两种以上的安全分析方法,例如对石化和化工的工艺装置,最普遍的做法是采用 HAZOP 方法与安全检查表法相结合来开展安全分析。

在系统生命周期不同阶段的危险辨识和评价中,应该选择相应的系统安全分析方法。例如,在系统的开发、设计初期,可以应用预先危险性分析方法。在系统运行阶段,可以应用危险及可操作性研究、故障类型和影响分析等方法进行详细分析,或者应用事件树、事故树分析或因果分析等方法对特定的事故或系统故障进行详细分析。系统安全分析方法在工厂生命周期不同阶段的适用情况如表 1-1 所示。

表 1-1　系统安全分析方法在工厂生命周期不同阶段的适用情况

项　　目	Checklist	PHA	FMEA	HAZOP	ETA	FTA
开发研制		√				
方案设计	√	√				√
样机	√	√	√	√	√	√
详细设计	√	√	√	√		√

项　目	Checklist	PHA	FMEA	HAZOP	ETA	FTA
建造投产	√					
日常运行	√		√	√	√	√
改建扩建	√	√	√	√	√	√
事故调查			√	√	√	√
拆除	√					

（1）"如果……会怎么样？"提问法（What if）

这种方法通过一系列"如果……会怎么样？"的提问，找出与工艺过程相关的危害。比较适合于相对简单的工艺系统，通常的做法按照工艺过程的自然顺序，从原料至产品，针对每个工艺步骤逐个提问并回答，对设备故障和操作错误的情况进行具体地分析。

（2）安全检查表法

安全检查表法是典型的定性安全分析方法，它是运用以往累积的经验和事故教训来提高工艺系统的安全性。根据事先编制的安全检查表，按照清单中列出的项目逐项对工艺设计或运行的工艺系统进行检查，确保表中列出的项目都已经符合相关的要求，没有被遗漏或忽视。

（3）故障类型与影响分析

这是一种定性的安全分析方法，主要是面向系统的组成单元，分析工艺系统各个组成单元的故障类型及其原因，并记录可能导致的所有后果。这种方法适用于分析单个设备，以改进设备或工艺单元的设计，也广泛应用于系统的可靠性分析。

（4）预先危险性分析

该方法是一项实现系统安全危害分析的初步或初始工作，在设计、施工和生产前，首先对系统中存在的危险性类别、出现条件、导致事故的后果进行分析，目的是识别系统中的潜在危险，确定危险等级，防止危险发展成事故。

（5）危险及可操作性研究（HAZOP）

HAZOP 方法可以应用于不同行业、不同规模和复杂程度各异的工艺系统，只要是包含工艺流程的系统，都可以采用 HAZOP 方法对系统进行安全分析，以提高系统的安全性和可操作性。例如，可以应用 HAZOP 方法对新建项目的工艺设计、现有工艺系统的变更以及当前正在运行的工艺装置进行系统地安全分析。目前 HAZOP 已经是化工、石化、炼油、海上油气开采、制药等流程工业普遍应用的安全分析工具，大部分西方国家的石化、化工和医药企业都要求应用 HAZOP 方法对新建项目和运行工厂进行危害分析。

（6）事故树分析（FTA）

事故树分析是对既定的工程项目、生产系统或作业中可能出现的事故条件及可能导致的灾害后果，按工艺流程或因果关系用符号制成事故树，用以分析系统的安全问题或系统的运行功能问题，判明灾害或功能故障的发生途径及导致灾害（功能故障）的各因素之间的关系。事故树不仅能分析出事故的直接原因，而且能深入提示事故的潜在原因，因此在工程或设备的设计阶段、在事故查询或编制新的操作方法时，都可以使用事故树分析对他们的安全性做出评价。

（7）事件树分析（ETA）

事件树分析是用来分析普通设备故障或过程波动（称为初始事件）导致事故发生的可能性。事件树分析适合用来分析那些产生不同后果的初始事件。它强调的是事件可能发生的初始原因以及初始事件对事件后果的影响，事件树的每一个分支都表示一个独立的事件序列，对一个初始事件而言，每一独立事件序列都清楚地界定了安全功能之间的功能关系。

通过对化工生产过程进行安全分析可以判明存在的危险是什么？什么事情可能出错误？是怎样出错的？出错带来的后果是什么？可以采取什么防范措施？在安全分析的基础上确定工艺生产过程的危险性及危险程度，从而决定应采取的安全措施。

本书第二章和第三章将进一步详细介绍化工工艺安全分析及评价方法。第四章单独介绍化工反应过程热风险评估技术。然后结合国家安监总局公布的重点监管的18种危险化工工艺，即光气及光气化工艺、电解工艺（氯碱）、氯化工艺、硝化工艺、合成氨工艺、裂解（裂化）工艺、氟化工艺、加氢工艺、重氮化工艺、氧化工艺、过氧化工艺、氨基化工艺、磺化工艺、聚合工艺、烷基化工艺、新型煤化工工艺、电石生产工艺、偶氮化工艺，并重点选取典型的7种化工工艺进行详细安全分析，并就如何进行有效控制进行了介绍。第五章至第十一章分别对裂解乙烯、烧碱、硝化、氯乙烯合成与聚合过程、合成氨、催化加氢、硝化、蒽醌法双氧水等工艺过程进行安全分析。第十二章介绍常见化工工艺过程安全分析工具。

思 考 题

1. 化工生产的主要特点有哪些？
2. 化工安全生产存在的问题有哪些？
3. 化工事故的特点有哪些？
4. 系统安全分析的基本要素和程序有哪些？
5. 化工工艺安全分析的适用方法有哪些？

第二章 化工工艺安全分析方法

第一节 安全检查表法

一、安全检查表法概况及分析步骤

安全检查表法（Safety Check List，SCL）是安全工作中最传统的一种方法，在 19 世纪 30 年代以前它是安全专家们进行工作的唯一手段，20 世纪中期它在许多发达国家的保险、军事等部门得到应用，对系统安全起了很大作用。目前安全检查表法是安全系统工程中最基础、最简便、应用最广泛的分析方法，可用于工程活动或过程周期的任何阶段。

应用安全检查表法开展安全分析主要有三个步骤：

（1）选择或编制安全检查表

编制安全检查表主要依据：有关法律法规、标准、规范、规程、手册；国内外事故情报；行业和本单位的经验；其他分析方法所确定的危险有害因素和安全措施。编制人员一般为经验丰富的工程师、操作人员、管理人员、安技人员组成的小组。

（2）应用检查表进行安全分析

检查小组现场视察并比较实际设备操作情况与检查表中的项目是否符合，若不符合要求，则记录缺陷。小组成员不用经验非常丰富，可以次于检查表制作人员。

（3）检查结果归档

将检查结果以报告形式给出，指出主要缺陷，改进方法、措施。跟踪危险源的状态。

二、安全检查表的概念、分类和形式

通常为检查某一系统、设备以及各种操作管理和组织措施中的不安全因素，确定系统的安全状态，事先对检查对象加以剖析、分解、查明问题所在，并根据理论知识、实践经验、有关标准、规范和事故情报等进行周密细致的思考，确定检查的项目和要点，以提问、打分等方式，将检查项目和要点按系统编制成表，以备在设计或检查时，按规定的项目进行检查和诊断，这种表就叫安全检查表。

按用途可将安全检查表分为 5 类：

① 设计审用用的安全检查表：设计之前，为设计者提供的安全检查表；在"三同时"审查中使用的安全检查表。

② 厂级安全检查表：突出要害部位，注意力集中在大面的检查上。

③ 车间用的安全检查表。

④ 工段及岗位用安全检查表：防止人身及误操作引起的事故方面。

⑤ 专业性安全检查表。

安全检查表一般将检查项目以表格的形式列出。表的格式没有统一的规定，通常有4 种：

① 将检查要点、设计要求等列于表中作为检查内容，通过文字等形式描述检查结果，见表 2-1。

表 2-1　油库单罐安全检查表

被检查单位：××油库　　　设备：储罐　　　检查人：　　　检查日期：

项　目	检 查 内 容	检查结果及情况说明
储罐选型	(1) 储罐应采用钢罐。 (2) 储罐选型应符合要求。 (3) 储罐储存系数应符合要求	符合
储罐	储罐基础： (1) 每年应对储罐基础的均匀沉降、不均匀沉降、总沉降量、锥面坡度集中检查 1 次，其下沉量及罐体倾斜度符合规定要求。 (2) 油罐护坡有无裂纹、破损或严重下沉现象？ (3) 经常检查砂垫层下的渗液管有无油品渗出，一经发现，应采取措施，清罐修理	符合
	储罐罐体： (1) 罐底应不渗不漏，腐蚀余厚及凹凸变形不超过规定值。 (2) 罐壁应不渗不漏，腐蚀、凹陷、鼓泡折皱严重超过允许范围时，应及时修理。 (3) 罐顶顶板焊缝完好，无漏气现象，并且机械硬伤和腐蚀余厚不得超过规定值。 (4) 固定顶罐顶板与包边角钢之间的连接，应采用弱顶结构。 (5) 浮盘升降灵活，密封完好	(1) 老油库 3#罐罐体失圆； (2) 油港油库 5#罐稍有变形、1#罐东侧罐壁稍突出； (3) 油港油库 6#罐部分刮蜡板脱落、损坏，不起作用

② 将检查内容以提问的形式列于表中，检查结果以"√""×"表示，见表 2-2。这种检查表适用于检查内容较简单的系统。

表 2-2　电焊岗位安全检查表

序号	检 查 内 容	检查结果		备注
		是(√)	否(×)	
1	焊接场地是否有禁止存放的易燃易爆物品？是否配备了消防器材？			
2	场地照明是否充足？通风是否良好？			
3	操作人员是否按规定穿戴和配备防护用品？			
4	电焊机二次线圈及外壳是否接地或接零？			
5	电焊机是否一机一闸？			
……	……			

③ 用评分的方法来表达检查结果，表中可以列出分值范围和评分依据，见表2-3。

表2-3　气柜安全评价检查表

序号	评价内容	评价标准	应得分	实得分
1	气柜各节及柜顶无泄漏	一处泄漏扣2分	10	
2	各节水封槽保持满水，水槽保持少量溢流水	一节不符合扣5分	20	
3	导轮、导轨运行正常，油盖有油	达不到要求不得分	20	
4	各节之间防静电连接完好、可靠	不符合要求不得分	10	
5	气柜接地线完好无损，电阻不大于10Ω	达不到要求不得分	10	
6	配备可燃性气体检测报警器，定期校验，保证完好	一个不好不得分	10	
7	高低液位报警准确完好	一个不准确不得分	20	
合计			100	

④ 用类似目录表的方法列出检查项目和内容，检查结果按目录的格式顺序填写，见表2-4。主要用在较复杂的系统检查，以使检查内容有分类、有层次、有系统性。

表2-4　变配电站安全检查表

序号	检查内容	检查方法	应得分	实得分	说明
1	变配电站环境		15		
1.1	与其他建筑物间有足够的安全消防通道	以消防车辆能通过和转弯、调头为判断标准	2		
1.2	与爆炸危险场所、具腐蚀性场所有足够间距	一般以30m距离内无爆炸危险和腐蚀性场所为合格	2		
1.3	地势不应低洼，防止雨后积水	如处于低洼地势，但有可靠的防积水措施可视为合格	2		
1.4	应设有100%变压器油量的储油池或排油设施	储油池与变压器比较体积，对排油设施要按土建施工图来判断	2		
1.5	变配电间门应向外开，高低压室门应向低压间开，相邻配电室门应双向开	三条应全满足，若有一条不满足则本项不给分	2		
1.6	门窗孔应装置网孔小于10mm的金属窗网	查证门窗排风扇洞口和其他洞口处	2		
1.7	电缆沟隧道进户套管应有防小动物和防水措施	查看沟和隧道内有无积水痕迹和潮湿程度	3		
2	变压器		35		
2.1	油标油位标示，油色透明无杂质，变压器油有定期绝缘测试化验报告，不漏油	一是查阅加油，换油记录和油质定期绝缘测试及化验报告；二是在现场查看，在变配电站中有任一台变压器不符合要求，则不得分	5		
……	……	……	……		

三、安全检查表法的注意事项

① 检查表宜使用前编制，重点突出，规定具体的检查方法，并有合格标准（即规定安全临界值）。

② 编制检查表必须依据最新的法规标准、技术知识、工艺和现场情况，否则不能确保所有的危险因素都被分析，或表中所列项目有的不一定适用于该系统。

③ 各类检查表不宜通用，不存在各行业通用的标准化的安全检查表。

④ 安全检查表可以检查出危险因素，但不能分析出与危险因素相关的事故发生可能性和事故后果等事故情况。

⑤ 与其他安全分析方法相结合：如将其他分析方法得出的危险因素列入表中进行检查。

⑥ 安全检查表法是定性分析方法，结合其他定量方法比如评分法所得的评分式检查表可以给出定量数据。

第二节 预先危险性分析

一、预先危险性分析的概念和分析内容

预先危险性分析（Preliminary Hazard Analysis，PHA），是在每项工程活动之前，如设计、施工、生产之前，或技术改造后制定操作规程和使用新工艺之前，对系统存在的危险性类型、来源、出现条件、导致事故的后果以及有关措施等，作一概略分析。

分析的内容可归纳几个方面：

① 识别危险的设备、零部件，并分析其发生的可能性条件；

② 分析系统中各子系统、各元件的交接面及其相互关系与影响；

③ 分析原材料、产品、特别是有害物质的性能及储运；

④ 分析工艺过程及其工艺参数或状态参数；

⑤ 人、机关系（操作、维修等）；

⑥ 环境条件；

⑦ 用于保证安全的设备、防护装置等。

二、PHA 分析步骤

使用危险性预先分析方法时，首先对生产目的、工艺过程以及操作条件和周围环境，作比较充分的调查了解。然后按系统和子系统一步一步地查找危险性，其危险性分析的步骤如下：

（1）根据经验

根据过去的经验，分析对象出现事故的可能类型。

（2）调查危险源

危险因素存在于哪个子系统中。调查可采用安全检查表、经验方法和技术判断的方法。

（3）识别转化条件

研究危险因素转变为危险状态的触发条件和危险状态转变为事故(或灾害)的必要条件，并进一步谋求防止办法，检验这些办法的效果。

（4）划分危险等级

把预计到潜在危险性划分危险等级。其分级的目的是要排列出先后顺序和重点，以便优先处理。

（5）实现事故预防措施

找出消除或控制危险性的措施，指定负责措施的部门和人员，并按照一定的表格进行记录以便查找和落实措施。在危险性不能控制的情况下，可以改变工艺路线，至少也要找出防止人员受伤或物质损失的方法。

（6）结果汇总

以表格的形式汇总分析结果。典型的结果汇总表包括序号，危险源名称，主要的事故及事故类型，发生事故的原因，可能的结果，事故发生可能性，危险性级别，建议的和决定采取的安全措施等。

三、辨识危险性

1. 从能量的转换概念出发辨识危险性

生活和生产都离不开能源，正常情况下，能量做有用功，制造产品和提供服务。一旦能量失去控制，便会转化为破坏力量，造成人员伤害和财物损失。

能够转化为破坏能量的有：电能、原子能、机械能、压力和拉力、位能和重力能、燃烧和爆炸、腐蚀、放射线、热能和热辐射等。

另一种表示破坏能量的因素也可作为参考：加速度、污染、腐蚀、化学离解、电气(包括电感、电加热等)、爆炸、热和温度(包括高温、低温)、火灾、泄漏、温度(包括高湿、低湿)、氧化、压力(包括高、低压，压力急剧变化)、放射线(热辐射、电磁辐射、紫外辐射)、化学灼伤、机械冲击等。

为了明确能量转变过程，必须进一步阐述能量失控的情况。

2. 有害因素

很多化学物质如氰化物、氯气、光气、氨、一氧化碳等，都会对人造成急性或慢性的毒害，因此，操作环境中规定了这些有害物质的最高允许浓度。越过了规定的浓度，便被认为存在着危险性。

人们对惰性气体的危害性，往往注意不够，由于氮气造成的窒息事故，在工厂里屡见不鲜。

3. 外力因素

外力包括人为力和自然力两个方面。人为力系指受外界发生事故的涉及，例如受到外厂爆炸造成的冲击波、爆破碎片的袭击等。自然力系工程指地震、洪水、雷击、飓风等自然力造成的损坏。

4. 人的因素

人是操作机器的主人，但人的可靠性极低，往往由于生理和心理状态造成误操作而发生事故。如何对人进行教育训练，提高其可靠性，并使机器能适应于人的操作，减少误差，这是人机工程学所研究的主要课题。

四、危险性等级

在危险性查出之后，应对其划分等级，排列出危险因素的先后次序和重点，以便分别处理。由于危险因素发展成为事故的起因和条件不同，因此在危险性预先分析中仅能作为定性评价，其等级如下。

1 级：安全的，无人员伤亡或系统损坏。

2 级：临界的，处于事故的边缘状态，暂时还不会造成人员伤亡和系统的损坏。因此，应予排除或采取控制措施。

3 级：危险的，会造成人员伤亡和系统损坏，要立即采取措施。

4 级：破坏性的，会造成害难事故，必须予以排除。

五、危险性控制

危险性辨识清楚以后，就可以采取预防措施，避免它发展成为事故。采取预防措施的原则，也着手于危险性的起因。

① 限制能量或分散风险；

② 防止能量散逸；

③ 加装缓冲能量的装置；

④ 减低损害和程度的措施；

⑤ 防止外方造成的危险；

⑥ 防止人的失误。

六、PHA 分析举例

以油库大修为例，进行 PHA 分析。某厂油库原为 20 世纪 70 年代所建，由于当时历史原因，对其安全未进行论证，运行 10 余年后，通过多次安全消防检查，发现油库地下室内因设计缺陷，造成地下室通风不良，不能保证室内油气浓度低于爆炸极限下限，同时因墙体未做防潮处理，以致在暑季油气中蜡质物在墙壁上凝聚，电气防爆性能已完全失效，甚至连绝缘都处于不可靠状态。另外，油罐、管道均未设防静电接地设施，亦未作电气连接。总之，危险因素甚多，经厂务会议研究决定，结合一次大修，解决油库安全问题；在此项工程的设计、施工前，先对这项工程存在的危险因素、事故发生条件、造成事故的后果宏观的概略的分析。其目的是预先提出防范措施，避免由于考虑不周，使工程中各类危险因素发展为事故。

危险因素的辨识与分析见表 2-5。

表 2-5　油库大修预先危险性分析表

序号	工 序	危险因素	触发事件	形成事故	后果	危险等级	预防措施
1	油品清除	地下室油气浓度达到爆炸极限范围	碰撞、摩擦火花、电气火花	爆炸、火灾	人身伤亡财产损失	Ⅲ级	油品清除前门打开通风，作业人员不得穿化纤衣物，鞋底不准有铁钉，作业时严禁撞击，切断室内一切电路，配用防爆电筒
2	罐侧墙开通风洞孔	地下室油气达到爆炸极限范围	碰撞火花	爆炸、火灾	人身伤亡财产损失	Ⅲ级	油罐内注满清水，排净残油，开洞施工时边拆边浇水，室内水泥地面垫湿草袋，施工时消防配合
3	罐体要设防静电接地装置	焊接高温	罐内残油发生化学变化，溢出燃爆气体	燃烧	人身灼烫	Ⅱ级	焊接作业前测试油气浓度在爆炸极限范围之外，通风，焊接点尽可能远离罐壁体，作业中可靠通风，消防监护
4	罐体反接地体防腐蚀处理	防腐蚀作业中材料高温	作业区油气浓度达到爆炸极限范围	燃爆	人身灼烫	Ⅱ级	防腐作业前及作业中心必须可靠通风
5	罐口改造					Ⅰ级	卸装罐盖防止火花
6	地下室通风、采光改造工程	地下室内油气聚集	明火近罐引燃	燃爆	人身灼烫	Ⅱ级	同3
7	罐体抽水放水					Ⅰ级	必须使用防爆工具
8	管道连接施工	地下室及空罐内残油气	明火引燃	燃爆	人身灼烫	Ⅰ级	放工前，测试油气浓度并采取通风置换措施，使油气浓度在爆炸极限范围之外

第三节　故障模式及影响分析

故障模式及影响分析(Failure Mode and Effects Analysis，FMEA)最早是由美国国家宇航局(NASA)形成的一套分析方法，其目的在于改善产品和制造的可靠性，于1960年首次应用于航空工业中的阿波罗任务(Apollo)，并于20世纪80年代被美国军方确认为军方规范(MIL-STD-1629A)。我国1987年发布了GB/T 7826《系统可靠性分析技术失效模式和影响分析(FMFA)程序》并于2012年予以修订。

一、故障模式及影响分析的概念

(1)故障、故障模式

故障(Fault)通常指功能故障，即产品不能完成规定功能的状态，预防性维修或其他计划性活动或缺乏外部资源的情况除外。失效(Failure)指产品丧失完成规定功能的能力的事件。通过失效事件人们可以确定产品是否处于故障状态。失效事件出现之前故障可能已经存在，但故障的产品未经使用就不会出现失效，不会形成事故。实际应用中，故障与失效很难区分，故一般统称故障。

故障模式亦称失效模式或故障类型，一般是指系统某元素或子系统的某功能出现故障的方式或途径。故障模式至少要清晰地描述系统元素的一个最终故障状态或故障表现形式，即发生故障时表现的症状或现象。

（2）故障模式及影响分析

故障模式及影响分析是首先找出系统中各组成部分及元素可能发生的故障模式，查明各种类型故障对邻近部分或元素的影响以及最终对系统的影响，然后提出避免或减少这些影响的措施。

二、FMEA 的分析步骤

FMEA 的分析过程如图 2-1 所示，包括以下分析步骤：

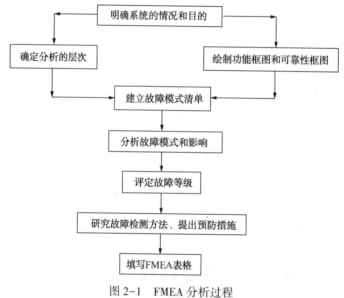

图 2-1　FMEA 分析过程

① 明确系统的情况和目的，包括系统结构信息、边界、系统状态和环境条件等。

② 绘制功能框图，确定系统的功能关系，确定分析层次。

在应用 FMEA 之前，要将系统（包括包含软件的硬件，或者过程）按等级分解成更基本的要素。可以构建用框图表示实际元件或部件的结构，利用这些信息可更准确识别潜在的失效模式和失效原因。如图 2-2 所示，当系统逐级分解到基本单元时，一个或多个故障模式导致了某个故障影响发生，同样，该故障影响则是更高层次的故障原因，称为部件故障。依此类推，部件故障是模块的故障原因，模块故障则是子系统故障的原因，同样，子系统层的故障可导致更高层次的故障。

确定分析系统的约定层次是十分重要的。一般来说，对关键子系统可深入分析，次要的可以分析得浅些，有的可以不分析。对功能件或外购件不必进一步分析。

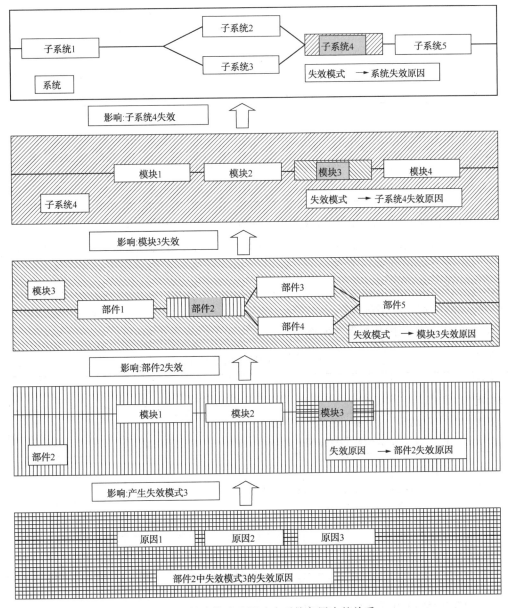

图 2-2　故障模式及影响在系统各层次的关系

③ 建立故障模式清单，分析故障模式及其影响。

FMEA 分析从最底层要素开始，分析采用自下而上的方式进行，直到识别出系统的最终影响。随着分析的深入，较低层次的故障影响可能会成为其高一层次产品故障模式的原因。

④ 确定故障等级：根据故障模式对系统、子系统影响程度不同而划分的等级。

严重度是对故障影响产品使用的严重程度的评价。按照对系统影响的严重程度可将故障模式划分为如表 2-6 所示的 4 个等级。也可按照故障的发生概率可划分如表 2-7 所示的 5 个等级。

表 2-6 故障模式严重度分级表

故障等级	影响程度	可能造成的危害或损失
Ⅳ级	致命性的	可能造成死亡或系统损失
Ⅲ级	严重的	可能造成严重伤害、严重职业病或主要系统损坏
Ⅱ级	临界的	可能造成轻伤、职业病或次要系统损坏
Ⅰ级	可忽略的	不会造成伤害和职业病，系统也不会受损

表 2-7 故障概率等级

A 级	经常发生 >20%	D 级	很少发生 0.1%~1%
B 级	有时发生 10%~20%	E 级	极少发生 <0.1%
C 级	偶然发生 1%~10%		

⑤ 研究故障的检测方法，判断故障模式的征兆特征，提出预防措施。

⑥ 填写 FMEA 表格。FMEA 以列表方式记录详细的分析资料。设计好的详细工作表可以剪裁，以适合应用和项目需求。对特定的应用，可采用有特定输入要求的专用工作表。这张工作表核心的内容包括整个系统的基本信息和详细资料，一般要包括元件、故障模式、故障原因、故障影响、措施等。

表 2-8 是一个 FMEA 工作表的例子，该表格式上包括表头和栏目。

表 2-8 FMEA 工作表示例

| 最终产品：
工作周期： | 相关产品：
版本： | 制定人：
日期： |

产品标记	产品功能描述	失效模式	失效模式编码	可能的失效原因	局部影响	最终影响	探测方法	补偿措施	严重度等级	发生概率	备注

三、电动发电机组 FMEA 举例

分析范围：分析在无负载状态下的故障影响，而不关注来自电动发电机组外带电源等其他外部负载下的故障影响。据此来定义系统的边界条件。

系统结构层次框图：系统初步分成如图 2-3 所示的五个子系统。各子系统可以进一步细分，以子系统——封闭预热、通风及制冷系统为例，如图 2-4 所示，按照层次结构依次往下分层，直至确定 FMEA 开始的元部件 Q。框图中描述了所采用的系统的编号，可为 FMEA 工作表作参照。

FMEA 工作表：以电动发电机的一个子系统的分析为例，如表 2-9 所示。故障等级划分如表 2-10 所示。

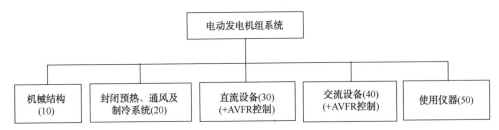

图 2-3　引擎设备的子系统图

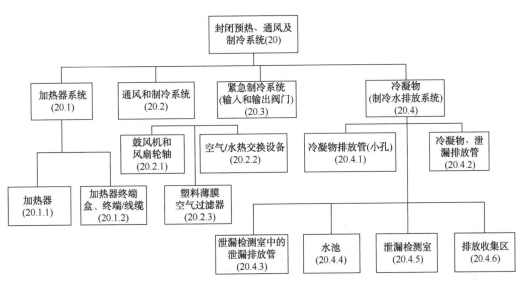

图 2-4　封闭预热、通风及制冷系统(20)图

表 2-9　封闭预热、通风及制冷系统(20)的 FMEA 分析

20(封闭预热、通风及制冷系统)

编号	元部件	功能	故障模式	故障影响	检测方法或特征	冗余设计	故障严重度等级	备注
20.1	加热器系统	所有						如果机器运转时,加热器没有自动关闭,可能会使机器加热过度
20.1.1	加热器	加热	a)o/c,燃尽加热器; b)a/c,由于绝缘破坏导致的接地失效	加热不够所有加热功能很可能消失	a)温度值高于环境温度小于5℃; b)监视加热装置、保险丝或断路器	都是并联,无冗余供应	4	接地错误不会导致系统故障
20.1.2	加热器终端、终端、线缆	连接加热器	a)o/c终端或线缆可以使1个、3个、6个或全部加热器失效 b)a/c终端(跟踪)	加热不够或无法加热各加热功能消失	a)温度值高于环境温度小于5℃; b)监视供应装置		4	

23

表 2-10 电动发电机组系统完整的故障影响严重度的定义和等级

等级水平	严 重 度	描 述
5	灾难性的	不能发电启动
4	严重的	系统发电启动降级
3	很大的	由于储能损耗而无法发电，直到修复
2	微小的	易修复的系统临时性退化
1	可忽略的	发动能力无损失或无明显退化

第四节 危险与可操作性分析

危险与可操作性分析(HAZOP)方法是英国帝国化学工业公司(ICI)蒙德分部于1963年为本公司有机化学过程的安全性评价而开发的以引导词(Guide Words)为核心的系统危险分析方法，用来检查设计的安全性以及识别危险的原因及不利后果。1974年公布于世，当时称为可操作性研究(Operability Study, OS)。1977年，英国化工学会(Chemical Industries Association, CIA)第一次改称为HAZOP(Hazard and Operability Study, 危险与可操作性研究，也称安全操作研究)。

HAZOP方法已被英美等国列为强制性标准，例如HAZOP方法被列入美国劳动部职业健康与环境署的高危险化学品过程安全管理国家标准(OSHA-PSM Standard-29-CFR 1910-119)、美国航空航天部安全标准(NASA-STD-8719.7A)、美国化学工程师协会化工过程安全中心(CCPS)的安全规范。2001年由国际电工委员会(IEC)制订IEC61882国际标准，即"危险与可操作性分析(HAZOP)应用指南"。我国国家安全监管总局于2011年正式批准下达HAZOP分析的安全生产行业标准制定计划，并于2013年发布了推荐性行业标准AQ/T 3049—2013《危险与可操作性分析(HAZOP分析)应用导则》，将其作为重点推广的危险分析方法。

一、HAZOP 的概念及术语

HAZOP是先找出系统运行过程中工艺状态参数(如温度、压力、流量等)的变动以及操作、控制中可能出现的偏差(离)，然后分析每一偏差产生的原因和造成的后果，据此采取对策。

HAZOP分析的理论依据是：工艺流程的状态参数(如温度、压力、流量等)，若与设计规定的基准状态发生偏离，就会发生危险或问题。因此首先要识别偏差或偏离。

偏差是指参数偏离设计意图。设计意图是设计者期望的或规定的参数值范围，一般是指正常运行状态时的系统功能和参数，偶尔也可以指：①异常操作条件和不希望的行为，如严重的波动、管道中的水锤、电压的振荡；②老化、腐蚀、侵蚀和其他导致材料性能恶化的因素；③期望寿命、可靠性、可维护性和维修支持。

偏差可以简单地表达为：偏差=工艺参数+引导词

其中，工艺参数广义上包含两类：一类是概念性的工艺参数，指系统或设备功能，如，反应、混合等；另一类是物质、设备的状态参数等具体的工艺参数，如压力、温度等。因此这里的工艺参数就代表了设计意图。

常用的 HAZOP 分析工艺参数有混合、分离、反应、添加剂、信号、电压、流量、温度、压力、pH 值、组成、黏度、液位、时间、频率、速度等。

引导词是特定的用于描述对设计意图偏离的词或短语。HAZOP 分析中的引导词可分为两类：如表 2-11 所示的 7 个基本引导词和如表 2-12 所示的时间/次序相关的 6 个引导词。

表 2-11　基本引导词

引　导　词	基　本　含　义	实　际　意　义
NO(NOT, NONE)	无，空白：设计目的的完全否定	设计或操作要求的指标和事件完全不发生；如无流量，无催化剂
MORE	多，过量：量的增加	同标准值相比，数值偏大；如温度、压力、流量等数值偏高
LESS	少，减量：量的减少	同标准值相比，数值偏小；如温度、压力、流量等数值偏低
AS WELL AS	伴随：性质的变化/增加	在完成既定功能的同时，伴随多余事件发生；如物料在输送过程中发生组分及相变化
PART OF	部分：性质的变化/减少	只完成既定功能的一部分；如组分的比例发生变化，无某些组分
REVERSE	相反：设计目的的逻辑取反	出现和设计要求完全相反的事或物；如流体反向流动，加热而不是冷却，反应向相反的方向进行
OTHER THAN	异常：完全替代	出现和设计要求不相同的事或物；如发中异常事件或状态、开停车、维修、改变操作模式

表 2-12　时间/次序相关的引导词

引　导　词	基　本　含　义	实　际　意　义
EARLY/LATE	相对于给定时间早/晚	时间与设计意图不同
BEFORE/AFTER	相对于顺序或次序提前/延后	步骤与设计的次序不同
FASTER/SLOWER	相对于速率快/慢	步骤不是在正确的时间内完成

工艺参数与引导词组合后需要解释其所代表的偏差的意义，如表 2-13 所示，此时需要注意：

（1）根据所结合的工艺参数的不同，引导词的含义需要作适当的表达，或对某些具体的工艺参数有必要对一些引导词进行修改。例如当"过量"与"压力"组合时代表压力高，若直接表达为"压力过量"则不合适。

（2）对于概念性的工艺参数，当与引导词组合成偏差时常发生歧义，如"过量+反应"可能是指反应速度快，或者是指生成了大量的产品，此时需要分析人员提前做好偏差意义的解释。

（3）有些引导词与工艺参数组合后可能无意义或不能称之为"偏差"，如"伴随+压力""空白+温度""相逆+腐蚀"。

表 2-13　引导词和工艺参数构成偏差的实际意义举例

引 导 词	工 艺 参 数	偏差的意义
NONE(空白)	FLOW(流量)	NO FLOW(无流量)
MORE(过量)	FLOW(流量)	MORE FLOW(流量大)
LESS(减量)	FLOW(流量)	LESS FLOW(流量小)
AS WELL AS(伴随)	FLOW(流量)	AS WELL AS FLOW(输送过程中有其他物质)
PART OF(部分)	FLOW(流量)	PART OF FLOW(物质含量不足)
REVERSE(相逆)	FLOW(流量)	REVERSE FLOW(反向输送)
OTHER THAN(异常)	FLOW(流量)	OTHER FLOW(输送的不是该物质)
MORE(过量)	PRESSURE(压力)	HIGH PRESSURE(压力高)
AS WELL AS(伴随)	ONE PHASE(一相)	TWO PHASE(两相)
OTHER THAN(异常)	OPERATION(操作)	MAINTENANCE(维修)

二、HAZOP 分析的实施步骤

HAZOP 分析过程可划分为确定系统、准备阶段、实施分析和结果归档四个阶段。

(1) 确定系统

第 1 阶段的主要任务是明确分析范围和目的、明确职责、组建分析小组。

分析小组的人数应尽可能少，一般 4~7 人，但须具备所需的技术、操作技能、经验。

分析小组成员一般包括组长、记录员(秘书)、设计者、用户、操作员、专家、维护人员代表(若需要)。若系统是承包单位设计完成的，则小组应包含委托单位(业主)和承包单位的人员。在系统生命周期的不同阶段，适合 HAZOP 分析的小组成员可能是不同的。

HAZOP 分析需要小组成员的共同努力，每个成员均有明确的分工。

(2) 准备阶段

第 2 阶段的任务主要是制定工作计划、搜集数据、确定会议记录的方式、预计分析所花时间、安排时间进度表。

分析计划包括：分析的目的和范围、小组成员名单、详细的技术资料(工艺单元及各参数的设计意图；工艺单元的元件、物质及属性；管线、设备流程图、布置图)、列出引导词并解释偏差的意义、参考资料清单、会议安排(包括时间和地点等会议日程和管理安排)、记录的格式和分析所使用的模版。

搜集的信息应包括过程流程图(PFD 图)、管路及仪表布置图(PID 图)、工厂布置图、物质安全数据表(MSDS)、操作规程、热量和物质平衡、装置数据表、开车、停车及应急程序等。

会议安排的次数和时间需要注意：每个分析节点平均需 20~30min，每个设备分配 2~3h。每次会议持续时间不要超过 4~6h(最好安排在上午)，而且分析会议应连续举行。最好把装置划分成几个相对独立的区域，每个区域讨论完毕后，会议组作适当修整，再进行下一区域的分析讨论。对于大型装置或工艺过程，可以考虑组成多个分析组同时进行，由某个分析组的组织者担任协调员，协调员首先将过程分成相对独立的若干部分，然后分配给各个组去完成。

建议的日程安排先后顺序为：

① 介绍参加人员；

② 全面陈述将要分析的系统及其操作；

③ 介绍 HAZOP 方法；

④ 提出首先分析的工艺单元或操作步骤；

⑤ 运用引导词/工艺参数分析第一个节点；

⑥ 转至下一个节点继续分析；

⑦ 会议后粗略总结分析中发现的危险源与操作性问题。

（3）实施分析

第 3 阶段需要按顺序完成如下任务：

① 分解系统为节点，即划分工艺单元；

② 选择一个工艺单元，确定其设计意图；

③ 选择一个偏差；

④ 确定偏差的后果和原因；

⑤ 确定是否会出现严重的问题；

⑥ 确定保护措施、检测方法；

⑦ 确定可能的防护、降低危险的措施；

⑧ 确定需采取的行动；

⑨ 选择下一个偏差，重复以上过程；

⑩ 选择下一个工艺单元，重复以上过程。

实施分析时由组长主持分析工作，首先陈述分析计划，让成员熟悉该系统分析目的和范围；解释将要使用的引导词、工艺参数；介绍已知的危险源、操作问题和相关的危险区域。分析过程遵从系统的流程或次序，按照系统的逻辑或功能次序追踪其输入到输出。组长及组员遵从工艺参数为主的分析顺序或引导词为主的分析顺序。

（4）结果归档

第 4 阶段需要完成的任务有记录分析结果、停止分析工作、生成分析报告、确保措施的执行。必要的话重新分析某些工艺单元，生成最终的报告。

HAZOP 分析结果主要以表格形式展现，HAZOP 分析工作表见表 2-14。

表 2-14　HAZOP 分析工作表

标题：						页码：第　页/共　页			
图纸编号：			版本号：			日期：			
HAZOP 小组：						会议日期：			
分析部分：									
设计意图：			物料： 源：			行动： 目的地：			
序号	引导词	工艺参数	偏差	原因	后果	安全措施	备注	建议安全措施	执行人
⋮	⋮	⋮	⋮	⋮	⋮	⋮	⋮	⋮	⋮

第五节 作业危害分析

一、概述

作业危害分析（Job Hazard Analysis，JHA）又称作业安全分析、作业危害分解（Job Hazard Breakdown），是侧重于以作业任务的方式来识别作业导致的受伤、疾病、财产损失或者更严重的危险的一种方法。它的重点在于分析员工、作业、作业器具和作业环境之间的关系，确定相应的工程措施，提供适当的个体防护装置，以防止事故发生，防止人员受到伤害。理想情况下，识别不受控制的风险后，相关人员将采取措施来消除或者减少这些风险使它们降到可接受的风险水平。

JHA 是一种定性风险分析方法。此方法适用于检查维修作业、分析化验、管理活动以及涉及正常生产维护、开停车、异常或紧急情况下的处理等的操作活动等。所谓的"作业"（有时也称"任务"）是指特定的工作安排，如"操作研磨机""使用高压水灭火器"等。"作业"的概念不宜过大，如"大修机器"，也不能过细。该分析方法中所谓"风险"是指作业中的潜在伤害。实际上，风险通常与作业的一个条件或行动有关，如果风险不受控制，将会导致伤亡或疾病事故发生。危险条件或行动包括：使用缺少叶片的台锯做防护用具（切割风险）；使用带有腐蚀性的清洁溶剂（暴露风险）；在没有护栏的屋顶上作业（跌落风险）；人工解除 50kg 的箱子（起重伤害风险）；进行焊接活动（灼伤和吸入有害物质的风险）；进行医疗反应工作（生物危害）；在极其恶劣的天气进行户外作业（冷或热导致的物理危害）等。

作业危害分析将对作业活动的每一步骤进行分析，从而辨识潜在的危害并制定安全措施。作业危害分析有助于将认可的职业安全健康原则在特定作业中贯彻实施。这种方法的基点在于职业安全健康是任何作业活动的一个有机组成部分，而不能单独剥离出来。

开展作业危害分析能够辨识原来未知的危害，增加职业安全健康方面的知识，促进操作人员与管理者之间的信息交流，有助于得到更为合理的安全操作规程。作业危害分析的结果可以作为职业安全健康检查的标准，并协助进行事故调查。

二、作业危害分析的步骤

作业危害分析的主要步骤如下：

（1）确定或选择待分析的作业

理想情况下，所有作业都要进行作业危害分析，但首先要确保对关键性的作业实施分析。

（2）将作业划分为一系列的步骤

选择作业活动之后，将其划分为若干步骤，每一个步骤都应是作业活动的一部分。

划分的步骤不能太笼统，否则会遗漏一些步骤以及与之相关的危害。另外，步骤划分也不宜太细，以致出现许多的步骤。根据经验，一项作业活动的步骤一般不超过10项。如果作业活动划分的步骤实在太多，可先将该作业活动分为两个部分，分别进行危害分析。重要的是要保持各个步骤正确的顺序，顺序改变后的步骤在危害分析时有些潜在的危害可能不会被发现，也可能增加一些实际并不存在的危害。

按照顺序在分析表中记录每一步骤，说明它是什么而不是怎样做。划分作业步骤之前，仔细观察操作人员的操作过程。观察人通常是操作人员的直接管理者，关键是要熟悉这种方法，被观察的操作人员应该有工作经验并熟悉整个作业工艺。观察应当在正常的时间和工作状态下进行，如一项作业活动是夜间进行的，那么就应在夜间进行观察。

（3）辨识每一步骤的潜在危害

根据对作业活动的观察、掌握的事故（伤害）资料以及经验，依照危害辨识清单依次对每一步骤进行危害的辨识。辨识的危害列入分析表中。

（4）确定相应的预防措施

危害辨识以后，需要制定消除或控制危害的对策。确定对策时，从工程控制、管理措施和个体防护三个方面加以考虑。

（5）信息传递

作业危害分析是消除和控制危害的一种行之有效的方法。因此，应当将作业危害分析的结果传递到所有从事该作业的人员手中。

三、作业危害分析表

通过作业危害分析的方法可以有效地消除或降低作业过程中事故发生的频率，是一种规避风险行之有效的办法，主要应用于高处作业、吊装作业、动火作业、动土作业、焊接作业、容器内作业、电气设备使用作业和盲板抽堵作业八大危险作业中。作业危害分析表的一般形式见表2-15。

表2-15　作业危害分析表

序　号	工 作 步 骤	危 害 因 素	主 要 后 果	采取的安全措施

四、JHA 应用举例

作业活动为从顶部人孔进入，对原油储罐进行检修。运用作业危害分析对该作业活动分为九个步骤，并逐一进行分析，分析总结结果（部分）见表2-16。

表 2-16　原油罐检修作业危害分析记录表(部分)

序号	工作步骤	危害因素	主要后果	采取的安全措施
1	清罐	原油挥发出可燃气体	火灾爆炸	1. 对所有作业人员进行教育并考试,使其了解危害因素
				2. 在人孔处设防爆风机,强制通风
				3. 相连的管线加盲板,防止外部可燃气体串入罐内
				4. 穿防静电工作服,使用防爆工具和防爆电气设备
				5. 雷雨天停止作业
1	清罐	原油挥发出可燃气体	火灾爆炸	6. 在原油罐内部及周围严禁使用任何移动通信工具
				7. 每一个人孔处设置一监护人
		原油挥发出可燃气体	中毒窒息	1. 佩戴长导管面具,监护人密切监视
				2. 作业人员半小时换班一次
		清理出的油垢和残渣	燃烧、爆炸、污染环境	密闭处理,装满后立即运出,满车后立即转走
2	修补罐壁漏点	残留油气	火灾爆炸	1. 加强通风,检验合格后方可作业
				2. 监护人到位,做好应急救援的各项工作
				3. 重点关注浮顶周围的密封橡胶部分,此处极易"隐藏"油气,对其他附件附近的油垢也要清理干净
		高处作业	高处坠落	1. 脚手架经验收合格
				2. 作业人员符合高处作业条件,系安全带,戴安全帽

第六节　事件树分析

一、事件树分析(ETA)的概念

事件树分析(Event Tree Analysis,ETA)是从给定的一个初始原因事件开始,按时间进程采用追踪方法,对构成系统的各要素(事件)的状态(成功或失败)逐项进行二者择一的逻辑分析,分析初始条件的事故原因可能导致的事件序列的结果,将会造成什么样的状态,从而定性与定量的评价系统的安全性,并由此获得正确的决策。事件序列是以图形表示的,其形状呈树枝形,故称为事件树。

二、事件树分析原理

(1)一起事故的发生,是许多事件按时间顺序相继出现的结果,后一事件是在前一事件出现的情况下发生的,后一事件选择某一种可能发展途径的概率是在前一事件做出某种选择的情况下的条件概率。

(2)事故发展的过程中出现的事件可能有两种状态:事件出现或不出现(成功或失败)。每一事件的发展有两种可能的途径,事件的出现与否是随机的,其概率是不相同的。若有 n

个事件相继发生，则共有 2^n 条可能发展途径。

三、事件树分析的程序

事件树分析的过程可以分为以下 6 步：

① 确定系统，寻找可能导致系统严重后果的初始事件，初始事件通常为故障事件、事故原因事件；

② 分析各系统组成要素并进行功能分解（除了系统的部件、元件外，也包括安全设施、操作人员应采取的安全措施和程序等）；

③ 分析各要素的因果关系及其成功、失败的两种状态，逐一列举由此引起的事件；

④ 建造事件树，根据因果关系及状态，从初始事件开始，有左向右展开；

⑤ 进行事件树的简化；

⑥ 进行定量的计算。

四、事件树的建造及简化

（1）事件树的建造

如图 2-5 所示，一台泵和两个阀门构成串联物料输送系统，物料沿箭头方向顺序经过泵 A、阀门 B 和 C。现考虑泵 A 接受启动信号为初始事件，分析信号接受后该系统可能的事件序列及结果事件。该系统包含 3 个要素（节点），即 A、B、C。每个要素都有成功、失败 2 种状态，因而总共可能有 8 条事件发展途径。从泵 A 的节点开始，将成功作为上分支，失败作为下分支，于是在泵 A 之后出现 2 个分支。依照事件的发展顺序，泵 A 之后分析阀门 B。类似的，阀门 B 也

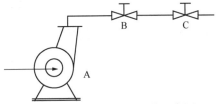

图 2-5　串联物料输送系统示意图

有 2 种状态，又可以画出 2 个分支。直到最后一个节点阀门 C 的 2 种状态用上下分支表示后，即可得到初步的事件树图（图 2-6）。为了反映各事件序列的结果，在事件树中列出各个分支对应的系统状态或导致的事故后果。此外，事件树中也可以通过元、部件的状态组合来反映事件序列。通常，部件处于正常状态记为成功，逻辑值为 1，失效状态记为失败，逻辑值为 0。若记元件正常的事件为 E_i，失败的事件为 $\overline{E_i}$，也可以直接用事件来表示各个分支的事件发展途径。

（2）事件树的简化

初步建立的事件树可以按以下原则进行简化：

① 失败概率极低的分支可以不列入事件树中。

② 当某元件已经失败，从物理效果来看，在其后的元件不可能减缓后果时，或后继元件由于前置元件的失败而同时失败，则以后的元件就不必要再分支。

根据该简化原则，图 2-6 的事件树可以简化为图 2-7。

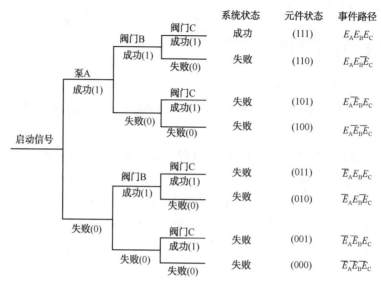

图 2-6 串联物料输送系统的事件树图

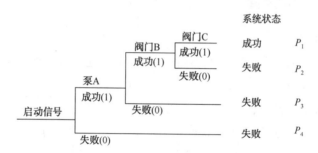

图 2-7 串联物料输送系统事件树简化图

五、事件树分析的定量计算

事故树分析的定量计算就是根据每个事件发生概率来计算每个分支的发生概率，及系统故障(或事故)发生的概率，或系统的可靠度。每个分支为相继发生的事件的积事件，因为事件发生概率为条件概率，所以各分支的发生概率为相继发生的事件的概率的积。如记各分支的发生概率为 P_i，图 2-6 所示串联物料输送系统的事件树的第 1 个分支的发生概率为

$$P_1 = P(E_A E_B E_C) = P(E_A) P(E_B) P(E_C)$$

系统的失败概率(不可靠度)为各系统失败分支发生概率之和，可靠度则为个成功分支的发生概率之和。上述串联物料输送系统的可靠度为

$$R_S = P_1$$

$$F_S = 1 - R_S$$
$$= P_2 + P_3 + P_4 = P(E_A) P(E_B) [1 - P(E_C)] + P(E_A) [1 - P(E_B)] + [1 - P(E_A)]$$
$$= 1 - P(E_A) P(E_B) P(E_C)$$

如果泵 A、阀门 B 和阀门 C 的可靠度分别为 0.95、0.9 和 0.9，则系统成功的概率为 0.7695，系统失败的概率为 0.2305。

如果能估计出各分支事件的后果大小，如经济损失，再结合各后果事件的概率，就可以计算出系统的风险大小。

第七节　事故树分析

一、事故树分析(FTA)的概念、步骤

事故树分析(Fault Tree Analysis，FTA)，又称故障树(失效树)分析。故障树分析的称谓先出现，更倾向于对设备故障等引起的事故的分析，而事故树分析则还包含人、环境和管理等因素的安全分析。FTA 是安全评价最常用的方法之一，也是风险定量评估中最有用的技术之一。1961 年，为了评价民兵式导弹发射控制系统的安全，美国 Bell 电话实验室的 Watson 首次提出了事故树分析的概念。波音公司的分析人员改进了事故树分析技术，使之便于应用数字计算机进行定量分析。1974 年美国原子能委员会利用事故树分析法对核电站的危险性进行了评价，并发表了著名的拉斯姆逊报告，引起世界各国关注。目前许多国家都在研究和应用这一方法，在航空、机械、冶金、化工等工业部门都得到了普遍的推广和应用。我国于 1987 年制订了 GB/T 7829《故障树分析程序》，并于 2012 年进行了更新。

FTA 定义：故障树分析就是在设计过程中或现有的生产系统和作业中，通过对可能造成系统事故或导致灾害后果的各种因素(包括硬件、软件、人、环境等)进行分析，根据工艺流程先后次序和因果关系绘出逻辑图(即事故树)，从而确定系统故障原因的各种可能组合方式及其发生概率，进而计算系统故障概率，并据此采取相应的措施，以提高系统的安全性和可靠性。

FTA 分为 9 个步骤：

① 熟悉系统；

② 调查事故：包括已发生的事故；同类系统的事故；可能发生的事故(其他分析方法得出的结果)；

③ 确定顶上事件：危险性大的事件(后果严重，发生概率大)，其他分析方法确定的结果事件；

④ 调查原因事件：调查所有原因事件(直接原因)；

⑤ 建造事故树：从顶上事件开始，按照演绎法，运用逻辑推理，一级一级找出所有原因事件，直到基本原因事件为止，按照逻辑关系，用逻辑门连接输入输出关系(即上下层事件)，画出事故树；

⑥ 修改、简化事故树；

⑦ 定性分析：求最小割集、最小径集，确定各基本事件的结构重要度；

⑧ 定量分析：确定基本事件发生概率，求顶上事件发生概率，求概率重要度、临界重要度；

⑨ 制定安全对策。

二、事故树的符号表示

（1）事件符号

事件及符号见表2-17。

表2-17　事件及其符号

名　称	符　号	意　义
基本事件（圆形符号）	○	事故树中最基本的原因事件，不能继续往下分析，处在事故树的底端
顶上事件或中间事件（矩形符号）	▭	由其他事件相互作用而引起的事件，这些事件可以进一步往下分析，中间事件处于事故树的中间，顶上事件处于事故树的顶端，是事故树分析中所关心的结果事件
省略事件（菱形符号）	◇	原则上应进一步探明其原因但暂时不必或暂时不能探明其原因的事件，也处于事故树的底端，如二次事件（系统之外的原因事件）
正常事件（房形符号）	⌂	正常情况下应该发生的事件（也称激发事件）

（2）逻辑门符号

逻辑门及其符号见表2-18。

表2-18　逻辑门及其符号

名　称	符　号	意　义
与门		所有下面输入事件都发生，上面输出事件才发生
或门		任何一个或多个输入事件发生，输出事件就发生，即所有输入事件都不发生时输出事件才不发生
条件与门	—Ⓐ	所有下面输入事件都发生，同时满足条件A，上面输出事件才发生
条件或门	—Ⓐ	任何一个或多个输入事件发生，同时满足条件A，输出事件就发生

三、事故树的定性分析

1. 最小割集

割集（Cut Set），又称截集、截止集，是指事故树中某些基本事件的集合，当这些基本事件都发生时，顶上事件必然发生。

最小割集：如果在某个割集中任意除去一个基本事件就不再是割集了，这样的割集就为最小割集。也就是说导致顶上事件发生的最低限度的基本事件组合。

最小割集的求解主要采用布尔代数化简法。

例如，某施工单位在近3年的三峡工程大坝砼施工期间，由于违章作业、安全检查不够，共发生高处坠落事故和事件20多起，其中从脚手架或操作平台上坠落占高处坠落事故总数的60%以上。为了研究这种坠落事故发生的原因及其规律，及时排除不安全隐患，选择从脚手架或操作平台上坠落作为事故树顶上事件，编制了如图2-8所示的事故树。现据此事故树进行安全分析，求出该事故树的最小割集。

对如图2-8所示的事故树，其化简步骤如下：

$$T = A_1 + A_2 + A_3 + X_1$$
$$= X_2 X_3 + X_4 + X_5 + A_5 + A_4 X_6 + X_1$$
$$= X_2 X_3 + X_4 + X_5 + X_7 X_8 + (X_9 + X_{10}) X_6 + X_1$$
$$= X_2 X_3 + X_4 + X_5 + X_7 X_8 + X_6 X_9 + X_6 X_{10} + X_1$$

最小割集为$\{X_1\}$，$\{X_4\}$，$\{X_5\}$，$\{X_2, X_3\}$，$\{X_7, X_8\}$，$\{X_6, X_9\}$，$\{X_6, X_{10}\}$

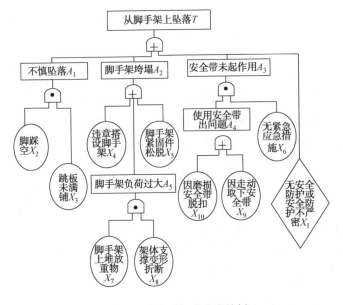

图2-8　从脚手架坠落事故树

2. 最小径集

径集（Path Set）又称路集、通集，是指事故树中某些基本事件的集合，当这些基本事件都不发生时，顶上事件必然不发生。

最小径集：如果在某个径集中除去一个基本事件就不再是径集了，这样的径集就称为最小径集。也就是不能导致顶上事件发生的最低限度的基本事件的组合。

最小径集从成功树求解。把事故树中事件用其逆事件代替（即故障事件用其对立的非故障事件代替），把逻辑与门用或门代替，或门用与门代替，便得到了原事故树的成功树。可见，成功树是原事故树按照反演规则转化而来的。利用成功树求解原事故树的最小径集的方法是：先求出成功树的最小割集，再用故障事件取代非故障事件，就得到原事故树的最小径集。

对于图2-8的事故树，求解其最小径集如下：

$$T' = A_1'A_2'A_3'X_1'$$
$$= (X_2'+X_3')(X_4'X_5'A5')(A_4'+X_6')X_1'$$
$$= (X_2'+X_3')[X_4'X_5'(X_7'+X_8')](X_9'X_{10}'+X_6')X_1'$$
$$= (X_2'+X_3')(X_4'X_5'X_7'+X_4'X_5'X_8')(X_9'X_{10}'+X_6')X_1'$$
$$= (X_2'X_4'X_5'X_7'+X_2'X_4'X_5'X_8'+X_3'X_4'X_5'X_7'+X_3'X_4'X_5'X_8')(X_1'X_9'X_{10}'+X_1'X_6')$$
$$= X_1'X_2'X_4'X_5'X_7'X_9'X_{10}'+X_1'X_2'X_4'X_5'X_8'X_9'X_{10}'+X_1'X_3'X_4'X_5'X_7'X_9'X_{10}'+X_1'X_3'X_4'X_5'$$
$$X_8'X_9'X_{10}'+X_1'X_2'X_4'X_5'X_6'X_7'+X_1'X_2'X_4'X_5'X_6'X_8'+X_1'X_3'X_4'X_5'X_6'X_7'+X_1'X_3'X_4'X_5'X_6'X_8'$$

最小径集为 $\{X_1, X_2, X_4, X_5, X_7, X_9, X_{10}\}$，$\{X_1, X_2, X_4, X_5, X_8, X_9, X_{10}\}$，$\{X_1, X_3, X_4, X_5, X_7, X_9, X_{10}\}$，$\{X_1, X_3, X_4, X_5, X_8, X_9, X_{10}\}$，$\{X_1, X_2, X_4, X_5, X_6, X_7\}$，$\{X_1, X_2, X_4, X_5, X_6, X_8\}$，$\{X_1, X_3, X_4, X_5, X_6, X_7\}$，$\{X_1, X_3, X_4, X_5, X_6, X_8\}$

3. 最小割(径)集在事故树分析中的作用

（1）最小割集在事故树分析中的作用

① 最小割集表示系统的危险性。每一个最小割集表示顶上事件发生的一种可能。事故树有几个最小割集，顶上事件发生就有几种可能，一定意义上说，最小割集越多，说明系统危险性大。

② 表示顶上事件发生的原因组合。顶上事件发生，必然是某个最小割集中基本事件同时发生的结果。掌握最小割集对调查事故原因、掌握事故发生规律有帮助。

③ 便于提出预防措施。每个最小割集代表一种事故模式。根据最小割集可直观地判断哪种事故模式危险。若各基本事件发生概率相同，为降低系统的危险性，对含基本事件少的最小割集应优先考虑采取安全措施。

④ 利用最小割集判定基本事件的结构重要度，定量计算顶上事件发生概率。

（2）最小径集在事故树分析中的作用

① 表示系统的安全性。每个最小径集代表一种防止事故发生的途径。

② 可根据最小径集中包含基本事件个数多少、技术难易、耗时耗资等选择最佳控制方案。

③ 判定结构重要度，计算事件概率。

四、事故树的定量分析(求顶上事件发生概率)

1. 直接分步计算

适用范围：事故树中无重复事件。

计算过程：从最底层的门开始，逐层向上计算，遇到或门用和事件概率来计算，遇到与门用积事件概率来计算，一直算到顶上事件为止。

（1）或门

$$P(e_1 \cup e_2 \cup \cdots \cup e_n) = 1 - P(\overline{e_1 + e_2 + \cdots + e_n})$$
$$= 1 - P(\overline{e_1}\,\overline{e_2}\cdots\overline{e_n})$$
$$= 1 - P(\overline{e_1})P(\overline{e_2})\cdots P(\overline{e_n})$$
$$= 1 - (1-q_1)(1-q_2)\cdots(1-q_n)$$
$$= 1 - \prod_{i=1}^{n}(1-q_i) \qquad (2-1)$$

（2）与门

$$P(e_1 e_2 \cdots e_n) = P(e_1)P(e_2)\cdots P(e_n) = q_1 q_2 \cdots q_n = \prod_{i=1}^{n} q_i \qquad (2-2)$$

2. 利用最小割集计算顶上事件发生概率

记最小割集事件 EC_i 为最小割集 C_i 中所有基本事件的积事件（所有其中的基本事件都发生），事故树的最小割集数目为 NC。记 $q_i = P(e_i)$，$q_T = P(T)$，

利用最小割集计算顶上事件的发生概率时需要先画出等效事故树，或写出基于最小割集事件的顶上事件的布尔表达式。事故树的顶上事件是最小割集事件的和事件，即

$$q_T = P(T) = P(EC_1 + EC_2 + \cdots + EC_{NC})$$

对此和事件的概率可以按以下两种情况进行计算。

（1）若最小割集中彼此没有重复基本事件时，即最小割集之间是完全不相交的，最小割集事件之间是相互独立的、相容的。此时，顶上事件发生概率可以按下式计算：

$$q_T = P(T) = P(EC_1 + EC_2 + \cdots + EC_{NC}) = 1 - P(\overline{EC_1 + EC_2 + \cdots + EC_{NC}})$$

$$= 1 - P(\bigcap_{i=1}^{NC} \overline{EC_i}) = 1 - \prod_{i=1}^{NC} [1 - P(EC_i)] = 1 - \prod_{i=1}^{NC} [1 - \prod_{e_k \in c_i} q_k] \qquad (2-3)$$

这种情况下还可以根据最小割集对应的事故树等效树，采用直接分步计算法。

（2）最小割集中存在重复基本事件，即 C_i 与 C_j 可能相交，则 EC_i 与 EC_j 是相容的但可能不是相互独立的。此时，最小割集事件的积事件的概率不一定等于最小割集事件概率的积，即

$$P(\overline{EC_i} \cdot \overline{EC_j}) \neq P(\overline{EC_i}) P(\overline{EC_j})$$

此时，需要按照相容事件的和事件概率逐步展开求解。

$$q_T = P(T) = P(EC_1 + EC_2 + \cdots + EC_{NC})$$

当 $NC = 2$ 时，

$$q_T = P(EC_1) + P(EC_2) - P(EC_1 \cap EC_2) = (-1)^0 \sum_{i=1}^{NC} P(EC_i) + (-1)^{NC-1} P(EC_1 \cdot EC_2)$$

$$= (-1)^0 \sum_{i=1}^{NC} \prod_{e_k \in C_i} P(e_k) + (-1)^{NC-1} \prod_{e_k \in \{C_1 \cup C_2\}} P(e_k)$$

当 $NC = 3$ 时，

$$q_T = P(EC_1 + EC_2) + P(EC_3) - P[EC_3 \cap (EC_1 + EC_2)]$$

$$= P(EC_1 + EC_2) + P(EC_3) - P[EC_3 \cdot EC_1 + EC_3 \cdot EC_2]$$

$$= P(EC_1 + EC_2) + P(EC_3) - [P(EC_3 \cdot EC_1) + P(EC_3 \cdot EC_2) - P(EC_1 \cdot EC_2 \cdot EC_3)]$$

$$= P(EC_1) + P(EC_2) + P(EC_3) - P(EC_1 \cap EC_2) - P(EC_1 \cap EC_3) - P(EC_2 \cap EC_3) +$$

$$P(EC_1 \cap EC_2 \cap EC_3) = (-1)^0 \sum_{i=1}^{NC} P(EC_i) + (-1)^1 \sum_{1 \leq i \leq j \leq NC} P(EC_i \cdot EC_j) + (-1)^{NC-1}$$

$$P(EC_1 \cdot EC_2 \cdot EC_3)$$

$$= (-1)^0 \sum_{i=1}^{NC} \prod_{e_k \in C_i} P(e_k) + (-1)^1 \sum_{1 \leq i \leq j \leq NC} \prod_{e_k \in |C_i \cup C_j|} P(e_k) + (-1)^{NC-1} \prod_{e_k \in |C_1 \cup C_2 \cup C_3|} P(e_k)$$

$$= (-1)^0 \sum_{i=1}^{NC} \prod_{e_k \in C_i} q_k + (-1)^1 \sum_{1 \leq i \leq j \leq NC} \prod_{e_k \in |C_i \cup C_j|} q_k + (-1)^{NC-1} \prod_{e_k \in |C_1 \cup C_2 \cup C_3|} q_k$$

由此可归纳得到如下的计算通式：

$$q_T = (-1)^0 \sum_{i=1}^{NC} P(EC_i) + (-1)^1 \sum_{1 \le i \le j \le NC} P(EC_i \cdot EC_j) + (-1)^2 \sum_{1 \le i \le j \le k \le NC} P(EC_i \cdot EC_j \cdot EC_k)$$

$$+ \cdots + (-1)^{NC-1} P(\bigcap_{i=1}^{NC} EC_i)$$

$$q_T = (-1)^0 \sum_{i=1}^{NC} \prod_{e_k \in C_i} P(e_k) + (-1)^1 \sum_{1 \le i \le j \le NC} \prod_{e_k \in |C_i \cup C_j|} P(e_k) + (-1)^2 \sum_{1 \le i \le j \le m \le NC} \prod_{e_k \in |C_i \cup C_j \cup C_m|} P(e_k)$$

$$+ \cdots + (-1)^{NC-1} \prod_{e_k \in |\cup C_i|} P(e_k) \tag{2-4}$$

上述通式右边各项分别代表：

第 1 项：单个最小割集事件的概率的和(所有的单个最小割集中所有基本事件的概率积的加和)；

第 2 项：任意 2 个最小割集事件的积事件的概率的和(任意 2 个最小割集的并集中所有基本事件的概率积的加和)；

第 3 项：任意 3 个最小割集事件的积事件的概率的和(任意 3 个最小割集的并集中所有基本事件的概率积的加和)；

……

第 NC 项：NC 个最小割集事件的积事件的概率(NC 个最小割集的并集中所有基本事件的概率积)。

3. 利用最小径集计算顶上事件发生概率

类似的，记最小径集事件 ER_i 为最小径集 R_i 中所有基本事件的和事件(其中的基本事件至少有一个发生)，事故树的最小径集数目为 NR。记 $q_i = P(e_i)$，$q_T = P(T)$。

类似的，利用最小径集计算顶上事件的发生概率时也需要先画出等效事故树，或写出基于最小径集事件的顶上事件的布尔表达式。事故树的顶上事件是最小径集事件的积事件，即 $q_T = P(T) = P(ER_1 ER_2 \cdots ER_{NR})$

对此积事件的概率可以按以下两种情况进行计算。

(1) 最小径集彼此之间无重复基本事件，即集合 R_i 与 R_j 不相交，则 ER_i 与 ER_j 相互独立、相容的。

$$q_T = P(T) = P(ER_1 ER_2 \cdots ER_{NR}) = \prod_{i=1}^{NR} P(ER_i)$$

因为 $P(ER_i) = 1 - \prod_{e_k \in R_i} [1 - P(e_k)]$，所以顶上事件的概率为

$$q_T = \prod_{i=1}^{NR} \left\{ 1 - \prod_{e_k \in R_i} [1 - P(e_k)] \right\} = \prod_{i=1}^{NR} \left[1 - \prod_{e_k \in R_i} (1 - q_k) \right] \tag{2-5}$$

(2) 最小径集彼此之间可能有重复基本事件，即集合 R_i 与 R_j 可能相交，则 ER_i 与 ER_j 是相容的但不一定相互独立。此时，最小径集事件的积事件的概率不一定等于最小径集事件概率的积，即

$$P(ER_i \cdot ER_j) \ne P(EC_i) P(EC_j)$$

此时，将最小径集事件的积事件转化为其逆事件的和事件来求解顶上事件的发生概率。

$$q_T = P(T) = P(ER_1 ER_2 \cdots ER_{NR}) = 1 - P(\overline{ER_1 ER_2 \cdots ER_{NR}}) = 1 - P(\overline{ER_1} + \overline{ER_2} + \cdots + \overline{ER_{NR}})$$

最小径集事件的逆事件之间是相容的但不一定相互独立。于是上式中右边第二项，即最小径集逆事件的和事件的概率的计算，可以套用最小割集事件的和事件的概率计算通式，只需要用最小径集事件的逆事件代替其中的最小割集事件。最终可以得到如下的计算通式：

$$q_T = 1 - \left\{ (-1)^0 \sum_{i=1}^{NR} P(\overline{ER_i}) + (-1)^1 \sum_{1 \le i \le j \le NR} P(\overline{ER_i} \cdot \overline{ER_j}) + (-1)^2 \right.$$

$$\left. \sum_{1 \le i \le j \le k \le NR} P(\overline{ER_i} \cdot \overline{ER_j} \cdot \overline{ER_k}) + \cdots + (-1)^{NR-1} P(\bigcap_{i=1}^{NR} \overline{ER_i}) \right\}$$

$$= (-1)^0 + (-1)^1 \sum_{i=1}^{NR} P(\overline{ER_i}) + (-1)^2 \sum_{1 \le i \le j \le NR} P(\overline{ER_i} \cdot \overline{ER_j}) + (-1)^3$$

$$\sum_{1 \le i \le j \le k \le NR} P(\overline{ER_i} \cdot \overline{ER_j} \cdot \overline{ER_k}) + \cdots + (-1)^{NR} P(\bigcap_{i=1}^{NR} \overline{ER_i})$$

因为 $P(\overline{ER_i}) = \prod_{e_k \in R_i} [1 - P(e_k)]$，所以上述通式也可以表示为

$$q_T = (-1)^0 + (-1)^1 \sum_{i=1}^{NR} P(\overline{ER_i}) + (-1)^2 \sum_{1 \le i \le j \le NR} P(\overline{ER_i} \cdot \overline{ER_j}) + (-1)^3$$

$$\sum_{1 \le i \le j \le k \le NR} P(\overline{ER_i} \cdot \overline{ER_j} \cdot \overline{ER_k}) + \cdots + (-1)^{NR} P(\bigcap_{i=1}^{NR} \overline{ER_i})$$

$$q_T = (-1)^0 + (-1)^1 \sum_{i=1}^{NR} \prod_{e_k \in R_i} [1 - P(e_k)] + (-1)^2 \sum_{1 \le i \le j \le NR} \prod_{e_k \in |R_i \cup R_j|} [1 - P(e_k)]$$

$$+ (-1)^3 \sum_{1 \le i \le j \le m \le NR} \prod_{e_k \in |R_i \cup R_j \cup R_m|} [1 - P(e_k)] + \cdots + (-1)^{NR} \prod_{e_k \in |\cup R_i|} [1 - P(e_k)]$$

$$(2-6)$$

第八节　因果分析

在任何事物的产生、发展、消亡过程中，始终贯穿着因果关系，有因才有果，有果必有因。事故的发生有其充分必要的原因，互相耦合作用，引发事故的产生。

事故的因果分析法是以事故致因理论的事故因果理论为基础发展起来的系统安全分析方法。目前，在对事故进行因果分析时主要采用了因果分析图法（鱼刺图法）。

因果分析图法（鱼刺图法）是把所研究系统中所发生（或预测发生）事故的原因和结果之间的关系，采用简明文字和线条绘制成图进行直观分析的方法。由于所绘制的分析图类似于一副去掉鱼肉的鱼刺，因此也称为鱼刺图法。此法是一种定性分析方法。

具体分析步骤如图 2-9 所示。

在绘制因果分析图（鱼刺图）时，事故分析应从人、物、环境、管理四个方面着手进行，图 2-10 给出了因果分析图（鱼刺图）基本结构形式。

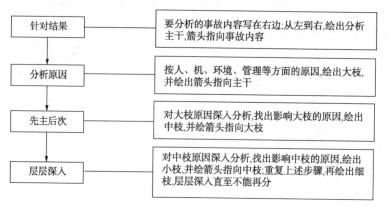

图 2-9　因果分析图法(鱼刺图法)分析步骤

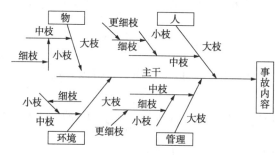

图 2-10　因果分析图法(鱼刺图法)的基本结构图

第九节　管理疏忽与危险树分析

管理疏忽与危险树(Management Oversight and Risk Tree，MORT)是一种全面的职业事故调查和安全计划分析的方法。它特别关注企业安全管理工作中的疏忽、失误和管理系统的缺陷。在现有的数十种系统安全分析方法中，只有 MORT 把分析的重点放在管理缺陷方面。因而也可以说，它是一种最为先进、最为全面的对安全管理系统进行分析评价的方法，它对企业安全管理系统的评价、管理缺陷的改进有相当重要的作用。

1970 年美国能源研究开发总署提供资金由美国原子能署(IEC)的威廉·G·约翰逊(W. G. Johnson)开展了一个项目研究，该研究以生产系统为对象提出了以管理因素为主要矛盾的分析方法，促使 MORT 于 1971 年问世。之后对其进行了多次修订，使之更趋完善。

MORT 图包括 1500 多个基本事件，上千条判断准则，并从工程、设计、教育、管理环境等各有关方面提出了 98 个一般问题。具体可参看 Noordwijk Risk Initiative Foundation (Website：www. nri. eu. com)的文档 NRI-2(2009)，其使用可参看文档 NRI-1(the MORT Users' Manual)。

1. MORT 图的符号及其定义

MORT 图沿用一些传统故障树分析的符号，但也有自己的特定符号，MORT 图所应用的符号及定义如表 2-19 所示。

表 2-19　MORT 的符号及其定义

序　号	符　号	定　义
1		缺陷事件，这类事件包括不正常事件和中间事件。在 MORT 分析中主要指疏忽或适当的条件
2		基本事件。在 MORT 中指基本功能或组成部分的失效
3		不发展事件，在 MORT 中指因缺乏信息或后果，或缺乏解决方法而不再继续分析的事件。这类事件最终被转化为假定危险
4		正常事件，指在正常情况下，应当或必然发生的事件
5		满意事件，MORT 中特指正常发生的中间事件，即符合要求不必再分析的事件
6		或门，一个或一个以上输入事件发生，输出事件即发生
7		与门，当且仅当所有输入事件都发生，输出事件才发生
8		条件或门，当一个或一个以上输入事件发生，且条件 a 被满足时，输出事件才发生
9		条件与门，当且仅当所有输入事件都发生，且条件 a 被满足时，输出事件才发生
10		转移符号，用来将某分析过程从树的某一部位转移到另一部位，前者表示从某处转出，后者表示转入某处
11		被认识或假定危险事件
12		加剧问题的偶然事件
13		在调查中发现的应记录和改正的问题，但不是实际发生的事故的因素

2. MORT 主要分支图及其结构解析

MORT 主要分支图如图 2-11 所示。

在 MORT 图的基本结构中，顶上事件为造成损失的类型和损失的大小。顶上事件 T 下面主要包括三个分枝。

S 分枝为特殊管理因素分枝，指工作的失误和差错(Oversight and Omission)，主要包括各种疏忽和遗漏。S 因素与事故发生及其控制有关，其中事故后处理欠佳是指出现初始的事故后，防止事故扩大而采取的一系列措施中存在的疏忽、差错或不完善；而事故的发生，是由于偶发事件、防护(屏障)欠佳(LTA)、人或物位于能量通道这三个事件都发生而引起的，如图 2-12 所示。

S 分枝是按时间发生的前后顺序由左向右排列事件，按对结果影响的直接程度由上向下排列事件。从树的结构上，可以从时间和因果两方面，概略地观察事态的发展过程。为

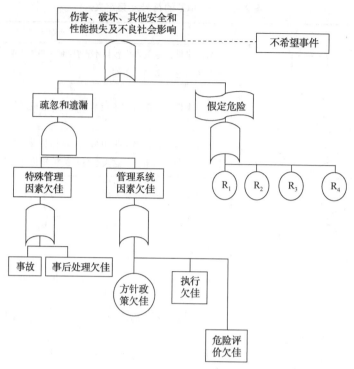

图 2-11　MORT 主要分支图

了较早地中断事故的发展过程，在 MORT 树的左下侧，即事故发展的早期阶段设置屏障是最佳的防止事故发生的手段。

　　M 分枝为管理系统因素分枝，指管理系统中欠佳的因素，它可能是管理系统缺陷，是直接或间接促进事故发生的一般管理系统问题。在这个分支中，有 3 个主要的原因事件，如图 2-13 所示，其中任何一个原因事件的发生都可能导致管理系统欠佳。

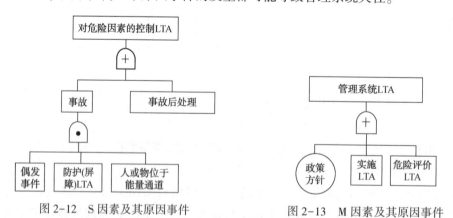

图 2-12　S 因素及其原因事件　　　　　图 2-13　M 因素及其原因事件

　　R 分枝为假定危险分枝，即已被认识的危险或假定危险(Assumed Risks)。假定危险主要分 3 种类型，即①其发生频率和后果是可以接受的；②后果严重但无法消除的；③因控制危险的代价太大而不得不接受的。R 分枝是 MORT 方法的创新所在，其主要思路中首先就抛弃了事故有关管理水平之间的一些不正确的观点，认为有些事故的发生，即上述三类事故，并非管理系统的问题，而是"正常"现象，管理水平的高低主要应取决于是否发生了上述三种类型之外的事故，发生的频度如何，后果怎样？这与空喊事故为零，或一发生事故就人人自危的管理方法是有天壤之别的。

使用 MORT 时，关键是逐个因素地审查 MORT 图，从具有事故损失或潜在事故的问题的实际着手，对三个分枝中的每一因素都依次进行考虑。若图中的某一部分对于某一具体问题不适用或不需要加以考虑时，也可以用删去。

思考题

1. FMEA 方法和 HAZOP 方法有哪些异同点？

2. 如图 2-14 所示为化学反应器及其冷却系统。正常生产中应通过主冷却系统 MC 将反应器 RE 的温度控制在 T_1 以下，MC 正常时反应器的温度如图中温度曲线 1。如果 MC 故障则通过控制电路 CC 启动应急冷却系统。应急冷却系统有两套，每套由泵和阀门构成。如果两套都可以成功启动，则反应器温度如图中温度曲线 2；如果只有一套启动成功则反应器温度如图中温度曲线 3；如果两套都不能成功启动则反应器温度如图中温度曲线 4，将导致反应器飞温失控发生爆炸。以 MC 故障为初始事件进行事件树分析。

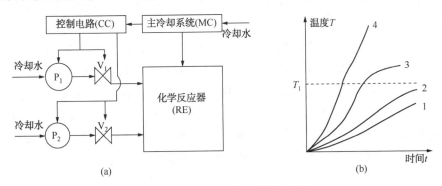

图 2-14　反应器冷却系统流程图

3. 某事故树最小割集为：$C_1 = \{e_1, e_2, e_3\}$，$C_2 = \{e_1, e_4\}$，$C_3 = \{e_3, e_5\}$，请写出顶上事件发生概率的表达式。

第三章　化工工艺安全评价

第一节　工艺装置泄漏后果评价

一、化学品泄漏行为

化工企业生产、储存和输送着各种类型的危险物质如易燃、易爆、有毒、有害及有腐蚀性气体或液体等。通过高压容器、储罐、输送工艺管线的破裂等事故致使这些危险物质意外泄漏或释放，泄漏出来的物质可能会发生燃烧、爆炸事故或者对周围环境造成严重的污染，引起居民群体中毒甚至死亡。

泄漏到大气中的泄漏源主要有四种类型：点源(Point sources)、线源(Line sources)、面源(Area sources)和体源(Volume sources)。工业中的烟囱泄漏就属于点源，道路上的车辆构成线源，面源则是点源和线源的组合，升降的飞机释放气体则可以看作体源。

泄漏机理可分为大面积泄漏和小孔泄漏。大面积泄漏是指在短时间内有大量的物料泄漏出来，储罐的超压爆炸就属于大面积泄漏。小孔泄漏是指物料通过小孔以非常慢的速率持续泄漏，上游的条件并不因此而立即受到影响，故通常假设上游压力不变。

二、泄漏量估算

设备及管阀件的泄漏排放量可根据美国 EPA 有关方法估算，包括平均排放系数法、检测/筛分法、检测/经验公式法。平均排放系数法用于没有泄漏检测数据时，仅统计管阀件数量，按平均排放系数计算泄漏排放量。检测/筛分法按照 EPA 方法 21 检测管阀件后，将检测数据按 $10000\mu mol/mol$ 分类，分别用不低于 $10000\mu mol/mol$ 和小于 $10000\mu mol/mol$ 的排放系数计算并统计泄漏排放量。检测/经验公式法，按 EPA 方法 21 检测所有管阀件后，按经验公式计算并统计泄漏排放量。

根据泄漏检测和估算的准确性和可靠性，泄漏排放量估算的优先次序为：

① 直接测量泄漏气量，收集并分析泄漏气体组成；

② EPA 方法 21 检测所有管阀件后，按经验公式计算并统计泄漏排放量；

③ EPA 方法 21 检测所有管阀件后，分别用 $\geqslant 10000\mu mol/mol$ 和 $<10000\mu mol/mol$ 的排放系数计算并统计泄漏排放量；

④ 未检测泄漏，仅统计管阀件数量，按平均排放系数计算并统计泄漏排放量。

方法①最准确，但由于炼油厂的管阀件数量通常超过 10×10^4 个，该法不具备可操作性。方法②~④在实践中较常用，方法②需全面和可靠地检测炼油厂所有设备和管阀件，方法③适用于以设备和管阀件部分抽检数据推算全厂设备和管阀件泄漏排放，方法④偏差较大。

结合国内石化企业实际情况，采用筛分法评估炼油装置设备及管阀件泄漏排放量，即泄漏造成的挥发性有机物损失量，其计算式为

$$E_{toc} = (F_B \cdot N_B) + (F_O \cdot N_O) \tag{3-1}$$

式中　E_{toc}——某种设备类型的泄漏逸散速率，kg/h；

　　　F_B——检测数值小于10000μmol/mol的泄漏源排放系数，kg/(h·个)；

　　　N_B——检测数值小于10000μmol/mol的某种类型泄漏源设备数量，个；

　　　F_O——检测数值不小于10000μmol/mol的泄漏源排放系数，kg/(h·个)；

　　　N_O——检测数值不小于10000μmol/mol的某种类型泄漏源设备数量，个。

企业年泄漏损失量：

$$E_{total} = T \cdot \sum_{i=1}^{n} E_{toc}, i \tag{3-2}$$

式中　E_{total}——在一定时间内的泄漏总损失量，kg；

　　　T——装置开工运行的时间，h。

由于石化企业设备及管阀件数量巨大，法规要求每月或每季度检测一次，检测数据统计及维修管理工作量较大，用专业数据库软件(如ORR LeakDASv4)可高效地进行LDAR的检测数据汇总与统计、泄漏排放量计算、维修记录与评估等。

三、事故泄漏

1. 液体泄漏模型

通过孔洞和通过管道的液体泄漏机理不同，所对应的泄漏模型也是不同的。下面主要给出通过孔洞的液体泄漏模型：

（1）通过孔洞泄漏

对于某过程单元(表压为p_g)上的一个小孔，当液体通过其流出时，认为液体高度没有发生变化。小孔面积为A，液体的流速为u，流出系数为C_o，密度为ρ，则液体通过小孔泄漏的质量流量Q_m为

$$Q_m = \rho u A = A C_o \sqrt{2\rho p_g} \tag{3-3}$$

（2）通过储罐上的孔洞泄漏

在储罐上液面以下h_L处形成一个小孔(面积为A)，储罐内的压力为p_g(表压)，外界表压为0，且储罐中液体流速为0，则瞬时质量流量Q_m为

$$Q_m = \rho A C_o \sqrt{2\left(\frac{p_g}{\rho} + g h_L\right)} \tag{3-4}$$

2. 气体泄漏模型

从孔洞、管道或设备中的气体泄漏与液体泄漏差别很大。气体泄漏往往需要计算塞压，以判定气体泄漏是否处于塞流状态。如对于气体通过孔洞泄漏，假设是自由扩散泄漏，忽略潜能的变化，没有轴功，则质量流量的表达式为

$$Q_m = C_o A p_o \sqrt{\frac{2M}{RT_o} \cdot \frac{\gamma}{\gamma-1} \left[\left(\frac{p}{p_o}\right)^{2/\gamma} - \left(\frac{p}{p_o}\right)^{(\gamma+1)/\gamma} \right]} \qquad (3-5)$$

如果判定为塞流，则用下式来确定泄漏流量：

$$Q_m = C_o A p_o \sqrt{\frac{\gamma M}{RT_o} \left(\frac{2}{\gamma+1}\right)^{(\gamma+1)/(\gamma-1)}} \qquad (3-6)$$

式中　p_o——储罐内的压力；

　　　A——小孔面积；

　　　C_o——小孔流出系数；

　　　γ——比热容比；

　　　R——理想气体常数；

　　　T_o——储罐内温度；

　　　M——泄漏气体的相对分子质量。

还有一些泄漏可能既有液体，又有气体，即所谓的两相流，其泄漏速率介于纯蒸气泄漏速率与纯液体泄漏速率之间。加压容器产生的多数泄漏是两相流泄漏，在过热液体或液化气体发生泄漏的场合，有时也会出现气、液两相流动。两相泄漏速率的计算公式如下所示：

$$m = A \sqrt{G_{SUB}^2 + \frac{G_{ERM}^2}{N}} \qquad (3-7)$$

式中　m——指两相流体泄漏速率，kg/s；

　　　A——泄漏孔面积，m^2。

$$G_{SUB} = C_D \sqrt{2\rho_f g (p - p^{sat})} \qquad (3-8)$$

式中　C_D——泄漏系数；

　　　ρ_f——液相密度，kg/m^3；

　　　p——容器内压力；

　　　p^{sat}——在环境温度下液相的饱和蒸气压。

$$G_{ERM} = \frac{h_{fg}}{v_{fg}} \sqrt{\frac{g}{T c_p}} \qquad (3-9)$$

式中　h_{fg}——流体的蒸发焓；

　　　v_{fg}——流体液相和气相的体积比率；

　　　T——容器内温度；

　　　c_p——液体的比热容。

$$N = \frac{h_{fg}^2}{2\Delta p \rho_f C_D^2 v_{fg}^2 T c_p} + \frac{L}{L_c} \qquad (3-10)$$

式中　L——容器到泄漏孔之间管道的长度；

　　　L_c——流体达到气液平衡的临界管道长度，通常取 0.1m；

　　　Δp——容器内外的压力差。

事实上，泄漏模型非常多，有的简单，有的复杂，模型的选取取决于被评价的泄漏机理和对计算结果准确性的要求。

四、化学品扩散行为

化学品通常可以通过水、气和土壤进行扩散，扩散过程通常比较复杂，其中有一些现象和规律还没有完全理解。这主要是由于化学品可能的泄漏与扩散机理非常多。泄漏可能是瞬间泄漏也可能是连续泄漏。泄漏气体可能比空气重，也可能比空气轻。泄漏初始动量、气象条件、地面条件等都会影响扩散过程。

对易燃、易爆、有毒、有害物质泄漏后的扩散过程的研究一直是化学工业师和安全工程师们的研究热点。这方面的研究主要是从两方面来开展的。一方面是实验研究，通过盐水等实验系统模拟实际工业泄漏及扩散过程，根据无量纲化、相似原理等得出适用于实际的物质泄漏、扩散过程的关联式。美英等工业化国家在 20 世纪 80 年代初完成了以 Burro、Coyote 和 Thorney Island 等有代表性的一系列大规模现场实验后，90 年代又进行了氯气等物质的现场实验研究。另一方面是模拟计算研究，依据流体动力学、反应动力学等建立描述物质泄漏、扩散等过程的稳态或非稳态模型，结合实际工业场景设定相应的初始条件和边界条件，并通过数学方法进行求解，得出反映泄漏速率、扩散速率、污染物浓度等的解析解或数值解。运用扩散模型描述污染物在大气中的输运和扩散过程，给出污染物质的浓度分布，为确定危害区提供合理的依据，扩散模拟结果对于进行环境影响评价以及采取相应的安全设计、应急计划等都是非常有用的。

国外学者对于泄漏后的物质在大气中的扩散研究始于 20 世纪 70 年代，并且一开始主要是针对核尘埃和大气污染的研究，后来才慢慢转向了化学工业。关于扩散的计算模型有许多，如 Gaussian 模型、Gaussian 轨迹烟云模型、BM 模型、Sutton 模型及 FEM3 模型等。扩散模型描述了泄漏物质远离事故发生地，并遍及整个工厂和环境的空中输运过程。

1. 中性气云模型和重气云模型

根据物质泄漏后所形成的气云的物理性质的不同，可以将描述气云扩散的模型分为中性气云模型(非重气云模型)和重气云模型两种。

高斯(Gauss)模型属于非重气扩散模型。高斯模型只适用于与空气密度相差不多的气体扩散。模型简单，易于理解，运算量小，且由于提出的时间比较早，实验数据多，因而较为成熟。例如，美国环境保护协会(EPA)所采用的许多标准都是以高斯模型为基础而制定的。但是，大多数危险性物质一旦泄漏到大气环境中就会由于较重的分子质量(如 Cl_2)、低温(如 LNG)和化学变化(如 HF)等原因形成比周围环境气体重的重气云。重气云的扩散机理与非重气云完全不同，图 3-1 给出了重气云的形成过程。

2. 筛选模型、中间模型和高级模型

根据模型的复杂程度及适用的范围可以将扩散模型分为筛选模型(Screening models)、中间模型(Intermediate models)和高级模型(Advanced models)。筛选模型不需要考虑气象，需要输入的参数较少，同时只能用于一种泄漏源，代表性的筛选模型有 DMRB(Design Manual for Roads and Bridges)、CAR、GRAM(University of Greenwich Review of Air Quality Method)、ADMS-SCREEN 等模型。中间模型需要泄漏源信息比筛选模型的多，需要输入可变的气象数据，能够处理更多的源，代表性的中间模型有 AEOLIUS(Assessing the

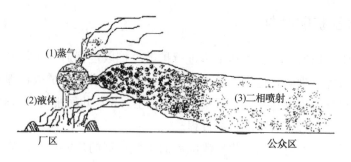

图 3-1　重气云的形成过程

Environment of Locations in Urban Streets）、ISC-SCREEN、R91、OSPM、ALMANAC、COM-PLEX-1 等。高级模型的模拟结果比前两种模型结果更精确，但需要更详细的气象数据和泄放信息，代表性的高级模型有 CAL3QHC、CALINE（California Line Source Model）、BREEZE ROADS、PAL、RTDM（Rough Terrain Diffusion Model）、ISC（Industrial Source Complex）、ADMS（Atmospheric Dispersion Modelling System）、AERMOD、INDIC Airviro、AA-QUIRE、PANACHE、TRAQS 等模型。

　　为了模拟化学品事故泄漏后的空中扩散机理，已经开发出来了许多扩散模型。不过，大多数扩散模型离理想的进行化学品泄漏风险评价的要求还有一些差距。这是由于扩散过程本身非常复杂，有一些不确定性和随机性，同时描述泄漏机理的输入数据还有一些不足和不确定性。由于扩散模型在计算过程中有一些简化和假设，通过计算得到的危险化学品的浓度是一种估算值，当然这种估算值在很多工程场合是非常实用的。

五、后果评价

　　具有毒性和/或易燃易爆性的危险物质，一旦发生泄漏事故，将对周围环境和人员造成巨大危害。如果泄漏出来的易燃物质很快被引燃则形成池火、喷射火灾。如果没有立即引燃，大量的易挥发、易燃性物质迅速释放到大气中，会形成气云并逐渐扩散。假如气云在尚未稀释到低于燃烧下限前即被引燃的话，就可能发生非密闭空间气云爆炸或闪火，能引起大范围的破坏。对于有毒物质释放，在蒸气云团的浓度稀释至安全浓度前的扩散范围内能引起中毒。这里针对泄漏事故形成气云的情形并给出了典型危险物质泄漏扩散过程及导致的火灾与爆炸，如图 3-2 所示。

　　过程工业火灾和爆炸事故尽管发生的频率和造成的人员伤亡都不大（都小于交通事故和机械伤害），但是造成的财产损失却相当大。例如，在烃类加工企业财产损失最大的前 100 起事故中，火灾和爆炸事故占了绝大部分，如图 3-3 所示。此外，化工过程的火灾、爆炸事故总是造成巨大的环境破坏，而且会危及公众对企业的信任和安全感。火灾事故可能会引发爆炸事故或另一类火灾事故，爆炸也可能引发火灾或其他类型的爆炸，如此则事故过程将变得异常复杂，难于分析。

1. 池火的热辐射危害

　　除了烟气的毒性和腐蚀性、对环境的危害及引发二次事故外，池火的危害主要在于其高温及辐射危害。

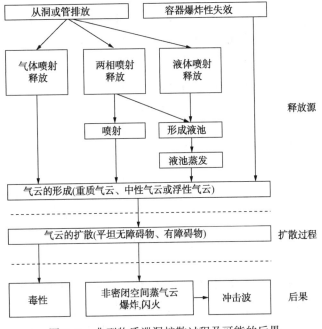

图 3-2 典型物质泄漏扩散过程及可能的后果

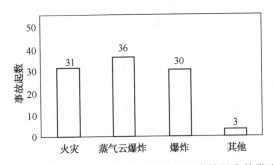

图 3-3 烃类加工企业 100 起重大财产损失事故的事故类型分布

火焰温度主要取决于可燃液体种类，一般石油产品的火焰温度在 900~1200℃之间，不发光的酒精火焰的温度比烃类火焰温度高得多。这是因为烃类火焰由于有烟颗粒，辐射系数较大，会通过辐射向外损失相当大部分的热。

池火火焰对物体的热辐射与池火的高度、池火的热释放速率、火焰温度与厚度、火焰内辐射粒子的浓度、火焰与目标物之间的几何关系、风速等众多因素有关。

火焰高度通常是指由可见发光的碳微粒所组成的柱状体的顶部高度，它取决于液池直径和液体种类。Heskestad 对广泛的实验数据进行数学处理，得到了下面的火焰高度关联式：

$$h_f = 0.23\dot{q}_t^{2/5} - 1.02D \tag{3-11}$$

$$\dot{q}_t = A_1 \dot{m}'' \Delta H_c \tag{3-12}$$

式中　A_1——液池面积，m^2

　　　$\dot{q}_t$——液池燃烧的热释放速率，kW；

　　　$\dot{m}''$——质量燃烧速度，$kg/(m^2 \cdot s)$。

h_f 和 D 的单位均为 m。

通常假设液池是圆形的，对于非圆形液池，如果液池的大小恒定，如在容器、围堰、堤坝或特殊地形内的液体，则液池的直径为与液池面积相等的圆的直径。

燃烧速度可以测定，有时采用近似表达式计算燃烧速度。当液池中的可燃液体的沸点高于周围环境温度时，液体表面上单位面积的燃烧速度为

$$\dot{m}'' = \frac{0.001\Delta H_c}{c_p(T_b - T_0) + \Delta H_v} \quad (3-13)$$

式中　T_b——液体的沸点；

　　　T_0——环境温度。

当液体的沸点低于环境温度时(如加压液化气或冷冻液化气)，其单位面积的燃烧速度为

$$\dot{m}'' = \frac{0.001\Delta H_c}{\Delta H_v} \quad (3-14)$$

式(3-11)在 $7\text{kW}^2/\text{m} < \dot{q}_t^{2/5}/D < 700\text{kW}^2/\text{m}$ 的范围内与实验结果符合很好，对其他非液体燃料床也适用。对直径很大的液池(如 $D > 100\text{m}$)，由于火焰破裂为小火焰，上述方程不适用。

在确定了火焰高度、液池燃烧的热释放速率后，可以根据点源模型简单的估算某一目标物所受到的热辐射通量。该模型假定液池燃烧的热释放速率的30%以辐射能的方式向外传递，且假定辐射热是从火焰中心轴上离液面高度为 $h_f/2$ 处的点源发射出的(图3-4)。因此，离点源 R 距离处的辐射热通量为

$$\dot{q}''_R = 0.3\dot{q}_t/(4\pi R^2) \quad (3-15)$$

式中　R——点源与目标物之间的直线距离。

若目标物与点源的视角为 θ，则目标物表面的辐射热通量为

$$I = \dot{q}''_R \cdot \sin\theta = \dot{q}''_R h_f/2R = \dot{q}''_R h_f/(2\sqrt{h_f^2/4 + d^2}) \quad (3-16)$$

式中　d——点源与目标物之间的水平距离。

风会影响到池火的燃烧稳定性及火焰高度、火焰的倾斜角度，从而影响目标物所受的辐射强度。

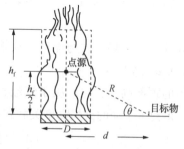

图 3-4　池火辐射示意图

2. 油池火的沸溢和喷溅

油库或油罐中的油品燃烧过程中往往产生非常严重的火灾现象，沸溢和喷溅。如1989年8月12日，某输油公司油库老罐区的原油储罐爆炸起火，燃烧4个多小时后发生沸溢、喷溅，使得多个相邻油罐燃烧爆炸，外溢原油在地面四处流淌燃烧。2001年9月1日，沈阳某石油公司油罐爆炸起火，4个多小时后沸溢的油覆盖整座建筑物并向外蔓延，引起附近油罐爆炸。

油火发生沸溢和喷溅现象主要是因为燃烧时油品内部热传递的特性和油品中含有水分。

对于单组分液体(如甲醇、丙酮、苯等)和沸程较窄的混合液体(如煤油、汽油等)，在

自由表面燃烧时，在很短时间内就形成稳定燃烧，且燃烧速度基本不变。火焰传给液面的热量使液面温度升高，达到沸点时液面的温度则不再升高。液体在敞开空间燃烧时，表面温度接近但略低于沸点。单组分油品和沸程很窄的混合油品，在池火稳定燃烧时，热量只传播到较浅的油层中，即液面加热层很薄。

对于沸程较宽的混合液体，主要是一些重质油品，如原油、渣油、蜡油、沥青、润滑油等，由于没有固定的沸点，在燃烧过程中，表面温度不断的逐渐升高。火焰向液面传递的热量首先使低沸点组分蒸发并进入燃烧区燃烧，而沸点较高的重质部分，则携带在表面接受的热量向液体深层沉降，形成一个热的锋面向液体深层传播，逐渐深入并加热冷的液层。这一现象称为液体的热波特性，热的锋面称为热波。对于原油的燃烧，热波的初始温度等于液面的温度，等于该时刻原油中最轻组分的沸点。随着原油的连续燃烧，液面蒸发，组分的沸点越来越高，热波的温度会由150℃逐渐上升到315℃，比水的沸点高得多。

原油黏度比较大，且都含有一定的水分。原油中的水一般以乳化水和水垫两种形式存在。所谓乳化水是原油在开采运输过程中，原油中的水由于强力搅拌成细小的水珠悬浮于油中而形成。放置久后，油水分离，水因相对密度大而沉降在底部形成水垫。在热波向液体深层运动时，由于热波温度远高于水的沸点，因而热波会使油品中的乳化水汽化，大量的蒸汽就要穿过油层向液面上浮，在向上移动过程中形成油包气的气泡，即油的一部分形成了含有大量蒸汽气泡的泡沫。这样，必然使液体体积膨胀，向外溢出，同时部分未形成泡沫的油品也被下面的蒸汽膨胀力抛出罐外，使液面猛烈沸腾起来，就象"跑锅"一样。这种现象叫沸溢(图3-5)。随着燃烧的进行，热波的温度逐渐升高，热波向下传递的距离也加大，当热波到达水垫时，水垫的水大量汽化，蒸汽体积迅速膨胀，以至把水垫上面的液体层抛向空中，向罐外喷射。这种现象叫喷溅(图3-6)。油罐火灾在出现喷溅前，通常会出现油面蠕动、涌涨现象，出现油沫2～4次；烟色由浓变淡，火焰尺寸更大、发亮、变白、火舌形似火箭；金属油罐会发生罐壁颤抖，伴有强烈的噪声(液面剧烈沸腾和金属罐壁变形所引起的)。当油罐火灾发生喷溅时，能把燃油抛出70～120m，不仅使火灾猛烈发展，而且严重危及扑救人员的生命安全，因此，应及时组织撤退，以减少人员伤亡。

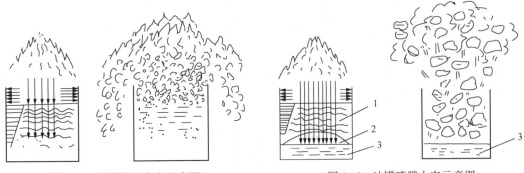

图3-5　油罐沸溢火灾示意图　　　　　图3-6　油罐喷溅火灾示意图

1—高温层；2—蒸汽；3—水垫

从沸溢或喷溅过程说明，沸溢或喷溅形成必须具备三个条件：

① 原油具有形成热波的特性，即沸程宽，相对密度相差较大；

② 原油中含有乳化水或水垫，水遇热波变成蒸汽；

③ 原油黏度较大，使水蒸气不容易从下向上穿过油层。如果原油黏度较低。水蒸气很容易通过油层，就不容易形成沸溢。

在已知某种油品的热波传播速度后，就可以根据燃烧时间估算液体内部高温层的厚度，进而判断含水的重质油品发生沸溢和喷溅。一般情况下，发生沸溢要比发生喷溅的时间早得多。发生沸溢的时间与原油种类、水分含量有关。根据实验，含有 1% 水分的石油，经 45～60min 燃烧就会发生沸溢。喷溅发生时间与油层厚度、热波移动速度以及油的燃烧线速度有关。

3. 喷射火的热辐射危害

对于喷射火灾可能造成的火焰辐射危害的估算，可以简单的先从气体喷射扩散的模型得出射流中的速度、浓度分布，根据确定的喷射长度及点辐射源计算目标接受的辐射通量。

TNO 提出的喷射模型是一种较简单的模型。模型认为，大多数情况下气体直接喷出后，其压力高于周围环境大气压力，温度低于环境温度，在进行喷射计算时，应以等价喷射孔口直径来计算。等价喷射的孔口直径按下式计算：

$$D_{eq} = D_0 \sqrt{\frac{\rho_0}{\rho_\infty}} \qquad (3-17)$$

式中　D_{eq}——等价喷射孔直径，m；

　　　D_0——流出过程中实际裂口直径，m；

　　　ρ_0——在流出条件下气体的相对密度，即直接泄漏后的密度，kg/m^3；

　　　ρ_∞——在环境条件下气体的密度，kg/m^3。

如果气体泄漏能瞬间达到周围环境的温度、压力状况，即 $\rho_0 = \rho_\infty$，则 $D_{eq} = D_0$。

在喷射轴线上距孔口 x 处的气体浓度为

$$C(x) = \frac{(b_1 + b_2)/b_1}{0.32 \frac{x}{D_{eq}} \cdot \frac{\rho_\infty}{\sqrt{\rho_0}} + 1 - \rho_\infty} \qquad (3-18)$$

其中，$b_1 = 50.5 + 48.2\rho_\infty - 9.95\rho_\infty^2$，$b_2 = 23.0 + 41.0\rho_\infty$。

在距离裂口轴向距离为 x，距离喷射轴线径向距离为 y 的位置，气体浓度为

$$C(x, y) = C(x)\exp[-b_2(y/x)^2] \qquad (3-19)$$

喷射速度随着轴线距离增大而减小，直到轴线上的某一点喷射速度等于风速为止，该点成为临界点。临界点以后的气体不再符合喷射规律。沿喷射轴线的速度分布由下式得出：

$$\frac{V(x)}{V_0} = \frac{\rho_0}{\rho_\infty} \cdot \frac{b_1}{4}\left(0.32 \frac{x}{D_{eq}} \cdot \frac{\rho_\infty}{\rho_0} + 1 - \rho_\infty\right)\left(\frac{D_{eq}}{x}\right)^2 \qquad (3-20)$$

式中　$V(x)$——喷射轴线上距离裂口 x 处的速度，m/s；

　　　V_0——实际泄漏流出速度。

当临界点出的燃气浓度低于可燃混合气燃烧下限时，只需按喷射扩散来分析。但是若临界点浓度高于可燃混合气燃烧下限，则需进一步分析燃气在喷射范围外的扩散情况。

将整个喷射火看成是在喷射火焰长度范围内，由沿喷射中心线的一系列点热源组成，

每个点热源的热辐射通量相等，并假定喷射火焰长度和未燃烧时的喷射长度近似相等。理论上讲，喷射长度等于从泄漏口到可燃混合气燃烧下限的射流轴线长度。因而只需在喷射长度上划分点热源，点热源的个数的划分可以是随意的，一般取5点就可以了。

单个点热源的热辐射通量按下式计算：

$$\dot{q} = \eta Q_0 \Delta H_c / n \tag{3-21}$$

式中　$\dot{q}$——点热源热辐射通量，W；

　　　η——效率因子，保守一点可以取0.35；

　　　Q_0——泄漏速度，kg/s；

　　　ΔH_c——燃烧热，J/kg；

　　　n——计算时选取的点热源数，一般$n=5$。

射流轴线上某点热源 i 到距离该点 x_i 处的热辐射强度为

$$I_i = \frac{\dot{q} \cdot \varepsilon}{4\pi x_i^2} \tag{3-22}$$

式中　I_i——点热源 i 到目标点 x 处的热辐射强度，W/m²；

　　　ε——发射率，取决于燃烧物质的性质，在喷射火灾中可取0.2。

某一目标点的入射热辐射强度等于喷射火的全部点热源对目标的热辐射强度的总和，即

$$I = \sum_{i=1}^{n} I_i \tag{3-23}$$

模型中未考虑风对火焰形状的影响。在高压源喷射时，喷射速度比风速大得多，所以风的影响很小。而对低压源，则明显受风的影响。风会使下风向受体感受到的热辐射强度增加。

4. 火球的热辐射危害

温度高于常压沸点的加压液体突然释放并立即汽化而产生沸腾液体膨胀蒸气云爆炸（Boiling Liquid Expanding Vapor Explosion，BLEVE）。如果液体可燃，且有外部点火源作用于其蒸气，则沸腾液体膨胀蒸气云爆炸会产生大火球。因为液体的突然释放多为外部火源加热导致压力容器爆炸所致，因而沸腾液体膨胀蒸气云爆炸往往伴随有大火球的产生。

沸腾液体膨胀蒸气云爆炸产生的碎片和爆炸波超压虽然有一定危害，但与爆炸产生的火球热辐射危害相比，它们的危害可以忽略。在离爆炸事故发生地较远的地方，上升的火球产生的热辐射更是沸腾液体膨胀蒸气云爆炸事故的主要危害。火球的直径有时可以达到100m以上，上升的高度达到几百米，持续时间可以长达30s。火球的持续时间和大小由发生爆炸瞬间储罐所装燃料的总质量决定。如果储罐比较大，火球发出的热辐射还能烧伤裸露的皮肤和点燃附近的可燃物。当然"火球"不全是球体，有时是半球体，如由较接近地面的燃气泄漏而形成的。另外，还有圆柱体的"火球"，这与燃气外泄时的压力和泄漏方式有关。

可以通过简单的比例关系来确定火球半径、持续时间及从火球中心到一定距离的目标物的辐射强度，从而确定火球的辐射危害。

火球的最大半径 R 为

$$R = 2.665M^{0.327} \qquad (3-24)$$

式中 M——可燃物释放的质量，kg。

火球持续时间 t 为

$$t = 1.089M^{0.327} \qquad (3-25)$$

假设火球持续时间内能量的释放是均匀的，则火球燃烧时的辐射热通量为

$$\dot{q} = \frac{\eta M \Delta H_c}{t} \qquad (3-26)$$

式中 η——燃烧效率，随可燃物的饱和蒸气压 p 而变化。

$$\eta = 0.27p^{0.32} \qquad (3-27)$$

距离火球中心 x 处的辐射强度 I 为

$$I = \frac{\dot{q}\tau}{4\pi x^2} \qquad (3-28)$$

式中 τ——大气透射率，通常可假定为 1。

这样计算得到的为平均辐射强度，实际辐射危害并非均匀的，辐射强度的峰值也很重要，如对人的影响多半取决于辐射能级的大小，而不是接触的时间。

5. 爆炸后果评价

（1）超压及其危害

在离爆炸中心一定距离的地方，空气压力会随时间发生迅速而悬殊的变化。压力突然升高然后降低，反复循环数次渐次衰减下去。开始产生最大正压力即冲击波波阵面上的超压。多数情况下，冲击波的破坏作用是由超压引起的。

冲击波会直接危害在它波及范围内的人身安全，见表 3-1。人体上首先受到影响的是耳朵。冲击波可以引起耳膜的破裂。压力随后影响是肺和循环系统，这些也会被伤害，特别是人在受限空间影响更大。冲击波遇到障碍物如墙时，会压缩空气致使压力比冲击波阵面处或后面的静压力大。压缩空气的压力是入射压力的 5~6 倍。靠近墙的人员受到冲击波的损害将是致命的，而在露天场合下则受的伤害很小。

表 3-1 超压对人的破坏效应

超压 Δp/（kgf/cm^2）	破 坏 效 应	超压 Δp/（kgf/cm^2）	破 坏 效 应
>1.0	大部分人员会死亡	0.2~0.3	人体受到轻微损伤
0.5~1.0	损伤人的听觉器官或产生骨折	<0.2	能保证人员安全

超压对建筑物的破坏估算见表 3-2。即使是较小的超压，也能导致较大的破坏。

表 3-2 基于超压的普通建筑物破坏评估

压 力		破　　坏
psig	kPa	
0.02	0.14	令人讨厌的噪声（137dB 或低频 10~15Hz）
0.03	0.21	已经处于疲劳状态下的大玻璃窗突然破碎
0.04	0.28	非常吵的噪声（143dB）、音爆、玻璃破裂

压　　力		破　　坏
psig	kPa	
0.1	0.69	处于疲劳状态的小玻璃破裂
0.15	1.03	玻璃破裂的典型压力
0.3	2.07	"安全距离"(低于该值,不造成严重损坏的概率为0.95);抛射物极限;屋顶出现某些破坏;10%的窗户玻璃被打碎
0.4	2.76	受限较小的建筑物破坏
0.5~1.0	3.4~6.9	大窗户和小窗户通常破碎;窗户框架偶尔遭到破坏
0.7	4.8	房屋建筑物受到较小的破坏
1.0	6.9	房屋部分破坏,不能居住
1~2	6.9~13.8	石棉板粉碎,钢板或铝板起皱,紧固失效,扣件失效,木板固定失效、吹落
1.3	9.0	钢结构的建筑物轻微变形
2	13.8	房层的墙和屋顶局部坍塌
2~3	13.8~20.7	没有加固的水泥或煤渣石块墙粉碎
2.3	15.8	低限度的严重结构破坏
2.5	17.2	房屋的砌砖有50%被破坏
3~4	20.7~27.6	无框架、自身构架钢面板建筑破坏;原油储罐破裂

(2) TNT 当量法

TNT 当量法是将已知能量的可燃燃料等同于当量质量的 TNT 的一种简单方法。该方法建立在假设燃料爆炸的行为如同具有相等能量的 TNT 爆炸的基础之上。

TNT 的当量质量可使用下式进行估算

$$m_{TNT} = \frac{\eta m \Delta H_c}{E_{TNT}} \qquad (3-29)$$

式中　　m_{TNT}——TNT 当量质量;

　　　　η——经验爆炸效率(无量纲);

　　　　m——碳氢化合物的质量;

　　　　ΔH_c——可燃气体的爆炸能(能量/质量);

　　　　E_{TNT}——TNT 的爆炸能(能量/质量),TNT 爆炸能的典型值为 1120cal/g 即 4686 kJ/kg,对于可燃气体,可用燃烧热来替代爆炸能。

爆炸效率是该当量方法中的主要问题之一。爆炸效率用于调整影响爆炸的许多因素,包括:可燃物质与空气的不完全混合;热量向机械能的不完全转化等。爆炸效率是经验值,正如很多文献所报道的,对于大多数可燃气云,估计在 1%~10% 之间变化。其他一些研究人员报道。对于丙烷、二乙醚和乙炔的可燃气云,其爆炸效率分别为 5%、10% 和 15%。爆炸效率也可针对固体物质定义,诸如硝酸铵。

爆炸实验证明,超压可由 TNT 当量(记为 m_{TNT}),以及距离地面上爆炸源点的距离 r 来估算。由经验得到的比拟关系规律为

$$z_e = \frac{r}{m_{TNT}^{1/3}} \qquad (3-30)$$

TNT 的当量能量为 1120cal/g。

图 3-7 给出了比拟超压 p_s 与单位为 $m/kg^{1/3}$ 的比拟距离 z_e 之间的关系曲线。比拟超压 p_s 由下式给出：

$$p_s = \frac{p_0}{p_a} \tag{3-31}$$

式中　p_s——比拟超压(无量纲)；

　　　p_0——侧向超压峰值超压；

　　　p_a——周围环境压力。

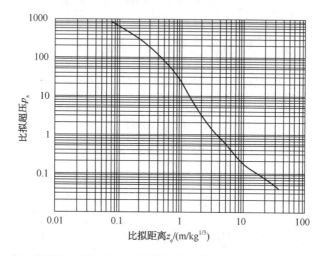

图 3-7　发生在平坦地面上的 TNT 爆炸的最大侧向超压峰值与比拟距离的关系

图 3-7 中的数据仅对发生在平整地面上的 TNT 爆炸有效。发生在化工厂中的大多数爆炸都被认为是发生在地面上的。

TNT 当量法的优点是计算简单，容易使用。

采用 TNT 当量法估算爆炸造成破坏的步骤如下：

① 确定参与爆炸的可燃物质的总量。

② 估计爆炸效率，使用式(3-29)计算 TNT 当量质量。

③ 使用式(3-30)和图 3-7 给出的比拟定律，估算侧向超压峰值。

④ 使用表 3-2 估算普通建筑和过程设备受到的破坏。

根据估算的破坏程度，该步骤也可倒过来用于估算参与爆炸的物质的量。

【例 3-1】　1000kg 甲烷从储罐中泄漏出来，并同空气混合发生爆炸。计算：①TNT 当量；②距离爆炸 50m 处的侧向超压峰值。假设爆炸效率为 2%，甲烷的爆炸能为 818.7kJ/mol。

解：①将已知数据代入式(3-29)，得到

$$m_{TNT} = \frac{\eta m \Delta H_c}{E_{TNT}} = \frac{0.02 \times 1000kg \times (1mol/0.016kg) \times 818.7kJ/mol}{4686kJ/kg} = 218kg \ TNT$$

② 使用式(3-30)计算比拟距离

$$z_e = \frac{r}{m_{TNT}^{1/3}} = \frac{50}{(218kg)^{1/3}} = 8.3m/kg^{1/3}$$

由图 3-7，比拟超压为 0.25，因此，超压为

$$p_0 = p_s p_a = 0.25 \times 101.3 \text{kPa} = 25 \text{kPa}$$

查表 3-2 可知该超压将破坏钢表面建筑。

第二节　综合指数评价

一、道化学火灾爆炸指数评价法

道化学公司(Dow Chemical Company)火灾爆炸危险指数(F&EI, Fire and Explosion Index)评价方法以工艺过程中物料的火灾、爆炸潜在危险性为基础，结合工艺条件、物料量等因素求取火灾、爆炸指数，进而可求出经济损失的大小，以经济损失评价生产装置的安全性。

1. 评价所需资料和基本步骤

运用火灾爆炸指数评价法进行评价需要下列资料：

① 准确的装置(生产单元)设计方案；

② 工艺流程图；

③ 火灾、爆炸指数危险度分级指南(第七版)；

④ 火灾爆炸指数计算表(第七版)；

⑤ 安全措施补偿系数表(第七版)；

⑥ 工艺单元风险分析汇总表(第七版)；

⑦ 生产单元风险分析汇总表(第七版)；

⑧ 有关装置的更换费用数据。

火灾爆炸指数评价法的评价程序如图 3-8 所示，包括以下步骤：

① 依照设计方案选择最适宜的工艺单元，它应在工艺上起关键作用，并可能对潜在火灾、爆炸危险具有重大影响；

② 确定每一工艺单元的物质系数(MF)；

③ 按照 *F&EI* 计算表，采用适当的系数值后完成一般工艺危险系数的计算；

④ 按照 *F&EI* 计算表，采用适当的系数值后完成特殊工艺危险系数的计算；

⑤ 用一般工艺危险系数和特殊工艺危险系数相乘，求出单元危险系数；

⑥ 用单元危险系数和物质系数的乘积确定火灾、爆炸指数(*F&EI*)；

⑦ 根据暴露半径确定所评价工艺单元周围的暴露面积；

⑧ 确定在暴露区域内所有设备的更换价值，并列出设备清单；

⑨ 根据 *MF* 和单元危险系数(F_3)，确定危害系数，危害系数表示损失暴露程度；

⑩ 由暴露区域内财产损失与危害系数的乘积求出基本最大可能财产损失；

⑪ 应用安全措施补偿系数于基本最大可能财产损失，确定实际最大可能财产损失；

⑫ 根据实际最大可能财产损失，确定最大可能工作日损失；

⑬ 确定停产损失。

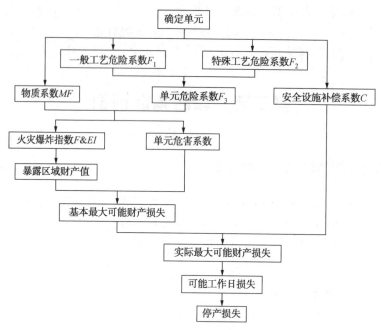

图 3-8 道化学公司火灾爆炸指数评价法评价程序

2. 火灾爆炸危险指数计算

火灾爆炸危险指数被用来评估生产过程中的事故可能造成的破坏。火灾爆炸危险指数（$F\&EI$）是物质系数（MF）和单元危险系数（F_3）的乘积。

将各项危险系数填入表 3-3 后，计算得到 $F\&EI$ 值。将 $F\&EI$ 值与火灾、爆炸指数危险等级表 3-4 中的数值对应，即可确定单元的危险等级，比较各单元火灾、爆炸危险性的大小。

表 3-3 火灾爆炸危险指数（$F\&EI$）表

地区/国家：	部门：	场所：	日期：
位置：	生产单元：	工艺单元：	
评价人：	审定人（负责人）：		建筑物：
检查人：（管理部）	检查人：（技术中心）		检查人（安全和损失预防）
工艺设备中的物料：			
操作状态 设计—开车—正常操作—停车	确定 MF 的物质		
物质系数：当单元温度超过 60℃ 时则注明			

1. 一般工艺危险	危险系数	采用危险系数[①]
基本系数	1.00	1.00
A. 放热化学反应	0.3～1.25	
B. 吸收反应	0.20～0.40	
C. 物料处理与输送	0.25～1.05	
D. 密闭式或室内工艺单元	0.25～0.90	

地区/国家：	部门：	场所：	日期：	
E. 通道			0.20~0.35	
F. 排放和泄漏控制			0.25~0.50	
一般工艺危险系数(F_1)				
2. 特殊工艺危险				
基本系数			1.00	1.00
A. 毒性物质			0.20~0.80	
B. 负压(6.67kPa)			0.50	
C. 易燃范围内及接近易燃范围的操作				
惰性化—— 未惰性化——				
1. 罐装易燃液体			0.50	
2. 过程失常或吹扫故障			0.30	
3. 一直在燃烧范围内			0.80	
D. 粉尘爆炸			0.25~2.00	
E. 压力 操作压力/kPa(A) 释放压力/kPa(A)				
F. 低温			0.20~0.30	
G. 易燃及不稳定物质的质量 物质质量/kg 物质燃烧 H/(kJ/kg)				
1. 工艺中的液体及气体				
2. 储存中的液体及气体				
3. 储存中的可燃固体及工艺中的粉尘				
H. 腐蚀与磨蚀			0.10~0.75	
I. 泄漏——接头和填料			0.10~1.50	
J. 使用明火设备				
K. 热油热交换系统			0.15~1.15	
L. 转动设备			0.50	
特殊工艺危险系数(F_2)				
工艺单元危险系数($F_1 \times F_2 = F_3$)				
火灾爆炸指数($F_3 \times MF = F\&EI$)				

① 无危险时系数用 0.00。

表3-4 F&EI 及危险等级

F&EI 值	危险等级	F&EI 值	危险等级
1~60	最轻	128~158	很大
61~96	较轻	>159	非常大
97~127	中等		

（1）物质系数 MF

在火灾、爆炸指数的计算和其他危险性评价时，物质系数是一个最基础的数值，是表述物质在由燃烧或其他化学反应引起的火灾、爆炸中所释放能量大小的内在特性，反映发生事故的危险性。数据不是采用理论方法计算出来的，而是综合考虑闪点、沸点、燃点、爆炸极限、安全性和使用条件等。

物质系数是根据表3-5由 NF 和 NR 确定的。NF 和 NR 是由全美消防协会(NFPA)规定的符号，分别代表物质的燃烧性和化学活性(或不稳定性)。通常，NF 和 NR 是针对正常环境温度而言的。

表 3-5 物质系数确定指南

液体、气体的易燃性或可燃性①	NFPA325M 或 49	反应性或不稳定性				
		$NR=0$	$NR=1$	$NR=2$	$NR=3$	$NR=4$
不燃物②	$NF=0$	1	14	24	29	40
F. P. >93.3℃	$NF=1$	4	14	24	29	40
37.8℃<F. P. ≤93.3℃	$NF=2$	10	14	24	29	40
22.8℃≤F. P. <37.8℃ 或 F. P. <22.8℃ 并且 B. P. <37.8℃	$NF=3$	16	16	24	29	40
F. P. <22.8℃ 并且 B. P. <37.8℃	$NF=4$	21	21	24	29	40
可燃性粉尘或烟雾③						
St-1(K_{St}≤20.0MPa·m/s)		16	16	24	29	40
St-2(K_{St}=20.1~30.0MPa·m/s)		21	21	24	29	40
St-3(K_{St}>30.0MPa·m/s)		24	24	24	29	40
可燃性固体						
厚度>40mm 紧密的④	$NF=1$	4	14	24	29	40
厚度<40mm 疏松的⑤	$NF=2$	10	14	24	29	40
泡材料、纤维、粉尘物等⑥	$NF=3$	16	16	24	29	40

① 包括挥发性固体。
② 暴露在816℃的热空气中5min不燃烧。
③ K_{St}值是用带强点火源的16L或更大的密闭试验容器测定的。
④ 包括50.8mm厚度的标准木板、镁锭、紧密的固体堆积物、紧密的纸张卷或塑料薄膜卷，如SARAN WRAPR。
⑤ 包括塑料颗粒、支架、木材平板之类的粗粒状材料，以及聚苯乙烯类不起尘的粉状物料等。
⑥ 包括轮胎、胶靴类橡胶制品、STYROFOAMR标牌塑料泡沫和粉尘包装的METHOCELR纤维素醚。
　F. P. 为闭杯闪点，B. P. 为标准温度和压力下的沸点。

（2）工艺单元危险系数

工艺单元危险系数 F_3 是一般工艺危险系数(F_1)与特殊工艺危险系数(F_2)相乘得到。

为了防止对过程中的危险进行重复计算，在确定物质系数时选取了某中特殊物质及其状态，则应据此进行单元危险系数的计算，最终应报告物质在工艺单元中所处的最危险状态。

一般工艺危险性是确定事故损害大小的主要因素。火灾、爆炸指数表中列出了六项内容，即放热反应、吸热反应、物料处理和输送、封闭单元或室内单元、通道、排放和泄漏。这六项内容适用于大多数作业场合，它们在火灾爆炸事故中所起的巨大作用已被证实。每个评价单元不一定每项都包括，要根据实际情况选取恰当的系数，填入表中，将每项系数相加，得到单元一般工艺危险系数。

特殊工艺危险性是影响事故发生概率的主要因素。它包括 12 项内容，即毒性物质、负压操作、在爆炸极限范围内或其附近的操作、粉尘爆炸、释放压力、低温、易燃和不稳定物质的数量、腐蚀、泄漏、明火设备、热油交换系统、转动设备。

每个评价单元不一定每项都要取值，而是当单元内存在该项危险时，就需要按规定求取危险系数。如"负压操作"只用于绝对压力小于 500mmHg（1mmHg ≈ 133.32Pa）的情况，而"释放压力"用于操作压力高于大气压的情况，这两项系数不可能同时选取。又如"易燃和不稳定物质的重量"分为三种情况，只能根据物质的一种情况确定该项危险系数。

3. 安全措施补偿系数

计算安全措施补偿系数时考虑三类安全措施：工艺控制（C_1）、物质隔离（C_2）和防火措施（C_3）。其中，每类安全措施又分为许多项，分别见表 3-6 ~ 表 3-8。

安全措施补偿系数计算步骤为：

① 得出每一项安全措施的系数，没有采取安全措施的系数为 1；

② 每一类安全措施的补偿系数是该类别中所有选取系数的乘积；

③ 将三类安全措施补偿系数相乘就得到总的安全措施补偿系数（C）；

④ 将补偿系数填入单元危险分析汇总表。

表 3-6　工艺控制补偿系数表

项　目	补偿系数范围	采用补偿系数	项　目	补偿系数范围	采用补偿系数
a. 应急电源	0.98		f. 惰性气体保护	0.94 ~ 0.96	
b. 冷却装置	0.97 ~ 0.99		g. 操作规程/程序	0.91 ~ 0.99	
c. 抑爆装置	0.84 ~ 0.98		h. 化学活泼性物质检查	0.91 ~ 0.98	
d. 紧急切断装置	0.96 ~ 0.99		i. 其他工艺危险分析	0.91 ~ 0.98	
e. 计算机控制	0.93 ~ 0.99				

表 3-7　物质隔离安全补偿系数表

项　目	补偿系数范围	采用补偿系数	项　目	补偿系数范围	采用补偿系数
a. 遥控阀	0.96 ~ 0.98		c. 排放系统	0.91 ~ 0.97	
b. 卸料/排空装置	0.96 ~ 0.98		d. 联锁装置	0.98	

表 3-8　防火设施安全补偿系数表

项　目	补偿系数范围	采用补偿系数	项　目	补偿系数范围	采用补偿系数
a. 泄漏检测装置	0.94 ~ 0.98		f. 水幕	0.97 ~ 0.98	
b. 结构钢	0.95 ~ 0.98		g. 泡沫灭火装置	0.92 ~ 0.97	
c. 消防水供应系统	0.94 ~ 0.97		h. 手提式灭火器材/喷水枪	0.93 ~ 0.98	
d. 特殊灭火系统	0.91		i. 电缆防护	0.94 ~ 0.98	
e. 洒水灭火系统	0.74 ~ 0.97				

4. 危害系数

危害系数由单元危险系数 F_3 和物质系数 MF 按图3-9来确定，它代表了单元中物料泄漏或反应能量释放所引起的火灾、爆炸事故的综合效应。如果 F_3 的数值超过8.0，以 $F_3 = 8.0$ 来确定危害系数。

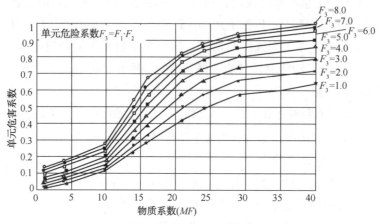

图3-9 危害系数计算图

5. 暴露区域内财产价值

暴露区域意味着其内的设备将会暴露在本单元发生的火灾或爆炸环境中。暴露区域是一个以工艺设备的关键部位为中心，以暴露半径为半径的圆。如果单元是一个小设备，就可以设备的中心为圆心，以暴露半径为半径画圆来确定暴露区域。如果设备较大，则应从设备表面向外量取暴露半径，暴露区域应该包括该评价单元，即实际影响的半径为暴露半径加上设备半径。实际情况中，暴露区域的圆心常常是泄漏点，如排气口、装卸料连接处等部位。

暴露区域的大小由暴露半径决定。将计算出来的 $F\&EI$ 值乘以 0.84 可得暴露半径 R，这里需要注意其单位为英尺，必要时需要转换为国际单位制。暴露区域面积 $= \pi R^2$。

为了评价暴露区域内设备在火灾、爆炸中遭受的损坏，要考虑实际影响的体积。该体积是一个围绕工艺单元的圆柱体，其面积是暴露区域，高度相当于暴露半径。

暴露区域内财产价值可由区域内含有的财产(包括在存的物料)的更换价值来确定。

$$更换价值 = 原来成本 \times 0.82 \times 价格增长系数 \qquad (3-32)$$

系数 0.82 是考虑事故时有些成本不会被破坏或无需更换，如场地平整、道路、地下管线和地基、工程费等。如果更换价值有更精确的计算，这个系数可以改变。价格增长系数由工程预算专家确定。

6. 损失的确定

在该评价法中需要计算基本最大可能财产损失(Base MPPD)、实际最大可能财产损失(Actual MPPD)、最大可能工作日损失(MPDO)以及停产损失(BI)。

$$基本最大可能财产损失(Base MPPD) = 暴露区内财产价值 \times 危害系数 \qquad (3-33)$$
$$实际最大可能财产损失(Actual MPPD) = Base MPPD \times 安全措施补偿系数 \qquad (3-34)$$

估算最大可能工作日损失是为了评价停产损失。MPDO 可由图3-10根据实际 MPPD 查出。在大多数情况下，一般从中间线直接读出 MPDO，若设备事故存在备件时，可以取下线(下限)值；若影响生产时间较长或难以恢复生产的故障，就取上线(上限)值。如果根据供应时间和工程进度较精确的确定停产日期，就不需要用查图的方法来确定。

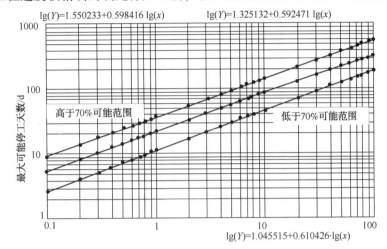

图 3-10　最大可能停工天数计算图

最大可能财产损失(实际 MPPD $ MM，以 1986 年为基准)

按照化学工程装置价格指数，到 1993 年，基准乘以 359.9/318.4 = 1.130

$$停产损失 = (最大可能工作日损失/30) \times VPM \times 0.70 \qquad (3-35)$$

式中　VPM——每月产值；

　　　0.70——固定成本和利润。

7. 危险分析汇总

确定了各项系数及各种损失后，需要将结果汇总，作为评价报告的一部分。下面列出工艺单元及生产单元危险分析汇总表，以供参考(表 3-9、表 3-10)。

表 3-9　工艺单元危险分析汇总表

1. 火灾、爆炸指数($F\&EI$)	
2. 暴露半径	m
3. 暴露面积	m²
4. 暴露区域内财产价值	百万美元
5. 危害系数	
6. 基本最大可能财产损失(暴露区内财产价值×危害系数)	百万美元
7. 安全措施补偿系数($C_1 \times C_2 \times C_3$)	
8. 实际最大可能财产损失(基本最大可能财产损失×安全措施补偿系数)	百万美元
9. 最大可能停工天数	
10. 停产损失	

表 3-10　生产单元危险分析汇总表

地区/国家	部门	场所
位置	生产单元	操作类型
评价人	生产单元总替换价值	日期

工艺单元主要物质	物质系数	火灾、爆炸指数 F&EI	影响区内财产价值/百万美元	基本 MPPD/百万美元	实际 MPPD/百万美元	停工天数MPDO	停产损失 BI/百万美元

二、蒙德火灾爆炸毒性指标评价法

1974 年英国帝国化学公司(ICI)蒙德部在对现有装置和设计建设中装置的危险性研究中，既肯定了道化学公司的火灾爆炸指数评价法，又在其定量评价基础上对第三版作了重要的改进和扩充，增加了毒性的概念和计算，并发展了一些补偿系数。蒙德火灾爆炸毒性指标评价法的评价程序如图 3-11 所示。

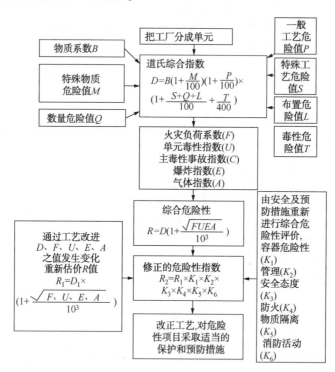

图 3-11　ICI 蒙德法评价程序

该评价法首先将评价系统划分成单元，选择有代表性的单元进行评价。评价过程分两个阶段进行，一是初期危险度评价，二是最终危险度评价。

初期危险度评价是不考虑任何安全措施，评价单元潜在危险性的大小。评价的项目包括：确定物质系数(B)、特殊物质的危险性(M)、一般工艺危险性(P)、特殊工艺危险性(S)、数量的危险性(Q)、布置上的危险性(L)、毒性危险性(T)。

初期危险度评价主要是了解单元潜在危险的程度。评价单元潜在危险性一般都比较高，因此需要采取安全措施，降低危险性，使之达到人们可以接受的水平。蒙德法将实际生产过程中采取的安全措施分为两个方面，一是降低事故的频率，即预防事故的发生；二是减小事故的规模，即事故发生后，将其影响控制在最小限度。减少事故频率的安全措施包括容器系统(K_1)、工艺管理(K_2)、安全态度(K_3)三类；减小事故规模的安全措施包括防火(K_4)、物质隔离(K_5)、消防活动(K_6)三类。这六类安全措施每类又包括数项安全措施，每项根据其降低危险所起的作用给予小于1的补偿系数。各类安全措施补偿系数等于该类各项系数取值之积。安全措施的具体内容见表3-11。

表 3-11　安全措施补偿系数

1. 容器系统	用的系数	3. 安全态度	用的系数
(1)压力容器		(2)安全训练	
(2)非压力立式储罐		(3)维修及安全程序	
(3)输送配管①设计应变		安全态度补偿系数之积 K_3 =	
②接头与垫圈		4. 防火	
(4)附加的容器及防护堤		(1)检测结构的防火	
(5)泄漏检测与响应		(2)防火墙、障壁等	
(6)排放物质的废弃		(3)装置火灾的预防	
容器系统补偿系数之积 K_1 =		防火补偿系数之积 K_4 =	
2. 工艺管理		5. 物质隔离	
(1)警报系统		(1)阀门系统	
(2)紧急用电力供给		(2)通风	
(3)工程冷却系统		物质隔离补偿系数之积 K_5 =	
(4)惰性气体系统		6. 灭火活动	
(5)危险性研究活动		(1)火灾报警	
(6)安全停止系统		(2)手动灭火器	
(7)计算机管理		(3)防火用水	
(8)爆炸及不正常反应的预防		(4)洒水器及水枪系统	
(9)操作指南		(5)泡沫及惰性化设备	
(10)装置监督		(6)消防队	
工艺管理补偿系数之积 K_2 =		(7)灭火活动的地域合作	
3. 安全态度		(8)排烟换气装置	
(1)管理者参加		灭火活动补偿系数之积 K_6 =	

将各项补偿系数汇总入表，并计算出各项补偿系数之积，得到各类安全措施的补偿系数。根据补偿系数，可以求出补偿后的评价结果，它表示实际生产过程中的危险程度。

补偿后评价结果的计算式如下：

① 补偿火灾负荷 F_2　　$F_2 = F \times K_1 \times K_4 \times K_5$

② 补偿装置内部爆炸指标 E_2　　$E_2 = E \times K_2 \times K_3$

③ 补偿环境气体爆炸指标 A_2　　$A_2 = A \times K_1 \times K_5 \times K_6$

④ 补偿总危险性评分 R_2　　$R_2 = R \times K_1 \times K_2 \times K_3 \times K_4 \times K_5 \times K_6$

补偿后的评价结果，如果评价单元的危险性程度降低到可以接受的程度，则评价工作可以继续下去。否则，就要更改设计，或增加补充安全措施，然后重新进行评价计算，直至达到安全为止。

思考题

1. 可燃气体泄漏后的事故形式有哪些？什么情况下发生？
2. 液体的稳定燃烧速度与哪些因素有关？
3. 1kg 的 TNT 发生爆炸，计算距离爆源 30m 处的超压。
4. 道化学火灾爆炸指数评价法与蒙德火灾爆炸毒性指标评价法有哪些异同点？

第四章　化工反应过程热风险评估

第一节　热风险评估原理

化学工业是国民经济的支柱产业，也是社会发展和进步的重要物质基础。由于化工生产过程中涉及的原料、中间产品、产品及废弃物大多具有易燃易爆、有毒有害、易腐蚀等特性，火灾、爆炸、泄漏和中毒等事故频繁发生。化工生产的这些特点决定了其生产事故发生的可能性高，事故后果严重，除了易造成人员伤亡、财产损失等直接损失之外，还可能对环境造成持久的破坏。在化工行业中，聚合、硝化、磺化、水解、氧化、重氮化等放热反应占了很大的比例，此类反应如果在生产中失去控制，引起热量的积累或意外释放，可导致严重的生产安全事故。2012 年河北赵县"2·28"事故，由硝基胍和硝酸铵局部反应热失控引发爆炸，造成 29 人死亡、46 人受伤。2015 年东营利津县"8·31"重大爆炸事故，混二硝基苯装置在投料试车过程中引发反应热失控，引发爆燃事故，造成 13 人死亡，25 人受伤。统计表明化工放热反应的危险主要来源于热失控，如世界著名的 Chiba-Geigy 公司（瑞士）对 1971~1980 年 10 年间的工厂事故进行了统计，结果表明其中 56% 的事故是由热失控或近于失控造成的。日本对间歇式工艺事故统计分析的结果也与之类似，即成为着火源的 51%~58% 来自反应热。化学反应过程的热危险性主要表现为反应失控，即反应系统因反应放热而使温度升高，在经过一个"放热反应加速-温度再升高"，以至超过了反应器冷却能力的控制极限，形成恶性循环后，反应物、产物分解，生成大量气体，压力急剧升高，最后导致喷料，反应器破坏，甚至燃烧、爆炸的现象。因此对化学工业中大量存在的放热反应开展有效的热危险性评估，将对化工行业的安全具有十分重要的意义。当前对化工反应安全风险评估，主要是对反应的热风险进行评估。

为此，《国家安全监管总局关于加强精细化工反应安全风险评估工作的指导意见》（安监总管三〔2017〕1 号）明确提出：企业中涉及重点监管危险化工工艺和金属有机物合成反应（包括格氏反应）的间歇和半间歇反应，有以下情形之一的，要开展反应安全风险评估：

① 国内首次使用的新工艺、新配方投入工业化生产的以及国外首次引进的新工艺且未进行过反应安全风险评估的；

② 现有的工艺路线、工艺参数或装置能力发生变更，且没有反应安全风险评估报告的；

③ 因反应工艺问题，发生过生产安全事故的。

化学工艺过程的热安全问题属于本质安全化工艺的研究范畴。在 20 世纪 70 年代，有"本质安全之父"之称的英国教授克莱兹（Trevor Kletz）首次提出了化工过程本质安全化的概念。避免化工重大事故发生最有效的手段，不是依靠更多、更可靠的附加安全设施，而是从根源上消除或减少系统内发生重大事故的可能性，通过本身的工艺设计来减少或消除工艺过程中潜在的危险性，使之达到可接受的风险水平。1985年克莱兹把化工工艺过程中的本质安全归纳成了五条基本原理：最小化/强化、替代、缓和、后果影响控制及简化。化工反应风险研究的主要任务是：在工艺研究的基础上完成对相关工艺过程的反应风险研究，开展工艺风险评估，提出安全可靠的工艺条件，同时进一步建立完善的风险控制措施。因此，开展反应风险评估研究和工艺风险评估对于实现化工生产本质安全具有重要意义。

一、与热相关的基本概念

1. 反应热

反应热（Heat of Reaction）是指体系在等温、等压过程中发生物理或化学变化时所放出或吸收的热量。精细化工行业中的大部分化学反应是放热的，反应过程中有热能释放。事故发生时，能量的释放量对事故造成的可能损失有直接影响，因此，反应热是进行化学反应风险评估的重要依据。

反应热可以用摩尔反应焓（ΔH_r，$kJ \cdot mol^{-1}$）和比反应热（Q_r'，$kJ \cdot kg^{-1}$）表示。比反应热与摩尔反应焓直接的关系为

$$Q_r' = \rho^{-1} c(-\Delta H_r) \tag{4-1}$$

式中　c——反应物的浓度。

对于放热反应体系对应的反应热 ΔH_r 应为负值，吸热反应体系对应的反应热 ΔH_r 应为正值。

2. 分解热

化工行业所使用的化合物很多都是处于亚稳定状态。如果输入一个附加的能量（如温度升高），可能会使化合物变成高能和不稳定的中间状态，这个中间状态可通过难以控制的能量释放使自身转化成更稳定的状态。图4-1显示了这样的一个反应路径。沿着反应路径，能量首先增加，然后降到一个较低的水平，分解热（ΔH_d）沿着反应路径释放。它通常比一般的反应热数值大，但比燃烧热低。分解产物往往未知或者不容易确定，很难由标准生成焓估算分解热。

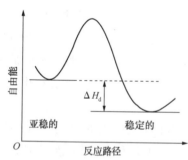

图4-1　自由能沿反应路径的变化

一般建议通过实验方法如 DSC 来确定分解热，该方法可以模拟严格的密闭条件，将测试样品从室温加热到500℃左右。

3. 比热容

比热容 c（Specific Heat Capacity）的定义比较简单，就是单位质量的物质温度提高1K所需要的热量。因此，这个量可以认为是物质储存热能能力的量度，单位 J/（kg·K）。比热容是反映物质的吸热（或放热）本领大小的物理量，因此对传热过程也是非常重要的参数。它是物质的一种属性。任何物质都有自己的比热容，即使是同种物质，由于所处的物态不

同，比热容也不相同。

相比较而言，水的比热容较高，无机化合物的比热容较低，有机化合物的比热容比较适中，如表 4-1 所示。

表 4-1 各化合物比热容的典型值

化合物	$c_p / [\mathrm{kJ/(kg \cdot K)}]$	化合物	$c_p / [\mathrm{kJ/(kg \cdot K)}]$
水	4.2	甲苯	1.69
甲醇	2.55	p-二甲苯	1.72
乙醇	2.45	氯苯	1.3
2-丙醇	2.58	四氯化碳	0.86
丙酮	2.18	氯仿	0.97
苯胺	2.08	10%的 NaOH 水溶液	1.4
n-己烷	2.26	100%H_2SO_4	1.4
苯	1.74	NaCl	4.0

4. 绝热温升

绝热温升（Adiabatic Temperature Rise）是指在绝热条件下进行的放热反应，反应物完全转化时所放出的热量导致物料温度的升高，用 ΔT_{ad} 表示，可以由反应热除以比热容得到：

$$\Delta T_{ad} = \frac{(-\Delta H_r) c_{A0}}{\rho c_p'} = \frac{Q_r'}{c_p'} \tag{4-2}$$

5. 温度对反应速率的影响

在考虑化工工艺热风险问题时，控制反应进程的关键在于控制反应速率。因为反应速率越快，放热反应的放热速率也越快，就越容易发生失控，所以，化学反应速率是失控反应的原动力。

以一个反应级数为 n 的单一反应（Single Reaction）$A \rightarrow P$ 为例，化学反应的速率方程为

$$-r_A = k_{A0}^n (1 - X_A)^n \tag{4-3}$$

式中 X_A——A 物质的转化率。

由公式可知，反应速率随着转化率的增加而降低。根据 Arrhenius 模型，速率常数 k 是温度的指数函数：

$$k = k_0 \exp\left(-\frac{E}{RT}\right) \tag{4-4}$$

式中 k_0——频率因子或指前因子；

E——反应的活化能，$J \cdot mol^{-1}$；

R——摩尔气体常量，$8.314 J \cdot mol^{-1} \cdot K^{-1}$。

Van't Hoff 规则可粗略地用于考虑温度对反应速率影响，即温度每上升 10K，反应速率加倍。

6. 热量平衡

对于放热化学反应，反应体系产生热量，如果热量没有移走，就会造成体系温度迅速升高，达到失控状态时，后果往往非常严重。因此在考虑工艺热风险时，必须充分理解热

平衡(Heat Balance)的重要性。

常见的热平衡项包括：热生成(Heat Production)、热移出(Heat Removal)、热累积(Heat Accumulation)、物料流动引起的对流热交换(Convective Heat Exchange Due to Mass Flow)、加料引起的显热(Sensible Heat Due to Feed)、搅拌装置(Stirrer)产生的热能、热散失(Heat Losses)等。在大多数情况下，只考虑热生成、热移出、热累积这三项对于安全问题已经足够了。

① 热生成

放热化学反应的热生成对应放热速率。放热速率与摩尔反应焓及反应速率成正比例关系，即

$$q_{rx} = (-r_A)V(-\Delta H_r) \tag{4-5}$$

控制反应放热是反应器安全的关键，可见，热生成对反应器安全而言非常重要。对于一个简单的 n 级反应，反应速率可以表示如下：

$$-r_A = k_0 e^{-\frac{E}{RT}} c_{A0}^n (1-X)^n \tag{4-6}$$

将式(4-6)代入式(4-5)，可得

$$q_{rx} = k_0 e^{-\frac{E}{RT}} c_{A0}^n (1-X)^n V(-\Delta H_r) \tag{4-7}$$

从式(4-7)可以看出，反应的放热速率是温度的指数函数，同时放热速率与反应体系的体积成正比，因此随着反应容器的线尺寸的立方值(L^3)而变化。

② 热移出

根据传热机理的不同，传热的基本方式有三种：热传导、热对流和热辐射。在这里，我们将只考虑热对流，通过强制对流，载热体通过反应器壁面的热交换 q_{ex} 与传热面积 A 及传热驱动力成正比，此处的驱动力是指反应介质与载热体之间的温差。反应介质与载热体之间的综合传热系数用 U 表示。

$$q_{ex} = UA(T_c - T_r) \tag{4-8}$$

如果反应混合物的物理化学性质发生显著变化，综合传热系数 U 也将发生变化，成为时间的函数。

从式(4-8)可以看出，热移出速率与传热面积成正比，因此它正比于反应器线尺寸的平方值(L^2)。这意味着当反应器尺寸必须改变时(如工艺放大)，热移出速率的增加远远不及热量的生成速率。因此，对于较大的反应器来说，热平衡问题需要认真考虑。

表4-2给出了一些典型的反应器尺寸参数，表4-3给出了这些典型反应器的比冷却能力。

表4-2 不同反应器的传热比表面积

规 模	反应器体积/m³	传热面积/m²	传热比表面积/m⁻¹
研究实验	0.0001	0.01	100
实验室规模	0.001	0.03	30
中试规模	0.1	1	10

规　模	反应器体积/m³	传热面积/m²	传热比表面积/m⁻¹
生产规模	1	3	3
生产规模	10	13.5	1.35

表 4-3　不同规模反应器典型的比冷却能力

规　模	反应器体积/m³	比冷却能力/W·kg⁻¹·K⁻¹	典型的冷却能力/W·kg⁻¹
研究实验	0.0001	30	1500
实验室规模	0.001	9	450
中试规模	0.1	3	150
生产规模	1	0.9	45
生产规模	10	0.4	20

表 4-3 中容器壁冷却能力的计算条件：将容器盛装介质至公称容积，其综合传热系数为 $300W·m^{-2}·K^{-1}$，密度为 $1000kg·m^{-3}$，反应器内物料与冷却介质的温差为 50K。

从表中可以看出，从实验室规模按比例放大到生产规模时，反应器的比冷却能力（specific cooling capacity）大约相差 2 个数量级，这对实际应用很重要，因为在实验室规模中没有发现放热效应，并不意味着在更大规模的情况下反应是安全的。

③ 热累积

在忽略其他热效应影响的情况下，反应体系内的热累积速率等于热生成速率与热移出速率的差值，如下式所示：

$$q_{ac} = q_{rx} + q_{ex} = (-r_A)V(-\Delta H_r) + UA(T_c - T_r) \tag{4-9}$$

热累积速率还可以表示为

$$q_{ac} = \rho V c_p' \frac{dT_r}{dt} \tag{4-10}$$

因此，

$$\rho V c_p' \frac{dT_r}{dt} = (-r_A)V(-\Delta H_r) + UA(T_c - T_r) \tag{4-11}$$

对一个 n 级反应，温度随时间的变化可通过式(4-11)获取，如下所示：

$$\frac{dT_r}{dt} = \frac{(-r_A)(-\Delta H_r)}{\rho c_p'} + \frac{UA(T_c - T_r)}{\rho V c_p'} = \Delta T_{ad}\frac{(-r_A)}{c_{A0}} + \frac{UA(T_c - T_r)}{\rho V c_p'} \tag{4-12}$$

其中，

$$\Delta T_{ad} = \frac{(-\Delta H_r)c_{A0}}{\rho c_p'} \tag{4-13}$$

二、失控反应

对于一个反应体系，如果冷却系统的冷却能力低于反应的热生成速率，体系的温度将升高。温度越高，反应速率越大，反过来又使热生成速率进一步提高。因为反应放热随温度呈指数增加，而反应器的冷却能力随温度只是线性增加，造成冷却能力不足，最终发展成反应失控或热爆炸。这种反应失控的危险不仅可以发生在作业的反应器里，而且也可能发生在其他的操作单元，甚至储存过程中。目前反应失控及其致灾机理已经成为安全工程领域重要的研究方向。

1. Semenov 热温图

反应失控主要是由体系热失衡所致。体系的热平衡可以通过 Semenov 热温图体现出来，如图 4-2 所示。

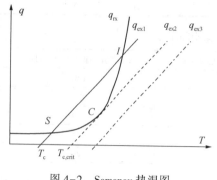

图 4-2　Semenov 热温图

在图 4-2 Semenov 热温图中，反应的热生成速率和冷却系统热移出速率的交点 S 和 I 代表平衡点。交点 S 是一个稳定工作点；I 代表一个不稳定的工作点；C 点对应于临界热平衡。

根据前面的热平衡项中的热生成项（考虑一个简单的 n 级反应）和热移出项：

$$q_{rx} = k_0 e^{-\frac{E}{RT}} c_{A0}^n (1-X)^n V(-\Delta H_r) \qquad (4-14)$$

$$q_{ex} = UA(T_c - T_r) \qquad (4-15)$$

可以看出热生成速率 q_{rx} 是温度的指数函数，如 Semenov 热温图中热生成速率曲线 q_{rx} 所示。热移出速率 q_{ex} 是温度的线性函数，斜率为 UA，如 Semenov 热温图中热移出速率曲线 q_{ex1} 所示。在斜率不变的情况下，热移出速率曲线随冷却介质温度平行移动，正如 Semenov 热温图中 q_{ex2} 和 q_{ex3} 所示。

热量平衡状态下，热生成速率等于热移出速率（$q_{rx} = q_{ex}$），对应于 Semenov 热温图中的两个交点上，分别是 S 点和 I 点。较低温度下的交点（S）是一个稳定平衡点。若在 S 点操作，体系温度稍有波动，会立即恢复到 S 点。例如，当温度由 S 点向高温移动时，热移出速率大于热生成速率，会使体系温度下降，直到热生成速率等于热移出速率，系统恢复到其稳态平衡。反之，温度由 S 点向低温移动时，热生成占主导地位，温度升高直至再次达到稳态平衡。因此，S 点是一个稳定的平衡点。若在 I 点操作，当温度低于 I 点对应温度时，热移出占主导，会使体系温度回到 S 点，但是一旦体系温度高于 I 点对应温度时，热生成占主导，此时热移出速率的增加远远小于热生成速率的增加，冷却系统已无能力将体系温度降下来，因此形成失控条件。

不过如果在 S 点进行操作，也有其缺点，主要是反应温度低，反应速率慢，生成周期长，相应的，生产成本高。为了克服这些缺点，一种方法是通过降低冷却介质循环量等方式使热移出速率曲线斜率 UA 减小，如图 4-3 中 q_{ex2} 所示。此时，体系的稳定工作点 S 移到 S' 点，不稳定工作点 I 移到 I' 点。但 UA 的减小也有限度，当 UA 减小至 S' 点与 I' 点重合于 C 点时，即热移出速率曲线与热生成速率曲线相切时，会形成不稳定的体系。提高体系操作温度的第二种方法是保持 UA 不变，提高冷却介质的温度 T_c，当冷却系统温度较高时，相当于冷却线向右平移（图 4-2 中虚线）。两个交点相互逼近直到它们重合为一点。这个点对应于切点，是一个不稳定点，相应的冷却系统温度称为临界温度（T_{crit}）。当冷却介质温度大于 T_{crit} 时，热移出速率线与热生成速率线没有交点，意味着热平衡方程无解，失控不可避免。

可见，临界温度（T_{crit}）是化工反应过程中热风险的一个十分重要的参数。为了评估操作条件的稳定性，了解反应器运行时冷却介质温度是否远离或接近临界温度就显得非常重要。下面通过 Semenov 热温图（图 4-4）来推导临界温度。

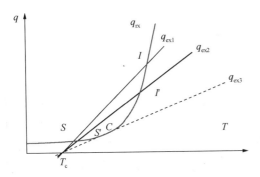
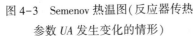

图 4-3　Semenov 热温图(反应器传热
参数 UA 发生变化的情形)

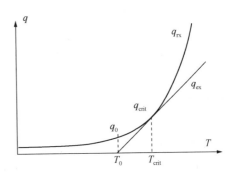

图 4-4　Semenov 热温图(临界温度的计算)

我们考虑一个简单的 n 级反应情形，其放热速率表示为温度的函数，即

$$q_{rx} = k_0 e^{-\frac{E}{RT}} c_{A0}^n (1-X)^n V(-\Delta H_r) \tag{4-16}$$

在临界条件下，反应的热移出速率与反应器的冷却能力相等：

$$k_0 e^{-\frac{E}{RT}} c_{A0}^n (1-X)^n V(-\Delta H_r) = UA(T_{crit} - T_0) \tag{4-17}$$

由于两线相切于此点，则其导数相等：

$$\frac{dq_{rx}}{dT} = k_0 e^{-\frac{E}{RT_{crit}}} c_{A0}^n (1-X)^n V(-\Delta H_r) \frac{E}{RT_{crit}^2} \tag{4-18}$$

$$\frac{dq_{ex}}{dT} = UA \tag{4-19}$$

因此，

$$k_0 e^{-\frac{E}{RT_{crit}}} c_{A0}^n (1-X)^n V(-\Delta H_r) \frac{E}{RT_{crit}^2} = UA \tag{4-20}$$

将式(4-17)与式(4-20)联立，得到临界温度的差值：

$$\Delta T_{crit} = T_{crit} - T_0 = \frac{RT_{crit}^2}{E} \tag{4-21}$$

临界温度 (T_{crit}) 可由 $T_{crit} - T_0 = \dfrac{RT_{crit}^2}{E}$ 计算求出：

$$T_{crit} = \frac{E}{2R} \left(1 \pm \sqrt{1 - \frac{4RT_0}{E}} \right) \tag{4-22}$$

由 $\Delta T_{crit} = T_{crit} - T_0$ 可得 $T_{crit} = \Delta T_{crit} + T_0$

$$\Delta T_{crit} = \frac{RT_{crit}^2}{E} = \frac{R(\Delta T_{crit} + T_0)^2}{E} = \frac{RT_0^2 \left(1 + \dfrac{\Delta T_{crit}}{T_0}\right)^2}{E} \tag{4-23}$$

即 $\Delta T_{crit} = \dfrac{RT_0^2}{E} \left(1 + \dfrac{2\Delta T_{crit}}{T_0} + \dfrac{\Delta T_{crit}^2}{T_0^2} \right)$ \hfill (4-24)

由式(4-24)可知，保持反应器稳定所需的最低温度差为

$$\Delta T_{crit} = T_{crit} - T_0 \geqslant \frac{RT_0^2}{E} \tag{4-25}$$

2. 冷却失效情形

对于一个放热化学反应而言，最坏情形是反应过程中突然发生冷却失效，在此情形下，反应放出的热量无法经过热交换移去，反应体系的热生成远远大于热移出，热量失衡，体系温度迅速上升，导致反应失控。

R. Gygax 曾以放热间歇反应为例，提出了冷却失效模型。正常反应过程是：在室温下将反应物加入反应器，在搅拌状态下加热到反应温度，然后使其保持在反应停留时间和产率都经过优化的水平上。反应完成后，冷却并清空反应器（图4-5中虚线）。现假定反应器处于反应温度 T_p 时发生冷却失效（图4-5中点4），如果把整个反应体系可以近似看成绝热体系，反应器中未反应的物料将继续反应，使反应体系温度进行升高。此温升取决于未反应物料的量，即取决于工艺操作条件。温度将达到合成反应的最高温度 MTSR（maximum temperature of the synthesis reaction）。这个温度可能会引发反应体系内物料的分解（称为二次分解反应，secondary decomposition reaction），二次分解反应放热会导致温度进一步上升（图4-5阶段6），到达最终温度 T_{end}。在图4-5中，$\Delta T_{ad,rx}$ 表示冷却失效后目标反应的绝热温升；$\Delta T_{ad,d}$ 表示二次分解反应的绝热温升；TMR_{ad}（time to maximum rate）表示失控反应体系在绝热条件下达到最大反应速率的时间。

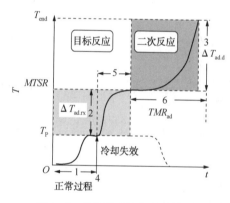

图 4-5 放热反应冷却失效情形

图 4-5 中数字 1~6 代表了 6 个关键问题，这六个关键问题的解决有助于建立失控模型，并对风险评估所需的参数提供指导。

（1）通过冷却系统是否能控制工艺温度？

在正常生产条件下，必须保证足够的冷却能力来控制反应器的温度，从而控制反应历程。在工艺研发阶段和初步设计阶段，这个问题必须认真考虑，以确保在反应进行时，冷却系统有足够的冷却能力，对反应温度进行控制。在工艺研发阶段采取计算和测试方法，获取反应的放热速率 q_{rx}，在工艺设计过程中充分考虑冷却系统的冷却能力 q_{ex}。

（2）目标反应失控后体系温度会达到什么样的水平？

冷却失效后，如果反应混合物中仍然存在未转化的反应物，则这些未转化的反应物将继续反应并导致近似绝热温升，这些未转化的反应物被认为是物料累积，产生的热量与累积百分数成正比。因此，要解决这个问题就需要研究反应物的转化率和时间的函数关系，以确定未转化反应物的累积度 X_{ac}。由此可以得到合成反应的最高温度 MTSR 为

$$MTSR = T_p + X_{ac} \cdot \Delta T_{ad,rx} \tag{4-26}$$

热失控（绝热）条件下，工艺合成反应最高温度（MTSR）计算所需的相关数据，可以通过反应量热的方法获得。反应量热仪可以测试目标反应的反应热，从而确定绝热温升 $\Delta T_{ad,rx}$。对放热速率进行积分就可以确定累积度 X_{ac}。

（3）二次反应失控后温度将达到什么样的水平？

由于 MTSR 高于设定的工艺温度，体系在 MTSR 下，有可能导致二次分解反应的发生。

二次分解反应继续放热，将进一步导致温度升高，体系温度达到最终值，用 T_{end} 表示：

$$T_{end} = MTSR + \Delta T_{ad,d} \tag{4-27}$$

通过量热法如 DSC、Calvet 量热和绝热量热等测试分析，可以获取这些数据。

（4）什么时刻发生冷却失效会导致最严重的后果？

对于放热反应来说，物料累积最大时是热量累积最严重的时刻，一旦此时发生冷却失效，后果将是最严重的，这可以通过反应量热获取物料累积方面的信息。在工艺设计时，要充分考虑此时冷却失效后的需要采取的安全控制措施。另外，还要考虑反应混合物料的热稳定性最差的情况，这可以通过组合 DSC、Calvet 量热和绝热量热来研究热稳定性问题，根据热稳定性进行工艺设计。

（5）目标反应发生失控有多快？

从发生冷却失效时的工艺温度（T_p）开始升温到 MTSR 需要经过一定的时间，在大多数情况下，这个时间很短（图 4-5 阶段 5）。这是因为，在正常反应工艺温度下，反应速率已经经过了优化，一般速率很快。冷却失效后，温度升高将导致反应速率进一步加速，从而导致达到 MTSR 所需的时间很短。这个时间可以通过反应的初始放热速率和最大反应速率到达时间（TMR_{ad}）来估算：

$$TMR_{ad} = \frac{c_p' R T_p^2}{q_{(T_p)} E} \tag{4-28}$$

式中　c_p'——反应体系比热容；

　　　R——气体常数；

　　　T_p——工艺反应温度；

　　　$q_{(T_p)}$——T_p 温度下的反应放热速率；

　　　E——反应的活化能。

（6）从 MTSR 开始，分解反应失控有多快？

在冷却失效的情况下，体系温度在短时间内达到了最高值 MTSR，这是目标反应发生失控的结果，如果 MTSR 达到了物料发生二次分解反应的温度，物料将进一步发生二次分解反应，反应体系的温度会继续升高，达到最终温度 T_{end}。二次分解反应的动力学对确定事故发生可能性起着重要的作用。运用绝热条件下最大反应速率到达时间（TMR_{ad}）来估算：

$$TMR_{ad} = \frac{c_p' R T_{MTSR}^2}{q_{MTSR} E} \tag{4-29}$$

式中　c_p'——反应体系比热容；

　　　R——气体常数；

　　　T_{MTSR}——工艺合成反应的最高温度；

　　　q_{MTSR}——T_{MTSR} 温度下的反应放热速率；

　　　E——反应的活化能。

三、热风险评估原理

欧洲化学工程联合会将风险（risk）定义为潜在损失的度量，用可能性和严重度表述对环境的破坏和对人员的伤害。常用的定义是，风险是可能性与严重度的乘积，即：风险=严重度 X 可能性。更普遍的看法是将风险看成是可能性与严重度的组合，并通过两者描述潜在危险转化为事故的概率及其后果。化学反应的热风险就是由反应失控及其相关后果(如引发失控反应)带来的风险。对于化工工艺的反应热风险可以采用严重度与可能性组成的风险矩阵进行分析和评估。

1. 风险矩阵法

风险矩阵是一种以几率暴露、频率及类似项与后果的叠加来表示风险的图表，在定性风险评价和风险划分准则的图示中有着广泛的用途。在矩阵中，以后果对应的几率作图画出折线，与所导致的风险类型相对应，分别用不同的阴影表示。

现分别以 ΔT_{ad} 和 TMR_{ad} 作为评估目标反应热失控严重度和引发二次分解反应可能性的两个参数，给出如表 4-4~表 4-6 所示的分级标准及风险评估矩阵，由此便可简单快捷地根据目标反应和二次反应的有关参数，定性给出反应热失控风险可接受程度。

表 4-4 失控反应严重度的评估准则

简化的三等级分类	扩展的四等级分类	$\Delta T_{ad}/K$
高 (high)	灾难性的(catastrophic)	>400
	危险的(critical)	200~400
中等的(medium)	中等的(medium)	50~200
低的(low)	可忽略的(negligible)	<50 且无压力

表 4-5 失控反应发生可能性的评估判据

简化的三等级分类	扩展的六等级分类	TMR_{ad}/h
高 (high)	频繁发生的(frequent)	<1
	很可能发生的(probable)	1~8
中等的(medium)	偶尔发生的(occasional)	8~24
低的 (low)	很少发生的(seldom)	24~50
	极少发生的(remote)	50~100
	几乎不可能发生的(almost impossible)	>100

表 4-6 评估反应热失控的风险矩阵

	可忽略的	临界的	危险的	灾难性的
频繁的				
很可能的				
偶然的				
极少的				
微弱可能性的				
几乎不可能的				

注：空白表示风险可接受，■表示风险不可接受，▨表示须采取措施减少风险。

2. 工艺危险度

工艺危险度指的是工艺反应本身的危险程度，危险度越大的反应，反应失控后造成事故的严重程度就越大。工艺危险度取决于以下四个温度参数：

① 工艺操作温度（T_P）：冷却情形的初始温度。冷却失效时，如果反应体系同时存在物料最大累积量和物料具有最差稳定性的情况，在考虑控制措施和解决方案时，必须充分考虑反应过程中冷却失效时的初始温度（T_P）。

② 合成反应的最高温度（$MTSR$）：这个温度取决于未反应物料的累积度，未反应物料的累积程度越大，在反应发生失控后，工艺反应可能达到的最高温度 $MTSR$ 越大。$MTSR$ 在很大程度上取决于工艺条件的设计。

③ TMR_{ad} 为 24h 的温度（T_{D24}）：这个温度的大小受反应混合物热稳定性的好坏所影响，它是反应物料热稳定性不出现问题时的最高温度。

④ 技术原因影响的最高温度（MTT）：对于和外界大气相通的开放体系而言，反应体系溶剂或原料的沸点就是 MTT；对于封闭体系而言，例如压力反应体系，此温度为反应容器最大允许压力时所对应的反应温度。

在反应冷却失效后，这四个温度参数出现的次序不同，形成不同类型的情形，危险度也不同。根据上述四个温度参数之间的关系，可将反应危险程度分为五级，如图 4-6 所示。各级危险度情形的具体描述如下：

① 一级危险度：$T_P<MTSR<MTT<T_{D24}$。在目标反应失控后，若温度没有达到技术极限（即 $MTSR<MTT$），且由于 $MTSR<T_{D24}$，此时体系不会引发物料的二次分解反应，也不会导致反应物料剧烈沸腾而造成冲料危险。在体系发生热累积的过程中，考虑反应混合物的物料蒸发和冷却等情况，也可以带走部分热量，为系统安全提供一定的保障条件。因此，对于一级危险度情形不需要采取特殊

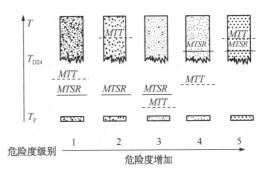

图 4-6　工艺危险度等级

的处理措施，只要设计得当，蒸发冷却或紧急泄压可起到安全屏障的作用。不过，需要避免反应物料在热累积状态有过多时间的停留，以免达到由于技术原因影响的最高温度 MTT。

② 二级危险度：$T_P<MTSR<T_{D24}<MTT$。目标反应失控后，温度达不到技术极限（$MTSR<MTT$），且不会触发二次分解反应（$MTSR<T_{D24}$）。但是，由于 MTT 高于 T_{D24}，如果反应物料长时间停留在热累积状态，可能触发二次分解反应，温度达到 MTT。因此对于二级危险度情形，如果能避免热累积，则不需要采取特殊措施。如果不能避免出现热累积，蒸发冷却或紧急泄压最终可以发挥安全屏障的作用。因此，在工艺设计时应该考虑这些因素。

③ 三级危险度：$T_P<MTT<MTSR<T_{D24}$。目标反应失控后，温度可以达到技术极限（$MTSR>MTT$），容易引起反应料液沸腾导致冲料危险的发生，甚至导致体系瞬间压力的升高，发生爆炸危险事故。但是，体系温度并未达到 T_{D24}，不会触发二次分解反应，不会导致反应的进一步恶化。此时，反应体系的安全性取决于 MTT 时目标反应放热速率的快慢。出现三级危险度时，一般采用反应混合物的蒸发冷却和降低反应系统压力等技术措施加以控制。

④ 四级危险度：$T_p < MTT < T_{D24} < MTSR$。目标反应失控后，温度将达到技术极限（$MTSR > MTT$），并且从理论上来说会触发分解反应（$MTSR > T_{D24}$）。在这种情况下，反应体系在技术原因影响的最高温度 MTT 时的目标反应和二次分解反应的放热速率决定了整个工艺的安全性情况。蒸发冷却或紧急泄压可以起到安全屏障的作用，一旦此时的技术措施失效，则会引发二次分解反应的发生，使整个反应体系变得更加危险。因此，对于四级危险度情形需要一个可靠的技术措施。例如：安装具有足够冷却能力的冷凝器，并且要求回流所用的冷却介质具有独立的供冷系统；工艺设计的回流系统能够在反应失控时蒸气流速很高的情况下正常工作，以免出现蒸气泄漏、液位上涨等危险情况，从而造成压头损失。

⑤ 五级危险度：$T_p < T_{D24} < MTSR < MTT$。目标反应失控后，系统将触发二次分解反应，由于二次分解反应不断放热，在放热过程中将会使体系达到技术极限（MTT）。在 MTT 时，二次分解反应放热速率更快，大量释放的能量由于不能及时移除，将会导致反应体系处于更加危险的状态。单纯依靠蒸发冷却和紧急泄压很难再起到安全屏障的作用。因此，五级危险度情形是一种很危险的情形，普通的技术措施不能解决五级危险度的情形，必须建立更加有效的应急措施，例如：采用骤冷或物料紧急排放措施。由于大多数情况下分解反应释放的能量很大，必须特别关注安全措施的设计。为了降低严重度或至少是降低触发（分解反应）失控的可能性，很有必要重新设计工艺。如：降低浓度、由间隙反应变换为半间歇反应、优化半间歇反应的操作条件从而使物料累积最小化、转为连续操作等。

根据反应失控的历程，结合危险度分级方法，可以对工艺过程中化学反应的热风险进行评估，流程如图 4-7 所示。该评估程序将严重度和发生可能性分开进行考虑，并考虑到了安全实验室中获取数据的经济性。然后，在所构建情形的基础上，确定危险度等级，从而有助于选择和设计风险降低措施。因而，实际评价过程中最好将风险矩阵法与危险度分级联合使用。

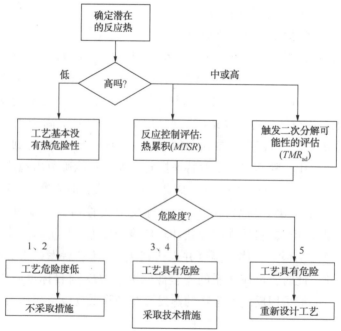

图 4-7　评估程序（该程序显示构建失效情形、进行危险度等级评估所需的步骤与参数）

第二节　反应热分析实验技术

为了进行反应热风险评估，需要测试并获取目标反应和二次分解反应的有关参数，因此，有必要了解掌握反应热分析仪器(主要是量热仪)的实验技术。当用于获取安全评估所需的参数时，可供选择的量热仪不是很多，选择时主要应该考虑其耐用性。把这些仪器用于安全问题的研究时，经常会涉及到一些特殊条件，这就要求这些仪器一方面能模拟反应的正常操作条件，另一方面还能承受反应过程中的最坏情形。安全实验室常用的量热仪器如表4-7所示。

表 4-7　安全实验室常用的量热仪器

仪 器 名 称	适 用 范 围	样 品 量	温度测量范围
DSC(差示扫描量热仪)	筛选实验，二次反应	1~50mg	−50~500℃
Calvet 量热仪	目标反应、二次反应	0.5~3g	30~300℃
ARC(加速度量热仪)	二次反应	0.5~3g	30~400℃
SEDEX(放热过程灵敏探测器)	二次反应、储存稳定性	2~100g	0~400℃
RADEX 量热仪	筛选实验、二次反应	1.5~3g	20~400℃
SIKAREX 量热仪	二次反应	5~50g	20~400℃
RC(反应量热仪)	目标反应	300~2000g	−40~250℃
TAM(热反应性监测仪)	二次反应、储存稳定性	0.5~3g	30~150℃
杜瓦瓶量热仪	目标反应、热稳定性	100~1000g	30~250℃

下面介绍几种典型的热安全分析仪器，以量热仪为主。

一、差示扫描量热仪

差示扫描量热法(DSC)是在温度程序控制下，测量试样和参比物的功率差与温度关系的一种技术。根据测量方法，这种技术可分为功率补偿式差示扫描量热法和热流式差示扫描量热法。对于功率补偿型 DSC，技术要求试样和参比物温度，无论试样吸热或放热都要处于动态零位平衡状态，使 $\Delta T=0$。热流式 DSC 技术则要求试样和参比物温差 ΔT 与试样和参比物间热流量差成正比例关系。下面以功率补偿式差示扫描量热法为例介绍其测试原理。

功率补偿式 DSC 系统的主要特点是试样和参比物分别具有独立的加热器和传感器，如图 4-8 所示。系统包括两个控制回路：平均温度控制回路和差示温度控制回路。平均温度控制回路可以使试样和参比物在预定的速率下升温或降温。差示温度控制回路则用于补偿试样和参比物之间所产生的温差。这个温差是由试样的放热或吸热效应产生的。

通过功率补偿可以使试样和参比物之间的温差 ΔT 趋于零。实验过程中的补偿功率随时间(或温度)的变化，也就反映了试件的放热速度(或吸热速度)随时间

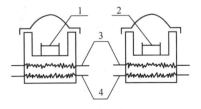

图 4-8　功率补偿型 DSC

1—样品；2—参比物；

3—Pt 传感器；4—各自加热电阻丝

(或温度)的变化规律。这样就可以通过补偿的功率直接求算热流率，即

$$\Delta W = \frac{\mathrm{d}Q_s}{\mathrm{d}t} - \frac{\mathrm{d}Q_r}{\mathrm{d}t} = \frac{\mathrm{d}H}{\mathrm{d}t} \qquad (4-30)$$

式中　ΔW——所补偿的功率；

　　　Q_s——试样的热量；

　　　Q_r——参比物的热量；

　　　$\dfrac{\mathrm{d}H}{\mathrm{d}t}$——单位时间内的焓变，即热流率。

　　由于 DSC 测试的样品量少，仅为毫克量级，因而可以研究每个放热现象，即使在很恶劣条件下进行测试，对实验人员或仪器危险性也很小。此外，扫描实验从环境温度升至 500℃，以 $4K \cdot min^{-1}$ 的升温速率仅需要 2h。因此，对于筛选实验来说，DSC 已经成为应用非常广泛的仪器。应用 DSC 仪器可以进行物质热焓、比热容、分解热等参数的测试。

　　DSC 非常适合测定分解热。如果反应物料在很低温度下混合(低温可以减慢反应速率)，同时从很低的温度开始扫描升温，那么也可以测定总反应热。由于可以获得定量测试结果，因此以这样简单的方法就可以得到绝热温升，从而进行失控反应严重度的评估。这类筛选实验对于混合物潜在危险性的分析是很有用的。

　　需要注意的是，在使用 DSC 进行安全性研究时，最好使用高压密闭坩埚，其好处是可以防止样品挥发或蒸发，避免测量信号掩盖放热反应，从而可以测定样品的准确潜能值。图 4-9 和图 4-10 分别为某液体物质使用敞口坩埚和高压密闭坩埚的 DSC 测试谱图。从图中可以看出，两个 DSC 曲线差别很大，敞开体系中，由于液体物料挥发或蒸发吸热，导致整个测试过程显示出一个较大吸热峰；密闭体系中，避免了液体物料挥发或蒸发吸热，测试过程中物料发生复杂放热分解。显然，在高压密闭坩埚中测试的结果更能体现样品真实的热特性。

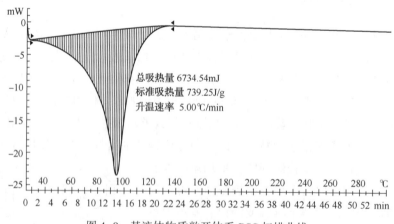

图 4-9　某液体物质敞开体系 DSC 扫描曲线

二、Calvet 量热仪

Calvet 量热仪来源于 Tian 的研究，后来由 Calvet 改进。目前，这类量热仪可以从

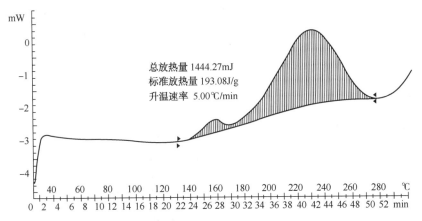

总放热量 1444.27mJ
标准放热量 193.08J/g
升温速率 5.00℃/min

图 4-10　某液体物质密闭体系 DSC 扫描曲线

Setaram 公司购买，其中从 C80 到 BT215 都特别适合于安全研究。这类仪器与 DSC 一样采用差示量热的方法，可在等温模式或扫描模式下工作。下面以 C80 为例简要介绍其组成及结构。

如图 4-11、图 4-12 所示，C80 微量量热仪是法国 SETARAM 公司于 20 世纪 80 年代研制开发出的新一代 CALVET 量热仪，它主要由 CS32 控制器、反应炉、稳压电源和微机组成。其核心部件是 CS32 控制器和反应炉。

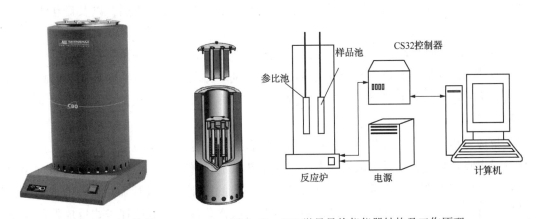

图 4-11　C80 calorimeter 外观　　　　图 4-12　C80 微量量热仪仪器结构及工作原理

C80 微量量热仪可以通过设置不同的试验程序(等速升温、台阶升温、变速升温、恒温等)测定各类化学以及物理过程(溶解、融解、重合、结晶、吸附和脱吸、化学反应等)的热效应，同时还可以测定诸如比热容、热导率等热物性参数。如果用测压专用反应容器，还可以测定各类物理化学过程的压力随时间变化关系。通过解析测定得到的实验结果，可以求得各类化学物质化学反应过程的化学动力学参数和热力学参数(动力学参数：化学反应级数、活化能及指前因子；热力学参数：化学反应热、比热容等)，从而求解其化学反应动力学机理。

量热仪可采用密闭容器进行压力测量，也可采用可搅拌容器以很好地适应于反应过程的研究以及一些安全问题，这对于研究冷却介质事故性侵入反应物料的情况，以及评估反应骤冷或反应物料紧急排放等安全措施的效率是很有效的。量热仪也可以用来研究反应热和反应物料的热稳定性。图4-13给出了某反应物料的热稳定性结果。

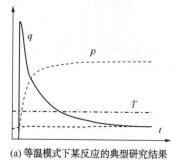

(a) 等温模式下某反应的典型研究结果　　　　(b) 动态模式下终态反应物料热稳定性的研究结果

图4-13　热稳定性结果

三、反应量热仪

反应风险的基本研究内容包括：

① 关注和研究化学物质的风险，确定工艺所使用的各种化学物质的安全操作条件，并充分考虑错误加料和错误的加料方式对反应危险性的影响；

② 开展工艺过程的反应风险研究，关注工艺过程的反应风险，同时关注物料本身具有的自催化性质，充分考虑物质自身发生分解反应的条件和温度范围，以及产生的后果情况等；

③ 关注反应过程中气体产生的条件、气体的逸出速率和气体逸出量等。

反应风险研究过程还需要重点关注反应的热风险，尤其对于精细化工（包含制药）行业来说，大多数反应是有机合成反应，以放热反应居多，反应的热风险是一个非常重要的工艺风险。

反应量热仪是研究工艺反应过程热风险的首选测试仪器，反应量热仪是对反应过程生成热或者吸收热进行热量测试的仪器。反应量热仪的设计思想是使反应进行的条件尽可能接近工业操作条件。反应量热仪允许反应物以一定的控制方式进行加料、蒸馏或回流，以及能进行有气体产生的反应。总之，测试装置的操作条件和工业搅拌釜式反应器的操作条件相同。最初研发反应量热仪主要是出于安全性分析的目的。但很快人们就认识到反应量热仪对工艺研发和放大也有很大的帮助，其精确的温度控制和放热速率的测量也有助于反应动力学的研究。反应量热仪与其他分析方法如红外联合使用时效果更好。

反应量热仪（RC1）是瑞士制药厂商 Ciba-Geigy 公司开发的一种先进的全自动实验室反应量热设备，1986 年由该国 Mettler 公司将其商品化。反应量热仪（RC1）设备示意图如图4-14 所示。

反应量热仪 RC1 由反应釜装置、温度控制装置、电子控制装置和 PC 软件四部分组成。主要用于反应过程安全、工艺开发及优化、扩试和工厂设计等。RC1 可以控制反应过程中的一切操作，包含反应釜内温度、压力、搅拌转速、加样控制、量热数据等，能在实际条件下研究反应、连续监测反应，操作简单灵活。

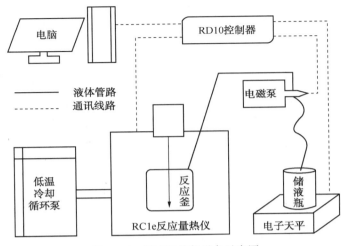

图 4-14 反应量热仪设备示意图

RC1 的基本热平衡可以用下式表示:

$$Q_r + Q_{cal} = Q_{flow} + Q_{accum} + Q_{dos} + Q_{loss} + Q_{add} \tag{4-31}$$

式中 Q_r——反应热、相变热或混合热的热流量;

Q_{cal}——校正用加热器的热流量;

Q_{flow}——反应料液体系向反应釜夹套传递的热流量;

Q_{accum}——反应料液体系的热累积流量;

Q_{dos}——滴加料液引起的热流量;

Q_{loss}——反应装置上部和仪器连接部分向外的散热流量;

Q_{add}——自定义的其他热损失热流量。

$$Q_{flow} = KA(T_r - T_j) \tag{4-32}$$

式中 K——传热系数;

A——传热面积;

T_r——反应釜内的温度;

T_j——反应釜夹套导热硅油的温度。

$$Q_{accum} = mc_p \left(\frac{dT}{dt} \right) \tag{4-33}$$

式中 m——反应物的质量;

c_p——比热容。

通过反应量热仪 RC1 可以直接获取的热风险研究数据包括反应料液的比热容、反应放热速率、热转化率等;通过反应量热仪 RC1 可以间接计算获取的热风险研究数据包括反应热或摩尔反应焓、绝热温升、工艺合成反应冷却失效或者热失控后体系的温度 T_{cf} 及最高温度 MTSR 等。

图 4-15 给出了用反应量热仪研究催化加氢反应的有关数据,从热谱图中可以得到反应在设定的工业操作条件(氢气压力为 2MPa,温度为 60℃)下的放热速率、热转化率、化学转化率(耗氢量)等参数。反应放热速率在 3h 后突然增加,表明这是一个涉及多步骤的复杂

反应。在 5.8h 后的第二个尖锐峰是由产品结晶引起的。耗氢量是根据经校准过的储氢罐中压降测定得到的。化学转化率(耗氢量)与热转化率之间的差值表明反应过程有一个小的物料累积。

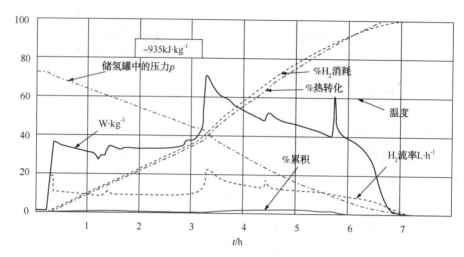

图 4-15　采用反应量热仪(RC1)得到的催化加氢反应的热谱图

四、绝热量热仪

化学反应的绝热量热测试，对于评估工艺反应失控时的极限情况特别重要，开展绝热温升的测试工作，是化工安全生产的重要保障。所有的绝热量热仪器都是以绝热条件为前提，进行温升等热参数的测试。现在主要有两种方式使反应体系保持绝热状态：①通过隔热手段使反应体系与外部环境不进行热量交换从而达到绝热状态，如使用杜瓦瓶量热仪进行的绝热实验测试；②通过调整外部环境的温度，使其始终与反应体系温度保持一致，控制反应体系的热量散失，形成绝热环境的方式来达到绝热状态，如使用加速度绝热量热仪进行的绝热实验测试。不过，无论采用哪种方式，都不可能达到完全绝热的状态。在绝热量热仪中，样品释放的热量有一部分不可避免地用来加热坩埚或量热容器。一般采用热修正系数 ϕ 进行修正：

$$\phi = \frac{m_r c_{pr} + m_{cell} c_{p,cell}}{m_r c_{pr}} = 1 + \frac{m_{cell} c_{p,cell}}{m_r c_{pr}} \tag{4-34}$$

式中　m_r——反应料液的质量；

　　　c_{pr}——反应料液的比热容；

　　　m_{cell}——盛装料液的容器质量；

　　　$c_{p,cell}$——盛放料液的容器比热容。

这样，实际绝热条件下反应体系温度可以通过修正为

$$T_f = T_0 + \phi \Delta T_{ad} \tag{4-35}$$

如果 $\phi = 4$，测得的绝热温升为 100℃，则在实际绝热条件下温升可能达到 400℃，这就是热修正系数的重要意义。每一种绝热量热设备所配备的试验容器均有固定的热修正系数。下面以杜瓦瓶量热仪和加速度量热仪为例进行简要介绍。

1. 杜瓦瓶量热仪

杜瓦瓶量热仪利用夹套抽真空反应瓶或者反应设备，测量由于反应热效应导致的温升情况，根据温升情况估计反应热，评估反应的风险性。杜瓦瓶通常被认为是绝热容器。这并非完全正确，因为虽然能控制其热量损失很小，但并不为零。不过，在有限时间范围内且与环境温度的差异不大，可忽略其热量损失，于是认为杜瓦瓶是绝热的。杜瓦瓶量热仪如图 4-16 所示。

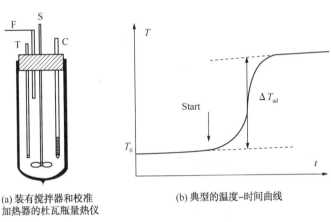

(a) 装有搅拌器和校准   (b) 典型的温度-时间曲线
加热器的杜瓦瓶量热仪

图 4-16　杜瓦瓶量热仪

T—温度计；C—校准加热器；S—搅拌器；F—进料口

杜瓦瓶量热仪的测试结果非常接近于工厂的实际情况，杜瓦瓶量热仪的实验测试数据，用于评估在反应发生失控时的情况，非常贴近实际，具有实际的应用价值。从本质上来说，体系热量的损失情况和容器的比表面积成正比，即与容器的表面积与体积的比值成正比。绝热杜瓦瓶越大，测试的灵敏度越高。容积为 1L 的杜瓦绝热反应瓶，其热散失近似与一个不带搅拌的 $10m^3$ 的工业反应器相当，即散热系数为 $0.018W \cdot kg^{-1} \cdot K^{-1}$。经过热修正系数的校正，绝热杜瓦瓶量热仪能准确地测试在实验条件下的初始放热温度，压力升高情况以及温升速率情况。不同规格的杜瓦瓶量热仪可以用于估算不同大小的反应釜在生产规模下的失控情况，用于工厂的安全设计。

2. 加速度量热仪

加速度量热仪(Accelerating Rate Calorimeter，ARC)(图 4-17)，1970 年由美国 Dow 化学公司首先研发，后来由 Columbia Scientific 公司将其成功地实现商业化。ARC 的绝热性不是通过隔热而是通过调整炉腔温度，使其始终与所测得的样品池(也称样品球)外表面热电偶的温度一致来控制热散失。这样，在样品池与环境间不存在温度梯度，也就没有热量流动，是一个完全的绝热环境。化学工艺过程中的热危险性主要来源于工艺过程中温度的变化和压力的变化带来的危险性，ARC 通过测试可以得到多种不同的数据曲线，包括时间-温度-压力变化曲线、温升速率-时间变化曲线、温升速率-温度变化曲线、压力-温度变化曲线、升压速率-温度变化曲线以及温升速率-升压速率变化曲线等。测试时，样品置于 $10cm^3$ 的钛质球形样品池 S 中，试样量为 1～10g。样品池安放于加热炉腔的中心，炉腔温度通过复杂的温度控制系统进行精确调节。样品池还可以与压力传感器连接，进行压力测量。

ARC的操作过程如图4-18所示。实验时，把准备好的样品球在绝热条件下加热到预先设定的初始温度(heating)，并经一定的等待时间(waiting，常为5~10min)以使之达成热平衡，开始"搜寻"过程(seeking)。这样的工作模式称为"加热-等待-搜寻"过程，简称HWS(heating-waiting-seeking)过程。加速度量热仪的温升速率通常设为$0.02K \cdot min^{-1}$，如果ARC控制系统发现反应系统的温升速率低于预设的温升速率值，ARC将按照预先选择的循环加热程序自动进行加热-等待-搜寻测试的循环，直到探测到比预设值高的温升速率。若样品反应系统的温升速率超过预先设定的温升速率，则样品反应系统被保持在绝热状态下，反应系统靠自热升温。当不稳定物质在升温情况下要储存很长一段时间时，就要进行等温操作。ARC的等温模式对于研究具有自催化特性及含微量杂质的化合物反应很有价值。

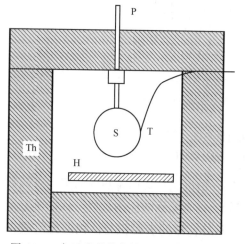

图4-17 加速度量热仪的原理(图为加热炉以及放置在其中心位置的样品球)

T—热电偶；H—加热器；Th—温度调节装置；
P——压力传感器；S—样品球

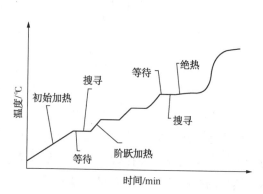

图4-18 ARC的操作模式

还有一些其他类型的绝热量热仪，如泄放口尺寸测试装置(vent sizing package，VSP)、高性能绝热量热仪(Phi-TEC)和反应系统筛选装置(reactive system screening tool，RSST)。这些仪器主要是为了研究泄放口尺寸参数而设计的。

第三节 化工反应过程热风险评估案例分析

2017年6月9日，浙江某化工公司在中试脱溶过程中发生爆燃事故，3人死亡、1人受伤。该公司主要从事氟精细化学品(电子化学品)研发、生产与销售，主要产品有3-氯-4-氟溴苯、3,4,5-三氟硝基苯、2,4-二氟-3,5-二氯苯胺等。企业涉及重点监管的危险化工工艺有硝化、氯化、氟化、加氢、重氮化工艺，涉及重点监管的危险化学品有氢气、液氯、甲醇、天然气，构成危险化学品三级重大危险源。2016年12月，通过危险化学品企业安全生产标准化三级复审验收。

1. 事故经过

2017年6月9日，该公司在中试脱溶过程中，发生爆燃事故，造成3人死亡、1人受伤。该公司利用晚上时间，在已责令停产的车间，开展农药产品中试研发；依据500mL规模小试，将中试规模放大至10000倍以上；事故当晚进行的中间体氧二氮杂庚烷脱溶作业，因对反应参数和物料性质缺乏了解，且DCS测温系统设计不合理，导致物料升温过高引发热分解，引起爆燃(图4-19)。

图4-19 事故现场

2. 原因分析

间接原因：①企业主要负责人无法制意识、无安全生产知识，不了解过程安全管理——安全生产从源头抓起；②未落实两重点一重大的相关规定——联锁、自控；③操作人员无知者无畏，对违章指挥视而不见，盲目服从；④科技创新的源头安全管理缺失，在安全核心数据大量缺失的情况下盲目求新、冒险研发；⑤精细化工中试产业化熟化基地配套不足；⑥在危险化学品工业化生产装置进行试验性生产。

根本原因：未进行反应安全风险评估！通过实验室模拟中间产品[1,4,5]氧二氮杂庚烷的温度、压力变化曲线，发现，40℃以下开始缓慢分解，但到达130℃左右时压力剧增，急剧分解发生爆炸。

下面针对另一个化工反应的例子来说明化工反应过程热风险评估过程。该例不明确说明反应的具体化学问题，采用通用的反应模式来表示化学反应过程。

反应方程式：

$$A+B \xrightarrow{k_1} P \xrightarrow{k_2} S$$

其中，第一个反应是合成反应，是一个简单的双分子二级反应，速率方程为

$$-r_A = k_1 c_A c_B \tag{4-36}$$

第二个反应是产物P的一级分解反应，速率方程为

$$-r_p = k_2 c_p \tag{4-37}$$

反应器为不锈钢搅拌釜，冷却系统为间接加热方式，采用水和二乙烯基乙二醇的混合物作为载热介质在换热系统中循环。反应器的有关特性参数见表4-8。

表4-8 反应器的有关特性参数

内　　容	参　数　值	内　　容	参　数　值
公称容积	4m³	最小换热面积	3.0m² 对应于 1.05m³
材料	不锈钢	夹套类型	半焊盘管
最大工作容积	5.1m³	综合传热系数	200W·m⁻²·K⁻¹
最大换热面积	7.4m² 对应于 3.4m³		

利用图4-20中的热谱图，评估该反应过程的热风险。反应在80℃以等温半间歇模式进行，加料时间为4h。在工业规模的生产中，反应在4m³的不锈钢反应器中进行，初始加入2000kg反应物A(起始浓度为3mol·kg⁻¹)。反应物B(1000kg)的过量比25%(化学计量比)。

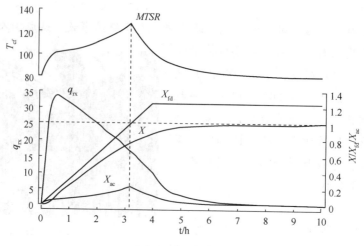

图 4-20　热谱图

由反应量热仪得到的原始谱图可以直接确定最大放热速率和反应热。为了得到物料累积情况，加料比例 X_{fd} 需要根据化学计量比修正（此时为 125%）。加料和转化之间的差值 X 得到累积 X_{ac}，由此可以确定发生冷却失效后体系可达到的温度 T_{cf} 及最大值 MTSR 风险评估过程如下：

评价工艺过程的热风险意味着要解决冷却失效情形下的 6 个关键问题（见本章第一节）。反应总的潜能可由摩尔反应焓 150kJ·mol^{-1} 计算。简单计算可以得到最终反应物料的浓度：

$$c'_{A0} = \frac{m_A c_{A0}}{m_A + m_B} = \frac{2000 \times 3}{2000 + 1000} = 2\text{mol} \cdot \text{kg}^{-1}$$

因此，反应体系的摩尔反应热为

$$Q'_{rx} = c'_{A0} \cdot (-\Delta H_r) = 2\text{mol} \cdot \text{kg}^{-1} \times 150\text{kJ} \cdot \text{mol}^{-1} = 300\text{kJ} \cdot \text{kg}^{-1}$$

比热容为 $1.7\text{kJ} \cdot \text{kg}^{-1} \cdot \text{K}^{-1}$，所以绝热温升为

$$\Delta T_{ad} = \frac{Q'_{rx}}{c'_p} = \frac{300\text{kJ} \cdot \text{kg}^{-1}}{1.7\text{kJ} \cdot \text{kg}^{-1} \cdot \text{K}^{-1}} = 176\text{K}$$

从能量的角度来看，严重度为"中等"（表 4-4）。因此，必须着重关注反应过程的控制，表现在两方面：在正常操作期间的热移出（问题 1）和 MTSR（问题 2）。假设累积度为 100%，反应温度可以达到 $80+176=256℃$。因此可能引发高放热的二次反应（$T_{D24}=113℃$）（问题 3）。

温度控制：可以从图 4-20 中直接读出上述指定条件下的最大放热速率，为 31W·kg^{-1}，且在加料 30min 后出现。此时反应物料的质量为

$$M_r = 2000\text{kg} + \left(\frac{0.5}{4} \times 1000\text{kg}\right) = 2125\text{kg}$$

$$q_{rx} = 2125\text{kg} \times 31\text{W} \cdot \text{kg}^{-1} \approx 66\text{kW}$$

由 $q_{ex} = U \cdot A \cdot \Delta T$ 可以得到工业反应器的冷却能力，还需要知道换热面积。加料 30min 时，反应物料为 2125kg，即得到容积为 2.125m^3，其换热面积为（数据来自表 4-8）：

$$A = 3.0\text{m}^2 + (2.125\text{m}^3 - 1.05\text{m}^3) \times \frac{7.4\text{m}^2 - 3.0\text{m}^2}{3.4\text{m}^3 - 1.05\text{m}^3} \approx 5\text{m}^2$$

如果假定夹套的平均温度为 15℃，以冷水为冷却介质（也可选择盐水），给定的传热系

数为 $200\mathrm{W\cdot m^{-2}\cdot K^{-1}}$，则冷却能力为

$$q_{ex} = 200\mathrm{W\cdot m^{-2}\cdot K^{-1}} \times 5\mathrm{m^2} \times (80-15)\mathrm{K} = 65\mathrm{kW}$$

另外还可得到由冷加料引起的对流冷却：

$$q_{fd} = \dot{m}\cdot c_p'(T_r - T_{fd}) = \frac{1000\mathrm{kg}}{4\mathrm{h}\times 3600\mathrm{s\cdot h^{-1}}} \times 1.7\mathrm{kJ\cdot kg^{-1}\cdot K^{-1}} \times (80-25)\mathrm{K} = 6.5\mathrm{kW}$$

因此，利用冷水作为冷却介质可以控制温度，但是实际过程中，要求反应器具备足够有效的冷却能力。

通过图 4-21 可以直接得到最大累积度出现在加料 3.2h 后（化学计量点，此时反应体系物料量为 $2000+1000\times\dfrac{3.2}{4}=2800\mathrm{kg}$），最大累积度 0.25，此时对应的 $MTSR$ 为

$$MTSR = T_r + X_{ac,max}\cdot \Delta T_{ad}\cdot \frac{M_{rf}}{M_{r,st}} = 80\text{℃} + 0.25 \times 176\text{℃} \times \frac{3000\mathrm{kg}}{2800\mathrm{kg}} = 127\text{℃}$$

在 127℃ 时，分解反应比较严重，因为最大反应速率达到时间（问题6）小于 8h。

由此可以预测该工艺的危险度属于 5 级。

$$T_p = 80\text{℃} < T_{D24} = 113\text{℃} < MTSR = 127\text{℃} < MTT = 140\text{℃}$$

有两个原因导致这样的结果：反应的最大放热速率和反应物的累积度过高。有两种不同的方法来解决这个问题：延长加料时间（图 4-21）和升高反应温度（图 4-22）。

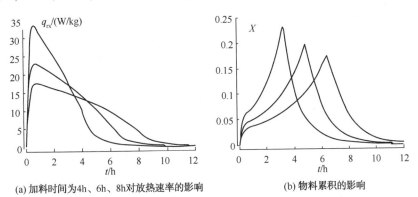

(a) 加料时间为4h、6h、8h对放热速率的影响   (b) 物料累积的影响

图 4-21　延长加料时间

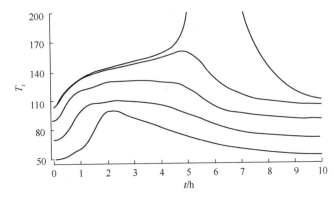

图 4-22　反应温度与时间的关系

恒定冷却介质温度为 50℃、70℃、90℃、103℃ 和 104℃ 时，

加料时间为 6h；初始温度和冷却介质温度相同

思考题

1. 当前我国的精细化工企业符合哪些情形就需要进行反应安全风险评估工作?
2. 放热反应体系的热平衡项有哪些?
3. Semenov 热温图中如何进行临界温度的计算?
4. 放热反应冷却失效情形中的六个关键问题分别是什么?
5. 失控反应严重度的评估准则是什么?
6. 失控反应发生可能性的评估判据是什么?
7. 工艺危险度等级分为哪五级?
8. 常见的反应热分析仪器有哪些?

第五章　裂解乙烯工艺过程安全分析

第一节　典型事故案例分析

一、裂解炉外部闪爆事故

1. 事故经过

1994 年 5 月 11 日 19 时 15 分，某乙烯装置 BA-101 炉烧焦气切入烧焦罐后，烧焦气排出约 5min，有一小股油气喷出，喷到 BA-110 炉顶部区域，在 BA-110 炉外部发生闪爆，10min 后将火扑灭。

2. 原因分析

急冷油返回阀设计上有误，本应选用 300lb(1lb≈0.45kg)的阀门，却错用了 150lb 的阀门，使用时间长后，阀门关不严。SS 汽包切出系统经消音器放空造成冲洗油汽化。BA-110 炉负压操作，将油气引爆。

3. 建议及措施

① 更换急冷油返回阀。

② BA101、B102 炉烧焦排空线改到 103、104 炉烧焦排空线上。

③ 烧焦罐入口下方加倒淋，每次烧焦前清罐，建立清罐确认卡。

④ 裂解炉停进料后，现场确认急冷油根部阀及返回阀完全关闭。

二、施工动火遇乙烯产品蒸发器泄漏气发生着火事故

1. 事故经过

2002 年 7 月 23 日 10 点 20 分左右，某装置因冷区冷却水管线动火时火星落下，引燃高压乙烯产品蒸发器(EA-444A)，造成冷区着火，在报"119"火警同时，老区作紧急停车处理，处于安全方面考虑，10min 后，新区也紧急全面停车。

2. 原因分析

① 对施工动火现场安全防范措施不到位，现场安全监督不力。

② 高压乙烯事故蒸发器(EA-444A)区域的危险性认识不足。

③ 高压乙烯产品蒸发器(EA-444A)工作条件苛刻，垫片容易损坏，泄漏出乙烯，割渣落在换热器封头泄漏处引起着火。

3. 建议及措施

① 对工况条件苛刻的设备严格选材，提高设备安全系数。将乙烯事故蒸发器的封头垫

片更换成密封性能更好的垫片。

② 加强装置运行过程中生产区域尤其是分离冷区动火作业的安全管理，制定严密的事故应急预案，提高对事故紧急处理能力。

③ 考虑采用水浴式换热器等其他设备型式。

三、乙烯装置爆炸事故

1973 年 7 月 7 日，日本某石油化学公司工厂二号乙烯装置发生爆炸，这是一起由于误操作而发生异常反应所造成的重大事故。

该乙烯装置系用石脑油为原料生产烯烃（乙烯、丙烯、丁烯）和芳烃（苯、甲苯、二甲苯），年生产能力为 20×10^4t。石脑油在裂解炉中裂解，裂解气经第一分馏塔和洗涤塔分别把石脑油、碳酸气及水等组分分离出来，然后在脱丙烷塔中分离丁烯，其中一部分乙炔在第一乙炔加氢塔中加氢、精制。

第二乙炔加氢塔由三个反应器重叠组成，三台反应器中的两台以中间冷却器串联运行。事故发生时，B、C 两台反应器正在运行。

1. 事故经过

18 时 50 分左右，为进行裂解炉清焦，打开了压缩空气管道上的 6in 阀门，此时本应该将 2in 阀门关闭，但操作人员误将供仪表装置用的压缩空气管道的 4in 阀门关闭，导致乙烯装置控制室内的仪表全部失灵，同时响起警报信号，控制室操作不明原因，立即作紧急停车处理，致使全系统停止运行。

当操作人员发现火炬上出现黑烟后，于 18 时 58 分打开了仪表用压缩空气阀门，仪表恢复正常。

脱乙烷塔由于紧急停车压力下降，而甲烷分离器压力上升，使加氢塔前后压差消失，乙烯供应量降为零，因此操作人员由自动改为手动操作，于 19 时 02 分将乙烯控制阀关闭。

由于停车时氢气阀门没有完全关闭，氢流向加氢塔，而乙烯的供给中断，甲烷分离器的压力下降又引起氢的吸入，操作人员发现后于 20 时 08 分将氢的控制阀关闭。

由于反应器内有滞留的乙烯，与流入的过量氢气发生加氢反应，此反应为放热反应，每克分子乙烯放出 33.2kcal（1kcal ≈ 4kJ）热量，因此引起触媒温度升高，由于局部高温，导致了部分触媒分解。

21 时 30 分，反应器内温度指示为 120℃，开始从一号乙烯装置接受原料气体。此时原在加氢塔内呈滞留的气体开始流动，高温部分亦随之转移，同时与高温（约 400℃）接触的乙烯由于同钯触媒接触后分解而急剧升温，这种高温又引起乙烯气相热分解，由于热分解又导致进一步升温。

22 时，加氢塔内局部温度高达 1000℃，从这里排出的高温气体使出口、管道及出口侧的设备变成炽热状态，从电动阀门法兰盘漏出的气体开始燃烧。22 时 15 分，与电动阀门连接的弯管破裂，大量漏出的气体发生爆炸，大火紧接着由第二乙炔加氢塔蔓延到后面的脱乙烷塔、甲烷分离器、乙烯塔和热交换器，随即形成直径约 60m 的大火球。这场大火直至 7 月 11 日 9 时 40 分才完全消除。

2. 原因分析

通过调查，确定这次事故的直接原因是由于三项人为错误造成的，即：

① 操作工操作阀门的错误，误将仪表空气阀门关闭。

② 氢阀门关闭不严，造成氢气漏入反应器内。

③ 在加氢塔内发生异常高温的情况下，继续供料。

3. 建议及措施

① 检测、计量方面改善空气压力检测报警装置，在气动阀门的一次侧和二次侧都应设置检测端。仪表用的气动阀由于不经常使用，应加强使用管理，以避免误关闭。严格控制加氢量，设置超限报警装置。仪表用的空气管道和阀门要同工艺上使用的加以区别并分开设置，特别是工作台与阀门间的距离要便于操作。

对于有超限危险的装置应装设预先报警和停车报警的二级警报器。危险度大的装置应设置过距离断路阀，以便在紧急情况时能迅速与其他装置隔断。

② 操作方面要重新研究和完善各项操作规程，特别要明确各项工艺指标的管理范围，规定紧急情况下的操作顺序、方法及判断标准，并确定紧急处理时的负责人。

③ 管理方面生产部门及设备管理部门要明确各自的安全职责和管理范围，规定各级管理部门在紧急情况下的联络及指挥命令系统。对操作人员和生产指挥人员，要进行救援及防止事故扩大的训练和教育。

第二节　裂解乙烯工艺过程安全分析

一、裂解乙烯工艺介绍

1. 热裂解过程

裂解原料在高温、惰性组分(中压水蒸气又称稀释蒸汽)稀释作用下发生裂解反应，生成乙烯、丙烯、丁二烯等目标产品及氢气、甲烷、裂解汽油、裂解焦油等副产品。稀释蒸汽的主要作用是降低烃分压、减缓结焦。裂解反应是一个复杂反应，遵循自由基链式反应机理，主要包括烃断链、脱氢、异构化、歧化、环化、芳构化及缩合、分解等反应。其中断链、脱氢等有利于生成目标产品的反应称为一次反应，而异构化、歧化、环化、芳构化及缩合、分解等不利于生成目标产品或消耗目标产品的反应称为二次反应。裂解反应具有高温、短停留时间、低烃分压及强放热特点。在高温、短停留时间、低烃分压下才能提高一次反应对二次反应的选择性，从而提高目标产品收率，降低副产品收率。裂解炉采用的是 ABB LUMMUS 专利技术 SRT-Ⅵ(NAP 混合原料)、Ⅲ(C_2/C_3 原料)型裂解炉和 SL-3 型炉(10#、11#炉，可裂解石脑油、丙烷和碳四)，SRT-Ⅵ、Ⅲ型裂解炉体现了裂解反应的特点，SRT-Ⅵ型炉乙烯收率可达 28% 以上，SRT-Ⅲ型炉 C_2/C_3 转化率可达 65%。

虽然稀释蒸汽具有延缓结焦和清焦作用，但烃类在高温下裂解时炉管管壁结焦仍是无法避免。对 NAP 等液相原料，结焦机理是原料所含芳烃或其他大分子烃类在裂解时发生二次反应(芳构化、缩合、分解等)，产生结焦母体沉积到炉管管壁，进而形成焦层。对 C_2/C_3

等轻质气相原料，结焦机理是原料裂解时发生的二次反应产生炔烃，炔烃进一步脱氢、缩合或分解产生结焦母体沉积到炉管管壁，进而形成焦层。原料不同，结焦机理不同导致焦层结构不同，C_2/C_3 等轻质气相原料裂解时形成的焦层要比 NAP 等液相原料裂解时形成的焦层更坚硬、致密，对炉管的危害性更大。

焦层的存在，对炉管的热量传递、目标产品的收率、裂解炉的运行周期和安全都有影响。因此，裂解炉管需要定期清焦。清焦采用的方法是水蒸气（稀释蒸汽）+空气烧焦法，其原理是水蒸气+空气+焦层（主要成分是 C）在高温（$800 \sim 900℃$）下发生氧化反应及水煤气反应，生成 CO_2 和 CO 由裂解气传输线进入炉膛，进一步氧化后，最终以 CO_2 形式排入大气。

烯烃裂解反应极其复杂，下面举数例阐释裂解过程中可能的化学反应类型：

（1）断链反应

$$R-CH_2-CH_2-R' \xrightarrow{Heat} R-CH=CH_2 + R'H$$

裂解反应原理：烷烃断链反应

（2）脱氢反应

$$R-CH_2-CH_3 \Longrightarrow R-CH-CH_2 \longrightarrow R-CH=CH_2+H_2$$

裂解反应原理：烷烃脱氢反应

（3）芳环化脱氢反应（以环己烷为例）

$$\text{环己烷} \xrightarrow{Heat} \text{苯} +3H_2$$

裂解反应原理：环烷烃脱氢反应

2. 乙烯装置——乙烯生产单元工艺流程

以上海某石油化工公司为例，乙烯生产单元工艺流程简图如图 5-1 所示。乙烯生产的主装置包括裂解炉区、分离区和辅助配套区。由于整个乙烯生产过程涉及到物料的循环利用和综合利用，所以一些与乙烯生产联系紧密的装置与乙烯生产主装置构成联合装置，如裂解汽油加氢、烯烃转换等。本处不将整个联合装置作为处理对象，而是按照不同装置进行考虑（进行描述和评价），以下所述"乙烯生产单元工艺流程说明"中，所指即为乙烯生产的主装置。现将乙烯生产单元的工艺流程分述如下。

（1）原料系统

乙烯装置的原料分为液相原料和气相原料。

液相原料有来自 OSBL 的石脑油、来自 EBSM 的 C_6/C_7 组分和来自烯烃转换（OCU）的 C_4 馏分三种类型或途径。三种原料在换热器前混合后，对其硫含量进行分析，如果硫含量小于 80ppm（$1ppm=1\times10^{-6}$），就注入一定量的二甲基二硫醚（以下简称 DMDS）。在换热器中与急冷水进行换热，被加热到 60℃。换热器出口温度由调节阀控制，调整急冷水流量来调整原料出口温度。

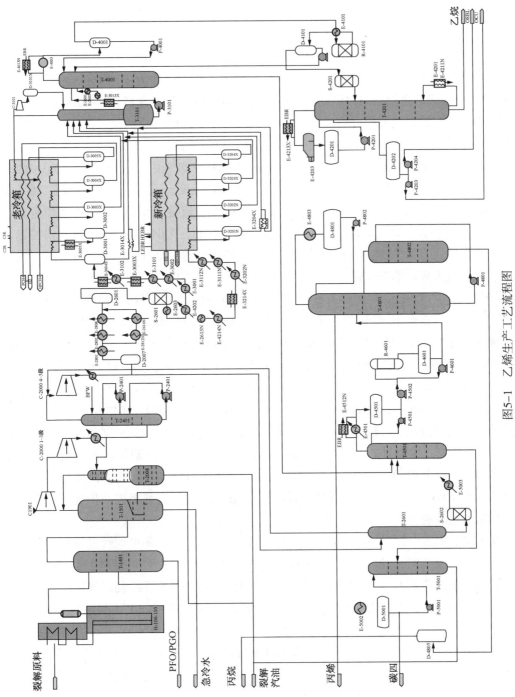

图5-1　乙烯生产工艺流程图

气相原料有来自乙烯精馏塔塔釜的循环乙烷和来自丙烷循环罐的丙烷两种。两种原料在换热器前混合后，注入一定的 DMDS，在换热器中被急冷水加热到 60℃。E-1301 出口温度由 TI-13031 显示。裂解原料中硫的注入量一般控制在 80~100ppm 范围内，可以通过分析裂解炉出口裂解气中 CO 和 CO_2 的浓度来决定注硫量，裂解气中 CO 和 CO_2 浓度一般为 0.02%~0.05%（摩尔），如果测得 CO 和 CO_2 偏高，则加大注硫量，反之，则减少注硫量。

（2）裂解炉系统

乙烯装置裂解炉中 H-0100 是气相裂解炉，用来裂解装置循环的乙烷和丙烷；H-0200 是气、液二相裂解炉，即可以裂解液相原料石脑油，又可以作为 H-0100 的备炉，当 H-0100 除焦或检修时来取代 H-0100 来裂解循环乙烷、丙烷气相原料；H-0300~H-0900 是液相裂解炉，只能处理液相石脑油或丁烷原料；H-1000~H-1100 为气、液二相裂解炉，既可裂解液相的石脑油和丁烷原料，又可以裂解气相丙烷原料。

液相原料以流量控制形式进入裂解炉对流段的预热盘管中，流量控制阀 FC-02031~02036（以 2#炉为例）在原料密度、温度修正下与炉出口温度、原料总量串接控制，进入裂解炉原料（以石脑油为例）温度为 60℃、压力为 1.05MPa、流量为 9.084t/h。液相原料在对流段预热盘管中部分汽化。稀释蒸汽调节阀 FC-02041~FC-02046 与原料流量比率控制，液体裂解炉汽烃比为 0.5，经与 DS 混合后，液态裂解原料被完全汽化，在对流段下部进一步加热，然后进入辐射室进行裂解。

辐射室有六组炉管，每组都有一个 16-4 进出口分布配置，每组炉管进口总流量被临界文丘里管均匀分布到 16 根炉管中去。在出口处每 4 个炉管再合并成一组后，进入废热锅炉。液体裂解炉共有 6 只废热锅炉，每台废热锅炉都有 4 根炉管的裂解气进入，在废热锅炉出口合并成一根管线。废热锅炉出口温度：液体裂解炉 385~390℃，如果到 525℃ 则停炉烧焦。

10#、11# 液相裂解炉二个辐射室共用一个对流段，原料以流量控制形式进入裂解炉 12 组对流段的预热盘管中，流量控制阀 FC-10031~10036FC-10131~10136（以 10#炉为例）在原料密度、温度修正下与炉出口温度、原料总量串接控制，进入裂解炉原料（以石脑油为例）温度为 60℃、压力为 1.05MPa、流量为 5.25t/h。液相原料在对流段预热盘管中部分汽化。稀释蒸汽调节阀 FC-10041~FC-10046、FC-10141~FC-10146 控制液体裂解炉汽烃比为 0.5，经与 DS 混合后，液态裂解原料被完全汽化，在对流段下部进一步进行加热，然后进入辐射室进行裂解。

辐射室有六组炉管，每组都有一个 32-4 进出口分布配置，每组炉管进口总流量被临界文丘里管均匀分布到 32 根炉管中去。在出口处每 4 个炉管再合并成一组后，进入废热锅炉。液体裂解炉共有 12 只废热锅炉，每台废热锅炉都有 4 根炉管的裂解气进入，在废热锅炉出口合并成一根管线。废热锅炉出口温度：液体裂解炉 385~390℃，如果到 525℃ 则停炉烧焦。

气体裂解炉（1#炉），循环的乙烷/丙烷以流量控制形式进入到裂解炉对流段进行预热。气体原料调节阀 FC-01011~01016 与炉出口温度、原料总量串接控制。气体原料温度为 60℃、压力为 0.602MPa、流量为 31t/h。稀释蒸汽在气相原料流量比例控制下，在对流段预热器一段出口与气相原料混合，混合后原料和 DS 均匀分配到 6 组对流段炉管，然后再进入对流段下部进一步加热，再进入辐射室进行裂解。气体裂解炉 DS 调节阀只有一只 FC-

01040，它与原料总量串接，由原料总量来控制 DS 总量。

气体裂解炉辐射室的 6 组炉管在设计上采用 6 通道炉管，在第一和第二通道中有多根炉管。每组进入辐射段炉管平行分出 4 根炉管，形成第一通道，用 U 形接头再形成 4 排平行管，构成第二通道。第二通道的 4 根炉管再用一个 Y 形接头合并成 2 根炉管，形成第三通道。第三、第四、第五和第六通道都是 2 根炉管。在辐射室出口，两组炉管再用一个 Y 形接头合并成一个管线进入废热锅炉进行冷却，气体裂解炉有三台主废热锅炉和一台副废热锅炉。废热锅炉出口温度：气体裂解炉为 365~370℃，如果到 425℃ 则停炉烧焦。

三台主废热锅炉回收热量用来发生超高压蒸汽 SS，一台副废热锅炉回收热量用来加热气体裂解原料。液体裂解炉每台炉子有 6 台废热锅炉，废热锅炉用来发生 SS 和冷却裂解气。

裂解炉出口温度一般根据原料性质来定，石脑油一般定在 833~850℃，乙烷一般定在 830~860℃。裂解炉出口平均温度与燃料气总热值串接控制。6 组炉管出口温度全部汇总到 TC-01000 经计算得出平均值，由平均值控制燃料气总热值。每组炉出口温度与平均炉出口温度比较得出偏差，在 ±5% 范围内微调每组炉管原料量，使六组炉出口温度相同。

2#、3#、4#、5# 炉出来的裂解气，进入急冷器 Q-1401A 进行急冷，裂解气温度被降至 221℃；6#、7#、8#、9# 炉出来的裂解气，进入急冷器 Q-1401B 进行急冷，裂解气温度被降至 221℃；10#、11# 炉出来的裂解气，进入急冷器 Q-1401C 进行急冷，裂解气温度被降至 221℃。从 1# 炉出来的 371.6℃ 裂解气进入 T-1402 减粘塔进行减黏。

从高压给水泵来的高压锅炉给水 BFW，在 BFW 流量计前分出一股直接到超高压蒸汽减温器喷淋，用来调节从 SS 下过热段出来的超高压蒸汽温度。经过流量计高压锅炉水在对流段上部进行预热后进入裂解炉汽包发生超高压蒸汽，汽包出来超高压蒸汽(SS)在裂解炉对流段中部，下部进一步过热并送入 SS 总网，SS 温度控制在 510℃，压力为 10.79MPa。锅炉给水调节阀 FC-01090~FC-11090 由 BFW 流量，SS 流量和汽包液面三元控制。

裂解炉共用一个燃料气稳定系统，裂解炉正常运行时，燃料气来源有低压甲烷 LPC1、高压甲烷 HPC1 和氢气 H_2。在这三股燃料气不够用时，可由 OSBL 提供天然气和丙烷。

各种燃料气在混合罐 D-1701 中混合后，由 PC-17001 控制压力。经过过滤器 F-1001AB 分别送到各台炉子。D-1701 混合罐压力正常情况控制在 0.345MPa，它由界外燃料气补充，燃料气外送量来控制。到炉前的燃料气分三路到炉子烧嘴，一路为长明线，一路为副燃料气，一路为主燃料气。根据燃料气流量和密度计算出燃料气热值，通过 QC-01081 调节阀开度调整燃料气供给量，使炉出口温度达到设定值。

3. 工艺操作条件

乙烯装置主要工艺条件见表 5-1。

表 5-1　乙烯装置主要工艺控制条件

名称	控制项目	主要工艺设计工况指标
裂解炉(液)	出口温度 COT/℃	851
	排烟温度/℃	114
	SS 压力/MPa(G)	10.86
	SS 温度/℃	510

名称	控制项目	主要工艺设计工况指标
汽油分馏塔	顶温/℃	103
	釜温/℃	208
	压力/MPa（G）	0.056
急冷水塔	顶温/℃	42
	釜温/℃	87
	压力/MPa（G）	0.045
脱甲烷塔	顶温/℃	−132
	釜温/℃	−52
	压力/MPa（G）	0.574
冷箱 D-3005X 分离罐	温度/℃	−165
	压力/MPa（G）	3.085
脱乙烷塔	顶温/℃	−19.5
	釜温/℃	68.3
	压力/MPa（G）	2.2
乙烯精馏塔	顶温/℃	−35.4
	釜温/℃	−11.9
	压力/MPa（G）	1.578
脱丙烷塔	顶温/℃	3
	釜温/℃	76
	压力/MPa（G）	0.527
丙烯精馏塔	No.1 顶温/℃	50.5
	No.1 釜温/℃	59
	No.1 压力/MPa（G）	1.934
	No.2 顶温/℃	47.1
	No.2 釜温/℃	50.1
	No.2 压力/MPa（G）	1.843
脱丁烷塔	顶温/℃	45
	釜温/℃	107
	压力/MPa（G）	0.379
碳二加氢反应器	温度/℃	32.5~122.3
	压力/MPa（G）	1.973
碳三加氢反应器	温度/℃	30~59
	压力/MPa（G）	2.55
甲烷化反应器	温度/℃	288
	压力/MPa（G）	2.995

4. 主要原辅料、产品情况

乙烯生产单元的主要原料为石脑油和丙烷，辅料有甲醇、二甲基二硫醚、20%氢氧化钠溶液、98%硫酸、增强型二元制冷剂等，见表5-2。

表5-2 乙烯生产单元主要原辅材料情况表

原辅材料	状态	规格	来源	装置内在线量
石脑油	液	≥70%（mol）烷烃和环烷烃	OSBL	30t
丙烷	液	98%（质量）	OSBL	4t
甲醇	液	200kg/桶	外购	35t
二甲基二硫醚（DMDS）	液	DMDS≥99%	外购	3t
氢氧化钠溶液	液	20%（质量）	OSBL	5t
硫酸	液	98%	OSBL	装置内设有一硫酸罐，平时空置
增强型二元制冷剂	气/液	14%（摩尔）甲烷和86%（摩尔）丙烯	首次投料的丙烯来自OSBL、首次投料的甲烷来自工艺管道	500t

烯烃装置主要产品、中间产品及副产品情况见表5-3。

表5-3 烯烃装置主要产品、中间产品及副产品情况

类型	名称	品名	年产量	危险化学品目录（2015版）中的序号	备注
产品	聚合级乙烯	乙烯	$109×10^4$t/a	2662	压缩乙烯去聚乙烯装置、苯乙烯装置，液化乙烯外销
产品	聚合级丙烯	丙烯	$69×10^4$t/a	140	外销或去聚丙烯装置、丙烯腈装置
副产品	氢气	氢	$2.395×10^4$t/a（$27196.48×10^4$Nm³/a）	1648	外销或去烯烃转换、聚烯烃装置、PSA装置
副产品	甲烷尾气	—	$58.1433×10^4$t/a	—	送裂解炉及全厂管网
副产品	异丁烯	异丁烯	$6.346×10^4$t/a	2708	OSBL外销
产品	丁二烯	1,3-丁二烯（稳定的）	$9×10^4$t/a	223	送OSBL化工罐区，外销
产品	甲苯	甲苯	$14.6712×10^4$t/a	1014	OSBL外销
中间产品	苯	苯	$26.472×10^4$t/a	49	去苯乙烯装置
副产品	PFO/PGO	—	$18.5928×10^4$t/a	—	去公用工程（OSBL）罐区
中间产品	混合碳四	—	$38.9807×10^4$t/a	—	去BEU、OCU
中间产品	抽余碳四	—	$8.6836×10^4$t/a	—	去烯烃转换单元
中间产品	裂解汽油（C_5～205℃）	—	$79.2416×10^4$t/a	—	去GTU
产品	C_8+馏分	—	$8.3896×10^4$t/a	—	OSBL外销
中间产品	C_6～C_8加氢汽油馏分	—	$55.8776×10^4$t/a	—	去芳烃抽提装置

类型	名称	品名	年产量	危险化学品目录(2015版)中的序号	备注
产品	裂解 C_5 馏分	—	13.9224×10^4 t/a	—	OSBL 外销
中间产品	裂解 C_8 馏分	二甲苯异构体混合物	8.228×10^4 t/a	358	去 C_8 馏分苯乙烯抽提装置
产品	裂解 C_{9+} 馏分	—	7.604×10^4 t/a	—	OSBL 外销

二、裂解乙烯工艺流程安全分析

参照 GB 6441—1986《企业职工伤亡事故分类》的规定，烯烃装置运行过程中可能发生的主要危险事故类型有：火灾、爆炸、中毒窒息、化学灼伤、车辆伤害、触电、机械伤害、高处坠落、物体打击、起重伤害等；可能造成的职业危害因素主要是：有毒物质、噪声、高温、低温、粉尘等。

1. 生产工艺过程危险、有害因素分析

主要危险有害因素是由于生产过程中所涉及物料、设备设施以及作业环境所带来的火灾、爆炸、中毒窒息事故风险；此外其他可能发生的事故类型还包括：触电、机械伤害、高处坠落、物体打击、起重伤害、化学灼伤、车辆伤害等；可能造成的职业危害因素主要是：有毒物质、噪声、高温、低温、粉尘等。

（1）引起火灾、爆炸事故危险有害因素分析

烯烃装置属甲类火灾危险性装置，装置工艺流程长而复杂，设备种类繁多，操作条件比较苛刻，生产具有高温、超高压、低温深冷特性，其原料、产品及副产品均属于易燃、易爆物质。

① 泄漏是烯烃装置长周期安全运行最大的风险，如管线、设备内腐蚀造成减薄泄漏，气液混输冲刷管壁减薄泄漏，换热器内漏等，一旦发生泄漏遇火源，就有可能引发火灾、爆炸事故。

② 以石脑油、循环乙烷丙烷为原料，通过裂解炉 850℃ 的高温裂化反应，产物为裂解气，其组成有氢气、甲烷、乙烷、乙烯、丙烷、丙烯、碳四馏分、C_5 馏分、裂解汽油和燃料油，还有少量 C_2 和 C_3 炔烃、硫化氢、一氧化碳和二氧化碳等杂质。高温裂解气通过废热锅炉（TLE）产生 11.17MPa（G）超高压蒸汽（SS），并在裂解炉对流段给热至 510℃ 用以驱动透平压缩机。所以裂解炉，既是高温裂化反应器又是产生蒸汽的动力锅炉。属于甲类火灾危险区。过程的主要危险有：

a. 裂解炉点火前，必须将炉膛吹扫分析合格才能点火，否则会发生爆炸。应注意燃料气不能带液，燃料气带液进炉膛会发生正压燃烧，会烧毁炉内外设施。

b. 高压废热锅炉（TLE）供水，水质如 SiO_2、Fe、Cu 和电导率等不合格，会使透平结垢、废热锅炉内管腐蚀穿孔。高压蒸汽发生系统压力高、温度高，若发生泄漏则可能引发事故；若发生高压汽包断水"干锅"，会引发事故。

c. 炉膛燃烧火焰若不均匀，可能导致超温烧毁炉管。火焰偏烧、扑管或舔管，会造成

炉管超温、变形歪曲、结焦堵塞或有烧断炉管的危险。操作过程中炉管还可能因膨胀受阻而损坏。

d. 裂解炉进料若带水，或稀释蒸汽(DS)带水、带油，甚至带碱，会损坏炉管。

e. 裂解炉开车、停车以及烧焦作业是故障多发的过程。特别是烧焦过程，裂解炉处于高温状态，操作人员稍有不慎，就会发生烧断炉管的事故或在烧焦过程发生窜料着火事故，甚至发生爆炸。

③ 裂解气急冷系统主要故障有急冷油黏度高，裂解汽油干点高，急冷水乳化。特别是急冷油黏度高，将会使系统严重堵塞无法循环，若不及时停车处理，将会发生泄漏引发火灾；若急冷油(QO)中断，高温裂解气进入急冷油塔系统，极其危险。

④ 裂解气压缩机，一是要严格控制进入透平的蒸汽(SS)品质，二是不能频繁发生压缩机段间罐高液位联锁停车，三是裂解气压缩机应防止缸内结焦，否则，由此引发振动可能导致停车事故。

⑤ 裂解气压缩机、丙烯制冷压缩机和二元制冷压缩机属于大机组、单系列，自动化水平高，设计、安装、生产稍有疏漏就会造成巨大损失。

⑥ 乙烯生产单元于 2014 年新增了增压机一台，目前该项目处于试运行阶段，若增压机的设置与原工艺设备不匹配，增压机运行故障等，可能会带来安全隐患，引发火灾爆炸事故。

⑦ 裂解气分离系统设备多、管道长，阀门、法兰、螺栓及垫片数量大，连接点多；对系统的整体可靠性要求高，若发生烃物料泄漏是极其危险的。泄漏时，会在泄漏处周围形成白色烟雾即"蒸气云"，遇有明火立刻引起爆炸，将会摧毁周围的设施。

裂解气中乙炔通过选择加氢生成乙烯和乙烷。当床层温度失去控制时，能导致两个放热反应：一个是过量氢气存在使乙烯氢化，另一个是乙烯聚合-分解反应，这会使反应温度快速升高，甚至会发生"飞温"，能使设备、管道及其管件破损，物料泄漏着火爆炸。

(2) 引起中毒事故危险有害因素分析

乙烯装置裂解气中含有甲烷、氢、烷烃、烯烃、芳烃，还有少量硫化氢等，其中硫化氢和芳烃的毒性较大，但这些有毒物质不是单独存在，而是在裂解气中。裂解汽油加氢单元(DPG)二段加氢催化剂预硫化与 H_2 反应生成 H_2S，加氢脱硫后，$C_6 \sim C_8$ 馏分中的硫从 H_2S 汽提塔塔顶排出，这两个部位 H_2S 浓度较高。此外，乙烯装置还存在甲醇、二甲基二硫醚等有毒物质。芳烃抽提装置中主要有苯、甲苯、混二甲苯、抽余油、环丁砜等有毒物质。丁二烯抽提装置存在的主要有毒物质有丁二烯、对叔丁基邻苯二酚(TBC)等。

(3) 引起窒息事故危险有害因素分析

装置在开停工过程中和大检修时要用氮气对设备进行置换和吹扫，如果处理不当，氮气管线阀门开关错误，或关闭不严，都会产生氮气漏入容器中，出现作业人员氮气窒息死亡事故。

(4) 引起化学灼伤事故危险有害因素分析

丁二烯抽提使用阻聚剂 TBC 对人体皮肤及黏膜有刺激作用，当发生 TBC 外泄喷溅人体皮肤能较强灼伤皮肤。

此外，烯烃装置涉及辅料硫酸和氢氧化钠的使用，若发生泄漏，人员直接接触可导致化学灼伤事故。

（5）引起车辆伤害事故危险有害因素分析

烯烃装置具有一定的运入运出量，包括叉车运送原辅材料等。因厂区内交通组织管理松懈，交通标志和安全标志污损后未及时更新、照明的质量等方面的缺陷，均可能引发车辆伤害事故。

（6）引起触电事故危险有害因素分析

① 生产装置中的电气开关等如存有缺陷、绝缘不良、不按规定接地（接零）、未设置必要的漏电保护装置等都可能导致作业人员发生触电事故。各种电气设备的非带电金属外壳，由于漏电等原因也可能带电，若无良好的接地设施，人员与之接触也有可能发生触电伤害事故。

② 各类用电设备长期使用后，会由于化学腐蚀、机械损伤等原因使电气系统绝缘材料电阻值减小或老化击穿，或接地与接零装置长期缺少维护检测而变得不可靠等原因，均有可能使设备外壳带电，形成作业人员触电事故的隐患。

③ 各种电气设备的检修，若由未经专门培训并取得电工上岗作业证的人员随意拆装、调试，更易造成人员触电事故。此外，若持证电气检修作业人员未在有效防护的情况下进行作业或不遵守安全操作规程，也会发生触电伤害事故。

④ 静电放电瞬间电流的冲击也会对操作人员造成伤害。

（7）引起机械伤害事故危险有害因素分析

在正常生产时涉及大量机泵、空冷运转设备，以及在起吊、检维修作业等环节中，转动设备如果没有防护设施，或作业人员违章操作，都存在发生机械伤害的可能。

（8）引起高处坠落、物体打击事故危险有害因素分析

装置的塔、罐、冷换设备及大部分管线均属于高架结构或离地面较高，作业人员在对高空设备进行检查、装卸催化剂等，存在着高空坠落的危险；若工器具等摆放不当，存在工具、材料、构件等物件坠落击伤下层作业人员的可能。

（9）引起起重伤害事故危险有害因素分析

在起重作业过程中，若起重机械本体缺陷或违章起吊等，可能发生起重伤害，如吊物坠落伤人、吊物撞击伤人等。

（10）引起职业病危害事故危险有害因素分析

① 有毒物质

前面已有介绍，此处不再叙述。

② 噪声

装置噪声危害主要来自各类压缩机、风机、机泵等设备，间断噪声主要有安全阀和蒸汽排放。

长期接触噪声对听觉系统产生损害，从暂时性听力下降直至病理永久听力损失，还可引起头痛、头晕、耳鸣、心悸和睡眠障碍等神经衰弱综合症。此外对神经系统、心血管系统、消化系统、内分泌系统等产生非特异损害，同时对心理有影响作用，使工人操作时的注意力、身体灵敏性和协调能力下降，工作效率低，容易发生误操作事故。

③ 高温

裂解炉炉膛温度约 1200℃，炉出口温度为 800~850℃，炉墙外壁温度较高，操作人员

应防止烫伤。蒸汽操作温度为 SS 510℃、HS 385℃、MS 280℃、LSS 200℃、LS 160℃若泄漏或保温脱落导致人体高温烫伤。

裂解汽油加氢反应系统，脱 C_5 塔，脱 C_9 塔采用蒸汽加热，有时回水线有水击，注意不能使管线破裂，以免高温水烫伤人员。乙烯丁烯歧化反应系统，反应温度在 300℃ 左右，CAT 再生温度 550℃。注意防止保温层脱落烫伤工作人员。

④ 低温

乙烯装置冷箱、冷分离、丙烯制冷压缩机和二元制冷压缩机均属低温操作。冷箱最低温度为 -165℃，脱甲烷塔顶为 -132℃，丙烯制冷压缩机最低为 -40℃，二元制冷压缩机最低为 -136℃，乙烯精馏塔为 -35.4℃，脱乙烷塔为 -19.5℃。这些设备和管道及其管件都有严密的冷保温。操作过程或维护不当，保冷材料脱落，一旦接触裸露金属表面会引起冻伤，烃类物料的泄漏也会冻伤操作人员。

丁二烯在常温下易液化，一旦液体汽化会大量吸收热量，人体接触会造成冻伤。

⑤ 粉尘

装置定期装卸催化剂可能产生一定的粉尘危害。粉尘对人的呼吸道、肺有刺激作用。

(11) 其他伤害危险性分析

① 芳烃抽提装置溶剂环丁砜熔点较高，约为 27℃。如果运行过程中设备管道保温不良，环境温度低于熔点时会造成环丁砜凝固，堵塞管道；其在高温下受热分解或与氧、氯离子等接触发生化学反应，均会使系统 pH 值下降，pH 值下降一方面会加速溶剂的进一步老化，另一方面还会对设备造成酸性腐蚀，严重时会导致设备、管道腐蚀穿孔，物料泄漏，引发事故。

② 作业人员的着装如为非防静电服装，导致作业时产生人体静电放电，可构成火灾爆炸事故的点火源。

③ 具有爆炸危险性的作业及维修场所，若作业人员带入移动设备或存在未进行防火花处理的工具等，可构成火灾爆炸的点火源。

④ 装置内存在许多电气设备和电源配电线路，在使用和维修过程中，可能导致电气伤害。

⑤ 若装置区内安全疏散通道不畅，应急出口标识不清，在发生事故时将影响人员疏散及事故救援，可导致事故范围扩大。

⑥ 由于场地、通道、操作平台潮湿、黏油过滑等，可能引起作业人员滑倒摔伤、扭伤等人员伤害事故。

⑦ 如果配备的消防器材(消防栓、灭火器等)未定期检查，长期放置而未使用导致存在故障，发生火灾时等事故时不能及时进行扑救，造成事故扩大。

⑧ 若安全联锁系统未定期调试，特别是检维修后，则可能因失效而导致生产事故；若设备设施及安全设施未定期进行维护保养、检测检验，也可能因存在缺陷而导致事故的发生。

⑨ 若控制系统失灵或指标发生漂移，未及时发现和修正，可能带来安全隐患。

⑩ 若设备设施及安全设施未定期进行维护保养、检测检验，也可能因存在缺陷而导致事故的发生。

⑪ 建构筑物由于地基承载力或风力等原因存在坍塌的危险性。

⑫ 多雷地区，若建构筑物等缺乏有效的避雷措施，在夏季多雷雨天气，可能因遭受雷击而引燃易燃和可燃物质，造成设备损坏或人员伤害事故。

⑬ 忽视职工的培训教育，不按规定配备相应的劳动防护用品，对所储存的化学品的理化性质、储存危险化学品的相关的法律、法规、标准和规范缺乏足够了解，可造成违章操作而发生事故。

2. 个人风险值和社会风险值计算

根据危险化学品重大危险源辨识及分级结果可知，烯烃装置已构成一级危险化学品重大危险源，且其液化易燃气体丁二烯实际存在量与临界量比值为100，大于1。根据《危险化学品重大危险源监督管理暂行规定》（国家安全生产监督管理总局令第40号）第9条的规定，应采用定量风险评价方法进行评估，确定个人和社会风险值。

（1）可容许风险标准

① 可容许个人风险标准

个人风险是指因危险化学品重大危险源各种潜在的火灾、爆炸、有毒气体泄漏事故造成区域内某一固定位置人员的个体死亡概率，即单位时间内（通常为年）的个体死亡率。通常用个人风险等值线表示。

通过定量风险评价，危险化学品单位周边重要目标和敏感场所承受的个人风险应满足表5-4中可容许风险标准要求。

表5-4　可容许个人风险标准

危险化学品单位周边重要目标和敏感场所类别	可容许风险/年
1. 高敏感场所（如学校、医院、幼儿园、养老院等） 2. 重要目标（如党政机关、军事管理区、文物保护单位等） 3. 特殊高密度场所（如大型体育场、大型交通枢纽等）	$<3\times10^{-7}$
1. 居住类高密度场所（如居民区、宾馆、度假村等） 2. 公众聚集类高密度场所（如办公场所、商场、饭店、娱乐场所等）	$<1\times10^{-6}$

② 可容许社会风险标准

社会风险是指能够引起大于等于 N 人死亡的事故累积频率（F），也即单位时间内（通常为年）的死亡人数。通常用社会风险曲线（$F-N$ 曲线）表示。

可容许社会风险标准采用 ALARP（As Low As Reasonable Practice）原则作为可接受原则。ALARP 原则通过两个风险分界线将风险划分为 3 个区域，即：不可容许区、尽可能降低区（ALARP）和容许区。

a. 若社会风险曲线落在不可容许区，除特殊情况外，该风险无论如何不能被接受。

b. 若落在可容许区，风险处于很低的水平，该风险是可以被接受的，无需采取安全改进措施。

c. 若落在尽可能降低区，则需要在可能的情况下尽量减少风险，即对各种风险处理措施方案进行成本效益分析等，以决定是否采取这些措施。

通过定量风险评价，危险化学品重大危险源产生的社会风险应满足图5-2中可容许社会风险标准要求。

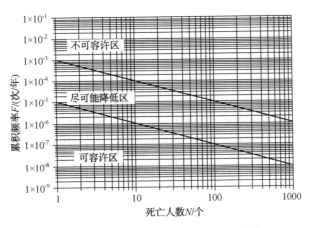

图 5-2 可容许社会风险标准(F-N)曲线

(2) 风险分析

采用 SAFETI 定量风险评价来计算烯烃装置的个人风险与社会风险。

① 频率选择

根据失效频率数据库中的个别组成部分数据,某工艺单元的泄漏频率将可以计算。泄漏频率计算程序如下:

a. 辨识某工艺单元的设备种类,如压力容器、储罐、管线、阀门、法兰、泵、压缩机、换热器等;

b. 计算工艺单元里某种设备的数量;

c. 提供设备的基本泄漏频率;

d. 根据设备的使用率,如运作时间,调整相关泄漏频率;

e. 为某工艺单元所有设备泄漏频率的总和,及为估计各种不同泄漏孔径,如小孔、中孔和大孔/破裂的泄漏频率。

由于缺少有关的工艺参数和失效频率数据,评价可参考 API RP 581 推荐的泄漏频率值,确定管道破裂的泄漏概率取值为 1×10^{-4},管道泄漏的概率取值为 1×10^{-5},储罐失效的概率取值为 4×10^{-5}。

② 人口分布

装置正常运行时人口密集区域为现场巡检人员、厂区办公楼以及周边相邻厂区巡检及办公人员。

③ 计算结果

应用 SAFETI 软件进行建模计算,可以得到个人风险和和社会风险的数据,烯烃装置产生的个人风险等高线、社会风险 F-N 曲线如图 5-3 和图 5-4 所示。

④ 小结

a. 仅 1.0×10^{-6}/年、1.0×10^{-7}/年、1.0×10^{-8}/年、1.0×10^{-9}/年风险等高线涉及厂外区域,根据国家安全生产监督管理总局 40 号令的可容许的个人风险标准(表 5-4),由于厂外场所均属于企业类别的,因此其个人风险是可以接受的。

b. 与安监总局令 40 号的可容许的社会风险比较,社会风险 F-N 曲线落在了可接受的范围。

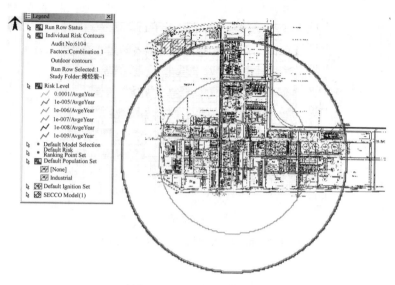

图 5-3　个人风险等值线

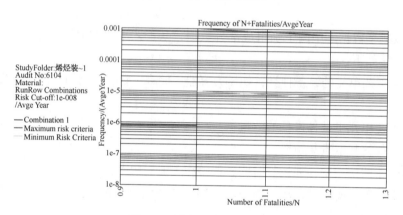

图 5-4　社会风险 $F-N$ 曲线

3. 评价单元的选择

按照道化学公司火灾爆炸危险指数(第七版)评价单元选择的原则,对烯烃装置划分单元进行评价(表 5-5)。

表 5-5　评价单元的划分

装置名称	单元序号	单元名称	装置名称	单元序号	单元名称
乙烯装置	1	裂解单元	芳烃抽提装置	9	预分馏单元
	2	急冷单元		10	芳烃抽提单元
	3	压缩单元		11	芳烃分离单元
	4	冷分离单元		12	中间罐区单元
	5	热分离单元	丁二烯抽提装置	13	萃取精馏单元
	6	制冷单元		14	脱气单元
	7	烯烃转换单元		15	精馏单元
	8	汽油加氢单元			

（1）单元火灾、爆炸危险指数计算

对烯烃装置进行火灾、爆炸危险指数初期评价及最终评价，计算结果如表5-6、表5-7所示。

根据评价单元安全措施补偿系数的选取原则，选取评价单元的安全措施补偿系数，然后对单元进行补偿计算。具体如表5-7所示。

表5-6　乙烯装置危险度初期评价计算

地点：××乙烯装置		裂解单元	急冷单元	压缩单元	冷分离单元
1. 物质系数 MF		24	24	24	24
2. 一般工艺危险性	危险系数范围	危险系数	危险系数	危险系数	危险系数
基本系数	1.00	1.00	1.00	1.00	1.00
A. 放热化学反应	0.3~1.25				0.30
B. 吸热反应	0.20~0.40	0.4			0.40
C. 物料处理与输送	0.25~1.05				
D. 密闭式或室内工艺单元	0.25~0.90				
E. 通道	0.20~0.35				
F. 排放和泄漏控制	0.25~0.50	0.50	0.50	0.50	0.50
一般工艺危险系数（F_1）	1.90	1.50	1.50	2.20	
3. 特殊工艺危险性	危险系数范围	危险系数	危险系数	危险系数	危险系数
基本系数	1.00	1.00	1.00	1.00	1.00
A. 毒性物质	0.20~0.80	0.20	0.20	0.20	0.20
B. 负压（<500mmHg）	0.50				
C. 易燃范围内及接近易燃范围的操作					
惰性化-未惰性化					
1. 罐装易燃液体	0.50				
2. 过程失常或吹扫故障	0.30	0.30	0.30	0.30	0.30
3. 一直在燃烧范围内	0.80				
D. 粉尘爆炸	0.25~2.00				
E. 压力		1.54	0.28	0.68	0.56
F. 低温	0.20~0.30				
G. 易燃及不稳定物质的质量					
1. 工艺中的液体及气体		0.86	0.42	0.22	2.54
2. 储存中的液体及气体					
3. 储存中的可燃固体及工艺中的粉尘					
H. 腐蚀与磨蚀	0.10~0.75	0.20	0.20	0.40	0.20
I. 泄漏——接头和填料	0.10~1.50	0.20	0.20	0.30	0.20
J. 使用明火设备		1.00	0.20		
K. 热油热交换系统	0.15~1.15				
L. 转动设备	0.50			0.50	
特殊工艺危险系数（F_2）		5.30	2.80	3.60	5.00
工艺单元危险系数（$F_1 \times F_2$）= F_3		8	4.20	5.40	8
火灾、爆炸指数（$F_3 \times MF = F\&EI$）		192	101	130	192
火灾、爆炸危险等级		非常高	中等	高	非常高

1. 物质系数 MF		21	24	24	21
2. 一般工艺危险性	危险系数范围	危险系数	危险系数	危险系数	危险系数
基本系数	1.00	1.00	1.00	1.00	1.00
A. 放热化学反应	0.3~1.25			0.30	0.30
B. 吸热反应	0.20~0.40			0.40	
C. 物料处理与输送	0.25~1.05				
D. 密闭式或室内工艺单元	0.25~0.90				
E. 通道	0.20~0.35				
F. 排放和泄漏控制	0.25~0.50	0.50	0.50	0.50	0.50
一般工艺危险系数(F_1)		1.50	1.50	2.20	1.80
3. 特殊工艺危险性	危险系数范围	危险系数	危险系数	危险系数	危险系数
基本系数	1.00	1.00	1.00	1.00	1.00
A. 毒性物质	0.20~0.80	0.20	0.20	0.20	0.20
B. 负压(<500mmHg)	0.50				
C. 易燃范围内及接近易燃 范围的操作					
惰性化-未惰性化					
1. 罐装易燃液体	0.50				
2. 过程失常或吹扫故障	0.30	0.30	0.30	0.30	0.30
3. 一直在燃烧范围内	0.80				
D. 粉尘爆炸	0.25~2.00				
E. 压力		0.42	0.64	0.68	0.62
F. 低温	0.20~0.30				
G. 易燃及不稳定物质的质量					
1. 工艺中的液体及气体		1.88	0.56	1.32	0.38
2. 储存中的液体及气体					
3. 储存中的可燃固体及工艺中的粉尘					
H. 腐蚀与磨蚀	0.10~0.75	0.20	0.40	0.20	0.20
I. 泄漏——接头和填料	0.10~1.50	0.20	0.30	0.30	0.20
J. 使用明火设备					
K. 热油热交换系统	0.15~1.15				
L. 转动设备	0.50		0.50		
特殊工艺危险系数(F_2)		4.20	3.90	4.00	2.90
工艺单元危险系数($F_1 \times F_2$)=F_3		6.30	5.85	8	5.22
火灾、爆炸指数($F_3 \times MF = F\&EI$)		132	140	192	110
火灾、爆炸危险等级		高	高	非常高	中等

表 5-7 乙烯装置危险度最终评价计算

* * 乙烯装置		裂解单元	急冷单元	压缩单元	冷分离单元
1. 工艺控制安全补偿系数	补偿系数范围	补偿系数	补偿系数	补偿系数	补偿系数
A. 应急电源	0.98	0.98	0.98	0.98	0.98
B. 冷却装置	0.97~0.99	0.97	0.97	0.97	0.97
C. 抑爆装置	0.84~0.98				
D. 紧急切断装置	0.96~0.99	0.98	0.98	0.98	0.98
E. 计算机控制	0.93~0.99	0.98	0.98	0.98	0.98
F. 惰性气体保护	0.94~0.96				
G. 操作规程/程序	0.91~0.99	0.96	0.96	0.96	0.96
H. 化学活泼性物质检查	0.91~0.98	0.98	0.98	0.98	0.98
I. 其他工艺危险分析	0.91~0.98	0.96	0.96	0.96	0.96
工艺控制安全补偿系数 C_1 值		0.82	0.82	0.82	0.82
2. 物质隔离安全补偿系数	补偿系数范围	补偿系数	补偿系数	补偿系数	补偿系数
A. 遥控阀	0.96~0.98	0.98	0.98	0.98	0.98
B. 卸料/排空装置	0.96~0.98	0.98	0.98		
C. 排放系统	0.91~0.97				
D. 联锁装置	0.98	0.98	0.98	0.98	0.98
物质隔离安全补偿系数 C_2 值		0.94	0.94	0.94	0.94
3. 防火设施安全补偿系数	补偿系数范围	补偿系数	补偿系数	补偿系数	补偿系数
A. 泄漏检测装置	0.94~0.98	0.96	0.96	0.96	0.96
B. 钢结构	0.95~0.98	0.97	0.97	0.97	0.97
C. 消防水供应系统	0.94~0.97	0.94	0.94	0.94	0.94
D. 特殊灭火系统	0.91				
E. 洒水灭火系统	0.74~0.97				
F. 水幕	0.97~0.98	0.98			
G. 泡沫灭火装置	0.92~0.97	0.94	0.94	0.94	0.94
H. 手提式灭火器材/喷水枪	0.93~0.98	0.98	0.98	0.98	0.98
I. 电缆防护	0.94~0.98	0.98	0.98	0.98	0.98
防火设施安全补偿系数 C_3 值		0.77	0.79	0.79	0.79
安全措施总补偿系数 $C = C_1 \times C_2 \times C_3$		0.60	0.61	0.61	0.61
补偿火灾、爆炸危险指数 $(F\&EI)' = F\&EI \times C$		115	62	79	117
补偿火灾、爆炸危险等级		中等	较低	较低	中等
1. 工艺控制安全补偿系数	补偿系数范围	补偿系数	补偿系数	补偿系数	补偿系数
A. 应急电源	0.98	0.98	0.98	0.98	0.98
B. 冷却装置	0.97~0.99	0.97	0.97	0.97	0.97
C. 抑爆装置	0.84~0.98				
D. 紧急切断装置	0.96~0.99	0.98	0.98	0.98	0.98
E. 计算机控制	0.93~0.99	0.98	0.98	0.98	0.98
F. 惰性气体保护	0.94~0.96				
G. 操作规程/程序	0.91~0.99	0.96	0.96	0.96	0.96

	补偿系数范围	补偿系数	补偿系数	补偿系数	补偿系数
H. 化学活泼性物质检查	0.91~0.98	0.98	0.98	0.98	0.98
I. 其他工艺危险分析	0.91~0.98	0.96	0.96	0.96	0.96
工艺控制安全补偿系数 C_1 值		0.82	0.82	0.82	0.82
2. 物质隔离安全补偿系数	补偿系数范围	补偿系数	补偿系数	补偿系数	补偿系数
A. 遥控阀	0.96~0.98	0.98	0.98	0.98	0.98
B. 卸料/排空装置	0.96~0.98	0.98	0.98	0.98	0.98
C. 排放系统	0.91~0.97				
D. 联锁装置	0.98	0.98	0.98	0.98	0.98
物质隔离安全补偿系数 C_2 值		0.94	0.94	0.94	0.94
3. 防火设施安全补偿系数	补偿系数范围	补偿系数	补偿系数	补偿系数	补偿系数
A. 泄漏检测装置	0.94~0.98	0.96	0.96	0.96	0.96
B. 钢结构	0.95~0.98	0.97	0.97	0.97	0.97
C. 消防水供应系统	0.94~0.97	0.94	0.94	0.94	0.94
D. 特殊灭火系统	0.91				
E. 洒水灭火系统	0.74~0.97				
F. 水幕	0.97~0.98				
G. 泡沫灭火装置	0.92~0.97	0.94	0.94	0.94	0.94
H. 手提式灭火器材/喷水枪	0.93~0.98	0.98	0.98	0.98	0.98
I. 电缆防护	0.94~0.98	0.98	0.98	0.98	0.98
防火设施安全补偿系数 C_3 值		0.79	0.79	0.79	0.79
安全措施总补偿系数 $C = C_1 \times C_2 \times C_3$		0.61	0.61	0.61	0.61
补偿火灾、爆炸危险指数 $(F\&EI)' = F\&EI \times C$		80	85	117	67
补偿火灾、爆炸危险等级		较低	较低	中等	较低

（2）评价结果及分析

① 评价结果

根据道化学公司第七版火灾、爆炸危险指数评价法的评价程序，评价结果汇总于表 5-8。

表 5-8　烯烃装置火灾爆炸危险指数计算结果汇总

装置	序号	单元	初期火灾、爆炸危险指数			补偿火灾、爆炸危险指数		
			$F\&EI$	危险等级	危险等级色	$F\&EI$	危险等级	危险等级色
乙烯装置	1	裂解单元	192	非常高		115	中等	
	2	急冷单元	101	中等		62	较低	
	3	压缩单元	130	高		79	较低	
	4	冷分离单元	192	非常高		117	中等	
	5	热分离单元	132	高		80	较低	
	6	制冷单元	140	高		85	较低	
	7	烯烃转换单元	192	非常高		117	中等	
	8	汽油加氢单元	110	中等		67	较低	

装置	序号	单元	初期火灾、爆炸危险指数			补偿火灾、爆炸危险指数		
			F&EI	危险等级	危险等级色	F&EI	危险等级	危险等级色
芳烃抽提装置	9	预分馏单元	77	较低		47	最低	
	10	芳烃抽提单元	67	较低		41	最低	
	11	芳烃分离单元	62	较低		38	最低	
	12	中间罐区单元	74	较低		43	最低	
丁二烯抽提装置	13	萃取精馏单元	101	中等		61	较低	
	14	脱气单元	79	较低		48	最低	
	15	精馏单元	97	中等		59	最低	

② 评价结果分析

a. 初期危险指数计算结果表明：乙烯装置的裂解单元、冷分离单元、烯烃转换单元的初始危险等级为"非常高"，压缩单元、热分离单元、制冷单元的初始危险等级为"高"，急冷和汽油加氢单元初始危险等级为"中等"，说明乙烯装置生产区域的固有火灾、爆炸危险性相对比较大，是重点防火、防爆区域。芳烃抽提装置4个评价单元的初始危险等级都为"较低"，丁二烯抽提装置3个评价单元的初始危险等级都在"中等"及以下，达到可以接受的程度，说明芳烃抽提装置和丁二烯抽提装置生产区域的固有火灾、爆炸危险性相对较小，但由于该装置涉及的物料基本都为易燃、易爆物质，也应重视火灾、爆炸危险的存在。

b. 补偿危险指数计算结果表明：所有单元经过补偿后的危险等级都降为"中等"及以下，说明烯烃装置所评价单元在采取安全措施和预防手段的条件下，危险等级大大降低，达到可以接受的程度。但在生产过程中，仍必须加强安全管理，采取严格的安全防护措施，并确保各项安全措施有效，才能保证生产的安全运行。

4. 事故后果模拟分析评价

烯烃装置存在的事故类型主要有泄漏、火灾、爆炸等。本评价选用挪威 DNV 公司 SAFETI 软件对乙烯装置进行事故后果模拟分析评价。

（1）事故形态假定

事故形态假定见表 5-9。

表 5-9　事故形态假定

装置	假设事故	泄漏物质	技术条件		泄漏条件		事故形态
			温度/℃	压力/MPa(G)	孔径/mm	时间/s	
乙烯装置	1	丙烯	47	1.83	30	600	2#丙烯塔塔顶侧线出口管线破裂，丙烯泄漏扩散，遇点火源发生火灾、爆炸事故
	2	丙烯	47	1.83	60	600	
	3	丙烯	47	1.83	120	600	
	4	乙烯	70	2.72	30	600	乙烯制冷压缩机3段出口管线破裂，乙烯泄漏扩散，遇点火源发生火灾、爆炸事故
	5	乙烯	70	2.72	60	600	
	6	乙烯	70	2.72	120	600	

（2）气象条件

根据当地的气象资料和地理环境特点，按以下气象条件进行事故仿真。

时间：夜晚 气温度：10℃

相对湿度：70% 风速：1.5m/s

大气稳定度：F（夜晚有云、微风，气象条件稳定）

（3）事故后果模拟

① 物料泄漏引起喷火的热辐射危害范围

物料泄漏后引起喷火的热辐射危害范围见表5-10。

表5-10 热辐射范围图

事故案例	距离/m		
	4.0/（kW/m²）	12.5/（kW/m²）	37.5/（kW/m²）
事故1	47.9	39.6	34.4
事故2	90.4	74.4	64.5
事故3	169.6	138.8	120.0
事故4	47.1	39.3	34.4
事故5	88.8	73.9	64.5
事故6	166.7	138.0	120.2

物料泄漏后发生喷火的热辐射影响范围如图5-5~图5-10所示。

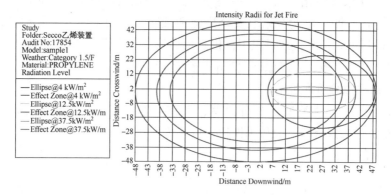

图5-5 热辐射影响范围图（假设事故1）

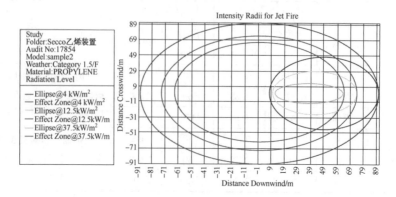

图5-6 热辐射影响范围图（假设事故2）

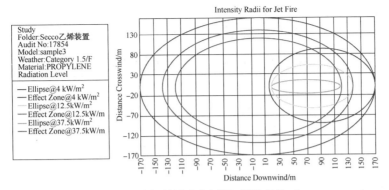

图 5-7　热辐射影响范围图(假设事故 3)

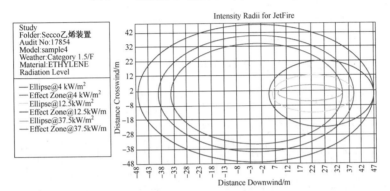

图 5-8　热辐射影响范围图(假设事故 4)

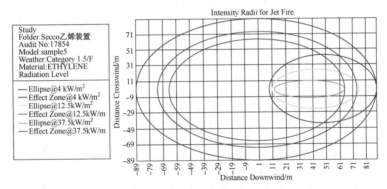

图 5-9　热辐射影响范围图(假设事故 5)

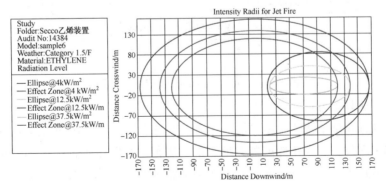

图 5-10　热辐射影响范围图(假设事故 6)

② 物料泄漏后发生爆炸危害区域

物料泄漏后发生爆炸后超压的危害区域见表5-11。

表5-11　泄漏后发生爆炸后超压的危害区域

事故案例	距离/m		
	0.01MPa	0.03MPa	0.05MPa
事故1	50.1	45.0	43.7
事故2	113.6	101.8	98.7
事故3	271.7	245.8	239.1
事故4	62.1	56.0	54.4
事故5	157.7	143.8	140.2
事故6	360.2	330.1	322.2

物料泄漏后遇点火源引起爆炸的影响范围如图5-11~图5-16所示。

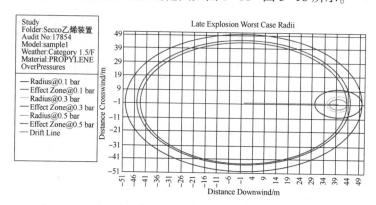

图5-11　爆炸影响范围图(假设事故1)

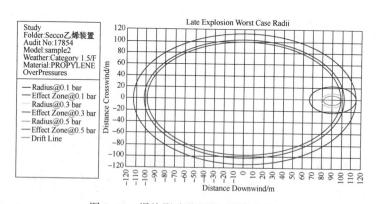

图5-12　爆炸影响范围图(假设事故2)

（4）事故后果模拟分析

① 从喷火热辐射事故后果模拟看出：在给定的事故条件下，假设事故1~6物质泄漏发生喷火的热辐射对设备和人体造成极大危害的危害范围都限于装置区内部，对邻近装置的影响不明显。假设事故3和假设事故6的热辐射影响范围较远，造成设备、设施损坏的最远距离达到120m。

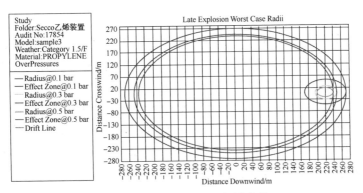

图 5-13   爆炸影响范围图(假设事故 3)

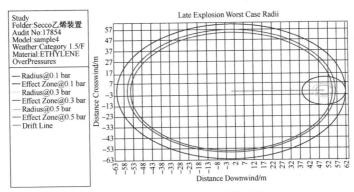

图 5-14   爆炸影响范围图(假设事故 4)

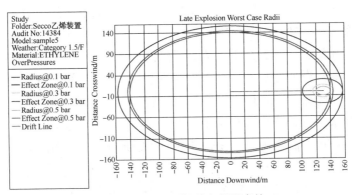

图 5-15   爆炸影响范围图(假设事故 5)

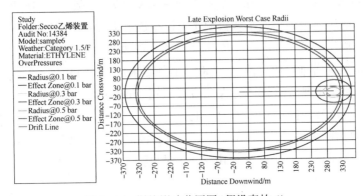

图 5-16   爆炸影响范围图(假设事故 6)

② 从爆炸冲击波超压事故后果模拟看出：在给定的事故条件下，假设事故 1、2、4、5 对设备、建筑物等造成重大破坏以及严重伤害人体的危害区域的影响范围仅限于装置区内部；假设事故 3、6 对设备、建筑物等造成重大破坏以及严重伤害人体的危害区域的影响范围波及邻近装置，假设事故 3 最远达到近 240m 处，假设事故 6 最远达到 320 多米。

③ 丙烯、乙烯等物料泄漏后，若处理不及时、处理措施不当，导致大量物料泄漏，很有可能造成不堪设想的事故。应根据本装置物料的火灾、爆炸、有毒的危险危害特性，做好事故应急救援预案，一旦发生物料泄漏时能尽快切断泄漏源，防止物料大量泄漏事故的发生，以保证本装置和周边装置的安全生产。

三、压缩系统过程原理与控制条件

自裂解急冷塔(T-1501)塔顶来的裂解气，温度为 41.9℃、压力为 0.047MPa 进入裂解气增压机(C-1901N)吸入罐(D-1901N)。吸入罐压力为 0.031MPa，此压力由调整透平转数的压力控制器 PC-19001 来维持。吸入罐顶出来的裂解气送入裂解气增压机的进口，经一段压缩后排出压力为 0.087MPa，温度为 68.6℃，经后冷却器(E-1901AN/BN)冷却到 40.6℃后，气相部分直接进入裂解气压缩机(C-2000)的一段吸入罐(D-2001)。而增压机吸入罐(D-1901N)中的液相则通过罐底外送泵 P-1901AN/BN 外送裂解系统的急冷水塔 T-1501。裂解气增压机的段间压力是不控制的，它们取决于吸入压力、裂解气组成和增压机的设计，排出温度取决于该段的压缩比、裂解气组成和进口温度。为防止裂解气中烯烃类物质在高温下产生聚合，因此在增压机吸入管线上设置洗涤油来防止聚合，洗涤油采用加氢汽油，由洗涤油泵 P-7703 提供。

同一切离心式压缩机一样，当进口流量下降到某一定值以下时，增压机将发生喘振。在增压机排出端设有最低流量返回管线，即"防喘振线"，由计算机进行控制，其流量测点在增压机排出口。防喘振的流量曲线由供应商提供。

裂解气增压机采用 10.5MPa、505℃的超高压蒸汽 SS 驱动透平而驱动的，全冷凝液排到真空复水器然后外送。油路系统向透平和压缩机提供控制油和润滑油。裂解气增压机采用干气密封。

当增压机停止运行期间，自裂解急冷塔(T-1501)塔顶来的裂解气，温度为 41.9℃、压力为 0.047MPa 进入五段离心式裂解气压缩机(C-2000)第一段吸入罐(D-2001)。吸入罐压力为 0.047MPa，此压力由调整透平转数的压力控制器来维持。一段吸入罐顶出来裂解气送入压缩机的一段进口，经一、二、三段压缩机冷却冷凝后，气相部分从三段排出罐(D-2006)顶出来后由碱洗塔进料加热器(E-2401)用急冷水加热到 45℃后送入脱酸性气体系统(T-2401)进行处理，处理后的气体进入四段吸入罐(D-2004)，经四、五段压缩后，压力达到 3.792MPa，同时经段间冷却到 35℃左右。

从三段排出罐(D-2006)出来的冷凝液，用液面控制器 LC-20061 再返回到三段吸入罐(D-2003)。三段吸入罐中的冷凝液又由液面控制器 LC-20031 再返回到二段吸入罐(D-2002)。水和烃类在二段吸入罐中分离。

二段吸入罐中被分离的水送到一段吸入罐(D-2001)，由液面控制器 LC-20021 控制。D-

2001 中被冷凝的水被 P-2001 泵送回急冷水塔(T-1501)，由液位控制器 LC-20001 控制。

二段吸入罐中分离出来的烃类，被送往汽油汽提塔(T-2008)，由流量控制器 FC-20115 控制流量，D-2002 中的液位控制器 LC-20022 参数整定。

五段排出罐(D-2007)出来的冷凝液被送回裂解气压缩机五段吸入罐(D-2005)，由液位控制器 LC-20071 控制。水和烃类在裂解气压缩机五段吸入罐中分离。D-2005 中分离出来的烃类被送往冷凝液汽提塔(T-2601)，由液位控制器 LC-20052 控制。D-2005 中分离出来的水被送往四段吸入罐(D-2004)，由液位控制器 LC-20051 控制。从 D-2004 出来的烃类和水的冷凝液(包括 D-2005 和 D-2007 出来的水)，被送回急冷水塔，由液位控制器 LC-20041 控制。

裂解气五段出口送入五段排出罐(D-2007)，气相经 E-2601N、E-2602、E-2606 冷却到 15.5℃送入干燥器进料分离罐(D-2601)，来自 11-E-2601N 新增约 20% 的裂解气用流量控制去新的并列换热器。干燥器进料调温冷却器 No.3(11-E-2612N)和干燥器进料调温冷却器 No.4(11-E-2616N)也用丙烯制冷剂，将裂解气冷却到 15.6℃。11-E-2602 进口用一个手动调节阀来平衡去各换热器的流量，11-E-2616 出口与来自 11-E-2606 的出口物料合并到一起去干燥器进料罐(11-D-2601M)。

烃类和水在此分离，水被送往五段吸入罐，由液位控制器 LC-26011 控制。烃类被循环泵(P-2601)送回五段排出罐，由液位控制器 LC-26012 参数整定给流量控制器 FC-26011 控制。干燥器进料分离罐顶裂解气直接进裂解气干燥器(S-2601)。

裂解气压缩机五段出口压力受脱甲烷塔进料分离罐 No.3(D-3003X)控制，若分离罐压力增加，可将氢气经压力控制阀(PV-30031A、B)送往燃料气或火炬系统，以达到出口压力为规定值的目的。五段出口设有压力控制阀 PC-20005，以在紧急情况下将裂解气排入火炬系统，防止超压。

急冷水塔的塔顶裂解气进入裂解气压缩机，在用 SS 超高压蒸汽驱动的五段离心式压缩机中压缩，段间冷却、段间分离罐罐顶气相去下一段压缩，罐底液相排到前一段，最终送入急冷塔。

裂解气压缩机三段出口设碱洗塔，以脱除裂解气中的酸性气体，第五段出口裂解气进入裂解气干燥器。五段吸入罐的烃类进入凝液汽提塔，其塔釜物料在干燥后送往脱丙烷塔。

四、裂解气深冷分离流程安全分析

裂解气在经过换热器和新老冷箱激冷后，分四股料进入脱甲烷塔，在冷箱的后分离罐得到甲烷尾气和氢气产品。氢气进入甲烷化系统脱除一氧化碳，经过干燥后送往加氢反应器用户，剩余的送燃料气系统和界外。甲烷也送往燃料气系统。

脱甲烷塔塔釜的 C_2 以上的物料送往脱乙烷塔，脱乙烷塔塔顶的 C_2 进入乙炔转化器后进入乙烯精馏塔，从乙烯塔侧线抽出乙烯产品。

冷分离反应方程式：

$$C\!=\!O + H_2 \longrightarrow H\!-\!\underset{\underset{H}{|}}{\overset{\overset{H}{|}}{C}}\!-\!H + H_2O$$

裂解气分离系统设备多、管道长，阀门、法兰、螺栓及垫片数量大，连接点多；对系统的整体可靠性要求高，若发生烃物料泄漏是极其危险的。泄漏时，会在泄漏处周围形成白色烟雾即"蒸气云"，遇有明火立刻引起爆炸，将会摧毁周围的设施。

　　乙烯装置冷箱、冷分离、丙烯制冷压缩机和二元制冷压缩机均属低温操作。冷箱最低温度-165℃，脱甲烷塔顶-132℃，丙烯制冷压缩机最低-40℃，二元制冷压缩机最低-136℃，乙烯精馏塔-35.4℃，脱乙烷塔-19.5℃。这些设备和管道及其管件都有严密的冷保温。操作过程或维护不当，保冷材料脱落，一旦接触裸露金属表面会引起冻伤，烃类物料的泄漏也会冻伤操作人员。

　　丁二烯在常温下易液化，一旦液体汽化会大量吸收热量，人体接触会造成冻伤。

思考题

1. 叙述乙烯装置——乙烯生产单元工艺流程。
2. 裂解乙烯工艺过程中的危险有害因素有哪些？
3. 如何采用 SAFETI 定量风险评价来计算烯烃装置的个人风险与社会风险？
4. 如何采用 SAFETI 软件对乙烯装置进行事故后果模拟分析评价？
5. 理解压缩系统过程原理以及裂解气深冷分离流程。

第六章　烧碱生产工艺过程安全分析

第一节　典型事故案例分析

工业上用电解饱和食盐水溶液的方法来制取氢氧化钠、氯气和氢气，并以它们为原料生产一系列化工产品，称为氯碱工业。主要产品为烧碱、氯气、氢气、聚氯乙烯等，下游关联产品多达上千品种。氯碱化工行业生产出的产品在各个领域中都得到了非常广泛的应用。具体应用领域如图6-1所示。截至2016年年底，全球烧碱产能约为$9470 \times 10^4 t$，聚氯乙烯产能约为$5800 \times 10^4 t$，中国烧碱产能达$3945 \times 10^4 t$，占世界比重41.6%。两个主要产品产能产量都已经稳居世界首位，完成了产能扩张到经济结构调整、产业转型升级的阶段。2006—2016年中国烧碱和聚氯乙烯产能变化趋势图分别如图6-2、图6-3所示。近年来，氯碱行业安全事故呈现氯气事故减少、聚氯乙烯事故增多、新企业事故多发、西部地区事故较多等特点。氯碱行业典型安全事故统计情况见表6-1。

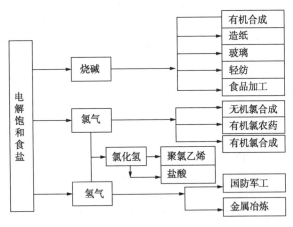

图6-1　氯碱化工产品

图6-2　2006—2016年中国烧碱产能变化趋势图

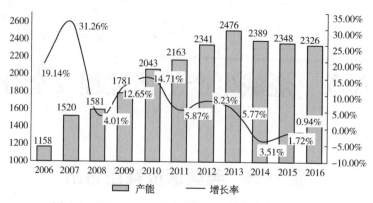

图 6-3　2006—2016 年中国聚氯乙烯产能变化趋势图

表 6-1　氯碱行业典型安全事故统计

事故发生时间	事故名称	事故企业	事故简要原因	伤亡情况
2004.04.16	液氯储罐爆炸	四川省某厂	设备腐蚀穿孔盐水泄漏进入液氯系统，氯气与盐水中铵反应生成三氯化氮，富集后浓度达到爆炸极限	9 死 3 伤，15 万群众撤离
2005.03.29	液氯槽罐车爆炸	江苏省某厂	液氯储罐车撞车事故	27 人死亡
2005.05.19	聚氯乙烯氯气泄漏事故	宁夏某聚氯乙烯公司	氯乙烯装置投料生产试运行期间，管道内残留的氯气出现外溢	64 人中毒
2010.11.20	氯乙烯车间爆炸事故	山西省某化工公司	聚合釜出料泵启动开关，由于螺丝密封不严密，漏进了氯乙烯气体，开关内产生的电气火花引起了厂房内氯乙烯气体空间爆炸	4 人死亡，2 人重伤，3 人轻伤
2010.11.23	氯碱跑氯事故	江苏省某氯碱化工公司	氯气泄漏导致下风向紧邻企业职工吸入中毒	30 人中毒
2011.10.06	火灾事故	内蒙某化工有限公司	聚合工段操作工操作失误，导致氯乙烯泄漏所致	2 人死亡，3 人受伤
2011.10.12	聚乙烯火灾事故	湖北省某氯碱企业	操作工因操作失误，导致氯乙烯泄漏所致	2 人死亡，3 人受伤

一、化工厂爆炸事故

1. 事故经过

2004 年 4 月 16 日，重庆某化工厂压力容器发生爆炸，事故造成 9 人死亡，3 人受伤，使江北区、渝中区、沙坪坝区、渝北区的 15 万名群众疏散，直接经济损失 277 万元（图 6-4、图 6-5）。

2004 年 4 月 15 日白天，该厂处于正常生产状态。15 日 17 时 40 分，该厂氯氢分厂冷冻工段液化岗位接总厂调度令开启 1 号氯冷凝器。18 时 20 分，氯气干燥岗位发现氯气泵压力偏高，4 号液氯储罐液面管在化霜。当班操作工两度对液化岗位进行巡查，未发现氯冷凝器有何异常，判断 4 号储罐液氯进口管可能有堵塞，于是转 5 号液氯储罐（停 4 号储罐）进行液化，其液面管也不结霜。21 时，当班人员巡查 1 号液氯冷凝器和盐水箱时，发现盐水箱氯化钙（$CaCl_2$）盐水大量减少，有氯气从氨蒸发器盐水箱泄出，从而判断氯冷凝器已穿孔，约有 $4m^3$ 的 $CaCl_2$ 盐水进入了液氯系统。

图 6-4　氯气泄漏事件爆炸现场

图 6-5　消防人员在现场抢险

发现氯冷凝器穿孔后，厂总调度室迅速采取 1 号氯冷凝器从系统中断开、冷冻紧急停车等措施。并将 1 号氯冷凝器壳程内 $CaCl_2$ 盐水通过盐水泵进口倒流排入盐水箱。将 1 号氯冷凝器余氯和 1 号氯液气分离器内液氯排入排污罐。

15 日 23 时 30 分，该厂采取措施，开启液氯包装尾气泵抽取排污罐内的氯气到次氯酸钠的漂白液装置。16 日 0 时 48 分，正在抽气过程中，排污罐发生爆炸。1 时 33 分，全厂停车。2 时 15 分左右，排完盐水后 4h 的 1 号盐水泵在静止状态下发生爆炸，泵体粉碎性炸坏。

16 日 17 时 57 分，在抢险过程中，突然听到连续两声爆响，液氯储罐内的三氯化氮突然发生爆炸。爆炸使 5 号、6 号液氯储罐罐体破裂解体并炸出 1 个长 9m、宽 4m、深 2m 的坑，以坑为中心，在 200m 半径内的地面上和建筑物上有大量散落的爆炸碎片。爆炸造成 9 人死亡，3 人受伤，该事故使 15 万名群众疏散，直接经济损失 277 万元。

事故爆炸直接因素关系链为：设备腐蚀穿孔导致盐水泄漏进入液氯系统—氯气与盐水中的铵反应生成三氯化氮—三氯化氮富集达到爆炸浓度（内因）→启动事故氯处理装置振动引爆三氯化氮（外因）。

2. 原因分析

（1）直接原因

① 设备腐蚀穿孔导致盐水泄漏，是造成三氯化氮形成和富集的原因。根据技术鉴定和专家的分析，造成氯气泄漏和盐水流失的原因是 1 号氯冷凝器列管腐蚀穿孔。腐蚀穿孔的原因主要有 5 个：

a. 氯气、液氯、氯化钙冷却盐水对氯气冷凝器存在普遍的腐蚀作用。

b. 列管内氯气中的水分对碳钢的腐蚀。

c. 列管外盐水中由于离子电位差异对管材发生电化学腐蚀和点腐蚀。

d. 列管与管板焊接处的应力腐蚀。

e. 使用时间较长，并未进行耐压试验，使腐蚀现象未能在明显腐蚀和腐蚀穿孔前及时发现。

② 三氯化氮富集达到爆炸浓度和启动事故氯处理装置造成振动，引起三氯化氮爆炸。

为加快氯气处理的速度，厂方启动了事故氯处理装置，对 4 号、5 号、6 号液氯储罐（计量槽）及 1 号、2 号、3 号汽化器进行抽吸处理。在抽吸过程中，事故氯处理装置水封处的三氯化氮因与空气接触和振动而首先发生爆炸，爆炸形成的巨大能量通过管道传递到液氯储罐内，搅动和振动了液氧储罐中的三氯化氮，导致 4 号、5 号、6 号液氯储罐内的三氯化氮爆炸。

（2）间接原因

① 压力容器设备管理混乱，设备技术档案资料不齐全，两台氯液气分离器未见任何技术和法定检验报告，发生事故的冷凝器 1996 年 3 月投入使用后，一直到 2001 年 1 月才进行首检，没进行耐压试验。近 2 年无维修、保养、检查记录，致使设备腐蚀现象未能在明显腐蚀和腐蚀穿孔前及时发现。

② 安全生产责任制落实不到位。2004 年 2 月 12 日，集团公司与该厂签订安全生产责任书以后，该厂未按规定将目标责任分解到厂属各单位。

③ 安全隐患整改督促检查不力。

④ 对三氯化氮爆炸的机理和条件研究不成熟，相关安全技术规定不完善。

3. 建议及措施

① 落实安全责任和安全防范措施，把事故隐患消灭在事故发生之前，严防重特大事故的发生。

② 对生产工艺与设备、储存方式和设备不符合国家规定标准的；对压力容器未按期检测、检验或者经检测、检验不合格的；对企业主要负责人、特种作业人员、关键岗位人员未经正规安全培训并取得任职和上岗资格的；对经安全评估确认没有达到安全生产条件的；要停产整顿，经认定符合条件后才能恢复生产。对经停产整顿后仍然不具备安全生产条件的危险化学品生产经营单位一律关闭。

③ 对冷冻盐水中含氨量进行监控或添置自动报警装置。加强对三氯化氮的深入研究，弄清其物化性质、爆炸机理和防治技术。

④ 完善应急预案，建立安全生产应急救授体系。建立应急管理体制，建立安全生产应急救授指挥中心，定期实施应急联动演练，把各类事故的危害降到最小限度。

二、烧碱灼伤案例 1

1992 年 8 月 28 日，河北沧州某化工厂蒸发岗位烧碱三效强制循环泵电流偏高，认为含盐高，就抽出部分物料，又打入一些水。但电流仍然偏大，判断循环泵出现故障，决定修泵。维修工打开排污阀将水放净，在拆泵体时，从法兰处突然冲出大量盐浆和洗效水，将维修工烫伤，经抢救无效死亡。

原因分析：

① 三效蒸发器循环泵进口端洗效液中盐的颗粒在停泵后发生沉积，将泵的进口堵塞，当拆开循环泵盖后沉积的盐层发生松动，洗效液喷出；

② 检修工未穿耐碱防护用品（工作服和鞋）；

③ 检修人员经验不足，自我保护意识不强。

防护措施：检修人员进行检修作业时，必须按要求穿戴相应的劳动保护用品；完善检修规程。

三、烧碱灼伤案例 2

1996 年 8 月 1 日，内蒙古某化工厂，因检修氢氧化钠稀溶液二效蒸发罐前，罐内碱液未排尽，当卸开循环泵时，碱液喷出，将在场的 5 人全部灼伤，其中 1 人抢救无效死亡，3 人重伤，1 人轻伤。

原因分析：在拆卸循环泵前，没有确认蒸发罐内碱液是否真的排尽，盲目拆泵。工作人员未穿防护服。

预防措施：检修之前，应确认蒸发罐内碱液已排尽；拆卸螺丝要先证明无碱液再正式拆卸，工作人员要穿防酸碱工作服和戴上防酸碱防护面罩。

第二节　一次盐水工艺过程安全分析

烧碱生产工业是一种最基本化工原材料制备产业之一。在电解食盐水生产烧碱的过程中还同时产生氯气和氢气。烧碱应用范围非常广泛，比如在石油精炼、印染、纺织纤维、造纸、土壤治理、化学试剂、橡胶、冶金、陶瓷等领域都有应用，其中，在冶金行业的氧化铝制备和纺织行业的黏胶短纤制备中，烧碱的使用量相对较大。

工业上制备烧碱，历史上曾使用过苛化法，是用纯碱水溶液与石灰乳通过苛化反应来制备烧碱，该方法产品单一、成本较高，后来基本被电解法取代。电解法是用直流电电解食盐水生产烧碱，同时副产氯气和氢气。电解法制烧碱有水银法、隔膜法和离子交换膜法。水银法是氯碱工业发展历史上重要的里程碑，由于涉及汞污染和危害，已基本被淘汰。离子交换膜法和隔膜法、水银法相比，具有投资少、成本低、能耗低、产品质量好、无污染等优点，是烧碱工业化制备中最先进的技术。离子交换膜法制备烧碱，电解液中烧碱含量为 32%~35%，可作为 32% 浓度的液碱直接销售，也可浓缩成浓度 50% 的液碱销售，然后 50% 液碱还可进一步浓缩成含量为 96% 或 99% 的固碱。图 6-6 给出了世界烧碱生产能力的发展情况。

世界烧碱工业正朝着集中化、大型化、产品系列化、经济规模化方向发展，这既是烧碱工业发展规律的集中体现，也是现代工业和科技发展的必然趋势。烧碱生产过程涉及烧碱、液氯、盐酸、氢气等危险化学品，其中氯、氢为首批重点监管的危险化学品。电解工艺（氯碱）为重点监管危险化工工艺，生产过程具有高度危险性，存在火灾、爆炸、中毒等危险因素，一旦出现事故，不但会造成人员伤害而且可能会引起影响社会稳定的公共危机事件。烧碱生产过程事故的发生与工艺流程紧密相关。一套完整化工流程就是一个复杂的大系统，因此，事故的发生往往是渐变的，而后果往往又是十分严重的。有必要了解烧碱生产过程中的基本工艺，并熟悉影响生产过程的各种工艺参数。在此基础上，运用安全系

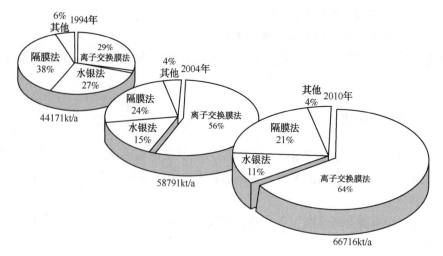

图 6-6 世界烧碱生产能力的发展情况

统工程的原理和专业安全分析方法，对烧碱生产工艺过程进行安全分析，并能采取措施保障烧碱生产过程安全。

离子膜法制碱是 20 世纪 80 年代发展的新技术，能耗低，产品质量高，生产稳定安全，且无有害物质的污染，与隔膜法、水银法和苛化法制碱具有较大的优势。我国目前的烧碱装置已广泛采用离子膜法，从最初的全部采用引进技术，到 90 年代具有自主知识产权的国产化离子膜法电解槽也逐步推广。基于此，本节以离子膜电解工艺作为分析对象。常见的离子膜烧碱装置工艺流程图如图 6-7 所示。其生产工艺主要包括一次盐水工艺、二次盐水精制及电解工艺、氯氢处理工艺、高纯盐酸合成工艺、液氯及包装工艺、蒸发及固碱工艺等。本节及后面几节将按照工艺过程进行分析。

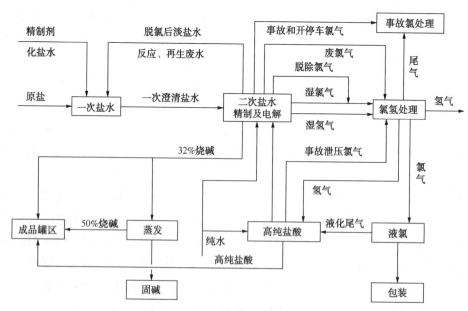

图 6-7 离子膜烧碱主要工艺流程图

一、一次盐水工艺流程

1. 原盐储运

生产烧碱的原料是工业盐，东部沿海地区的氯碱企业主要使用海盐，西北地区氯碱企业主要使用湖盐。普通工业原盐除主要含有氯化钠（NaCl）外，还含有氯化镁（$MgCl_2$）、硫酸镁（$MgSO_4$）、氯化钙（$CaCl_2$）、硫酸钙（$CaSO_4$）、硫酸钠（Na_2SO_4）等化学杂质，另外还含有泥沙及其他不溶性的机械杂质。

原盐储存的方式有干法和湿法两种。干法如露天盐场、库棚、仓库以及筒式盐仓等；湿法如地下池式盐库。老式的原盐运送方式多采用栈桥或皮带，但此种方式非常占地，工程费用也过高。现在的氯碱厂都采用装载机或铲车上盐，操作方便，投资上也非常节省。

2. 一次盐水精制

原盐中含有 Ca^{2+}、Mg^{2+}、SO_4^{2-} 化学杂质及机械杂质，这些杂质在溶盐（即化盐）时也被带进盐水中，用含有杂质的盐水去进行电解，易造成离子膜的堵塞，对电解有害。因此，必须除去。一次盐水精制工艺主要有：①传统盐水精制工艺；②有机膜法精制工艺；③无机膜法直接过滤工艺。下面分别对三种工艺过程进行简述，并比较这三种工艺的优缺点。

（1）传统盐水精制工艺

传统盐水精制工艺如图 6-8 所示，原盐用皮带输送进入化盐桶，温度为 45~55℃ 的粗盐水溢流到粗盐水槽，经粗盐水泵打至预混合槽，在预混合槽里加入过量的 Na_2CO_3 溶液和 NaOH 溶液，用以除去 Ca^{2+}、Mg^{2+}。通过加入 $BaCl_2$ 溶液，用以除去 SO_4^{2-}。Ca^{2+} 生成了 $CaCO_3$ 沉淀物，Mg^{2+} 生成了 $Mg(OH)_2$ 沉淀物，SO_4^{2-} 生成了 $BaSO_4$ 沉淀物，反应方程式：

$$Ca^{2+}+CO_3^{2-}=\!\!=\!\!=CaCO_3 \qquad (6-1)$$

$$Mg^{2+}+2OH^-=\!\!=\!\!=Mg(OH)_2 \qquad (6-2)$$

$$Ba^{2+}+SO_4^{2-}=\!\!=\!\!=BaSO_4 \qquad (6-3)$$

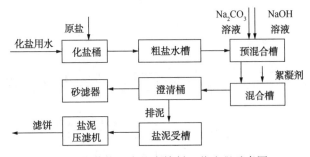

图 6-8　传统一次盐水精制工艺流程示意图

反应后的盐水由混合槽加料泵送至混合槽，在其中加入絮凝剂如聚丙烯酸钠，使 $CaCO_3$、$Mg(OH)_2$ 等沉淀物易形成较大直径颗粒，加快沉降。粗盐水自混合槽溢流至澄清桶，在澄清桶反应室中继续与絮凝剂反应，然后进入澄清区。澄清盐水由澄清桶上部溢流至砂滤器，盐泥由集泥耙子推至澄清桶底部，间断排出，最终送往盐泥压滤机处理。

传统盐水精制工艺优点：过程简便，易掌握；检修次数少且维修费用低。缺点是：生产装置大，占地面积多；自动化不高，碳素管过滤器操作复杂，过滤后的盐水固体悬浮物（以下简称"SS"）仍然比较高；澄清桶容易返浑，恢复时间长；砂滤带入硅污染；系统对原盐质量适应能力差。

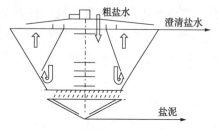

图 6-9　澄清桶结构示意图

传统盐水精制过程主要的设备有：化盐桶、反应桶、澄清桶、砂滤器、盐泥压滤机等。

如某厂改良道尔型澄清桶（图 6-9），由 2 个倒圆锥焊接而成，其有效容积 2712m³。内部接触液体部分衬鳞片玻璃钢树脂，中间有一反应室，盐水在此与絮凝剂反应，生成的盐泥颗粒在浮动的同时，碰撞斜壁，加速沉降。为使反应完全，反应室内有 6 组浆式搅拌器。在澄清桶内部，盐水自下而上改变流向时，自然形成泥封层，泥浆沉积在澄清桶底部，由一组泥耙子将其排至锥底，盐泥定期从底部排出，而盐水清液上升后由上部集流管汇集后排出。

（2）有机膜法精制工艺

以凯膜、戈尔膜为代表的有机膜法过滤技术的应用，提高了我国的盐水质量，缩短了我国氯碱企业一次盐水质量与国外先进工业化国家的距离。

凯膜过滤盐水精制工艺流程（图 6-10）：自化盐桶来的饱和粗盐水，按工艺要求分别加入质量分数为 32% 的氢氧化钠溶液和质量分数为 1% 的次氯酸钠溶液后，自流入前反应器；粗盐水中的镁离子与精制剂氢氧化钠反应，生成氢氧化镁，菌藻类、腐殖酸等天然有机物则被次氯酸钠氧化分解成为小分子有机物。用加压泵将前反应器内的粗盐水送至加压溶气罐溶气，再进入预处理器，并在预处理器进口加质量分数为 1% 的 $FeCl_3$ 溶液（清液从上部溢流而出，进入后反应器）；同时，再加入作为精制剂的质量分数为 20% 的碳酸钠溶液（盐水中的钙离子与碳酸钠反应形成碳酸钙作为凯膜过滤的助滤剂）；充分反应后的盐水自流入中间槽，并由供料泵送入凯膜过滤器过滤；过滤后的盐水加入质量分数为 5% 的亚硫酸钠溶液，除去盐水中的游离氯后，进入一次精制盐水储槽。预处理器和凯膜过滤器底部排出的滤渣进入盐泥池，统一处理。

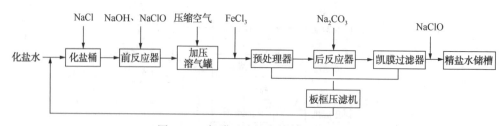

图 6-10　凯膜过滤盐水精制工艺流程

此工艺经过长时间的运用，技术成熟，应用广泛。该工艺的优点：膜过滤后盐水质量稳定且 SS 含量小，完全达到二次盐水工艺要求；对盐水中的 Ca^{2+}、Mg^{2+} 分段处理，去除杂质彻底；工艺流程较传统工艺简短、自动化程度高、操作简便；适应原盐的多样性，有利于降低成本。缺点是：有机膜运行寿命短，且易受损害；膜的价格昂贵，维护费用高。

凯膜过滤盐水精制工艺的主要设备有化盐桶（或化盐池）、前反应器、气水混合器、加压溶气罐、文丘里混合器、预处理器、后反应器、凯膜过滤器、澄清桶、盐泥压滤机以及各种储槽和泵。

① 凯膜过滤器

凯膜过滤器是整个装置中的关键设备,与其配套的有反冲罐、HFV 挠性阀门、管道和控制系统(图 6-11)。

② 预处理器

预处理器(图 6-12)为浮上澄清桶,与加压泵、气水混合器、加压溶气罐和文丘里混合器一起构成了加压浮上澄清系统。加压泵、气水混合器和加压溶气罐的作用是增大盐水的压力和流速,使空气最大量地溶解到盐水之中。

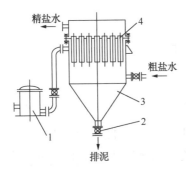

图 6-11 凯膜过滤器结构示意图

1—反冲罐;2—挠性阀门;3—过滤器筒体;
4—HVM 膜芯

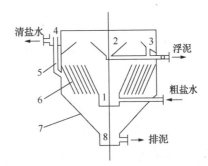

图 6-12 预处理器结构示意图

1—凝聚反应室;2—内浮泥槽;3—外浮泥槽;4—集水槽;
5—溢流管;6—斜板;7—筒体;8—沉泥槽

(3) 无机膜法直接过滤工艺

以陶瓷膜为代表的无机膜法直接过滤工艺是近年新兴的一次盐水精制技术,其独到的过滤技术、投资省、占地少以及优良的操作弹性受到广大氯碱企业的青睐。

陶瓷膜法过滤的工艺流程(图 6-13):来自化盐桶的饱和粗盐水溢流入反应槽,依次加入质量分数为 32% 的氢氧化钠、质量分数为 1% 的次氯酸钠和质量分数为 20% 的碳酸钠溶液,除去 Ca^{2+}、Mg^{2+} 等无机杂质以及细菌、藻类残体、腐殖酸等天然有机物;反应槽中的碳酸钠溶液与粗盐水中的钙离子完全反应,生成碳酸钙结晶沉淀后,氢氧化钠溶液与粗盐水中的镁离子反应生成氢氧化镁胶体沉淀;完成精制反应的粗盐水自流入中间槽,再用供料泵经粗盐水过滤器除去机械杂物后,送往陶瓷膜过滤单元。陶瓷膜过滤单元采用三级串联错流过滤方式,粗盐水料液经循环泵先送入陶瓷膜过滤器一级过滤组件,经一级过滤的浓缩液进入二级过滤组件,经二级过滤的浓缩液进入三级过滤组件。自陶瓷膜三级过滤出口流出的浓缩盐水按比例和浓度排出一小部分进入泥浆池,其余的返回到盐水循环泵进口与供料泵送来的粗盐水混合(用于调整进料液的固液比),进入过滤循环泵进口,用于控制浓缩液的含固量和保证膜面的流速,然后,经过滤循环泵返回陶瓷膜过滤器,循环过滤。各级过滤组件过滤出的精制过滤盐水通过陶瓷膜过滤器各级渗透清液出口排出,进入精制盐水槽。

陶瓷膜法直接过滤工艺的优点明显:相对传统工艺和有机膜法过滤,减少了澄清桶、砂滤和预处理,简化了流程,有效降低投资成本,减少占地面积;克服传统工艺中带来的硅污染,且无须对粗盐水进行分段复杂的前处理,只要过碱量控制稳定,反应停留时间足

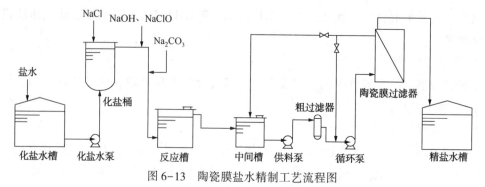

图 6-13　陶瓷膜盐水精制工艺流程图

够，经过陶瓷膜过滤之后即可得到合格的精盐水；不受原盐中钙镁比例偏差大的影响，降低对原盐的要求。

二、本工段的工艺安全、常见事故及防控措施

1. 生产过程特点

（1）蒸汽加热、升温运行

由于氯化钠在水中溶解度与溶解速率和温度成正比关系，因此原盐在水中溶解时要采用蒸汽加热升温来提高氯化钠溶解度及加速溶解率，缩短溶解操作过程的时间。操作过程中要避免蒸汽烫伤；同时设备管道设计安装时要考虑热胀冷缩，要有隔热保温措施。

（2）碱液飞溅造成化学灼伤

盐水精制过程中用到的 $NaOH$ 和 Na_2CO_3 都是强碱腐蚀性化学品，一旦飞溅到人体或眼睛等器官会造成化学灼伤。

（3）设备易腐蚀

本工艺的设备大部分均为钢制材质构成，长期接触盐及盐水、碱性介质等，十分容易产生腐蚀现象，如盐水储桶、澄清桶、化盐桶等液位变化频繁的气液交界部分属腐蚀多发区域，应作为日常巡回检查及检修的重点，预防设备因腐蚀失效泄漏伤人，或操作人员发生坠落伤亡事故。

（4）精制剂氯化钡属高毒类化学品

盐水中含硫酸根浓度高，会影响电流效率及增加副反应产生数量，造成氯中含氧量增加等弊病。常用加精制剂氯化钡去除硫酸根，生成物为白色沉淀物硫酸钡。氯化钡属高毒类危害品，长期接触对上呼吸道和眼结膜有刺激作用，引起恶心呕吐，腹痛、腹泻，继而头晕、耳鸣、四肢无力、心悸、气短，重者可因呼吸麻痹而致死。因此要密闭操作，防止粉尘飞扬，局部排风。

除盐水中硫酸根方法主要有：化学沉淀法、离子交换法、纳米膜过滤法、硫酸钠结晶法(冷冻法)、盐水排放法。传统的化学沉淀法虽然简单，但成本较高，有毒。

加拿大凯密迪公司开发的纳米膜过滤技术(简称 SRS)利用膜对 SO_4^{2-} 的排斥作用，将 SO_4^{2-} 从盐水中分离出来，如图 6-14 所示。

应用两性离子交换树脂，可以同时除去 SO_4^{2-} 及氯酸。缺点是消耗的软水量较大，如图 6-15 所示。

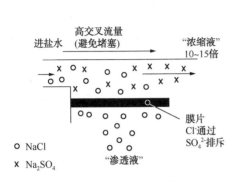

○ NaCl
× Na$_2$SO$_4$

图 6-14　SRS 过滤去除 SO$_4^{2-}$ 的原理

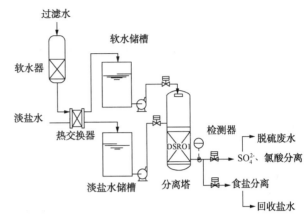

图 6-15　离子交换法去除 SO$_4^{2-}$ 的流程图

2. 常见事故及防控措施

【事故 1】盐场中的原盐长期堆放后变硬结块，在取盐处理时发生大面积盐层突然坍塌，造成现场操作人员被掩埋的人身伤亡事故。

产生原因：原盐中含有杂质氯化镁，氯化镁极易潮解。长期存放的粒状原盐内含氯化镁，由于氯化镁不断吸收空气水分发生潮解，使原盐极易结成硬块状，无法正常装卸运输。在取盐操作时，不严格执行安全操作规程，人在盐层下方，盐层坍塌造成操作人员被堆埋产生伤亡事故。

预防措施：长期存放的原盐，要做到先入库的先用，定期翻仓，避免日久天长原盐板结成硬块盐。在处理结成硬块盐堆时，要做好有关防护措施，专人监护，对盐场进行认真巡回检查，防止盐层突发塌方。防止违章操作，禁止蛮干。在危险地段盐层处理操作时，人员不可站在盐层下方，要具备足够的安全设施方可操作。

【事故 2】化盐系统中采用地下设备，由于缺少必要栅栏等安全防护装置，或锈蚀严重失效及思想麻痹，造成操作人员不慎跌入，发生烫伤事故。

产生原因：原盐溶解中需用蒸汽加热升温，盐水温度一般控制在 50～60℃。操作人员在地下化盐设备进行操作时，如栅栏等安全防护装置不全或残缺，操作人员思想麻痹，注意力不集中，造成操作人员不慎跌入热盐水中，发生烫伤事故。

预防措施：应经常检查栅栏、踏板及防护装置的被腐蚀情况，防止因腐蚀失效伤人。凡在化盐系统中采用地下及地面设备的，均要进行加盖或做好防护栅栏及醒目的安全标志，提醒操作人员的注意力，防止不慎落入热盐水中造成烫伤事故。

【事故 3】盐水中含铵量超标，造成进入电解槽的盐水含铵量超标，结果导致液氯系统中发生三氯化氮爆炸事故。氯碱生产过程中三氯化氮爆炸事故时有发生，影响最大的当属 2004 年 4 月 15 日发生在重庆某化工厂的爆炸事故，造成 9 人死亡。

产生原因：三氯化氮在常温下是黄色的黏稠状液体，具葱辣刺激味，沸点 71℃（液氯沸点为 -34℃），相对密度 1.65，自燃爆炸温度 95℃；在空气中易挥发、不稳定，遇光易分解，是一种极易爆炸的物质。当电解时精制盐水中含有铵或胺时，在电解槽阳极 pH≤5 的条件下，铵或胺将与氯气或次氯酸反应生成三氯化氮，并随氯气带入氯系统中。此物质会富集积累在液氯系统中，受到光、热、撞击等就会发生爆炸，严重的会造成机毁人亡事故。

预防措施：每天取样分析测试一次入电解槽盐水的含铵量，要求无机铵≤1mg/L，总铵≤4mg/L。如发现有超标情况需及时查找原因，查找污染源，并采取相应措施及时给予排除。也可加入次氯酸钠、氯水或通氯等方法进行除氨。另外，可对气相氯中含三氯化氮量进行分析，要求三氯化氮≤50ppm。发现超标时，及时通知液氯工段密切注意，并采取相应的安全措施，如采用加大对低含量三氯化氮的液氯排放等。总之，控制槽盐水含铵量是关键。

【事故4】1998年8月16日，山东某单位，盐水工段上盐皮带机打滑不上盐，中控岗位职工往电动磙子上撒碳酸钠（吸水），因布手套被皮带卷入，而抽不出手来，右前臂外侧挤压、皮肉撕裂伤。

本次事故主要是由于职工麻痹，操作违章造成的：①转动设备不停车操作；②操纵转动设备时戴手套。

预防措施：根据发生事故"四不放过"的原则，从盐水小组到车间都开了专题会，通报了事故发生的经过，分析了事故原因，使所有职工都受到教育，从思想上引起足够重视，严格遵守操作规程；事故发生后，盐水小组重申了防范措施：严禁不停车往皮带机磙子上撒纯碱，更不准戴手套操纵转动设备。

第三节　二次盐水精制及电解工艺过程安全分析

一、二次盐水精制工艺流程

1. 二次盐水精制的目的

一次精制盐水中钙镁离子的总含量在10ppm（1ppm＝10^{-6}）以内，仍不能满足离子膜对盐水质量的要求。如果钙镁超标的盐水进入电解槽，就会引起电解槽运行的重要指标槽电压的升高，因此，仅仅一次精制盐水是不够的。需将过滤盐水进入树脂塔系统，通过螯合树脂的作用，使其中的钙、镁离子降到20ppb（1ppb＝$1×10^{-9}$）以下，这样更有利于电解槽的长期运行。

二次盐水精制的主要工艺设备是螯合树脂塔，分二塔式和三塔式流程。利用螯合树脂处理一次精制盐水的作用是进一步除去其中微量的钙离子、镁离子及其他杂质。塔的运行与再生处理及其周期性切换程序控制，可由程序控制器PLC实现，PLC与集散控制系统DCS可以实现数据通信，也可以直接由DCS实现控制。

2. 二次盐水精制工艺流程

树脂塔二次精制盐水生产工艺有三塔流程和两塔流程之分。采用三塔流程，可确保在1台阳离子交换塔再生时有两塔串联运行，以满足电解工艺对二次精制盐水的工艺要求。以三塔流程生产为例，一次过滤盐水经加酸酸化调节pH值为9±0.5，进入一次过滤盐水罐。用一次过滤盐水泵送至板式盐水换热器预热至(60±5)℃，然后进入3台阳离子交换塔，从离子交换塔流出的二次精制盐水流入二次精制盐水槽，然后用二次精盐水泵送往电解单元。离子交换塔再生时产生的废液流入再生废水坑，废液经中和后，再由再生废水泵送往一次盐水工艺化盐。

三塔生产工艺流程如图 6-16 所示。

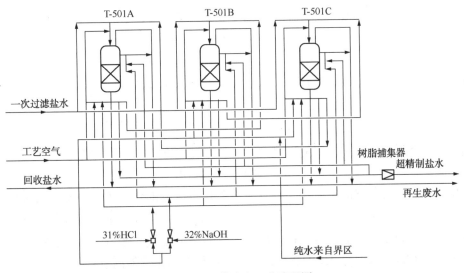

图 6-16　三塔生产工艺流程图

3. 螯合树脂塔工艺操作安全分析

根据工艺要求，进塔盐水温度为（60±5）℃；通过控制塔前盐水换热器来调节盐水温度在规定温度范围内，避免盐水温度的过高或过低，以免造成过高温度的盐水使塔内过滤元件变形，使盐水阻力加大和精制盐水质量下降。

电解槽的电解温度一般靠阴极碱液换热器来调节，而不能单纯靠升高或降低盐水温度来调节。

进塔盐水浓度为（305±5）g/L；过高浓度的盐水易产生结晶，有可能使树脂塔运行压力增高，造成塔内过滤元件（水帽）变形，甚至使控制仪表和阀门失灵而造成运行事故。

盐水中一些金属离子（如 Fe 离子）的严重超标还可能造成螯合树脂的板结，同样会造成树脂塔运行压力增高，造成塔内过滤元件（水帽）变形，影响树脂再生的效果和盐水精制质量。另外，对树脂反洗纯水的流量和压力要有严格的调节控制。

二、电解工艺流程

1. 电解工艺

电流通过电解质溶液或熔融电解质时，在两个极上所引起的化学变化称为电解反应。涉及电解反应的工艺过程为电解工艺。许多基本化学工业产品（氢、氧、氯、烧碱、过氧化氢等）的制备，都可通过电解来实现。

电解工艺在化学工业中有广泛的应用，氯化钠水溶液电解生产氯气、氢氧化钠、氢气就是电解过程在化工中应用的一个重要例子。

（1）电解工艺原理

食盐水电解的方程式：

$$2NaCl+2H_2O \longrightarrow Cl_2 \uparrow +H_2 \uparrow +2NaOH \tag{6-4}$$

当电解食盐水溶液时，在电极和溶液界面上，分别进行 Cl^- 离子的氧化反应和 H_2O 分子（或 $H+$ 离子）的还原反应：

在阳极上氯离子放电变成氯原子，随后变成氯分子逸出。

$$2Cl^- -2e^- \longrightarrow 2Cl（氧化反应） \tag{6-5}$$

$$2Cl \longrightarrow Cl_2 \tag{6-6}$$

在阴极上氢离子放电变成氢原子，随后变成氢分子逸出。

$$2H_2O+2e^- \longrightarrow 2OH^- +2H（还原反应） \tag{6-7}$$

$$2H \longrightarrow H_2 \uparrow \tag{6-8}$$

溶液中不放电的钠离子和氢氧根离子则在阴极附近结合生成氢氧化钠，即

$$Na^+ +OH^- \longrightarrow NaOH \tag{6-9}$$

由此可见，电解过程的实质是，电解质溶液在直流电的作用下，阳极和溶液的界面上进行氧化反应，而在阴极和溶液的界面上进行还原反应。这种有电子参加的化学反应，称为电化学反应。利用直流电分解饱和食盐水溶液的整个过程，称为"电解过程"。因此，从食盐水溶液制 Cl_2、$NaOH$ 和 H_2 的反应，是由电能转变为化学能的过程。

在利用离子交换膜法对饱和氯化钠溶液进行电解制碱的过程中，对电解槽的阴极室和阳极室进行分离时采用的是阳离子交换膜（这种膜是一种阳离子选择性膜，只允许钠离子通过，而对氢氧根离子起阻止作用，同时还能阻止氯化钠的扩散），然后向阳极室提供盐水，向阴极室提供纯水，通直流电进行电解制得烧碱、氯气和氢气。饱和的盐水加入阳极室，纯水加入阴极室，在对其进行通电时，钠离子会穿过阳离子交换膜进入到阴极室与氢氧根离子结合生成氢氧化钠（外部供给阴极室纯水来保持一定的烧碱浓度），而氢离子在阴极表面进行放电生成氢气逸出水面，氯离子在阳极表面进行放电生成氯气逸出水面。离子膜电解原理如图 6-17 所示。

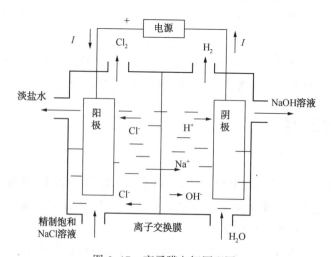

图 6-17　离子膜电解原理图

离子膜电解槽所使用的阳离子交换膜的膜体中有活性磺酸基团，它是由带负电荷的固定离子如 SO_3^-、COO^-，同一个带正电荷的对离子 Na^+ 形成静电键，磺酸型阳离子交换膜的化学结构简式为

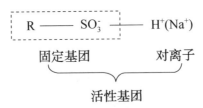

固定基团　　　　对离子

活性基团

由于该磺酸基团具有亲水性能，而使离子交换膜在水溶液中融胀，膜体结构变松，从而造成许多细微弯曲的通道，使其活性磺酸基团中的对离子 Na^+ 可以与水溶液中的同电荷的 Na^+ 进行交换。与此同时膜中的活性磺酸基团中的固定离子具有排斥 Cl^- 和 OH^- 的能力（图6-18）。水合钠离子从阳极室透过离子膜迁移到阴极室，水分子也伴随着迁移。阴极附近形成的 OH^- 和从阳极室通过离子膜进入阴极室的 Na^+ 生成高纯度的 $NaOH$ 溶液。

（2）离子膜电解工艺流程

离子膜电解工艺流程如图6-19所示，合格的精制氯化钠溶液通过流量控制阀调节流量后进入电解槽阳极室，阴极室加纯水，在直流电的作用下发生电解反应。电解槽的阴阳极室通过离子交换膜隔开。电解得到的物质有三种，它们分别为氢氧化钠溶液、氢气以及氯气，并送往氯氢工艺对氯气、氢气进行洗涤、冷却、干燥、压缩，送往盐酸工艺合成氯化氢气体并送往下游工艺，废氯气用于合成次氯酸钠。氢氧化钠送往下游烧碱蒸发工艺。

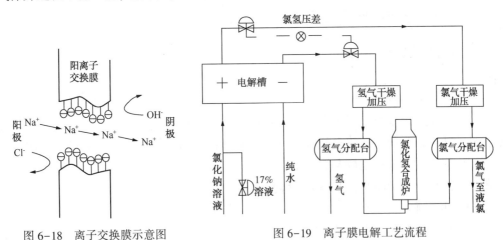

图 6-18　离子交换膜示意图　　　　　图 6-19　离子膜电解工艺流程

2. 离子膜电解槽

每台离子膜电解槽都是由若干个电解单元组成，每个电解单元都有阴极、阳极和离子膜组成。离子膜电解槽又分为单极式和复极式两种，其主要区别仅在于电解槽直流电路的供电方式不同：单极式电解槽槽内直流电路是并联的，通过各单元槽的电流之和即为一台单极槽的总电流，而各个单元槽的电压则是相等的，所以每台单极槽是高电流、低电压运转；而复极槽则相反，槽内各单元槽的直流电路是串联的，各单元槽的电流相等，其总电压则是各单元槽电压之和，所以每台复极槽是低电流、高电压运转，变流效率较高。

有的离子膜电解槽为板式压滤机型结构（图6-20）：在长方形的金属框内有爆炸复合的

钛-钢薄板隔开阳极室和阴极室，拉网状的带有活性涂层的金属阳极和阴极分别焊接在隔板两侧的肋片上，离子膜夹在阴阳两极之间构成一个单元电解槽。大约 100 个单元电解槽通过液压装置组成一台电解器。另外，还有类似板式换热器的结构，由冲压的轻型钛板阳极、离子膜和冲压的镍板阴极夹在一起，构成单元电解槽。若干个单元电解槽夹在两块端板之间组成一台电解槽。

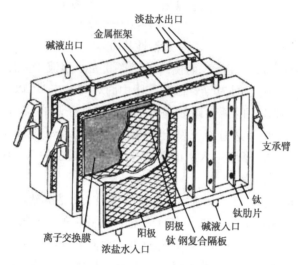

图 6-20 压滤机型离子膜电解槽结构

三、电解工艺过程安全分析

1. 影响电解槽运行的因素

（1）盐水质量

① 盐水中 Ca^{2+} 的影响

第一，降低电流效率。在靠近膜阴极侧表面的羧基聚合物层中形成沉积物，包括氢氧化物、硅酸盐、磷酸盐、硅酸铝酸盐等，其中氢氧化物的晶体对膜的影响最大，因为它会在靠近阴极最近的位置形成最大的晶体。

第二，沉积物含量高时，电压可能轻微上升。

② Mg^{2+} 的影响

第一，Mg^{2+} 对电流效率的影响较小。

第二，Mg^{2+} 在膜阳极侧表面附近，呈层状物积蓄，主要是氢氧化物沉淀，使槽电压升高。

③ SO_4^{2-} 的影响

SO_4^{2-} 与 Na^+ 在阴极表面附近形成 Na_2SO_4 结晶或与 NaOH 及 NaCl 形成三聚物。其危害与 $Ca(OH)_2$ 相似。

（2）盐水 pH 值

离子膜二次盐水 pH 值小于 8 时，树脂会从 R—Na 转变为 R—H 型，从而降低树脂的交换能力。pH 值大于 12 时，氢氧化物会沉积在树脂中，从而影响离子交换能力。在生产过程中 pH 值应控制为 8.5~9.5。

（3）高纯盐酸质量

向阳极液中加入高纯盐酸，可以除去反渗过来的氢氧根离子，减少阳极上析出的氯消耗，还可以降低氯中含氧量，从而提高阳极的电流效率。由于高纯盐酸直接进槽，离子膜电解装置对其质量有着极其严格的工艺要求，即 $\rho(Ca^{2+}) \leqslant 0.3mg/L$；$\rho(Mg^{2+}) \leqslant 0.07mg/L$；$\rho(Fe^{3+}) \leqslant 0.1mg/L$；$\rho(Si) \leqslant 1mg/L$；$\rho(游离氯) \leqslant 60mg/L$；$w(HCl) \geqslant 31.0\%$。

尤其应引起注意的是，若 Fe^{3+} 长期超标，对膜性能的影响不可忽视。高纯盐酸中游离氯的超标会使离子交换塔中的螯合树脂再生时中毒，影响再生效果，从而使离子交换塔在线运行时间缩短，若仍按原再生时间进行再生，将不能保证二次盐水出塔质量。向阳极液中加酸时应注意不能过量，否则，连续运行会引起膜鼓泡。

（4）阳极液 NaCl 浓度

阳极液 NaCl 的浓度太低时，水合钠离子中结合水太多，膜的含水率增大。阴极室中的 OH^- 反渗透，导致电流效率下降，且阳极液中的氯离子通过扩散到阴极室，导致碱中含盐增多。更严重的是，在低 NaCl 质量浓度（低于50g/L）下运行，离子交换膜会严重起泡、分离直到永久性损坏。阳极液中 NaCl 的浓度也不能太高，以免槽电压上升。因此，生产中将阳极液中 NaCl 的质量浓度控制在 $(210\pm10)g/L$，不得低于 170g/L。盐水浓度对电流效率的影响如图 6-21 所示。

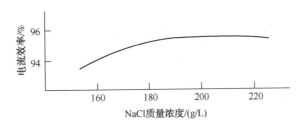

图 6-21　盐水浓度对电流效率的影响

（5）阳极液 pH 值

离子膜电解槽对出槽阳极液 pH 值进行控制，电解槽加酸，一般 pH 值为 2~3；电解槽不加酸一般 pH 值为 3~5。阳极液 pH 值对电流效率、槽电压、产品质量的影响如下：

① 阴极液中的 OH^- 通过离子膜向阳极室反渗，不仅直接降低阴极电流效率，而且反渗到阳极室的 OH^- 还会与溶解于盐水中的氯发生一系列副反应。这些反应导致阳极上析氯的消耗，使阳极效率下降。采取向阳极液中添加盐酸的方法，可以将反渗过来的 OH^- 与 HCl 反应除去，从而提高阳极电流效率。

② 当今工业化用的离子膜，绝大多数是全氟磺酸和全氟羧酸复合膜。全氟羧酸在 —COO^- 和 Na^+ 存在的情况下，具有优良的性能，如果羧酸基变为 —COOH 型，就不能作为离子膜工作了。因此，必须使阳极液的 pH 值高于一定值，否则膜内部就要因发生水泡而受到破坏，使膜电阻上升，从而导致电解槽电压急剧升高。阳极液加酸不能过量且要均匀，严格控制阳极液的 pH 值不低于 2。

③ 采取向阳极液中添加盐酸的方法，可以将反渗过来的 OH^- 与 HCl 反应除去，不仅可

提高阳极电流效率，而且可降低氯中含氧和阳极液氯酸盐含量。可延长阳极涂层的寿命。

（6）阴极液 NaOH 浓度

当阴极液 NaOH 的浓度上升时，膜的含水率降低，膜内固定的离子浓度随之上升，膜的交换容量变大，电流效率上升。随着 NaOH 浓度的继续升高，由于 OH⁻ 的反渗透作用，膜中的 OH⁻ 浓度也增大。

如果 OH⁻ 反渗透到阳极侧，会与阳极液中溶解的氯发生反应，导致电流效率明显下降，同时使氯中含氧量升高。

生产中常采用在阳极室内加盐酸调整 pH 值的方法提高阳极电流效率，降低阳极液中的氯酸盐和氯中含氧量。

（7）电解槽温度

适宜的槽温随电流密度的变化而变化，最佳槽温一般控制在 85～90℃。在此范围内，温度的上升会使膜的孔隙增大，有助于提高膜的电导率，降低槽电压，同时有助于提高电解液的电导率，降低溶液的电压降。但槽温不能超过 90℃，否则，水蒸发量增加，导致气液比增加，使电压上升，同时因电解液趋向沸腾，加速膜性能的恶化，电流效率难以恢复到原来的水平，也加剧了电极的腐蚀和活性涂层的钝化。

2. 工艺危险特点

（1）易燃易爆

电解食盐水过程中产生的氢气是极易燃烧的气体，氯气是氧化性很强的剧毒气体，两种气体混合极易发生爆炸，当氯气中含氢量达到 5% 以上，则随时可能在光照或受热情况下发生爆炸。氢气与空气也能形成易燃易爆的混合气体，当设备或管道有氢气外泄，有可能发生燃烧或爆炸事故。

如果盐水中存在的铵盐超标，在适宜的条件（pH<4.5）下，铵盐和氯作用可生成氯化铵，浓氯化铵溶液与氯还可生成黄色油状的三氯化氮，并随氯气带入后面的生产工艺，反应方程式为

$$NH_4^+ + 3Cl_2 \longrightarrow NCl_3 + 3HCl + H^+ \tag{6-10}$$

三氯化氮是一种爆炸性物质，有类似于氯的刺激性臭味，在空气中易挥发，当气相中三氯化氮的体积分数达 5% 时，就有爆炸的可能。与许多有机物接触或加热至 90℃ 以上以及被撞击、摩擦等，即发生剧烈的分解而爆炸。三氯化氮对皮肤、眼睛黏膜及呼吸道均有刺激作用，并有较大毒性，在液氯系统应保证任何气相中的三氯化氮体积分数不能超过 5%。在生产中一般将液氯中的三氯化氮含量控制在 60g/L 以下，如果超过 100g/L 时应增加排污次数并查找原因。

（2）强腐蚀性

生产的烧碱，浓度高，具有强腐蚀性，能腐蚀人的肌肤，溅入眼睛严重的能引起失明。生产过程中还使用其他化学品如盐酸，也具有强腐蚀性能。因此必须做到：

① 穿戴必需的防护用品，检修时必须戴好防护眼镜、手套和安全帽；

② 检修前，设备、管道必须先放空、清洗，确认无物料时才能拆开检修；

③ 如遇皮肤、眼睛被酸、碱溅入，应立即在现场大量用冷水或硼酸水冲洗，严重者应在上述冲洗措施的同时立即送往医院治疗。

另外，杂散电流易引起设备、管道的电腐蚀，因此，在设计时必须考虑断电装置，或采用防腐蚀电极的方法予以保护；同时，设备、管道应采用防腐材质或绝缘材质。

（3）有毒

电解过程中产生的氯气，是一种有毒的气体，空气中含量到一定浓度就能使人致死。为了防止氯气在生产车间、厂房内泄漏，应维持电解槽和设备管道中的氯气处于负压状态，以保证设备管道及连接处的密封性。

若发生氯气中毒事故，应及时将中毒人员撤至空气新鲜处，必要时给予输氧，并及时送往医院。因考虑肺水肿的可能，故严禁对中毒者施以人工呼吸。静卧保暖，静注10%葡萄酸钙或地塞米松。必须记住不能喝含酒的饮料。对黏膜、皮肤损伤者应及时用大量清水冲洗患处，必要时送医院治疗。

（4）强电流

电解过程中使用的是强大的直流电，易使人触电身亡。因此要求：①操作人员必须穿绝缘鞋；②严格执行一手接触电槽时，另一手不触及接地物，以防触电；③直流电压、负极对地电位差不大于总电压的10%；④如遇触电，应立即用绝缘物件隔绝电源或拉断电源开关，触电者脱离电源后，立即施行人工呼吸，请医务人员到现场，转送至医院急救。

3. 常见的事故

① 当电解工段电解槽的原料饱和食盐水供应不足时而槽内发生水被电解的情况时，产生大量的氧气，离子膜电解槽就有着火的可能。由于设备故障或操作失误，空气反向进入氢气管路，和电解槽产生的氢气形成可爆炸的混合物，遇火后引起火灾爆炸。

② 在去除淡盐水中的游离氯时加入亚硫酸钠溶液，生成盐酸，既可发生高温烫伤也可导致化学性灼伤，若亚硫酸钠加入量不足，盐水中仍有残余的氯气，还会造成中毒、窒息事故。

③ 如果电解槽的离子膜由于操作不当，造成破损后，氢气就会进入氯气侧，氯气中的氢气就会超标，两种气体混合后达到其爆炸极限（体积分数5%~87.5%），达到爆炸极限时便易发生爆炸。

④ 氢气与空气易形成爆炸性混合气体，氢气爆炸极限为4.1%~74.1%，电解槽中氢气为微正压，如果电解槽泄漏或氢气回收管道损坏、连接软管脱落泄漏，造成氢气泄漏到电解厂房中，也可达到氢气的爆炸极限。

⑤ 电解槽停车时，因为断电不正确，而产生电火花使电解槽失火。

⑥ 如果电解槽加酸不够，且没有在电解槽外部加氯酸盐分解工艺，在盐水中富集集聚而在电解槽中结晶，遇振动、摩擦等而发生爆炸事故。

⑦ 如果紧急停车时，电解槽投入极化电源来抵抗因电解槽的反向电流。如果电气性能不可靠或者极化电源发生故障，造成极化电源没有投上，电解槽的反向电流会使电解槽发生损坏。

4. 安全控制

（1）重点监控工艺参数

严格控制电解槽内阴、阳极室液位，防止因脱液而造成阴、阳极短路，烧坏电槽。

还需要重点监控：电解槽内电流和电压；电解槽进出物料流量；可燃和有毒气体浓度；

电解槽的温度和压力；原料中铵含量；氯气杂质含量(水、氢气、氧气、三氯化氮等)等。

（2）安全控制的基本要求

① 设置电解槽温度、压力、液位、流量报警和联锁；

② 设置电解供电整流装置与电解槽供电的报警和联锁；

③ 设置紧急联锁切断装置；

④ 设置事故状态下氯气吸收中和系统；

⑤ 设置可燃和有毒气体检测报警装置等。

（3）宜采用的控制方式

将电解槽内压力、槽电压等形成联锁关系，系统设立联锁停车系统。安全设施，包括安全阀、高压阀、紧急排放阀、液位计、单向阀及紧急切断装置等。

四、淡盐水脱氯及氯酸盐分解工艺流程

在电解槽阳极电解盐水过程中产生的氯气会有很小一部分(约800mg/L)溶于淡盐水中，含有游离氯的淡盐水有很强的腐蚀性，送回一次盐水装置后会腐蚀一次盐水装置的部分管线及设备。当含氯盐水按工艺流程被一次精制后，再次送至螯合树脂塔进行二次精制时，游离氯会造成螯合树脂氧化中毒，使螯合树脂性能下降。因此要脱除淡盐水中的游离氯。生产中常采用的是真空脱氯与化学脱氯相结合的方法脱除淡盐水中的游离氯。主要工艺为先向淡盐水中加入盐酸，破坏氯在水中的溶解平衡并保持一定的温度送至脱氯塔，在脱氯塔内真空度的作用下，淡盐水剧烈沸腾，水蒸气与氯气一起出塔，经过冷却器冷却，将氯气和水蒸气分开。淡盐水脱氯及氯酸盐分解工艺流程示意图如图6-22所示。

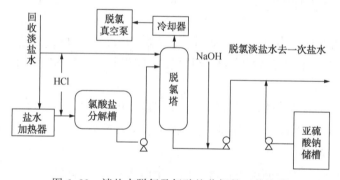

图6-22 淡盐水脱氯及氯酸盐分解的工艺流程

脱氯及氯酸盐分解的原理如下：

电解过程中，电解槽槽温在约90℃，由于部分OH^-离子能渗过离子膜，发生下列反应：

$$Cl_2+H_2O \longrightarrow HClO+HCl \tag{6-11}$$

$$Cl_2+2NaOH \longrightarrow NaClO+NaCl+H_2O \tag{6-12}$$

$$3Cl_2+6NaOH \longrightarrow NaClO_3+5NaCl+3H_2O \tag{6-13}$$

因此，在淡盐水中同时有Cl_2、$HClO$、ClO_3^-、ClO^-和H^+存在，其关系是化学平衡。即

$$HClO+H^++Cl^- \rightleftharpoons Cl_2+H_2O \tag{6-14}$$

$$H^++ClO^- \rightleftharpoons HClO \tag{6-15}$$

$$NaClO_3+6HCl \rightleftharpoons 3Cl_2\uparrow+NaCl+3H_2O \qquad (6-16)$$

脱氯、氯酸盐分解就是破坏上述平衡关系，使反应向生成 Cl_2 的方向进行。

(1) 真空法脱氯原理

在淡盐水中先加入适量的盐酸，促进水解反应向左进行。混合均匀后，用淡盐水泵将淡盐水送往脱氯塔。含氯淡盐水进入脱氯塔，在一定真空下急剧沸腾。氯气在盐水中的溶解度随压力的降低而减小，从而不断析出，产生的气泡会增大气液两相的接触面积，加快气相流速，加大气液两相中的不平衡度，使液相中的溶解氯不断向气相转移；同时，产生的水蒸气携带着氯气进入钛冷却器。水蒸气冷凝后形成的氯水进入氯水槽，再去脱氯；脱除的氯气经真空泵出口送入氯气总管。

(2) 化学法脱氯原理

向淡盐水中加入具有还原性的 Na_2SO_3，与具有强氧化性的游离氯发生氧化还原反应，从而把淡盐水中的游离氯除去。在碱性介质中 SO_3^{2-} 被 ClO^- 氧化成 SO_4^{2-}。反应如下：

$$Na_2SO_3+NaClO \longrightarrow Na_2SO_4+NaCl \qquad (6-17)$$

在加入亚硫酸钠溶液之前要先加 NaOH，把脱氯后盐水的 pH 值调整到 $9\sim11$。

(3) 氯酸盐分解

通过淡盐水循环泵送出的一部分淡盐水经氯酸盐水加热器加热后，与按比例加入的盐酸混合后进入氯酸盐分解槽，在此氯酸钠与盐酸反应而被分解，其主反应式为

$$NaClO_3+6HCl \rightleftharpoons 3Cl_2\uparrow+NaCl+3H_2O \qquad (6-18)$$

氯酸盐分解后的盐水进入氯水槽，再经氯水泵输送至脱氯塔顶部，而氯酸盐分解产生的氯气回到氯气总管。

氯酸盐分解槽选用立式结构，水力停留时间短、盐水短路、分解槽内部出现死区，氯酸盐分解效果差。某公司改造前氯酸盐分解及氯水收集工艺流程如图 6-23 所示。

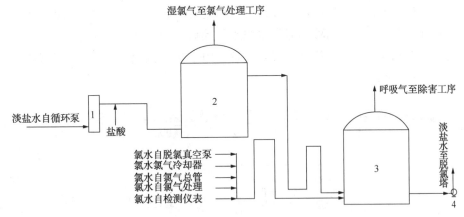

图 6-23 改造前氯酸盐分解及氯水收集工艺流程示意图
1—板式换热器；2—氯酸盐分解槽；3—氯水槽；4—氯水泵

将氯酸盐分解槽的结构形式由立式改为卧式，分解槽内部设置折流板，延长分解槽内水力停留时间，提高氯酸盐分解效果，如图 6-24 所示。

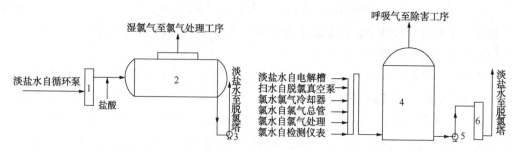

图 6-24　改造后氯酸盐分解及氯水收集工艺流程示意图

1—板式换热器；2—氯酸盐分解槽；3—氯酸盐分解泵；4—阳极液排放槽；5—阳极液排放泵；6—阳极液加热器

第四节　氯氢处理工艺过程安全分析

一、氯氢处理工艺流程

1. 氯气处理工艺流程

氯气处理工艺流程如图 6-25 所示，来自盐水高位槽的精盐水通过主管线送到每台电解槽的阳极液入口总管，盐水通过与总管连接的软管送进阳极室。精盐水在阳极室中电解产生氯气，同时氯化钠浓度降低，氯气和淡盐水的混合物通过软管进入电解槽的出口总管，在那里进行初步的气液分离，分离出的液体被送到淡盐水槽。在阳极出口总管初步分离的氯气进入淡盐水槽的上部，然后从顶部送至外供氯气总管，经过调节阀，将压力调节为设定值后送出界区，剩余氯气被送到氯气处理工艺。同时，淡盐水从淡盐水槽排出，经过淡盐水泵输送：一小部分淡盐水返回到精盐水主管道送至电解槽中，绝大部分被送至脱氯系统，脱氯后送至一次盐水化盐使用，被送到氯气处理工艺的氯气，在经过洗涤塔、钛管冷却器、水雾捕集器、干燥塔和酸雾捕集器脱水干燥后，经过透平机压缩，一部分送至氯气液化系统，液化为液氯；另一部分送至合成炉，用于生产氯化氢；废氯气全部送至废氯气吸收塔内，用碱液吸收。

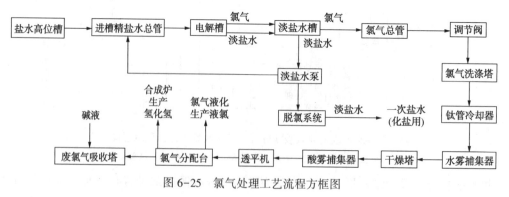

图 6-25　氯气处理工艺流程方框图

2. 氢气处理工艺流程

氢气处理工艺流程如图 6-26 所示。

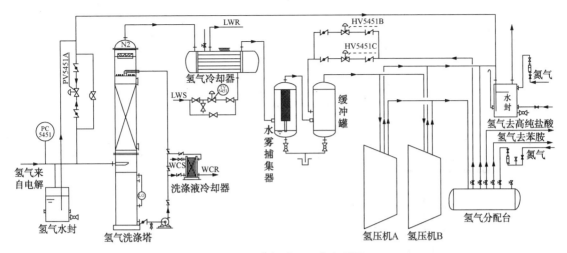

图 6-26　氢气处理工艺流程图

电解送来的高温湿氢气，经过洗涤、冷却和水雾捕集，将其中所夹带的碱雾洗涤除去，同时使气体温度得到降低，从而除去其中所含的大部分饱和水蒸气，使氢气净化，然后经过加压得到高纯度氢气，送往苯胺装置和合成高纯盐酸。

3. 事故氯处理

因生产不正常或发生事故，氯碱生产系统停车处理过程中都可能发生氯气外溢而造成人身中毒、植物破坏、污染环境等严重事故，因此一般都设事故氯处理系统。从最早的氯气吸收采用将氯气管插入烧碱槽、真空泵喷射吸收、单塔（喷淋塔或填料塔）吸收，发展到目前的两塔吸收工艺，设备的性能和仪表自动控制程度均有了较大的提高，工艺更趋完善，装置功能增加。

主要发生的化学反应：

$$2NaOH+2Cl_2 \longrightarrow NaClO+NaCl+H_2O \qquad (6-19)$$

（1）单塔吸收工艺

单塔吸收工艺如图 6-27 所示。当氯气总管（进氯压机前压力）氯气压力超过正压水封液封高度时，氯气进入氯气吸收塔，与塔内自上而下的碱液充分反应，氯气被吸收，废气则通过排风机进入大气。碱液质量分数在 15%～20%，碱液循环泵循环吸收。当碱质量分数小于 10% 时，需重新配制。该工艺适用于氯压短时间升高的情况，它能使氯压在短时间内恢复正常，避免氯气外泄。

负压水封作用：该工艺增设负压水封，其作用是防止停直流电时，氯压机仍继续运转，造成氯气系统大负压，使电解槽隔膜或离子膜受损，造成氢气抽入氯气系统而产生爆炸的严重后果。设置负压水封后，当氯气压力（负压）高于放空管液封高度时，空气被吸入氯气系统，不致于因系统负压过高而损坏电解槽。对使用透平机的企业，负压水封能起到保护作用。

（2）双塔吸收工艺

双塔吸收工艺如图 6-28 所示。

双塔吸收工艺是在单塔吸收工艺的基础上进行改进，采用双塔后确保尾气排放无氯气，真正达到零排放。它的适用范围更广泛，处理能力更大。由于该装置 24h 运转，随时处于运行状态，有异常情况时，均能及时吸收事故氯气。同时，因为采用大容量碱液循环槽

141

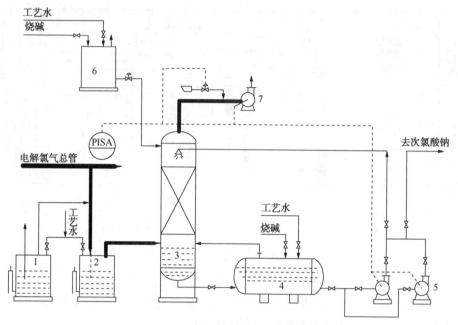

图 6-27　单塔事故氯气吸收工艺

1—氯气负压水封；2—氯气正压水封；3—氯气吸收塔；4—碱液循环槽；5—碱液循环泵；6—碱液高位槽；7—风机

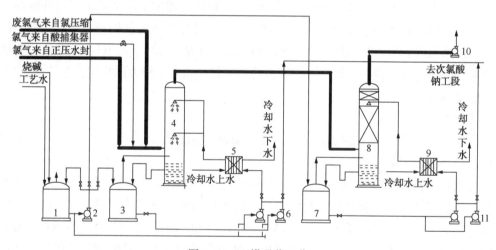

图 6-28　双塔吸收工艺

1—配碱槽；2—配碱泵；3—1#碱液循环槽；4—喷淋吸收塔；5—1#冷却器；6—碱液循环泵；

7—2#碱液循环槽；8—填料吸收塔；9—2#冷却器；10—风机；11—二级循环泵

和碱液循环冷却器，装置的性能也大大提高。因为增设配碱槽，所以也不受吸收时间的限制。

二、风险分析和安全措施

1. 中毒

离子膜电解、高纯盐酸、淡盐水脱氯以及液氯工段都存在着大量的氯气。氯气是一种具有窒息性的毒性很强的气体。其对人体的危害主要通过呼吸道和皮肤黏膜对人的上呼吸道及呼吸系统和皮下层发生毒害作用。其中毒症状为流泪、怕光、流鼻涕、打喷嚏、强烈咳嗽、咽喉肿痛、气急、胸闷，直至支气管扩张、肺气肿、死亡。《危险化学品目录》（2015版）将氯气（CAS7782-50-5）归为剧毒化学品。一旦发生泄漏，后果将十分严重。

例如：某厂在氯气干燥工艺过程的室内检修氯气管路，中毒致死1人。分析认为：该工人未按劳保规定佩戴好防毒面具就拆卸氯气管路，造成氯气中毒而死。

在整个生产装置中最可能发生氯气泄漏的地方是离子膜电解及湿氯气水封处。在离子膜电解工段如果设备、管道等密闭性不好，就非常可能发生氯气的泄漏；在湿氯气水封处，如果储气柜容量不足，压力波动大，氯气可能冲破水封造成泄漏。此外，氯气管道、阀门、法兰等也可能因腐蚀或安装等方面的原因，造成氯气的泄漏；上面提到的离子膜电解及高纯盐酸合成炉等发生火灾爆炸后也会造成氯气的泄漏。

废氯气处理工艺中，使用碱液做吸收剂，反应生成次氯酸钠溶液，该反应属放热反应；次氯酸钠极不稳定，在酸性、40℃以上或日光照射下发生分解，温度达到70℃时，会产生剧烈分解，氯气溢出。

针对以上风险主要采取以下安全措施。

① 在次氯酸钠生产、贮存过程中严格控制温度，防止光照。

② 防止次氯酸钠与硫酸、盐酸等酸性物质接触。

2. 火灾爆炸

本工段可能造成火灾爆炸的主要原因有：氯内含氢超标；空气进入氯气系统；空气进入氢气系统；静电、雷电引发氢气起火；氢气进入空气中与空气形成爆炸性混合物；电气设备不防爆。

（1）氯内含氢超标

含氢超标的原因主要有：

① 离子膜质量不好造成氯气中含氢超标，同时氯气在经过冷却和硫酸吸收水分干燥后，成为干氯气，与用工程塑料制作的硫酸干燥设备摩擦易产生静电，使氢气在氯气中发生爆炸。

② 浓度低的硫酸与金属反应产生氢气，高浓度的硫酸对金属不腐蚀，但低于均相（93%）的硫酸，可与金属发生反应产生腐蚀，并产生氢气。系统中的硫酸如不及时更换，可能对氯气输送泵、硫酸冷却器、管道、储罐等金属设备产生腐蚀，生成氢气并集聚，遇静电放电，有可能发生氢气在氯气中爆炸的危险。

③ 硫酸冷却器内漏，水混入浓硫酸中降低硫酸浓度，与金属发生反应生成氢气，随硫酸进入氯气系统。

④ 电解氯气、氢气吸力大幅度波动或失控，造成氯气中含氢超标。

⑤ 电解槽突发直流电停电事故时，若氯压机、氢压机仍在运转，电解氯气、氢气阀门未能及时关闭，可能吸破隔膜或离子膜，使氢气、氯气形成爆炸性混合物。

⑥ 氯压机或氢压机停止工作时，电解氯气或氢气系统压力突然升高，可能压破隔膜或离子膜，使氢气、氯气形成爆炸性混合物。

可采取的安全措施：

① 保证离子膜质量，采取普查、指标监控等措施，及时发现膜泄漏问题并采取相应措施。

② 定期分析电解氯气含氢、干燥氯气含氢浓度，发现指标异常采取应对措施，如超标要采取停车措施。

③ 严格控制浓硫酸浓度，防止浓度下降。严密观察浓硫酸温度变化，防止进水。

④ 针对氯气、氢气吸力波动，可采取设置水封或联锁的方式。例如，氯气设高低压水封，氢气设安全水封，针对吸力波动的极端情况联锁电解停车等。

⑤ 发生直流电停电事故，可由人工或设联锁关闭氯气、氢气阀门，氯气系统一般设低压水封。

⑥ 针对氯压机、氢压机故障，可设联锁停电解装置。

（2）空气进入氯气系统

空气进入的原因：

① 因电流急剧变化、自控阀门失灵等原因造成氯气系统吸力过大，吸破水封或管道，空气进入氯气系统，造成氯气纯度下降。

② 空气随离子膜淡盐水进入氯气系统。因淡盐水部分管道与氯气系统相连，在打开淡盐水系统时，空气可能从淡盐水系统进入氯气系统。

空气随氯气进入氯化氢系统。因氧气耗氢量是氯气耗氢量的 2 倍，将造成氢气、氯气配比系数变小，使氯化氢气中的游离氯含量升高。游离氯进入氯乙烯合成工艺，与乙炔结合生成极不稳定的氯乙炔，很容易发生爆炸。

可采取的安全措施：

① 定期分析氯气纯度、氯化氢纯度，并错开二者分析时间，起到增加分析频次的效果。在技术上可兼顾采用在线分析仪器，或针对吸力波动的极端情况设置联锁停氯乙烯合成。

② 打开离子膜淡盐水系统时，应采取隔断措施防止进空气，如果不能及时采取措施，应安排氯乙烯合成停车。

（3）空气进入氢气系统

空气进入的原因：

① 氢气系统吸力过大，吸破水封或管道，空气进入氢气系统。

② 氢气安全水封或氢气洗涤塔水封缺水或无水，造成空气进入氢气系统。

氢气系统进空气，氢气纯度下降，除形成爆炸性混合物外，同样会造成氯化氢工艺游离氯含量超标，在氯乙烯合成系统中生成爆炸性物质氯乙炔。

可采取的安全措施：

① 采取定期分析、使用在线分析仪器或针对吸力波动的极端情况设置联锁停氯乙烯合成的方法。

② 严密监视水封情况，防止水封缺水现象。

（4）静电、雷电引发氢气起火

氢气起火的原因：

① 氢气正压系统没有防静电、防雷接地装置或不合格，氢气在输送过程中会产生静电或遇雷电，存在引发火灾爆炸的可能。

② 氢气放空管着火、回火。氢气放空管避雷、静电接地、蒸汽或氮气灭火设施不健

全，在放空时遭受雷击、静电放电，有引发放空管燃烧、爆炸的可能。在氢气输送压力低，燃烧剧烈的情况下会造成回火，在没有设置阻火器等安全设施时，可能会引发氢气系统的火灾爆炸事故。

可采取的安全措施：

① 采取正确的防静电、防雷电接地装置，并定期检查、检测，确保有效。

② 放空管设置阻火器，并设置蒸汽或惰性气体灭火设施。

（5）氢气进入空气中与空气形成爆炸性混合物

形成爆炸性混合物的原因：

① 氢气正压系统泄漏或水封、放水口排出氢气，会在周围形成爆炸性混合物，遇到高热、明火时，可能发生火灾爆炸事故。

② 硫酸冷却器内漏。换热器内漏时，介质流动方向不是绝对的，内漏时介质压力可能因停泵等原因发生变化。硫酸进入水中形成稀硫酸，并与金属反应生成氢气，随循环冷却水，进入冷却水罐，与空气形成爆炸性混合物。

③ 氢气冷却器内漏。氢气随循环冷却水进入冷却水罐与罐内空气混合。

可采取的安全措施：

① 严密监视氢气压力、流量，并加强巡检，发现泄漏及时处理。也可设置可燃气体检测报警探头。

② 氢气放水后，对阀门关闭情况进行确认。

③ 定期测循环冷却水 pH 值，以监视硫酸冷却器内漏情况。

④ 氢气如果采用盐水降温，可用碳酸钠溶液滴定来检查是否有白色沉淀。如果采用水降温，则可定期停水检查氢气是否漏出。

（6）电气设备不防爆

氢气系统周围的电器设备、机械设备的电机、照明、开关等，不具有防爆功能或防爆等级不够时，在操作时会产生电火花，存在引发火灾爆炸的危险。应采用符合防爆等级的电气设备。

3. 化学灼伤

造成化学灼伤的原因：

① 浓硫酸具有强烈的腐蚀性，硫酸输送泵、硫酸循环泵、硫酸冷却器、管道、储罐发生硫酸泄漏时，浓硫酸与人体接触，可使作业人员受到化学灼伤。

② 废氯气处理工艺中，使用液体烧碱做吸收剂。烧碱具有较强的腐蚀性，由于碱液配制、使用发生泄漏以及误操作等造成碱液与作业人员眼睛、皮肤接触，会使作业人员受到化学灼伤。

③ 有硫酸、烧碱存在的设备、管道等检修时，如检修前没有进行清理，在检修过程中，发生残留硫酸、烧碱飞溅，与作业人员的眼睛、皮肤接触，发生作业人员化学灼伤的危险。

可采取的安全措施：

① 配备并使用防酸碱的防护用品，必要时配备全密闭防护服。

② 检修环节制定并遵守安全检修规程，办理相关作业证，由专业人员现场落实安全措

施，严格审批程序，并有专人监护。

4. 机械伤害

产生机械伤害的原因：

① 该工艺使用的氯水循环泵、硫酸循环泵、烧碱循环泵、风机、氯压机、氢压机等机械设备外露转动部分，如没有安全罩或安全罩损坏，作业人员作业、巡回检查时，会不慎将工作服衣角、裤脚卷绕入机械内，遭受机械伤害。

② 维修人员在作机械设备维修时，电气开关没有悬挂"禁止启动"警示牌，或没有采取开关锁、封等防护措施，作业人员误操作启动开关，使正在检修的设备突然启动，会使检修人员发生机械打击的伤害。

可采取的安全措施：

① 机械设备的外露转动部分设置合格的防护罩，定期检查确保有效。

② 检修转动设备必须采取断电、悬挂警示牌、电源开关锁封等措施。

5. 触电

该工艺使用的电器设备外壳、机械设备电机及开关箱外壳等如没有保护接地，或保护接地断路、接地电阻超标，当设备的绝缘损坏时，会造成漏电，存在使作业人员发生触电的危险。电气设备设置应可靠接地，并定期检查、检测，确保有效。使用电气设备的人员严格遵守电气安全规程。

6. 高处坠落和高处打击伤害

作业人员在 2m 以上作业时，若安全措施不到位、精力不集中，有发生高处坠落的危险。作业人员进行高处作业时随意乱扔物品、工具等，可能造成高处打击伤害。应严格遵守高处作业安全规程，办理高空作业证。

三、氢气系统火灾爆炸事故树分析

氯氢处理工艺过程常用的安全分析方法主要有安全检查表法，危险指数方法，预先危险分析方法，危险与可操作性研究，故障模式和影响分析，事故树分析，事件树分析等。

本节选取氯碱生产氢气系统火灾爆炸事故为重点研究对象，采用事故树分析方法分析导致事故的原因以及相应的预防对策。

1. 建造氢气系统火灾爆炸事故树图

对已发生的氢气系统火灾爆炸事故进行分析研究，找出可能导致事故发生的初始因素，反复分析顶上事件、各中间事件以及各基本原因事件之间的逻辑关系之后，构造出事故树图，如图 6-29 所示。

2. 求解最小割集

由图 6-29 可以得到 18 个最小割集：$K_1 = \{X_1, X_{10}, X_{11}\}$，$K_2 = \{X_2, X_{10}, X_{11}\}$，$K_3 = \{X_3, X_{10}, X_{11}\}$，…，$K_9 = \{X_9, X_{10}, X_{11}\}$，$K_{10} = \{X_1, X_{10}, X_{12}\}$，$K_{11} = \{X_2, X_{10}, X_{12}\}$，…，$K_{18} = \{X_9, X_{10}, X_{12}\}$。

3. 求解最小径集

依据摩根定理将事故树中的所有"或"门改为"与"门，将所有"与"门改为"或"门，且将

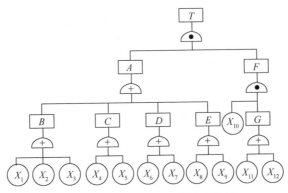

图 6-29　氢气系统火灾爆炸事故树

T—顶上事件；$A \sim G$—中间事件；$X_1 \sim X_{12}$—基本原因事件；A—点火源；B—明火；C—撞击火花；D—电火花；E—人体静电；F—氢气浓度达到爆炸极限；G—通风不良；X_1—吸烟；X_2—雷电；X_3—违章用火；X_4—金属工具撞击；X_5—穿带钉鞋；X_6—电解槽断电不良或跳槽；X_7—导线漏电；X_8—未穿防静电服作业；X_9—作业时与导体接触；X_{10}—密闭系统出现故障；X_{11}—排风设计不当；X_{12}—排风设备损坏

各事件变为对偶事件，则得成功树。求成功树得最小割集，并解其对偶则得最小径集：
$P_1 = \{X_{10}\}$，$P_2 = \{X_{11}, X_{12}\}$，$P_3 = \{X_1, X_2, X_3, X_4, X_5, X_6, X_7, X_8, X_9\}$。

4. 基本原因事件的结构重要度分析

结构重要度反映的是在不考虑基本事件发生概率的情况下，事故树中各个基本事件对顶上事件的影响程度。常用的方法有两种，即：求基本事件的相对重要度；利用最小割集计算其判定系数。一般来说前一种方法计算的结果较精确，但如果事故树结构复杂时计算比较繁琐；而后一种则比较简单，也基本上能够满足分析问题的需求。由于最小割集中的原因个数(n_j)相同，利用最小割集确定基本事件重要系数。

下面给出近似计算式：

$$I_{\phi(i)} = \frac{1}{K} \sum_{j=1}^{K} \frac{1}{n_j} \qquad (6-20)$$

式中　$I_{\phi(i)}$——指基本事件 X_i 的结构重要度系数；

　　　K——指包含基本事件 X_i 的最小割集数；

　　　n_j——指基本事件 X_i 所在最小割集中基本事件的数量。

根据式(6-20)求得各基本事件的结构重要度为：$I(1) = I(2) = I(3) = I(4) = I(5) = I(6) = I(7) = I(8) = I(9) = 1/18 \times (1/3 \times 2) = 0.0370$；$I(10) = 1/18 \times (1/3 \times 18) = 0.3333$；$I(11) = I(12) = 1/18 \times (1/3 \times 9) = 0.1667$。因此可看出各基本事件对顶上事件的影响程度依次为：$X_{10} > X_{11} = X_{12} > X_1 = X_2 = \cdots = X_8 = X_9$。

5. 事故树定量分析

（1）事故树顶上事件发生概率计算

计算顶上事件发生概率有多种方法，例如逐级向上推算法，直接用事故树的结构函数式、利用最小割集计算等，这里利用最小径集计算顶上事件发生概率，由于最小径集彼此无重复事件，则计算公式为

$$Q(T) = \prod_{j=1}^{p} \left[1 - \prod_{x_i \in p_j} (1 - q_i) \right] \qquad (6\text{-}21)$$

式中　$Q(T)$——顶上事件发生概率；

　　　p——最小径集个数；

　　　q_i——基本事件 X_i 的发生概率。

利用式(6-19)可以得到顶上事件发生概率 $Q(T) = 0.0331$。

（2）基本事件的概率重要度计算

如果要考虑基本事件的概率变化给顶上事件概率带来的影响，就必须研究基本事件的概率重要度。其定义式为

$$I_g(i) = \frac{\partial Q(T)}{\partial q_i} \qquad (6\text{-}22)$$

式中　$I_g(i)$——基本事件 X_i 的概率重要度。

求出各基本事件的概率重要度后，就可以知道，在诸多基本事件中，降低哪个基本事件的发生概率，可迅速有效地降低顶上事件的发生概率。

（3）基本事件的临界重要度计算

结构重要度是从事故树图的结构来分析基本事件的重要性，并不能全面说明各基本事件的危险重要度。而概率重要度是反映各基本事件概率的增减对顶上事件发生概率影响的敏感度。临界重要度是从概率和结构双重角度来衡量各基本事件重要性的评价标准，可用式(6-21)表示：

$$I_c(i) = I_g(i) \cdot q_i / Q(T) \qquad (6\text{-}23)$$

式中　$I_c(i)$——基本事件 X_i 的临界重要度；其余符号意义同前。

由已知条件及式(6-21)求出各基本事件的临界重要度见表6-2。

表6-2　基本事件发生概率及3种重要度

基本原因事件	发生概率 q_i	结构重要度 $I_{\phi(i)}$	概率重要度 $I_{g(i)}$	临界重要度 $I_{c(i)}$
X_1	0.050	0.037	0.109	0.056
X_2	0.002	0.037	0.103	0.002
X_3	0.070	0.037	0.111	0.078
X_4	0.030	0.037	0.106	0.034
X_5	0.004	0.037	0.104	0.004
X_6	0.030	0.037	0.106	0.034
X_7	0.060	0.037	0.110	0.067
X_8	0.300	0.037	0.148	0.335
X_9	0.050	0.037	0.109	0.056
X_{10}	0.200	0.333	0.473	0.012
X_{11}	0.005	0.167	0.095	0.025
X_{12}	0.080	0.167	0.103	0.404

6. 结果分析及安全对策

① 由事故树分析可知，事故树包含了 8 个逻辑门，其中逻辑或门 6 个(占了总数的

75%）。根据或门的定义可知大部分的单个基本原因事件都有输出。所以，从与、或门的比例可知，氢气系统火灾爆炸事故的危险非常大。

② 由最小割集及最小径集的求解可知，最小割集是 18 个，最小径集是 3 个。也就是说导致事故发生的途径有 18 种，而预防事故的可能途径只有 3 种。所以从这一点也可以说明顶上事件属于易发事故。

③ 在制定氢气系统火灾爆炸事故的预防措施时，应以最小径集为依据。根据最小径集的定义，只要事故树中的这些基本事件不发生，顶上事件就不会发生。考虑 3 组最小径集，要使氢气系统火灾爆炸事故不发生，可以考虑下面的 3 个方案：a. 杜绝 P_1 的发生。要使 P_1 不发生，则需要 X_{10} 不发生。b. 杜绝 P_2 的发生。要使 P_2 不发生，则需要 X_{11}，X_{12} 不发生。c. 杜绝 P_3 的发生。要使 P_3 不发生，则需要 P_3 中的 X_1，X_2，…，X_9 共 9 个基本事件不发生。

在上述方案中选择最有利于采取措施的方案。直观而言，一般以消除包含最小事件最少的最小径集中的基本原因事件最有利。若 $P_1 = \{X_{10}\}$ 能被彻底消除，则顶上事件就不发生。从结构重要度、概率重要度及临界重要度计算也可以看出基本事件 X_{10} "密闭系统出现故障"对事故的发生影响特别大。所以在实际工作中一定要加强对氢气密闭系统的管理，尽量减少其故障，但要完全杜绝 X_{10} 的发生也是不可能的。

杜绝 P_2 主要考虑排风系统，在事件 X_{11}、X_{12} 中，由临界重要度分析知基本事件 X_{12} 对顶上事件的影响更大些，也就是说实际中除设计要合理外，最重要的是应该加强排风设备的维护。

最后，方案 c 虽然包含的基本事件很多，但其实质就是加强火源的管理，杜绝火源的产生。对于基本事件 X_6，可以通过安装避雷装置，且避雷针高出放空管 3m 来预防，而对于基本事件 X_1、X_3、X_5、X_8、X_9 而言，要防止这些事件的发生除了一些技术保证外，通过加强工作人员的安全教育等途径可取得明显的效果。

第五节　高纯盐酸合成及液氯工艺过程安全分析

一、高纯盐酸合成工艺过程安全分析

合成盐酸的生产方法包括二合一石墨合成炉法、三合一石墨合成炉法、四合一石墨合成炉法及余热回收型合成炉法。目前二合一石墨合成炉法、三合一石墨合成炉法用的比较多，下面主要对二合一石墨合成炉的工艺流程、危险性及安全设施设计进行介绍。

1. 二合一石墨合成炉生产高纯盐酸工艺流程
高纯盐酸合成由氯化氢合成系统和氯化氢吸收系统两部分组成。

氯化氢合成系统：由液氯工艺和氢处理工艺来的氯气和氢气分别进入氯气缓冲罐和氢气缓冲罐，缓冲后经管道阻火器进入组合式二合一石墨合成炉灯头，在炉内进行燃烧，生成氯化氢气体。

氯气和氢气的合成反应式如下：

$$Cl_2 + H_2 \longrightarrow 2HCl + 22.063kcal/mol \qquad (6-24)$$

生成的氯化氢气体从石墨合成炉导出，送入吸收系统。合成系统的冷凝酸全部收集在冷凝酸排放槽中，定期排放至盐酸中间储槽，再由盐酸中间泵送往罐区。

氯化氢吸收系统：自氯化氢合成系统来的氯化氢气体进入氯化氢吸收系统的一级降膜吸收器、二级降膜吸收器和尾气吸收塔。采用纯水吸收盐酸中间槽尾气，吸收后的稀酸经流量计计量后进入尾气吸收塔再进入降膜吸收器作吸收剂用。氯化氢气体被吸收成稀酸，尾气吸收塔出来的尾气经风机抽出排空。

2. 高纯盐酸工艺危险性分析

（1）主要危险化学品

高纯盐酸产品生产过程和使用的主要危险化学品有：氢气、氯气、氯化氢、盐酸等。

（2）生产工艺过程主要危险性

① 氢气是易燃易爆气体，若合成反应氯氢配比不当，易发生爆炸事故。

② 氯、氢、空气形成混合气体或在氯化氢合成炉点火、调火时达到爆炸极限时，会引发爆炸事故的发生。

③ 盐酸储槽含氢气体的积聚等，会有爆炸的危险。

④ 石墨合成炉是明火设备，存在高温灼烫的潜在危险性。

⑤ 生产过程中熄火，造成氯气进入氢气系统可能引起爆炸事故。再点火时，会引发爆炸事故的发生。

3. 安全措施

（1）生产装置工艺安全技术

① 任何氯气和氢气的管道不得配置在盐酸操作室内。

② 进入合成炉的氯气和氢气推荐采用自动配比调节。

③ 盐酸合成炉点炉前设置纯度检测装置以保证氢气、氯气的纯度。

④ 氢气排空管设置阻火器，有效防止爆炸事故的发生

⑤ 氯气是有毒气体；氢气是易燃、易爆气体。厂房内设置可燃气体报警器和有毒气体探测仪，预防氢气、氯气的泄漏。

⑥ 无论是人工观火或者自动仪表观火，均须设置紧急停炉按钮或者紧急停炉联锁。即当合成炉火焰熄灭时，按下紧急按钮或者自动联锁，立刻切断进炉的氯气和氢气，并同时向合成炉内充入氮气。

⑦ 经过吸收系统后的放空尾气(含有大量氢气)的放空点宜设置防雷设施。

⑧ 对于防爆膜爆破后的释放气，推荐采用废气吸收系统用液碱或者水吸收。避免含氯化氢、氯气等的释放气排入大气之中。

（2）事故预防措施

① 推荐采用适当的安全联锁，以便发生紧急情况时(比如氯气、氢气失压，防爆膜爆破等)能够尽快地安全停炉。

② 对于合成系统的控制，推荐采用远程自动控制，以尽可能的减少防爆区域内的操作人员。

③ 合成厂房须设计成敞开式结构(操作室除外)。

④ 合成厂房的楼面须设计成平底的，即防止泄漏的氢气累积在由结构梁所围成的死角区域。

（3）工艺设备安全

该系统压力容器的设计应符合 TSG 21—2016《固定式压力容器安全技术监察规程》、GB/T 150—2011《压力容器》、GB/T 151—2014《热交热器》等相关标准和规范的要求。

（4）管材的安全设计

① 盐酸的管道材料宜选用 FRP/CPVC。

② 采用非金属材料时，法兰宜采用承插粘接法兰，法兰密封面宜采用 FF 面。

③ 为了减少泄漏点，管件应避免用法兰连接，尽量用承插口管件。

④ 由于非金属材料的法兰，且是 FF 面，垫片的选择硬度应比法兰更软的且耐盐酸腐蚀的非金属材料，如膨化聚四氟乙烯垫。

（5）车间布置及安全措施

① 办公室、休息室等不应设置在氯化氢合成厂房内。当必须与本厂房贴邻建造时，其耐火等级不应低于二级，并应采用耐火极限不低于 3h 的不燃烧体防爆墙隔开和设置独立的安全出口。

② 氯化氢合成等厂房的分控制室宜独立设置，当贴邻外墙设置时，应采用耐火极限不低于 3.00h 的不燃烧体墙体与其他部分隔开。

③ 封闭式氯氢处理厂房应设置强制性机械通风设施。

④ 氯气、氯化氢等高度危害性物料应采用密闭循环采样。

⑤ 氯化氢合成等具有化学灼伤危险的生产、储存场所禁止使用玻璃管道、管件、阀门、流量计、压力计等仪表。

⑥ 合成等有酸碱性腐蚀的作用区中的建构筑物地面、墙壁、设备基础，应进行防腐处理。

二、液氯及包装工艺过程安全分析

液化氯气的方式一般有三种工况条件：

① 高温高压的液化方式，运行温度 30℃，氯气压力 1MPa，用循环冷却水就可以使氯气液化，需要的冷量很少。氯气压力 1MPa 对于氯气压缩机的要求很高，适用于全部氯气生产液氯产品的项目。

② 中温中压的液化方式，运行温度 10℃，氯气压力 0.6MPa，用冷冻水将氯气液化。

③ 低温低压的液化方式，运行温度 -20℃，氯气进口需要压力 0.15MPa 即可，用氟利昂或者氨制冷将氯气液化。

某公司液氯生产工艺采用中温中压法，由冷冻工艺送来的冷冻盐水与干燥氯气进行热交换，部分氯气液化成液体氯，用屏蔽泵输送至包装工艺，充装液氯钢瓶或槽车，未液化气体送往用氯单位。

在液氯包装的工艺流程中，容易发生氯气泄漏及爆炸的部位主要有：液氯输送管道、阀门、法兰的泄漏；液氯中三氯化氮积累容易造成爆炸事故；液氯包装过程中包装管道与钢瓶连接的软管发生泄漏；液氯钢瓶发生泄漏；液氯槽车泄漏。

如果发生氯气泄漏事故，液氯自泄漏点流到大气中，压力骤然降低，吸收环境中的热而迅速汽化。能吸收氯的药剂很多，通常用电解工段产生的烧碱溶液进行吸收，经济且吸收较快。氯与氢氧化钠化合后，生成较稳定的次氯酸钠、食盐和水。

某公司液氯液化储槽、液氯包装区的事故氯喷淋工艺流程如图 6-30 所示。

工艺流程：生产水管路加孔板流量计，32%碱管加孔板流量计，在文丘里混合，将碱液质量分数调至 15% 左右。氯气泄漏进行倒罐操作，罐内液氯在高压的作用下，由泄漏点跑出的氯气浓度随时间不断增加，液氯液化储罐区(或液氯包装区)安装的氯气检测探头检测到氯气超标，发出声光报警，同时将电信号传给集控系统，经 DCS 主控确认，如液氯储槽区发生泄漏，则液氯储槽区喷淋电动阀 1#、2#、3#、5#、7# 打开，6#、8#、11# 电动阀关闭，配制好的碱液进行喷淋；如液氯包装区发生泄漏，则液氯包装区喷淋电动阀 1#、2#、3#、5#、6# 打开，7#、8#、11# 电动阀关闭，配制好的碱液进行喷淋。吸收氯气后的碱液经地沟流入回收池，当回收池液位达到设定液位后，回收泵启动，8#、11# 电动阀打开，1#、2#、3# 电动阀关闭。次氯酸钠溶液控制指标达到设定值后，回收泵将次氯酸钠打入次氯酸钠罐或污水处理事故池。工艺将 DCS 系统引入，实现了系统化、自动化远程控制；加入电动阀可远程自由调节配制碱液的浓度，达到事故所需的浓度范围及流量；系统管路中加入蒸汽、工艺空气吹扫，可有效降低管路腐蚀及结晶问题；回用管路用防腐地沟代替，可将吸收液循环使用，到浓度低限后由输出泵输出外售。该工艺对液氯储存包装区泄漏事故进行了有效的预防和处理。

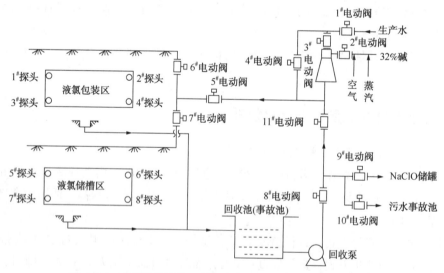

图 6-30 液氯液化储槽、液氯包装区的事故氯喷淋工艺流程

第六节 蒸发及固碱工艺过程安全分析

离子膜法碱液的蒸发流程种类较多，工艺流程的选择包括选择效数、顺流或逆流和选择蒸发器等。由表 6-3 可看出，不同蒸发的效数对蒸汽的消耗量，由数据可见蒸发器的效

数采用三效时消耗量最小。

表6-3　不同蒸发效数的蒸汽消耗

效数	单效	双效	三效
8kg/cm² 吨碱汽耗/t	1.1~1.2	0.7~0.8	0.53

一、离子膜碱液蒸发的特点

（1）流程简单

由于离子膜烧碱仅含极微量的盐（一般含 NaCl 30~50mg/L；NaClO 315~30mg/L），在整个蒸发浓缩过程中无须除盐，极大简化了流程设备，降低了操作人员的劳动强度。

（2）浓度高，蒸汽消耗少

离子膜电解产出来的烧碱浓度较高，一般在 30%~35%（质量），与隔膜法碱液比大大地减少了浓缩用蒸汽。若以 32%碱液蒸发浓缩至 50%碱液为例，则每吨 50%成品碱需要蒸出的水量 $M = 1000/32\% - 1000/50\% = 1125(kg)$。

而隔膜法电解烧碱液若同样浓缩至 50%，则一般需要蒸发出约 6.5t 的水量。

二、降膜蒸发的原理及特点

1. 降膜蒸发工艺原理

降膜管式蒸发器由立式安装的管壳式换热器和汽液分离器组成，碱液在换热器管程中，呈膜状往下流动与壳程的蒸汽换热，碱液因受到自身蒸发出来的高速蒸汽扰动，换热效率很高。控制稳定性好，维修量小，汽耗低。

在降膜蒸发的过程中，当液体的加热面上有足够的热流强度或壁面温度超过液体温度一定值时，在液体和加热面之间会产生一层极薄的液层（滞留热边界层）从而形成温差。此极薄的液层（膜）受热发生相变，吸收潜热而蒸发，这样，管内液体不必全部达到饱和温度，就在加热面上产生气泡而沸腾，这时气泡的过热度超过从膜内传热的温差，所以蒸发完全是在膜表面进行的，这种沸腾叫表面沸腾。

在膜式蒸发过程中要控制好碱液流量。碱液流量过小，在降膜蒸发过程中，会出现壁面液膜的断裂变干现象，如果出现这种现象，将使给热系数大大下降；碱液流量太大，而加热源的温度低，造成液体过热度不足，达不到沸腾，不能形成降膜蒸发的现象。因此，进入蒸发器碱液流量的大小和加热源温度的高低，直接影响成膜及膜的厚度，所以控制好进入蒸发器中碱液的流量和加热源的温度，对膜式蒸发是至关重要的。

2. 降膜蒸发的特点

降膜蒸发是一种高效单程非循环膜式蒸发，料液自蒸发器上部进入，经液体分布及成膜装置，均匀分配到各个换热管内，在重力和真空诱导和气流共同作用下，液体成均匀膜状自上而下流动，具有传热效率高、传热系数大、温差损失小、物料加热时间短、不易变质、易于多效操作、能耗低、设备体积小、易操作控制等特点。

蒸发工艺涉及高温强碱强腐蚀的物料，所以在生产安装过程中对设备、管道材质的选择非常严格，为了控制投资成本，根据工艺流程各节点的温度差异，对应选用合适的设备材质。从Ⅰ效到Ⅱ效(与碱液接触)的设备，管道均采用Ni材质，包括输送泵、换热器、蒸发罐等，Ⅲ效(与碱液接触)的设备，管道均采用316L不锈钢，不与碱液接触的设备，管道则采用304不锈钢或者碳钢。

三、三效逆流降膜蒸发的工艺流程

1. 碱液流程

从离子膜电解工艺送来的原料32%烧碱进入碱液缓冲罐(T-8301)(图6-31)，利用32%碱输送泵(P-8305)输送进入三效换热器(E-8303)，碱液进入三效蒸发罐(D-8303)在真空下蒸发浓缩至36%碱液；再用36%碱液泵(P-8303)输送经过预热器E-8307、E-8308，分别用50%热碱和中压蒸汽冷凝液加热后进入二效换热器(E-8302)，36%碱液在二效蒸发罐(D-8302)蒸发浓缩至42%碱液；再用42%碱输送泵(P-8302)输送经过预热器(E-8305、E-8306)，分别和一效产出的50%碱液和一效蒸汽冷凝液罐(D-8305)出来的蒸汽冷凝液换热后进入一效换热器(E-8301)，42%碱液在一效蒸发罐(D-8301)蒸发浓缩至50%碱液。然后用50%碱输送泵(P-8301)输送经过预热器(E-8305、E-8307)降温冷却，最后通过成品碱液冷却器(E-8309)用循环水冷却至45℃以下，分析合格后，通过开关阀ZV-801输送至储槽罐区50%碱储槽储存出售，如分析不合格则通过开关阀ZV-802返回32%碱液缓冲槽(T-8301)。

2. 蒸汽及纯冷凝液流程

外界送来的中压蒸汽(0.9MPa、300℃)进入界区先通过蒸汽增湿器(J-8301)用减温减压泵(P-8307)送来的纯水消除过热变为饱和蒸汽后再进入一效换热器(E-8301)壳程，与输送泵(P-8302)送来的42%碱液间接换热，42%碱液得到加热升温，而中压蒸汽在此降温冷凝，蒸汽冷凝液进入蒸汽冷凝液储槽(D-8305)，再进入碱液预热器(E-8306)和(E-8308)分别与进入一效的42%碱液和进入二效的36%碱液换热后送往界区外。

3. 工艺蒸汽及冷凝液流程

由一效蒸发罐(D-8301)产生的二次蒸汽(从碱液中蒸发出来)先通过蒸汽增湿器(J-8302)用工艺冷凝泵(P-8304)送来的工艺冷凝水消除过热，变为饱和蒸汽后进入二效换热器(E-8302)壳程，其将作为36%碱液蒸发浓缩至42%碱液的加热蒸汽，换热后冷凝下来的蒸汽冷凝液通过气液分离器分离，气体部分送至三效换热器(E-8303)从换热器中部进入壳程，液体部分经三效换热器(E-8303)底部送至工艺冷凝液罐(D-8304)。

由二效蒸发罐(D-8302)产生的二次蒸汽(从碱液中蒸发出来)先通过蒸汽增湿器(J-8303)用工艺冷凝泵(P-8304)送来的工艺冷凝水消除过热，变为饱和蒸汽后进入三效换热器(E-8303)壳程，其将作为32%碱液蒸发浓缩至36%碱液的加热蒸汽，换热后冷凝下来的蒸汽冷凝液被送至工艺冷凝液罐(D-8304)，未冷凝下来的蒸汽，经表面冷凝器(E-8304)冷凝，冷凝下来的冷凝液进入工艺冷凝液储罐(D-8304)。

由三效蒸发罐(D-8303)产生的二次蒸汽(有些厂家也叫三次蒸发汽)，经过表面冷凝器(E-8304)冷凝，冷凝后的冷凝液进入工艺冷凝液储罐(D-8304)，然后用工艺冷凝水泵(P-

8304)输送，一部分用于清洗一、二、三效蒸发罐和增湿器二次蒸汽增湿，另一部分送往界区外。

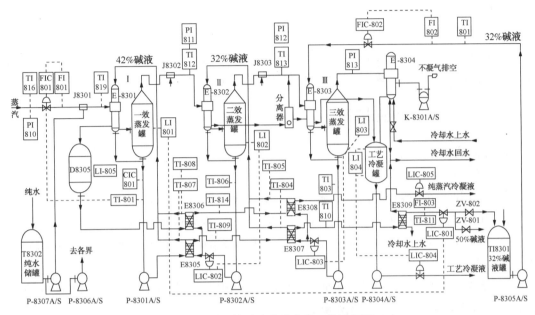

图 6-31　三效逆流降膜蒸发工艺流程图

四、影响蒸发的主要因素

1. 蒸汽压力

外界送来蒸汽是碱液蒸发的主要热源，其压力高低直接影响到蒸发操作能力。在其他条件不变的情况下，往往较高的蒸汽压力会使系统获得较大的温差，单位时间内所传递的热量也相应增加，装置有较大的生产能力。

正常生产中，需保持适宜的蒸汽压力。压力过高容易使加热管内碱液温度上升过高，造成汽膜，降低传热系数。压力过低，碱液不能达到所需温度，蒸发强度降低。保证蒸汽压力的稳定供应可以保证进出口物料的浓度温度，保证产品质量。

2. 真空度

真空度是蒸发过程中提高蒸发能力的重要途径，也是降低汽耗的重要方法。适当提高真空度，将使二次蒸汽的饱和温度降低从而提高了有效的温度差，因而更充分的利用了热源，使蒸汽消耗降低。真空度的高低与大气冷凝器的下水温度有关(该温度下的饱和蒸气压)，也与二次蒸汽中的不凝气含量有关。

五、蒸发工段生产特点

1. 高温蒸汽运行

蒸发工段各装置是在高温高压蒸汽加热下运行，通常加热蒸汽表压 0.8MPa，最高温度可达 170℃，所以要求蒸发设备及管道具有良好的外保温及隔热措施。在设计、制作、安装过程中要充分考虑设备管道的热胀冷缩因素，所有管道连接处要有足够的补偿系数，以防止在开停车和运行过程中因热胀冷缩而拉裂管道之间的连接，发生设备损坏事故。

由于蒸发各设备在高温蒸汽条件下运行，一旦蒸汽外泄极易发生人身烫伤事故，因此预防被热水、蒸汽烫伤是本工段一项重要安全措施。

2. 防止烧碱化学灼伤

烧碱的腐蚀性极强，凡是操作与烧碱有关的装置设备时，必须戴好防护眼镜、橡胶手套，穿好胶鞋，以防止烧碱液飞溅触及人体眼镜及皮肤。

六、常见事故及预防措施

1. 高温液碱或蒸汽外泄

（1）产生的可能原因

① 设备和管道中焊缝、法兰、密封填料处、膨胀节等薄弱环节处，尤其在蒸发工段开、停车时受热胀冷缩的应力影响，造成拉裂、开口，发生碱液或蒸汽外泄。

② 管道内有存水未放净，冬天气温低，结冰将管道胀裂。在开车时蒸汽把冰化后，蒸汽大量喷出，造成烫伤事故。

③ 设备管道受到腐蚀、壁厚减薄，强度降低，尤其在开停车时受到压力冲击，造成热浓碱液从腐蚀处喷出造成化学灼伤事故。

（2）预防措施

① 蒸发设备及管道在设计、制造、安装及检修均需按有关规定标准执行，严格把关，设备交付使用前进行专职人员验收，开车前的试漏工作要严格把关。

② 要充分考虑到蒸发器热胀冷缩的温度补偿，合理配管及膨胀节的设置，对薄弱环节采取补焊加强等安全预防措施。

③ 对长期使用的蒸发设备，每年要进行定期检测壁厚及腐蚀情况。对腐蚀情况要进行测评。

④ 当发生高温碱液或蒸汽严重外泄时，应立即停车检修。操作工和检修工要穿戴好必需的劳动防护用品，工作中尽心尽责，严守劳动纪律，按时进行巡回检查。

⑤ 当人的眼睛或皮肤溅上烧碱液后，须立即就近用大量清水或稀硼酸水彻底清洗，再去医务部门或医院进行进一步治疗。

2. 管道堵塞，物料不通，蒸发器阀门堵塞

（1）产生的可能原因

蒸发过程中，随着烧碱浓度不断提高而电解液中所含的氯化钠溶解度不断下降，最后成结晶状态氯化钠析出悬浮在碱液中，如果分离盐泥不够及时，氯化钠结晶变大，会堵塞管道、阀门、蒸发器加热室，造成物料不能流通，影响蒸发工艺操作的正常运行。

（2）预防措施

在蒸发过程中要及时分离盐泥，注意盐碱分离的悬液分离器使用效果，发现分离盐泥效果差时要及时调整操作，进行处理。堵塞时要及时冲通，保证正常运行。对第二效蒸发器，每次接班后用水进行小洗一次。对第三效蒸发器，隔四天进行彻底大洗一次。

如发现结晶盐堵塞管道、阀门等情况时，可及时用加压水清洗畅通或借用真空抽吸等补救措施，来达到管道、阀门的畅通无阻。

思考题

1. 叙述一次盐水工艺流程。

2. 一次盐水精制工艺方法有哪些?

3. 一次盐水生产过程特点及常见事故有哪些?

4. 叙述二次盐水精制工艺流程。

5. 叙述电解工艺流程。

6. 离子膜电解工艺原理是什么?

7. 影响电解工艺过程安全的因素有哪些?

8. 叙述氯氢处理工艺流程。

9. 事故氯处理的主要方法有哪些?

10. 氯氢处理过程有哪些危险性?

11. 高纯盐酸合成工艺、液氯及包装工艺、蒸发及固碱工艺等过程有哪些危险性?

12. 烧碱生产过程安全分析方法有哪些?

第七章　氯乙烯合成与聚合过程安全分析

第一节　典型事故案例分析

以某厂氯乙烯爆炸事故为例，分析其事故原因。

2004 年 4 月 23 日，某厂聚氯乙烯装置发生火灾和爆炸，导致 5 名员工死亡，3 名员工重伤，火灾和爆炸摧毁了反应器及临近仓库，仓库中的聚氯乙烯（PVC）起火，燃烧造成的浓烟飘向周边社区，致使那里的居民疏散撤离。

1. 事故经过

事故发生前，聚氯乙烯车间的操作一切正常。大约 22 时 30 分，聚氯乙烯车间除反应器 D306 准备清洗外，其他反应器都处于聚氯乙烯的生产阶段，一楼的转料操作工在二楼用水枪对 D306 反应器完成清洗后，返回一楼去打开反应器的底部阀和排净阀把清洗水排放至地沟，但是在他下楼梯时，走错了方向，来到正处于反应阶段的反应器 D310 底部，且由于安全联锁导致底部阀无法打开，转料操作工认为是阀门故障，对联锁进行了旁通，断开底部阀的仪表气，用紧急情况下的空气软管替代，底部阀打开后，反应器中的氯乙烯等反应物喷溅出来，整个工厂的操作工听到了非常大的类似引擎的声音，并且闻到氯乙烯的味道。

倒班班长在去调查泄漏情况的路上，经过反应器 D310 附近的敞开的门时，看见物料从反应器 D310 底部向外喷射，并且在地面上有近半米高的泡沫，倒班班长认为能够阻止泄漏，他爬到楼上，通知操作工开启反应器 D310 上的放空阀来降低反应器的压力，试图降低反应器底部的泄漏。

倒班班长和操作工想去一层查看，但是高浓度的 VCM 迫使他们返回。操作工留在楼上，倒班班长尝试从装置外部的楼梯到达一层时，发生了爆炸，当场导致 4 名操作工死亡，包括 2 名在反应器顶部作业的操作工和一楼 2 名操作工。第 5 名操作工 2 周后在医院死亡。

爆炸几乎摧毁了整个装置，车间顶被掀起，装置框架被撕裂。爆炸冲击波撞翻了 2 个 11.36m³ 的氯乙烯回收罐，数吨重的干燥器被从地基中拔出。爆炸还摧毁了实验室、安全和工程部办公室，随即发生的大火蔓延至反应器厂房西面的 PVC 仓库，并持续了数小时。大火产生了刺鼻的浓烟，飘向附近社区。当局紧急撤离方圆 1.6km 居民约 150 人，封闭了事故影响区域的主要道路（图 7-1）。

2. 原因分析

此次事故发生的原因是该公司没有管理潜在的人为失误；该公司没有执行工艺危害分析（PHA）的建议，改变反应器底部阀的安全联锁旁通方式以降低误用的可能性。

此次事故发生前，该公司的另外一个子公司发生了事故，但是工厂没有意识到在自身

(a) 被爆炸摧毁的安全和工程部办公室 (b) 爆炸后的浓烟

图 7-1 氯乙烯爆炸事故现场

工厂也会发生类似事故，也没采取相关措施来避免类似事故，工厂现场管理也没有正确地执行类似事故调查的建议措施。

3. 建议及措施

此次氯乙烯爆炸事故直接原因是人为失误造成的。以下就人为失误问题以及 PHA 相关问题阐述如何采取措施做好人为失误的管理和防护。

（1）人为失误的预防

人因失误，即人的不安全行为。人因失误的原因十分复杂，各原因之间还可能相互影响，而且在作业者身上反映出来的失误原因和特征，都是多种原因综合作用的结果。事故致因理论证明，造成事故的直接原因主要是人的不安全行为和物的不安全状态两种因素。

人为失误的主要因素有：操作人员个人的原因、设计上的原因、作业上的原因、运行程序上的原因、教育培训上的原因、信息沟通方面的原因、组织管理因素等。要减少人为失误，提高人的可靠性就要采取措施克服人的不安全行为。

可采取的措施有：改善人机系统安全状况，提高系统整体的可靠性，保证机械设备、电器仪表的制造安装质量，提高日常检修维护水平，消除装置设备和电气仪表的隐患。

（2）采取科学的手段来弥补人的不足

如重要设备或工艺过程，要有紧急停车和放空泄压的安全联锁装置；安装可燃性气体、有毒气体检测报警装置；对重要设施要采用限位开关、声光报警信号和自动停车功能；对易发生人身伤害的设备安装防护罩、防护栏、警戒线和警示标志；防爆区域内，做好防雷防静电接地，并达到系统整体防爆性能。不断提高系统本质安全化程度；改善、优化人机界面状况以及环境因素，从而达到提高系统安全性的目的。

（3）加强安全教育培训

开展安全教育与训练，使操作人员端正安全态度，自觉遵守安全法规，加强工作责任感，养成严谨作风，培养安全习惯，自主自律管理，提高事故的判断、预测和处理能力，有效减少人因事件。

（4）执行作业审批和确认复检制度

对特殊作业、危险性较高的作业，实行作业审批是非常必要的，审核作业者资格、能力及作业准备、作业措施；对作业环境、作业对象和作业行为实施确认复检是必不可少的环节。生产中有很多部位靠阀门控制流向和流量，许多事故是由阀门开关错位造成的，执行一人开关阀门、另一人操作复查确认，可大量减少失误的概率。

（5）合理组织作业人员、生产要素和作业方法

不良的生产要素配置使作业效率和作业质量较低；不良的作业方法容易使作业者疲劳，出现差错；不良的心理情绪导致思维和行为异常。这些因素都容易引发事故，因此要合理组织作业人员、生产要素和作业方法。比如，派发任务应有具备一定资格、资历的人员完成；多天夜班工作改为尽可能少的连续夜班天数，如此可减轻员工疲劳程度等。

开错一个阀门，引发重大火灾爆炸事故，反映的是管理背后的缺陷和薄弱环节。面对误操作已经造成的种种事故灾难，企业应该针对具体情况，预测、预想、预查可能导致事故发生的途径，排除隐患，如误操作、误使用、误告知，设备失修、腐蚀，工艺失控、物料不纯、跑料泄漏等。早预防、早发现、早排除，早采取对策，防止人的各种失误造成事故或灾难。

（6）HAZOP 过程中对人为失误的分析

目前，在国内对流程性连续化或间歇生产工艺进行危险和可操作性（HAZOP）分析来识别危害。对于连续化生产工艺，国内的 HAZOP 分析以 P&ID（管道及仪表流程图）为研究对象，且主要分析正常生产阶段由于工艺参数的偏离导致的过程安全事故，对于开停车步骤、关键性人工操作、人为失误等几乎不做分析。对间歇生产工艺，HAZOP 分析以操作步序为研究对象，但是对人为失误问题考虑往往都有欠缺，所以做 HAZOP 的过程中需要考虑对正常生产、参数偏离、开停车等关键操作的人为失误的风险进行辨识。

HAZOP 分析只是工艺危害分析（PHA）方法之一，目前国内的企业就误认为只要做HAZOP 分析就可以了。在化工企业，HAZOP 目前只能分析 P&ID，操作步序，对于可能造成人为失误的因素，例如培训、操作规程、DCS 画面组态、报警声音设置、阀门仪表位置、现场设施的标志等都没有办法分析。欧美各大化学品公司的 PHA 分析，除了 HAZOP 分析以外，还增加人为因素检查表、设施定点检查表等作为 HAZOP 分析的补充。

（7）工艺危害分析（PHA）建议措施的跟踪

无论工艺危害分析（PHA）使用什么方法，PHA 结束后，都会有报告。报告会对保护措施不够的风险提出额外措施，很多企业 PHA 开展后，没有对这些建议措施进行跟踪管理，最后导致虽然识别了风险，但是保护措施不够，危害随时可能发生。所以在 PHA 结束后需要对建议措施制定责任人和整改期限。

总之，什么原因会导致人为失误，如何有效避免人为失误，是需要企业领导人和管理者深刻反思的问题。石油化工行业经常处于易燃易爆易中毒的危险环境中，一次不起眼、漫不经心的误操作，如：开错阀门、按错电钮开关、下错操作指令，稍有不慎，就会造成重大事故发生。做 HAZOP 的过程中需要考虑，对正常生产、参数偏离、开停车等关键操作的人为失误的风险进行辨识；PHA 分析，除 HAZOP 分析以外，还应增加人为因素检查表、设施定点检查表等作为 HAZOP 分析的补充；在 PHA 结束后需要对建议措施制定责任人和整改期限，并派专人负责跟踪。

第二节 氯乙烯合成工艺过程安全分析

在工业生产中，基于自然资源的两大类原料：煤和石油，而开发了两种氯乙烯单体（VCM）的合成方法，前者是乙炔法，后者是乙烯法，乙炔法在我国氯乙烯行业中占有重要地位，但在世界范围内是以乙烯法为主。

一、乙炔法生产氯乙烯的工艺过程及安全分析

1. 过程机理分析

电石和水反应制得的粗乙炔气经净化后，和氯化氢气体按照一定比例混合，经过冷冻脱水工艺进入 VCM 转化器，在氯化汞触媒作用下，在 100~180℃下反应生成 VCM，反应式如下：

$$C_2H_2 + HCl \longrightarrow C_2H_3Cl + 124.8kJ/mol$$

VCM 合成反应是非均相的，分五个步骤进行，其中表面反应为控制阶段：

① 外扩散——乙炔、氯化氢向炭的外表面扩散；

② 内扩散——乙炔、氯化氢通过炭的微孔向内表面扩散；

③ 表面反应——乙炔与氯化氢在氯化汞活化中心反应生成氯乙烯；

④ 内扩散——氯乙烯通过炭的微孔向外表面扩散；

⑤ 外扩散——氯乙烯自炭外表面向气流扩散。

以上生成的粗氯乙烯气体中，除了 VCM 以外，还有过量配比的氯化氢、未反应的乙炔、氮气、氢气、二氧化碳、和未除净的汞蒸气，以及副反应生成的乙醛、二氯乙烷、二氯乙烯、三氯乙烯、乙烯基乙炔等杂质，一般采用水洗和碱洗工艺对粗 VCM 先进行净化。水洗是为了脱除粗 VCM 中的氯化氢、乙醛和汞蒸气。现在企业一般将过量的氯化氢吸收制成 22%~30% 的盐酸，出售或脱吸回收氯化氢。碱洗是为了脱除二氧化碳。应该注意的是，氯化氢和二氧化碳在水中会形成盐酸和碳酸腐蚀设备，促进 VCM 的自聚。净化后的粗 VCM 含有 C_2H_3Cl、$C_2H_2Cl_2$、$C_2H_4Cl_2$、C_2H_2、CH_3CHO、O_2、N_2 等，经压缩机压缩后进入精馏系统，脱除轻重组分，获得适于聚合的高纯度 VCM。

2. 控制条件分析

（1）氯乙烯合成反应部分

乙炔和氯化氢在催化剂作用下加成生成氯乙烯的反应是一个体积缩小的放热反应，基于该反应特性及合成反应本身的特性对控制条件分析如下：

① 反应压力

从反应平衡来看，高压有利于反应向右进行，但由于原料中含有易燃易爆的乙炔，且反应放出大量的热，不能采用高压工艺，一般控制在 0.04~0.05MPa。

② 反应温度

温度直接影响反应转化率，温度过低反应速率低导致反应转化率低，乙炔反应不完全，随着温度的提高，反应速率增加，乙炔转化率增加，从反应热力学的角度而言，一般地反应

温度每提高10℃，反应速率提高2~4倍。但反应温度提高，会带来种种问题：首先是各种副反应的速度也相应地增加，其中最主要的副反应是乙炔和氯化氢生成二氯乙烷，反应式如下：

$$C_2H_2+2HCl \longrightarrow C_2H_4Cl_2$$

发生的副反应既消耗原料，又增加了后续氯乙烯精制的难度。

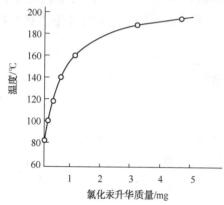

图7-2　催化剂中氯化汞的升华曲线

其次，反应温度高会增加催化剂失活的速度，我国工业生产多采用汞做催化剂，汞在使用过程中易升华，图7-2给出了10g氯化汞催化剂试样在不同温度下由氮气流带走的升华氯化汞数量，可见，反应温度不能太高，否则会显著增加汞的升华速度。

另外，反应温度高，反应速率加快，反应放出的热量若不能及时移除，还会导致局部高温，进一步加重副反应及催化剂的失活现象。因此，转化器内的温度一般在100~180℃，最佳反应温度是130~150℃。

③ 反应配比

乙炔和氯化氢反应是1∶1的等摩尔反应，在工业生产中，从经济性和安全性角度考虑，往往会为了保证其中的一种原料尽可能完全消耗，相应增加另一种原料的配比。乙炔过量会使催化剂分解和中毒，而且氯化氢相比乙炔更安全更便宜，因此在实际生产中要求严格控制乙炔∶氯化氢的摩尔比在1∶（1.05~1.10）范围内。

④ 原料气的组成及杂质

为了提高氯乙烯合成反应的效率，对原料气乙炔和氯化氢的纯度有严格要求，同时为了提高氯乙烯合成产品的纯度和合成过程的安全性，对原料气的杂质含量如硫化物、磷化物，游离氯、氧和水分都有严格规定，具体见表7-1。

表7-1　氯乙烯合成原料气指标

氯化氢纯度	≥93%	乙炔纯度	≥98.5%
氯化氢含氧	<0.5%	乙炔含硫、磷	硝酸银试纸不变色
氯化氢含游离氯	无	混合后的水分含量	600ppm

a. 原料气中不含硫磷

由于电石中极易混有硫磷杂质，原料气乙炔中易含有硫化氢、磷化氢等杂质，这些杂质会对氯乙烯合成的氯化汞触媒产生不可逆吸附，破坏其"活性中心"，从而加速触媒活性的下降，使汞触媒中毒，缩短其使用寿命。机理如下：

$$H_2S+HgCl_2 \longrightarrow HgS+2HCl$$

$$PH_3+3HgCl_2 \longrightarrow (HgCl)_3P+3HCl$$

b. 原料气中不能含氧

这是由于乙炔有很宽的爆炸极限，氧气和乙炔混合易发生爆炸，而且氧气还会和催化剂载体作用生成二氧化碳。

c. 原料气中不能含游离氯

原料气中若有游离氯存在，乙炔和游离氯会发生激烈反应而生成氯乙炔，氯乙炔也极易发生爆炸。

d. 原料气含水要尽可能低

原料气中氯化氢和水生成盐酸，会使设备腐蚀，水分进入转化器后，不仅会使催化剂组分氯化汞溶解，而且会使催化剂板结，导致催化剂活性下降。

⑤原料气流率空速

空速的定义是在标准状态，单位时间通过单位反应器体积的原料气体积流速。随着原料气空速的提高，反应物和催化剂的接触时间下降，乙炔的转化率随之下降；反之，乙炔的转化提高，同时由于与催化剂接触时间长，高沸点副产物生成量也增多，反应选择性下降。因此要控制原料气的空速在一个适宜的范围，一般在控制乙炔空速为 $40\sim60m^3/(m^3 \cdot h)$。

（2）氯乙烯精制部分

乙炔和氯化氢转化生成的粗氯乙烯经水洗、碱洗、精馏脱去其中的各项杂质，得到聚合级的氯乙烯单体，送聚合工艺。

① 水洗碱洗

控制水和碱液的循环量，将粗氯乙烯中未反应的氯化氢及惰性气体二氧化碳除去。

② 精馏工艺

一般采用加压精馏，脱除粗氯乙烯中未反应的乙炔、及生成的氯乙烷等多种高沸物。由于水洗、碱洗后的氯乙烯气体中含水量较高，精馏过程会导致氯乙烯单体的自聚，堵塞管道和设备，因此要严格控制氯乙烯气体中的水含量低于600ppm。

3. 工艺安全分析

（1）涉及的主要化学品危险分析

① 氯乙烯的性质及危险分析

a. 氯乙烯的理化性质

氯乙烯又名乙烯基氯，英文名称是 Vinyl chloride 或 chloroethylene，结构式为 CH_2＝$CHCl$，CAS 号为 75-01-4，是制备聚氯乙烯的单体，也可用于其他有机合成或用作冷冻剂。在常温（25℃，下同）常压（1atm，下同）下是无色气体，带有与醚类物质相似的芳香气味，易燃、易液化。氯乙烯沸点-13.9℃，闪点（开杯）-77.8℃，闪点（闭杯）-61.1℃，自燃点472℃。

氯乙烯微溶于水，可溶于烃类化合物、油、乙醇、氯化溶剂和大多数普通有机溶剂。在25℃、1atm的部分压力下氯乙烯在水中的平衡浓度是0.276%（质量），而在25℃饱和压力下水在氯乙烯中的溶解度是0.0983%。

氯乙烯是分子内包含氯原子的不饱和化合物。由于双键的存在，氯乙烯能发生一系列化学反应如均聚反应、共聚反应、碳氯键的取代反应、氧化反应、加成反应、裂解反应等，工业应用最重要的化学反应是均聚与共聚反应。

b. 氯乙烯的燃烧爆炸危险分析

氯乙烯易燃，与空气混合能形成爆炸性混合物，遇热混和明火有燃烧爆炸的危险。爆炸温度极限低于-45℃，空气中的爆炸极限为 3.6%~32%（体积），氧气中的爆炸极限为

4.0%～70%（体积），最大爆炸压力为0.666MPa。燃烧或无抑制剂时可发生剧烈聚合。其蒸气比空气重，能在较低处扩散到相当远的地方，遇明火会引着回燃。

c. 氯乙烯的毒性毒害危险分析

氯乙烯气体对人体有麻醉性，急性毒性即表现为麻醉作用：轻度中毒时病人出现眩晕、胸闷、嗜睡、步态蹒跚等；严重中毒可发生昏迷、抽搐、甚至死亡，皮肤接触氯乙烯液体可致红斑、水肿或坏死。例如：在10%浓度下，于1h内人的呼吸器官由急动而逐渐变得缓慢，最后可以导致呼吸停止；在20%～40%浓度下，会使人立即致死。

长期接触可引起氯乙烯病，即慢性中毒表现为神经衰弱综合征、肝肿大、肝功能异常、消化功能障碍、雷诺氏现象及肢端溶骨症。皮肤可出现干燥、皲裂、脱屑、湿疹等。

另外，本品为致癌物，可致肝血管肉瘤。

② 1,2-二氯乙烷

1,2-二氯乙烷又称二氯化乙烯，简称EDC，英文名称1,2-dichloroethane，结构式为$ClCH_2CH_2Cl$，CAS号为107-06-2，可用作蜡、脂肪、橡胶等的溶剂及谷物杀虫剂。EDC常温常压下为无色或浅黄色透明液体，有类似氯仿的气味。

EDC易燃，其蒸气与空气混合能形成爆炸性混合物，遇明火、高热能引起燃烧爆炸，并放出有毒的腐蚀性烟气。当与氧化剂接触时，发生反应。闪点为13℃，引燃温度为413℃，爆炸极限为6.2%～16%。其蒸气比空气重，能在较低处扩散到相当远的地方，遇明火会引着回燃。

EDC对眼睛及呼吸道有刺激作用；吸入可引起肺水肿；抑制中枢神经、刺激胃肠道和引起肝、肾和肾上腺损害。急性中毒表现有两种类型：一类为头痛、恶心、兴奋、激动，严重者很快发生中枢神经系统抑制而死亡；另一类以胃肠道症状为主，呕吐、腹痛、腹泻，严重者可发生肝坏死和肾病变。慢性影响为长期低浓度接触引起神经衰弱综合征和消化道症状。可致皮肤脱屑或皮炎。

③ 乙炔

乙炔又称电石气，英文名称acetylene，结构式为CHCH，CAS号为74-86-2，是有机合成的重要原料之一，也是合成橡胶、合成纤维和合成塑料的单体，也用于氧炔焊割。乙炔在常温常压下是比空气略轻、溶于水和有机溶剂的无色气体，工业生产的乙炔气因含有磷、硫等杂质而带刺激性臭味。乙炔的沸点是-83.6℃，凝固点是-85℃，易燃易爆。

乙炔易燃，爆炸极限为2.1%～80%，引燃温度为305℃。尤其在高温、高压或与某些物质混合时，更加易燃易爆，主要表现在：a. 纯乙炔在0.15MPa(G)时，温度超过550℃，即发生爆炸；b. 乙炔-空气属于快速爆炸混合物，爆炸延时只有0.017s，爆炸范围为1.5%～100%(7%～13%最易爆炸)；c. 乙炔-氧气的爆炸范围为2.5%～93%(30%最易爆)；d. 乙炔极易与氯气反应生产氯乙炔引起爆炸，产物为氯化氢和碳；e. 乙炔极易与铜、银、汞生成相应的金属化物，在干态下受到微小振动即自行爆炸。

乙炔气中混入一定比例的水蒸气、氮气或二氧化碳都能使其爆炸危险性减小，如乙炔：水蒸气=1.15：1时，通常无爆炸危险，乙炔发生器排出的乙炔气中水蒸气的比例即与此接近。

乙炔具有弱麻醉作用。高浓度吸入可引起单纯窒息。暴露于20%浓度时，急性中毒，出现明显缺氧症状；吸入高浓度，初期兴奋、多语、哭笑不安，后出现眩晕、头痛、恶心、呕吐、共济失调、嗜睡；严重者昏迷、紫绀、瞳孔对光反应消失，脉弱而不齐。

④ 氯化氢

氯化氢英文名称 hydrogen chloride，分子式 HCl，CAS 号 7647-01-0，为无色有刺激性气味的气体，可以制染料、香料、药物、各种氰化物及腐蚀抑制剂。

氯化氢不燃。无水氯化氢无腐蚀性，但遇水时有强腐蚀性。能与一些活性金属粉末发生反应，放出氢气。通氰化物能产生剧毒的氰化氢气体。

氯化氢对眼和呼吸道黏膜有强烈的刺激作用。急性中毒可出现头痛、头昏、恶心、眼痛、咳嗽、痰中带血、声音嘶哑、呼吸困难、胸闷、胸痛等。重者发生肺炎、肺水肿等。眼角膜可见溃疡或混浊。皮肤直接接触可出现大量粟粒样红色小丘疹呈潮红痛热。慢性影响表现在长期接触较高浓度的氯化氢，可引起慢性支气管炎、胃肠功能障碍及牙齿酸蚀症。

（2）氯乙烯生产工艺的过程结构分析

一般的合成反应装置，都要包括原料气的预处理、化学反应、产品精制等 3 个过程。

① 原料气的预处理

送至氯乙烯生产工艺的原料气乙炔和氯化氢在各自的造气工艺已经过清净提纯工艺，纯度和杂质含量达到了转化要求。其原料气预处理主要是为了脱除其中的水分，工业上普遍采用混合冷冻方式，利用盐酸冰点低，盐酸上水蒸气分压低的原理，达到脱水目的。

② 化学反应

预处理后的混合气按照生产要求的流速进入装填有氯化汞催化剂的列管式固定床反应器，在工艺要求的反应压力和温度下，完成氯乙烯的合成转化，工艺要求乙炔的总转化率要在 97% 以上，否则需要翻换（更新）催化剂。

③ 产品精制

从转化器出来的合成气除氯乙烯外，还含有未反应完的氯化氢、乙炔、以及副反应生成的二氯乙烷等杂质，先通入两级串联的酸洗水洗塔，再通入碱洗塔，脱去过量的氯化氢及二氧化碳等杂质。

然后通过多级压缩加压冷却冷凝，得到氯乙烯液体，再经精馏脱除未反应的乙炔和重组分等杂质，最后获得聚合级的氯乙烯单体。

（3）工艺安全技术分析

乙炔法生产氯乙烯的典型工艺流程如图 7-3 所示，一般可分为转化、清净（水洗、碱洗）、压缩、精馏等 4 个工艺过程。

进入转化工艺的原料气都是达到了原料气的纯度和杂质含量要求的气体，如乙炔在其造气工艺中已利用次氯酸钠溶液将所含的微量硫磷杂质脱除，氯化氢的氧和游离氯也达标；二者通过流量计、调节阀来控制原料配比和空间流速，分别沿切向方向进入混合器。

由混合器出来的气体通过两级石墨冷却器，用 -35℃ 的冷冻盐水冷却至（-14±2）℃，继续通过酸雾捕集器脱除混合气中的水分，使之达到 600ppm 以下。该过程是利用氯化氢吸湿性质，预先吸收乙炔气中的绝大部分水，生成 40% 左右的浓盐酸，降低了浓盐酸上的水蒸气分压，以降低混合气体中的水含量，达到所必须的工艺指标。

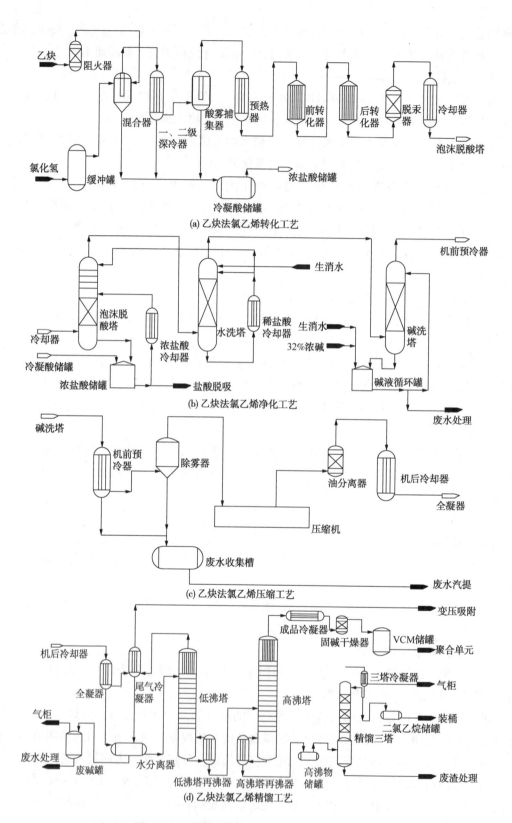

图 7-3 乙炔法生产氯乙烯的工艺流程示意图

混合气水分达标后进入两台石墨预热器加热至80℃，进入前后两段转化器，在氯化汞催化剂作用下，生成氯乙烯，反应热由转化器列管间循环的热水移除，使之不超过180℃。反应压力由后面设置的气柜维持，同时气柜也起缓冲、保证生产连续运转的作用。

从转化器出来的混合气体进入除汞器脱除汞蒸气后进入冷却器降温，然后依次进入泡沫脱酸塔、水洗塔、碱洗塔，除掉混合气中的氯化氢、二氧化碳等酸性气体，经净化后的粗氯乙烯气体进入氯乙烯气柜，然后进入压缩工艺。

压缩工艺过程是将粗氯乙烯气体除水、加温、加压的过程。粗氯乙烯气体先进入冷却器冷却后脱除部分水，再进入压缩机压缩得到高温高压气体，压缩机出来的气体经机后油分离器除去携带的压缩机机油后进入冷却器，冷却后送至精馏工艺。

精馏工艺是提纯氯乙烯气体，除去粗氯乙烯气体中的轻重杂质组分，为聚合单元提供原料。中温高压的粗氯乙烯气体进入全凝器后绝大部分被冷凝成液体，不凝气进入尾气冷凝器用-35℃盐水进一步深冷，冷凝液进入水分离器依靠水和氯乙烯液体的密度差分层进一步脱除水分后，由泵打入低沸塔除去其中的乙炔、氮气等轻组分，由低沸塔塔底进入高沸塔，塔顶轻组分去尾气处理工艺，进一步回收其中的氯乙烯和乙炔，氮气等排放。高沸塔用以除去二氯乙烷等重组分，纯净的氯乙烯气体由高沸塔塔顶经成品冷凝器冷凝成液体后进入固碱干燥器再进一步脱除水分，最终送至单体储罐供聚合单元使用。高沸塔塔釜的高沸点物质进入精馏三塔回收氯乙烯和二氯乙烷（副产）。低沸塔和高沸塔塔釜热量都由转化器的热水供给。

二、乙烯法生产氯乙烯的工艺过程及安全分析

1. 过程机理分析

乙烯法生产氯乙烯是基于乙烯和氯气为原料通过平衡法生产的，包括如下的合成反应：

直接氯化法 $\qquad CH_2 = CH_2 + Cl_2 \longrightarrow ClCH_2CH_2Cl$

二氯乙烷（EDC）热裂解 $\quad 2ClCH_2CH_2Cl \longrightarrow 2CH_2 = CHCl + 2HCl$

氧氯化法 $\qquad CH_2 = CH_2 + 2HCl + \frac{1}{2}O_2 \longrightarrow ClCH_2CH_2Cl + H_2O$

总反应 $\qquad CH_2 = CH_2 + Cl_2 + \frac{1}{2}O_2 \longrightarrow 2CH_2 = CHCl + H_2O$

在典型的采用平衡工艺由EDC生产氯乙烯的工厂中，所有的EDC热裂解生成的氯化氢都用来作为氧氯化工艺的原料。基于这个原因，EDC生产大约平均地分成了直接氯化和氧氯化两部分，而没有净生产或净消耗氯化氢，主要操作步骤如图7-4所示。表7-2给出了平衡法工艺的典型原料配比。

在利用平衡法制造氯乙烯的工艺的中，最关键的生产过程有：乙烯直接氯化、乙烯氧氯化反应、二氯乙烷热裂解。

（1）乙烯直接氯化

乙烯氯化通常是在液相EDC气泡柱反应器中进行。乙烯和氯气溶解在液相中以均相催化反应方式结合生成EDC。典型工艺条件下，通过质量传递控制反应速率，乙烯吸收量作为限制因素。氯化铁是这个反应的高选择性和高效的催化剂，在工业上广泛使用。反应最

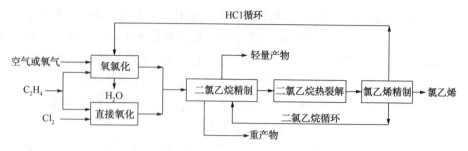

图 7-4　平衡法氯乙烯制造工艺的主要步骤

可能通过亲电加成机理进行，反应中催化剂首先极化氯原子，极化的氯原子充当亲电子试剂来攻击乙烯的双键，因此促进了氯加成，反应式如下：

$$FeCl_3 + Cl_2 \longleftrightarrow FeCl_4^- — Cl^+$$

$$FeCl_4^- — Cl^+ + CH_2 = CH_2 \longrightarrow FeCl_3 + ClCH_2CH_2Cl$$

乙烯氯化反应生成 EDC 的选择性要大于 99%，主要的副产物是 1,1,2-三氯乙烷，该副产物是由少量氯气均裂产生的自由基反应生成的，氧气在氯气中经常作为杂质存在，有时也有意加入工艺中，可以阻止自由基反应生成 1,1,2-三氯乙烷，从而增加生成 EDC 的选择性。

（2）乙烯氧氯化反应

与直接氯化法相比，氧氯化工艺的特点是投资总额和操作成本更高，EDC 产品杂质稍高，采用氧氯化工艺是为消耗掉 EDC 裂解产生的氯化氢而必需的。

氧氯化反应中，乙烯与干燥的氯化氢和空气或纯氧气在气相含有改良的迪肯催化剂的固定或流化床催化反应器上进行反应，生成 EDC 和水。典型的氧氯化催化剂的主要活性成分是浸渍在多孔材料上的氧化铜。在乙烯氯化过程中生成的氯化亚铜迅速地转变为在反应条件下的氯化铜，少量氯化亚铜的存在对反应有利，因为它很容易与乙烯络合，使乙烯与氯化铜接触足够长时间发生氯化反应，反应式如下：

$$CH_2 = CH_2 + 2CuCl_2 \longleftrightarrow 2CuCl + ClCH_2CH_2Cl$$

$$2CuCl + \frac{1}{2}O_2 \longrightarrow CuOCuCl_2$$

$$2HCl + CuOCuCl_2 \longrightarrow 2CuCl_2 + H_2O$$

该反应比直接氯化放出更多的热量，主要的副产物有 1,1,2-三氯乙烷、三氯乙醛、三氯乙烯、1,1-二氯乙烷、氯乙烯等。特别值得关注的是三氯乙醛，它在强酸存在下可以聚合，因此必须除掉以防止生成固体堵塞管道和设备。

表 7-2　空气基平衡法乙烯[1]工艺生产氯乙烯的典型原料配比

组分	原料	中间体	副产品	含水性液体	气流			产品
					直接氯化[2]	氧氯化	分裂蒸馏塔	
C_2H_4	0.4656				0.0025			
Cl_2	0.5871				0.0001		0.0001	
N_2	0.5782					0.5779	0.0003	

组分	原料	中间体	副产品	含水性液体	气流			产品
					直接氯化[②]	氧氯化	分裂蒸馏塔	
O_2	0.1537					0.0214		
CO_2	0.0003					0.0116		
CO						0.0032		
$ClCH_2CH_2Cl$		1.6370[③]	0.0029		0.0016	0.0017	0.0045	
HCl		0.6036						
H_2O	0.0171		0.1438	0.1196		0.0413		
NaOH				0.0008				
NaCl				0.0014				
轻组分			0.0029		0.0003	0.0025		
重组分			0.0023					
$CH_2{=}CHCl$			0.0008		0.0001	0.0012	0.0024	1.0000
总计/(kg/kg 氯乙烯)	1.8020	2.2406	0.1527	0.1218	0.0046	0.6608	0.0073	1.0000

① 见参考文献。Sitting, M., Vinyl chloride and PVC manufacture, process and environmental aspects(1978) Noyes Data Corp., Park Ridge, NJ, p.75.

② 在氯气中惰性存在，散发在气流中。

③ 代表化学计量平衡所需的EDC，包括转变为副产品但没有循环的EDC。

（3）二氯乙烷热裂解

EDC热分解或裂化生成氯乙烯和氯化氢反应是均相一级自由基链反应。一般公认的机理包含链引发、链增长、链终止，反应方程式如下：

$$ClCH_2CH_2Cl \longrightarrow ClCH_2C \cdot H_2 + Cl \cdot$$
$$Cl \cdot + ClCH_2CH_2Cl \longrightarrow ClCH_2C \cdot HCl + HCl$$
$$ClCH_2C \cdot HCl \longrightarrow CH_2{=}CHCl + Cl \cdot$$
$$ClCH_2C \cdot H_2 + Cl \cdot \longrightarrow CH_2{=}CHCl + HCl$$

该反应的两个活性中心分别是氯原子和1,2-二氯乙烷基自由基，中间的两个反应表示链增长步骤，每个都消耗掉了一个活性中心，又生成了一个活性中心。一般而言，任何消耗了反应活性中心的物质都是EDC热裂解反应的抑制剂，任何产生了反应活性中心的物质都是促进剂。该反应的促进剂有四氯化碳、氯、溴、碘或氧，抑制剂有丙烯等。

EDC热裂解生成的典型副产物包括乙炔、乙烯、氯甲烷、氯乙烷、1,3-丁二烯、乙烯基乙炔、苯、氯丁二烯、亚乙烯基氯、1,1-二氯乙烷、氯仿、四氯化碳、1,1,1-三氯乙烷和其他氯化的烃类化合物。这些杂质的大多数都与未转化的EDC残存在一起，随后作为轻和重组分在EDC净化工艺中要被除去。

2. 控制条件分析

（1）乙烯直接氯化

① 温度

直接氯化反应是个放热反应，需要除去热量以控制温度。反应温度过高，会使甲烷氯化等反应加剧，对主反应不利；反应温度降低，反应速度相应变慢，也不利于反应。一般反应温度控制在53℃左右。

早期直接氯化反应器控制在50~65℃的中等温度是考虑了该温度下会有较少的副产物生成，采用传统的水冷却方式除热。

② 压力

从乙烯氯化反应式可看出，加压对反应是有利的。但在生产实际中，若采用加压氯化，必须用液化氯气的办法，由于原料氯加压困难，故反应一般在常压下进行。

随着能量成本的重要性增加，现在普遍采用回收反应热的工艺——提高反应压力，增加EDC的沸点，提高反应热的能量等级。常用的工艺有：a. 控制反应器的温度在EDC的沸点，允许纯产品汽化，然后从压缩气体回收热量，或用反应器自身替换一个或更多的EDC分馏柱加热重沸器；b. 控制反应器在更高的压力下，使反应在(70~200℃)时进行，从而把热量更有效的转移到其他工艺回用。

③ 原料纯度

为防止设备腐蚀，直接氯化反应需要控制原料干燥，水含量低于10ppm，可以保证碳钢能用在反应器和其他辅助设备上。反应过程的催化剂氯化铁会导致EDC裂化反应器迅速结垢，因此需要通过用水冲洗或者固体吸收剂除去。

④ 原料配比

乙烯与氯气的摩尔比常采用1.1∶1.0。略过量的乙烯可以保证氯气反应完全，使氯化液中游离氯含量降低，减轻对设备的腐蚀并有利于后处理。同时，可以避免氯气和原料气中的氢气直接接触而引起的爆炸危险。生产中控制尾气中氯含量不大于0.5%，乙烯含量小于1.5%。

(2) 乙烯氧氯化反应

① 温度

乙烯氧氯化反应是强放热反应。从生产安全角度考虑，必须对过程温度进行严格控制。如果反应温度过高，将使乙烯完全氧化生成二氧化碳，反应加速，导致产物中一氧化碳和二氧化碳的含量过高。同时副产物三氯乙烷的生成量也会增多，致使反应的选择性下降。过高的温度对催化剂也产生不良影响，由于活性组分氯化铜的挥发损失将随着温度升高而加剧，从而使催化剂寿命缩短。反应速率及选择性的温度效应如图7-5及图7-6所示。

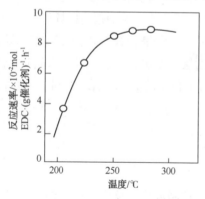

图7-5 反应速率的温度效应

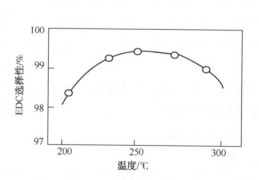

图7-6 选择性的温度效应

乙烯氧氯化反应使用 $CuCl_2/\gamma-Al_2O_3$ 催化剂，温度升高反应速率迅速提高；250℃以上，温度效应不明显。在250℃以下，温度升高反应选择性提高；250℃以上，温度升高反应选择性下降。在相同条件下，温度对乙烯燃烧的效应如图7-7所示。由图可见，在250℃以下乙烯燃烧反应不明显，温度升至250℃以上，乙烯燃烧反应迅速增加。

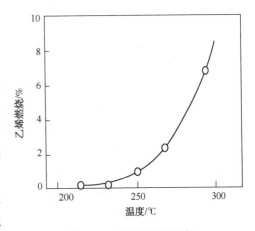

图7-7　乙烯的燃烧温度

为确保氯化氢的转化率接近完全转化，反应温度以控制得低一些为好。最适宜的操作温度范围，和使用的催化剂活性有关。当使用高活性氯化铜催化剂时，最适宜的温度范围在220～230℃附近。

② 压力

其对乙烯氧氯化反应的影响，主要考虑两个因素：第一是对反应速率的影响，乙烯氧氯化反应是减小体积的过程，增加压力有利于反应向生成二氯乙烷的方向进行，使反应速率提高；第二是对反应选择性的影响，随着压力的增加，反应生成副产物的数量增加，导致反应选择性变差。稍增加压力对反应有利，但压力不宜过高。通常操作压力在1MPa以下，流化床反应器压力宜低，固定床反应器压力可稍高。

③ 原料的配比乙烯氧氯化反应如下：

$$CH_2=CH_2+2HCl+1/2O_2 \longrightarrow CH_2Cl-CH_2Cl+H_2O$$

按照化学计量关系C_2H_4：HCl：$O_2=1$：2：0.5。如果使氯化氢过量，过量的氯化氢将吸附在催化剂表面上，使得催化剂颗粒膨胀。对于流化床反应器的操作来说，催化剂的膨胀使得床层迅速升高，甚至可能产生不正常现象。反之，如果乙烯过量，可使氯化氢接近于完全转化，但也不可使乙烯过量太多，否则将加剧燃烧反应，使尾气中碳氧化物含量增多。氧气稍有过量对反应有利，过多也加剧燃烧反应。工业操作采用乙烯稍稍过量，氧气大约过量50%，氯化氢则为限制组分。典型工业操作的原料配比为C_2H_4：HCl：$O_2=1.05$：2：0.75。

④ 原料的纯度

对原料乙烯的要求，就氧氯化反应来说乙烯浓度的高低并无太大影响，也可以使用稀乙烯原料进行氧氯化反应。比如使用70%的乙烯、30%的惰性组分为原料，惰性组分可为饱和烃也可为氮气。惰性组分的存在还能起到移除反应热的作用，使反应系统的温度容易控制。

在原料乙烯中不允许有乙炔、丙烯和丁烯，这些烃类的存在不仅会使氧氯化反应产物二氯乙烷的纯度降低，而且会给后续工艺二氯乙烷裂解过程带来不良后果。但乙烯中含有乙炔时乙炔也会发生氧氯化反应生成四氯乙烯、三氯乙烯等。在二氯乙烷中如包含有这些杂质，在加热汽化过程中就容易引起结焦。丙烯也可能进行氧氯化反应生成1,2-二氯丙烷，而二氯丙烷对二氯乙烷的裂解有较强的抑制作用。

当使用有二氯乙烷裂解所产生的氯化氢时，很可能其中含有乙炔。为避免乙炔发生氧氯化反应，必须将这部分乙炔除掉。通常是采用加氢精制，使乙炔含量控制在 20mL/m³ 以下。

⑤物料通过反应器的空速

乙烯氧氯化反应原料的转化率强烈受制于物料通过反应器的空速，当停留时间从 0 开始增加时，原料转化率迅速从 0 提高到 80% 以上。此时的停留时间大约为 5s，此后随着停留时间的增长，反应转化率仍有提高，如果希望氯化氢接近完全转化，必须有较长的停留时间。

当停留时间超过 10s 以后，氯化氢的转化率反而下降。这是由于过长的停留时间会引起副反应的发生，使得产物二氯乙烷发生裂解，转变成氯乙烯和氯化氢。

通过以上分析，乙烯氧氯化反应的停留时间既不可太短，又不可太长。最适宜的停留时间取决于所使用催化剂的活性。一般来说，乙烯氧氯化反应的停留时间选在 15s 附近，相当于空速范围在 250~350h⁻¹。

（3）二氯乙烷热裂解

① 温度

二氯乙烷裂解生成氯乙烯和氯化氢是可逆反应，升温使反应向生成氯乙烯方向移动；与此同时，温度提高有利于化学反应速率加快。当温度低于 450℃ 时，反应的转化率很低。温度上升至 500℃ 时，裂解反应速率明显加快，温度在 500~550℃ 范围内，温度每提高 10℃ 反应转化率可增加 3%~5%。但是，温度过高时，二氯乙烷的深度裂解，以及产物氯乙烯的分解、聚合等副反应相应加速。当温度超过 600℃ 时，副反应速率超过主反应速率。

基于以上分析，最适宜的操作温度的确定需从二氯乙烷转化率和氯乙烷收率两个因素综合得出，通常选在 500~550℃ 范围内。

② 压力

二氯乙烷裂解是体积增加的反应，提高压力对过程不利。但加压有利于抑制分解析碳反应的进行。工业上采用的工艺大体可划分成：低压法（≈0.6MPa），中压法（≈1.0MPa），高压法（>1.5MPa）。

③ 原料的纯度

原料二氯乙烷中带有杂质将对裂解反应产生不良影响，最有害的杂质是裂解抑制剂，可使裂解反应速率减慢和促进反应管内结焦。抑制剂中危害最大的是二氯丙烷。当其含量达到 0.1%~0.2% 时，就可使二氯乙烷转化率下降 4%~10%。如果采用提高温度的办法来弥补转化率的下降，将使副反应及结焦急剧增加，其中二氯丙烷分解产生的氯丙烯具有强烈的抑制作用。因此，原料中二氯丙烷的含量要求小于 0.3%。

系统中可能出现的其他抑制剂包括三氯甲烷、四氯化碳等多氯代烃类。原料二氯乙烷中如包含有铁离子，可能加速深度裂解反应，因此对铁含量要求不超过 100mg/m³。

除此之外，为了减少物料对反应管的腐蚀，要求其中的水分应控制在 5mg/m³ 以下。

④ 物料通过反应器的空速

物料在反应器内的停留时间愈长，二氯乙烷的反应转化率愈高。但是，停留时间过长会使结焦积炭副反应迅速增加。通常工业生产采用较短的停留时间，以获得较高的氯乙烯产率。如果生产控制反应转化率在 50%~60% 附近，停留时间为 10s 时，反应选择性可达到 97%。

3. 工艺安全分析

（1）乙烯直接氯化工艺分析

乙烯液相氯化生产二氯乙烷有低温工艺和高温工艺。早期开发的乙烯直接氯化流程，大多采用低温工艺。与低温氯化法相比，高温氯化法可使能耗大大降低，原料利用率接近99%，二氯乙烷纯度可超过99.99%。

下面以近年来开发出高温工艺为例进行分析。反应在接近二氯乙烷沸点的条件下进行。二氯乙烷的沸点为83.5℃，当反应压力为0.2~0.3MPa时，操作温度可控制在120℃左右。反应热靠二氯乙烷的蒸出带出反应器外，每生成1mol二氯乙烷，大约可产生6.5mol二氯乙烷蒸气。由于在液相沸腾条件下反应，未反应的乙烯和氯会被二氯乙烷蒸气带走，而使二氯乙烷的收率下降。为解决此问题，高温氯化反应器设计成一个U形循环管和一个分离器的组合体。高温氯化法的工艺流程如图7-8所示。

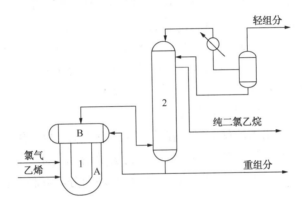

图7-8 高温氯化法制取二氯乙烷的工艺流程

A—U形循环管；B—分离器；1—反应器；2—精馏塔

乙烯和氯通过喷散器在U形管（A）上升段底部进入反应器，溶解于氯化液中立即进行反应生成二氯乙烷，由于该处有足够的静压，可以防止反应液沸腾。至上升段的2/3处，反应已基本完成，然后液体继续上升并开始沸腾，所形成的气液混合物进入分离器（B）。离开分离器的二氯乙烷蒸气进入精馏塔，塔顶引出包括少量未转化乙烯的轻组分，经塔顶冷凝器冷凝后，送入气液分离器。气相送尾气处理系统，液相作为回流返回精馏塔塔顶。塔顶侧线获得产品二氯乙烷；塔釜重组分中含有大量的二氯乙烷，大部返回反应器，少部分送二氯乙烷——重组分分离系统，分离出三氯乙烷、四氯乙烷后，二氯乙烷仍返回反应器。

高温氯化法的优点是二氯乙烷收率高，反应热得到利用；由于二氯乙烷是气相出料，不会将催化剂带出，所以不需要洗涤脱除催化剂，也不需补充催化剂；过程中没有污水排放。尽管如此，这种型式的反应器要求严格控制循环速度，循环速度太低会导致反应物分散不均匀和局部浓度过高，太高则可能使反应进行的不完全，导致原料转化率下降。

（2）乙烯氧氯化工艺分析

乙烯氧氯化反应部分的工艺流程如图7-9所示，该工艺流程以空气作氧化剂。

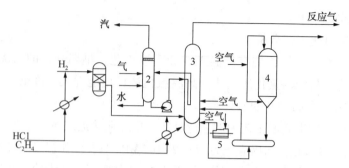

图 7-9　流化床乙烯氧氯化制二氯乙烷反应部分工艺流程图

1—加氢反应器；2—气水分离器；3—流化床反应器；4—催化剂储槽；5—空气压缩机

来自二氯乙烷裂解装置的氯化氢预热至170℃左右，与H_2一起进入加氢反应器，在载于氧化铝上的钯催化剂存在下，进行加氢精制，使其中所含有害杂质乙炔选择加氢为乙烯。原料乙烯也预热到一定温度，然后与氯化氢混合后一起进入反应器。氧化剂空气则由空气压缩机送入反应器，三者在分布器中混合后进入催化床层发生氧氯化反应。放出的热量借冷却管中热水的汽化而移走。反应温度则由调节汽水分离器的压力进行控制。在反应过程中需不断向反应器内补加催化剂，以抵偿催化剂的损失。

（3）二氯乙烷的分离和精制工艺分析

自氧氯化反应器顶部出来的反应气含有反应生成的二氯乙烷，副产物CO_2、CO和其他少量的氯代衍生物，以及未转化的乙烯、氧、氯化氢及惰性气体，还有主、副反应生成的水，必须在二氯乙烷裂解前将这些杂质除去，二氯乙烷的分离和精制部分的工艺流程如图7-10所示。

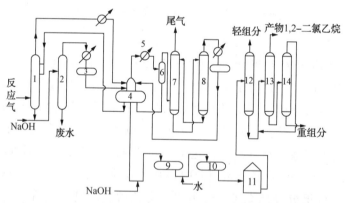

图 7-10　二氯乙烷分离和精制部分工艺流程图

1—骤冷塔；2—废水汽提塔；3—受槽；4—分层器；5—低温冷凝器；6—气液分离器；7—吸收塔；
8—解吸塔；9—碱洗罐；10—水洗罐；11—粗二氯乙烷储槽；12—脱轻组分塔；13—二氯乙烷塔；14—脱重组分塔

此反应混合气进入骤冷塔用水喷淋骤冷至90℃并吸收气体中氯化氢，洗去夹带出来的催化剂粉末。产物二氯乙烷以及其他氯代衍生物仍留在气相，从骤冷塔顶排出，在冷却冷凝器中冷凝后流入分层器，与水分层分离后即得粗二氯乙烷。分出的水循环回骤冷塔。

从分层器出来的气体再经低温冷凝器冷凝，回收二氯乙烷及其他氯代衍生物，不凝气体进入吸收塔，用溶剂吸收其中尚存的二氯乙烷等后，含乙烯1%左右的尾气排出系统。溶有二氯乙烷等组分的吸收液在解吸塔进行解吸。在低温冷凝器和解吸塔回收的二氯乙烷，一并送至分层器。

自分层器出来的粗二氯乙烷经碱洗罐碱洗、水洗罐后进入储槽，然后在 3 个精馏塔中实现分离精制。第一塔为脱轻组分塔，以分离出轻组分；第二塔为二氯乙烷塔，主要得成品二氯乙烷；第三塔是脱重组分塔，在减压下操作，对高沸物进行减压蒸馏，从中回收部分二氯乙烷。精制的二氯乙烷，送去作裂解制氯乙烯的原料。

骤冷塔塔底排出的水吸收液中含有盐酸和少量二氯乙烷等氯代衍生物，经碱中和后进入汽提塔进行水蒸气汽提，回收其中的二氯乙烷等氯代衍生物，冷凝后进入分析器。

空气氧化法排放的气体中尚含有 1% 左右的乙烯，不再循环使用，故乙烯消耗定额较高，且有大量排放废气污染空气，需经处理。

（4）二氯乙烷裂解制氯乙烯工艺流程

由乙烯液相氯化和氧氯化获得的精制二氯乙烷，在管式炉中进行裂解得产物氯乙烯。管式炉的对流段设置有原料二氯乙烷的预热管，反应管设置在辐射段。二氯乙烷裂解制氯乙烯的工艺流程如图 7-11 所示。

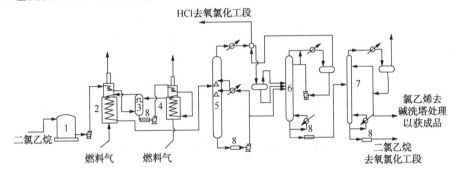

图 7-11　二氯乙烷裂解制取氯乙烯的工艺流程
1—二氯乙烷储槽；2—裂解反应炉；3—气液分离器；4—二氯乙烷蒸发器；
5—骤冷塔；6—氯化氢塔；7—氯乙烯塔；8—过滤器

用定量泵将精二氯乙烷从储槽送入裂解炉的预热段，借助裂解炉烟气将二氯乙烷物料加热并达到一定温度，此时有一小部分物料未汽化。将所形成的气-液混合物送入分离器，未汽化的二氯乙烷经过滤器过滤后，送至蒸发器的预热段，然后进该炉的汽化段汽化。汽化后的二氯乙烷经分离器顶部进入裂解炉辐射段。在 0.558MPa 和 500~550℃ 条件下，进行裂解获得氯乙烯和氯化氢。裂解气出炉后，在骤冷塔中迅速降温并除炭。为了防止盐酸对设备的腐蚀，急冷剂不用水而用二氯乙烷，在此未反应的二氯乙烷会部分冷凝。出塔气体再经冷却冷凝，然后气液混合物一并进入氯化氢塔，塔顶采出主要为氯化氢，经致冷剂冷冻冷凝后送入储罐，部分作为本塔塔顶回流，其余送至氧氯化部分作为乙烯氧氯化的原料。

骤冷塔塔底液相主要含二氯乙烷，还含有少量的冷凝氯乙烯和溶解氯化氢。这股物料经冷却后，部分送入氯化氢塔进行分离，其余返回骤冷塔作为喷淋液。

氯化氢塔的塔釜出料，主要组成为氯乙烯和二氯乙烷，其中含有微量氯化氢，该混合液送入氯乙烯塔，塔顶馏出的氯乙烯经用固碱脱除微量氯化氢后，即得纯度为 99.9% 的成品氯乙烯。塔釜流出的二氯乙烷经冷却后送至氧氯化工段，一并进行精制后，再返回裂解装置。

第三节 氯乙烯聚合工艺过程安全分析

一、氯乙烯聚合的典型工艺过程

氯乙烯聚合机理为自由基聚合，工业实施方法主要有本体聚合、悬浮聚合、乳液聚合和溶液聚合四种。悬浮聚合是在机械搅拌下使不溶于水的单体分散为油珠状液滴悬浮于水中，在油溶性引发剂引发下的聚合方法。PVC 树脂悬浮聚合工艺开发成功后，由于 PVC 树脂质量高、工艺过程简单、成本低等优点而在工业生产中广泛应用。

目前，我国聚氯乙烯工业生产能力居世界首位，主要采用的聚合工艺以"悬浮法"为主。因此，本文主要介绍悬浮法氯乙烯聚合的工艺过程，并对其进行安全分析。

二、悬浮法氯乙烯聚合的工艺过程及安全分析

1. 过程机理分析

氯乙烯聚合是一种典型的沉淀聚合，基本在反应过程的开始就发生了自动加速效应。氯乙烯聚合成 PVC 的反应式如下：

$$n\mathrm{CH_2}\!=\!\mathrm{CHCl} \longrightarrow (\,\mathrm{CH_2}\!-\!\mathrm{CHCl}\,)_n$$

根据 PVC-VCM 部分互溶的特点，一般可以将聚合过程分为下列四个阶段，如图 7-12 中所示。

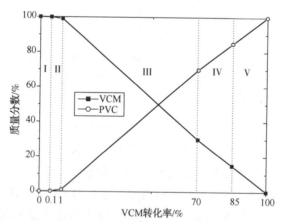

图 7-12 氯乙烯聚合过程示意图

第一阶段，转化率 $X<0.1\%$。在这个阶段是仅仅含有均相单体，也就是聚合体系中还未发生沉淀。Crosato-Arnaldi 等曾经估算了转化率 $X>0.1\%$ 时，体系就分成两相。Ravey 等实测了 PVC 在氯乙烯中的溶解度，得出 20℃ 时是 0.03%。因此，间接地证实了在通常聚合温度下，氯乙烯中 PVC 的溶解度不会超过 0.1%。该阶段体系进行的是一般的均相反应。

第二阶段，转化率 $X=0.1\%\sim1.0\%$。在第一阶段末，自由基增长到不溶于单体的尺度，大约在 25~32 个链节，然后自身缠结，成为独立的自由基、分子，或形成胶态悬浮的分子

聚集体而沉淀出来。这些沉淀物是相当不稳定的，寿命大约3ms，它们相互凝聚成初级粒子，因此该阶段又称成粒阶段。

第三阶段，转化率$X=1.0\%\sim70\%$。这个阶段是氯乙烯聚合中最重要的阶段。在这一阶段过程中存在着两个组成恒定的有机相，反应同时在两相发生。该阶段结束时的转化率随温度有一些变化。到目前为止，所报导的数据稍微有些差异。很多学者通过对其研究，基本认为在工业聚合温度范围内，此阶段结束时的转化率大约是70%。

第四阶段，转化率$X=70\%\sim85\%$。上一阶段结束时，液相单体消失，体系压力开始下降，在该阶段发生聚合的主要是由聚合物溶胀的单体进行。这种聚合在整个第三阶段都有发生，相对第四阶段来说不同的是单体的有限供给，如此有效地控制了聚合物中的反应。此时单体补充来源于蒸气相和悬浮介质。当聚合物中所溶胀的单体都耗尽时，则该阶段告终。Ravey等所得的该值为84%的转化率。

第五阶段，转化率>85%。此时反应釜系统内已无液相单体及聚合物溶胀的单体，聚合单体的供给靠气相向液相系统中的扩散溶解，聚合速率基本接近零的状态。

为提高生产效率，工业上一般在第四阶段结束或第五阶段开始不久，就停止聚合的进行。工业上氯乙烯的悬浮聚合过程是自由基机理，在聚合过程中大分子自由基向单体转移的反应显著，成为决定PVC树脂分子量的主要基元反应。整个聚合反应过程包括的基元反应有链引发、链增长、链终止、链转移等。链引发反应产生了单体自由基活性中心，一般分为两个步骤：引发剂分解、初级自由基与单体的加成，其中引发剂分解是决定速率的关键步骤。链增长阶段是在链引发形成单体自由基后，连续加成单体分子，使链不断增长，直到成长为大分子。链终止是指增长的含有独电子的活性链自由基相遇时，独电子消失，使长链终止。链转移是指在聚合反应中，链自由基可能从单体，引发剂，大分子上夺取一个原子而终止，对于失去原子的分子则变为自由基，继续增长。向单体的链转移是氯乙烯聚合的显著特征。在链引发、链增长、链终止等基元反应中，链引发速率最小，是控制整个聚合速率的关键。

2. 控制条件分析

（1）悬浮聚合工艺特征

① 氯乙烯悬浮聚合的主要特征之一是两相聚合。PVC难溶于VCM单体中，因此在低转化率下，聚合体系由两相组成，聚合反应同时在两相中形成聚合物。

② 氯乙烯聚合过程会出现自动加速现象。加速情况在反应一开始就发生，一般持续到液相消失，这时的聚合速率是最大的，除此以外，与引发剂体系还有关联。

③ 氯乙烯聚合中向单体链转移非常明显，链转移常数很大，在工业生产的温度范围内，引发增长的聚合物量远远小于由向单体链转移后增长反应生成的的聚合物量。

④ PVC分子量主要取决于聚合温度，与引发剂的浓度和单体转化率关系不大。根据聚合机理，控制PVC分子量关键的一步是向单体的链转移，在这过程中的链转移常数是温度函数。

⑤ 引发剂的反应级数范围大约为$0.5\sim0.6$，但获得的结果是从较低转化率范围内（<20%）获得的。

⑥ 聚合速度随着聚合体系链转移剂的加入增大，接着自动加速现象削弱甚至消失，主

要原因有下：自由基活性、空间位阻以及单体相和聚合物相的终止速率常数发生了变化。

⑦ PVC 的大分子结构主要是以头-尾相接的重复单元排列。终止反应过程中可能会产生头-头相接的结构，同时在平均分子量为 90000 的 PVC 中，大约每 70 个链接中就有一个支链，主要是聚合过程中增长反应向聚合物链转移所产生的。

（2）悬浮聚合工艺的影响因素

① 去离子水

水相是影响成粒机制和 PVC 树脂颗粒特性的主要因素，也是移出反应热的重要传热介质。氯乙烯聚合反应对水质的要求很严格，要求水的硬度（表征水中金属阳离子含量）不能过高，否则会影响产品的电绝缘性和热稳定性；要求氯离子含量（表征水中阴离子含量）不能过高，否则会破坏聚乙烯醇的分散体系，易使树脂颗粒变粗，影响产品的颗粒形态；pH 值也不能过高，否则会引发聚乙烯醇部分分解，影响分散效果及颗粒形态；另外，水质的好坏会导致黏釜情况的发生或者产生"鱼眼"。

② 引发剂

引发剂是调节氯乙烯悬浮聚合速率，并影响聚合放热、聚合周期和聚合釜生产能力的重要助剂，其对聚合动力学的影响主要与引发剂的活性和用量有关。用量增加，单位时间内所产生的游离基数量增多，引发速度加快，缩短了聚合反应时间，提高了设备的利用率；但注意反应过程中及时移除反应热，否则可能引起爆聚。另外，过量的引发剂易使产品颗粒变粗，孔隙率降低。因此，引发剂的用量很关键，影响了生产效率和产品的质量。目前大部分生产企业是采取复合引发剂引发，使反应过程中的聚合速率变化平稳，使聚合反应热及时移出，使聚合过程中的放热峰现象消失或放热峰值下降，实现了安全平稳生产的目的。

③ 聚合温度

在不添加链转移剂的情况下，聚氯乙烯的聚合度由聚合温度决定。如果聚合温度偏高，由此产生的树脂聚合度偏低，反应过程中的自由基能量相应地提高，容易导致分子链生成支链和形成不稳定结构的末端基双键。聚合反应体系如果含有氧，更易导致 PVC 分子内形成羧基烯丙基，影响产品的热老化性能。因此在聚合过程中，对于某一给定型号的 PVC 树脂，在满足产品质量要求的情况下降低聚合温度，有利于 PVC 产品的热稳定性。一般情况下，如果聚合温度的波动值达到 2℃左右，会导致平均聚合度相差 366。由此聚合过程中的温度应控制在 ±0.2℃ 以内，可以使聚合度分布集中，产品容易加工，同时热稳定也好。在悬浮聚合生产中，一般采用热水入料工艺，降低水中的含氧量，同时聚合升温的时间减少，降低了分子量分散性，提高了产品的加工热稳定性。

聚合反应开始后，釜内就放热。每 1kg VCM 生成 PVC 就要释放 1532kJ 热量，这些热量靠釜夹套冷却水、内冷管及釜顶冷凝器排去，釜内需要严格保持预定的聚合温度以保证聚合物的分子量符合树脂所要求的规格。

④ 聚合压力

反应釜内的压力取决于聚合温度下 VCM 的饱和蒸气压。如聚合温度为 50℃，VCM 的饱和蒸气压为 0.7MPa，如聚合温度为 60℃，VCM 的饱和蒸气压为 0.94MPa。在转化率小于 70% 时，由于有单体富相存在，釜内压力开始下降，转化率在 85% 左右，釜压大约下降 0.15MPa。对生产疏松型 PVC 颗粒，这时就可以加阻聚剂使聚合反应终止。

反应釜可泄压，剩余单体排入气柜以待精制后再用。聚合过程采用中或低活性引发剂时，聚合反应放热不均匀，反应温度、釜压和冷却水温度随反应进行的变化情况如图7-13所示，此时为确保釜温和釜压恒定，常运用级联控制系统自动调节蒸气和冷却水或冷冻水的比例，逐渐降低冷却水温度来移去反应逐渐加速所释放出越来越多的热量，冷却水的温度在转化率约70%时为最低值。聚合过程采用高活性引发剂或以高活性引发剂为主的复合引发剂，冷却水温就不会有这样大的变化，因为这时聚合反应的放热比较均匀。

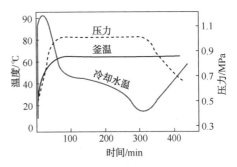

图7-13　氯乙烯悬浮聚合过程
温度和压力变化示意图

⑤ 投料顺序

悬浮聚合是先将去离子水加到聚合釜内，在搅拌下将聚合配方中其他助剂如分散、缓冲剂等加入，然后加引发剂，密封聚合釜并抽空。必要时可以用氮气排除釜内空气使残留氧含量降到最低，最后加入单体。单体的加入可通过计量或用合适的称量容器按质量加入。然后，通过反应釜夹套中水和蒸气混合的加热装置迅速将釜温升到预定温度并进行聚合，为了缩短聚合周期，也可以在反应釜脱氧后即开始加热釜内物料，到预定温度再加入单体，并开始聚合。

⑥ 残余VCM的脱除

PVC浆料中有残余的VCM。VCM有致特殊肝癌的毒性。必须彻底脱除。VCM的脱除可以在高压釜中进行，亦可在另一装置中进行，现工业中一般采用汽提法。VCM的脱除速率还与颗粒的形态密切有关。疏松颗粒中的VCM较易脱除。脱除VCM后的PVC淤浆，经中和、脱泡并离心分离、洗涤、干燥等工艺，即可包装成PVC树脂产品。

⑦ 黏釜与涂釜

聚合釜内PVC浆料出料后，如有黏釜现象，应用高压水洗，洗净后方可投下一釜料。为了有效防止黏釜，在聚合投料前还可以在釜壁涂防黏剂，优良的防黏剂每涂一次，可以经过多次聚合而不发生黏釜，在聚合投料前还可以在釜壁进行涂脂。

3. 工艺安全分析

悬浮法制聚氯乙烯工艺流程图如图7-14所示。

（1）聚合釜热平衡分析和热安全技术

聚合釜的传热能力在相当程度上意味着聚合釜的生产能力。聚合釜的传热速率 $Q(kJ/h)$ 等于传热系数 $K[kJ/(h \cdot m^2 \cdot ℃)]$，传热面积 F 和温差 Δt_m 的乘积。提高聚合釜的传热能力要从增加传热面积，扩大温差和提高传热系数三方面入手，此外聚合釜的材质也影响其传热能力。

① 聚合釜的传热面积

包括夹套传热面、釜内冷管和釜顶冷凝器三部分。对于小型釜，夹套传热面积已经够用。对中型釜，往往要在釜内加内冷管。对大型釜，除夹套传热外，主要靠釜顶冷凝器。

聚合釜的夹套传热面积，釜越小，单位体积的传热面积（即比传热面，m^2/m^3）越大，

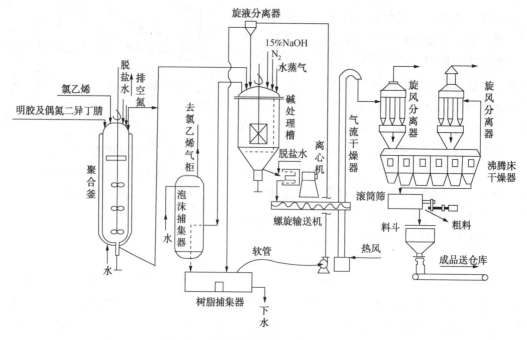

图 7-14　悬浮法制聚氯乙烯工艺流程图

如 14m² 长径比为 1.9 左右的釜，比传热面为 2，而 30~33m³ 长径比约为 2 的釜，比传热面只有 1.58。同样体积的反应釜，其釜体直筒部分长度与内径之比（即长径比 L/D）为 2 左右的釜为瘦长形釜，釜内设置 3~4 层桨。L/D 为 1.5 以下的釜为矮胖形釜，设置单层桨，并可采用底伸式。这是因为过长的搅拌轴将引起机械加工、安装、运转维修的困难。

30~50m³ 聚合釜仅夹套传热是不够的，应增设内冷管。33m³ 釜，L/D 为 2.1 的聚合釜，其夹套传热面为 52m²，比传热面为 1.53，已不能满足传热能力要求，需另加 8 根 ϕ108mm×5mm 的内冷管，将其比传热面积增至 2.03。内冷管传热系数比夹套高。内冷管多为直形，冷却蛇管和管束由于妨碍搅拌，容易造成黏釜和不利于清蒸，在 VC 悬浮聚合中不宜采用。内冷管的设置也不宜多，如果冷却面积还不够的大釜需设釜顶冷凝器。

50~60m³ 或更大的聚合釜一般需设置釜顶回流冷凝器，它借助 VC 的汽化帮助散热。例如德国某石油公司 62.5m³ 釜所配的回流冷凝器，传热面积约 78m²，与夹套传热面积几乎相当。釜顶蒸汽冷凝的给热系数一般较大，回流冷凝时应注意以下几点：

a. 尽量排除釜内不凝气，防止在管壁液膜旁形成气膜增加热阻，使传热系数明显下降。

b. 防止回流冷凝器结垢，降低传热系数，甚至使冷凝器管道堵塞。冷凝器结垢主要由聚合雾沫夹带造成。凡有釜顶冷凝器的聚合釜，装料系数要控制低一些，如 0.7~0.8，避免冲料。应避免采用挥发性引发剂，在聚合釜中加消泡剂或机械消泡设备，防止釜内泡沫物料进入冷凝器。在进冷凝器的蒸汽管道中放玻璃棉。在氯乙烯蒸气入口逆流喷水、氯乙烯冷凝器或含阻聚剂的水溶液等。延缓启动釜顶冷凝器，待所加分散剂已大部分吸附在液滴表面，聚合转化率达 15% 左右再启动。

c. 正确控制冷凝器的热负荷。其热负荷一般不应超过总热负荷的一半。

d. 聚合釜应有良好循环混合性能，保证冷凝液能均匀再分散，不影响 PVC 颗粒结构和粒子的密度分度。

e. 回流冷凝器可水平设置，亦可垂直安装。冷凝器中蒸气与冷凝液可平流也可逆流。水平冷凝器传热系数大，但防止雾沫夹带功能能力差。垂直冷凝使用较安全。

② 冷却水

反应释放的热是由冷却水带走的，冷却水系统有非循环和循环式两种流程，非循环流程保持水池由给水泵经公用上水管并联进入各台釜的夹套下部，吸收聚合热后，水由夹套顶部引出，经凉水塔流回水池。冷冻水则另有旁路自成系统。在聚合过程中，视放热情况控制阀门调节水量。如反应有自动加速，则水量相应由小调大，当水流量在一定范围内变大时，其传热系数增大。水流量增大，釜内外温差增大也有利于传热。但水量大到一定程度后，这两者的增加就很不明显。如果反应釜内放热过大，加大水量已不足及时散热，则可启动冷冻水来大幅度降低釜内外温差。

冷却水循环流程是在夹套进出口间装一台循环泵。由夹套出来的水一小部分流入冷水塔，大部分由循环泵送回夹套进口。不足部分由水池给水泵补充温度较低的冷水。在这种情况下，进夹套的水量一般相当大，但量恒定。在反应出现自动加速时，是通过补充水量和循环水量的比例逐步降低平均水温来满足放热递增的散热要求，这种流程的优点是水的流量大，温升小，大部分可循环使用，耗水量显著降低。该流程已成功地应用于 $33m^3$ 釜，并推广到 $13.5m^3$ 小釜。

冷却水的平均水温 t 是由夹套进口水温与出口水温的算术平均值表示。釜内外温差 Δt_m 是指聚合温度和平均水温之差。如用一般工业用水做冷却水，在夏季其平均水温约 30℃。如用深井水做冷却水，其水温常年可保持在 13~15℃，如水温还不够低，可用冷冻水，水温可达 5~6℃。聚合釜长期运转后釜内壁会沉积水垢，使传热系数降低，对聚合釜用的冷却水的硬度应有规定。最好建立聚合釜用冷却水的独立封闭体系。

③ 聚合釜的传热系数

影响聚合釜传热能力的因素除传热面积、温差外，就是聚合釜的传热系数 K。K 的倒数 $1/K$ 称为总热阻，它由各分热阻决定，并存在以下关系：

$$\frac{1}{K} = \frac{1}{\alpha_1} + \frac{1}{\alpha_2} + \sum \frac{\delta}{\lambda}$$

式中　α_1、α_2——釜内壁和釜外壁液膜给热系数；

$\dfrac{\delta}{\lambda}$——釜壁团体导热部分的热阻；

δ——厚度；

λ——热导率，由碳钢层、不锈钢层、搪瓷层、黏釜物和水垢等部分组成。

釜内壁传热系数 α_1 主要受釜物料性质和搅拌强度影响。釜内物料黏度越小搅拌强度越大，釜内壁液膜越薄，α_1 亦越大，热阻就越小。α_1 与水比有关，也与 PVC 粒子的形态结构有关。VC 聚合成 PVC 虽体积收缩大，由于 PVC 粒子表面吸附水层，聚合后自由流体量反而减小，使 α_1 下降。聚合过程中可采用加高压水或随聚合进行从釜底向釜内补加水使釜料总体积不变，使 α_1 不下降。提高搅拌速率亦会使 α_1 加大，但他的使用受到保持预定 PVC 粒子形态的限制。

釜外壁给热系数 α_2 主要随水流状况而定。

④ 聚合釜材质

聚合釜釜壁材质可采用复合钢板、全不锈钢板和碳钢搪瓷三种。不锈钢板和碳钢板复合有导热好、强度高和耐腐蚀等优点，使用较广泛。碳钢搪瓷釜表面光洁，黏釜轻和容易清釜是其优点，可长期保持较高传热系数，适宜于中小型聚合釜，全不锈钢釜传热性能与搪瓷相当，但造价高，采用较少。

（2）聚合釜搅拌安全技术

在 VC 聚合过程中，液滴能分散成的粒径大小与搅拌强度、分散剂界面张力有关。转化率达 4%~10% 时，初级粒子聚结成聚结体的积度也和搅拌有一定关系。反应釜各处的物料均匀，反应热的较好释放更与搅拌密切有关。

① 对搅拌特性的要求

根据 VC 悬浮聚合中搅拌的诸多作用，要求搅拌具有一定剪切强度和循环次数，并要求其在釜内能量分布均匀。VC 悬浮聚合中，循环次数一般选用 6~8 次/min。循环次数过少，釜内易出现滞留区。循环时间过长，容易发生颗粒间聚集。釜内流动和剪切能量分布较均匀，不应存在流动死角。

② 常用的搅拌装置

常用搅拌装置有搅拌桨和挡板两大部分。VC 悬浮聚合中常用的搅拌桨有平桨、斜桨和三叶后掠式桨叶。如釜内无挡板，搅拌功率取决于桨叶尺寸和层数，与层间距无关。如釜内有挡板，则层间距对搅拌功率有较大影响。

聚合釜所需桨叶的层数可按如下公式计算：

$$层数 = \frac{rH}{D}$$

式中　r——被搅拌物料的平均相对密度；

　　　H——液体深度，m；

　　　D——釜径，m。

实际经验指出，桨叶层间距与釜径比一般应控制在 0.5~1。

聚合釜设置挡板可改变存在的强制涡流区。挡板有平板式、管式和 D 形式等。为避免固体物料在挡板处堆积，挡板可制成圆管形或做成倾斜挡板并离釜壁安装。有时为强化传热而设立的直立内冷管亦可兼作挡板。

（3）聚氯乙烯防黏釜问题

在 PVC 工业生产中，黏釜问题不仅存在于悬浮聚合，也存在于乳液、本体聚合。在聚合反应过程中聚合物由于物理或化学因素附着于釜壁或搅拌上，一般先形成薄层覆盖物，后又在其上形成沙粒状沉积物。这种沉积物不仅会导致聚合釜传热系数和生产能力下降，还会影响制品的外观和质量(如鱼眼明显增多)。黏釜物的清理不仅要延长釜的辅助时间，降低设备运转率，还增加人工进釜操作，造成很大职业危害。由于黏釜影响传热系统，因而也影响聚合釜温度自动控制的实施。因此，黏釜问题一直是 PVC 工业生产中备受关注的问题。

在 1974 年前，清除黏釜物多由操作工进入釜内刮除和用水清洗釜壁沉积物。从已知氯乙烯致癌后，这种方法应尽量避免。国内外聚乙烯生产者对如何防止黏釜进行了大量研究，开发了许多防黏釜技术。总起来讲解决黏釜问题有如下四大类方法。

① 对聚合釜表面及有关构件进行特殊研磨（抛光），如采用电解研磨可使表面光洁度达350～499 目，使黏釜难以发生。

② 在聚合配方中加添加剂。如 Goodrich 的专利在聚合配方中加入一种水相阻聚剂硼氢化钠（$NaBH_4$）和油溶性阻聚剂苯胺黑。

③ 在釜内及有关构件上涂覆防黏釜涂层。

④ 在已存在黏釜的情况下及时使用溶剂（如四氢呋喃、二氯乙烷、甲乙酮等）来清洗黏釜物或用超高压水并借助可调节喷枪和旋转喷嘴实现水力清釜。近些年来开发许多防黏聚合物，各种缩聚产物和二氧化硅来涂覆很光洁的不锈钢釜，可在聚合完 150 釜后还未形成一定规模黏聚物。

PVC 生产中涉及的原料主要有 VCM、引发剂、表面活性剂和其他添加剂。有些工厂使用活性很高的引发剂，要求在低温下储存，有的对储存方式有特殊要求。

VCM 和空气在一定比例范围内会形成爆炸混合物。如果 PVC 的生产发生相当量 VCM 外泄事故，泄漏现场在排除泄漏的 VCM 之前，要停止开动或关闭任何电器开关，要避免金属间的撞击，要严禁任何机动车辆驶近现场，以防止诱发空间爆炸。如发生空间爆炸其危害性将十分严重，应尽全力防止。

（4）氯乙烯允许浓度

从 1974 年确认 VCM 对人有致癌作用后，世界各国对 PVC 生产操作环境的空气中氯乙烯的平均浓度都先后作出了严格规定。美国规定 8h 平均浓度不得超过 1ppm（$2.564mg/m^3$）。日本规定空气中 VCM 的平均浓度不得超过（2±0.4）ppm。中国规定空气中的 VCM 含量不得超过 11.7ppm，即 $30mg/m^3$。人凭嗅觉发现有 VCM 气味时，其浓度已达到 $1290mg/m^3$，比中国规定标准大 40 多倍。因此各厂应建立灵敏的检测系统，监测车间内的 VCM 浓度，确保其浓度在要求限度之内。

为了保证上述生产环境要求，PVC 工厂在聚合完毕后立即将未反应的 VCM 彻底的除去。例如以往在 VCM 聚合完毕后，残留单体的排除和回收不完全，总有 1% 左右的 VCM 留在淤浆中，在后续过程（如干燥等）中除去；即便是在悬浮法 PVC 产品中，VCM 的含量还高达 10～1000mg/kg，1% 的 VCM 就散发到车间和残留于产品中。现在反应完毕后将单体抽气排除，再通蒸汽加热至 80～110℃，大量蒸汽通过 PVC 淤浆然后用泵抽走，这些蒸汽通过冷凝器分散，回收 VCM，然后淤浆在进入干燥工艺。

在氯乙烯聚合部分有几个应特别注意的安全问题。一旦出现问题，会导致严重后果。

① 聚合釜轴封泄漏。目前国产 $30m^3$ 聚合釜多采用机械密封，由于密封结构和密封材质不够理想，其使用效果和寿命明显低于国外同类机械密封，应加强这方面的研究，同时严格定期检查维修，以防止对周围空气的严重污染。

② 爆聚排料。由于配料不准、引发剂过量或水比过低造成结块，或突然停水、停电，都容易造成聚合温度失控，压力骤升，安全阀起跳，使大量 VCM 外逸。爆聚排料会使周围空气中 VCM 浓度很高，除严重污染环境外还有可能发生空间爆炸。因此必须制定严格的措施紧急降温处理，准备足够的终止剂以便突然停电时可迅速投入釜内将聚合反应终止。

③ 聚合釜如人孔、手孔及釜管口垫如果在聚合过程中发生破裂，亦会造成大量 VCM 泄漏，并难以在现场补救和处理，因此危险性极大。必须坚持开釜前严格执行检查、定期更

换和试压制度。

④ 清釜安全。尽量减少工人进入釜内清釜。如必须进入釜内清釜，应先用水置换，用空气吹扫，开真空泵抽气，直至釜内 VCM 含量合格为止。另外清釜前还要严格检查各路 VCM 通往釜内的阀门是否已经关闭，清釜人员下釜时应配备长管面具和安全带，釜上设专人监护等。

思考题

1. 氯乙烯合成与聚合生产过程中涉及的危险物质有哪些？各有哪些危害属性？

2. 氯乙烯合成过程的典型生产工艺有几种并简要说明。

3. 乙炔法生产氯乙烯的工艺过程有哪些？其控制条件是什么？并对关键的工艺过程进行安全分析。

4. 乙烯法生产氯乙烯的工艺过程有哪些？其控制条件是什么？并对关键的工艺过程进行安全分析。

5. 氯乙烯聚合过程的典型生产工艺有几种？

6. 简要说明悬浮法氯乙烯聚合工艺的过程机理是什么。

7. 简要说明悬浮法氯乙烯聚合工艺的控制条件及影响因素是什么？

8. 对聚合釜的热平衡和热安全技术进行分析。

第八章 合成氨工艺过程安全分析

第一节 典型事故案例分析

一、气体灼烫冲击坠落事故

2015年3月3日22时40分许，内蒙古鄂尔多斯市准格尔旗内蒙古某化肥公司发生一起高温高压气体灼烫冲击和高处坠落生产安全事故，造成3人死亡，直接经济损失人民币608.4万元。公司气化工艺采用水煤浆进料气化方式，配备3台气化炉，两开一备（事故发生前，A炉备用、B炉和C炉运行）。事故发生所在装置气液分离器V1304C是气化炉C炉的配套设备，用于原料气中气相、液相和固相的分离，实现原料气的初级净化，位于气化框架三层。按照工艺设计要求，在气化炉停炉并完全泄压后，需要拆开气液分离器V1304C底部盲法兰清理沉积的灰分。

图8-1 气化炉气液分离器底部

1. 事故经过

事故发生前，公司正常生产。2015年3月3日，为处理合成氨部废热锅炉封头处漏点，公司决定全系统停车检修，但未根据检修要求制定检修方案。17时，气化炉B炉开始停炉处理，工艺交出，至20时顺利完成停炉检修。气化炉C炉于21时45分停止煤浆和氧气进料，开始停炉。

20时57分，在气化炉C炉尚未停炉的情况下，合成氨部设备工程师提出V1304C的检修申请，在V1304C检修作业票（一式两份）上签字完毕；工艺工程师提出工艺技术要求和安全措施，在V1304C检修作业票（一式两份）上签字完毕；中控气化炉C炉主操在V1304C

检修作业票其中一份中控主操负责人处签字完毕，并替代现场操作员和现场监护人签字；气化炉 B 炉副操在 V1304C 检修作业票的另一份中控主操负责人处签字完毕，并替代现场操作人员和现场监护人签字；合成氨部安全员在 V1304C 检修作业票安全防护用品及安全措施检查确认处（一式两份）签字。21 时整，合成氨部班长在 V1304C 检修作业票班长确认意见（一式两份）处签字完毕。21 时 30 分，合成氨部工艺副部长在 V1304C 检修作业票工艺副部长确认签字处（一式两份）签字。21 时 34 分将 V1304C 检修作业票送交检维修部调度安排检修作业。此时，气化炉 C 炉尚处于运行状态。

21 时 40 分，检维修部调度和检修人员甲、乙、丙等人相继到达气化装置等待作业。检维修部调度将 V1304C 检修作业票分配至检修人员乙和丙检修小组。22 时 05 分，检修人员乙和丙在合成氨部监护人员（现场操作工）的监护下，开始拆 V1304C 底部盲法兰的螺栓进行检修作业。此时，合成氨部设备工程师在 V1304C 的检修现场。在拆下 V1304C 底部盲法兰两条螺栓时（共 20 条螺栓），检维修部副部长巡视至此，设备工程师带来检维修部调度、检修人员甲等人到气化装置 5 楼检修其他装置，检维修部副部长留下协助检修人员乙和丙拆 V1304C 底部盲法兰的螺栓。随后，合成氨部监护人员被另一现场操作工叫到气化框架二楼切水阀。在只剩下 2 条螺栓时，检修人员乙让检维修部副部长去找撬杠，在检维修部副部长转身离开约 10m 时（22 时 40 分），身后传来一声巨响，大量高温高压气化原料气（压力 3.75MPa、温度 211℃）从 V1304C 拆开的法兰口喷出，法兰口正下方的花纹板平台被冲开长约 2.7m、宽约 1.4m 的方口，检修人员乙和丙被高温高压的气流灼烫、冲击，严重受伤，经抢救无效死亡。此时，合成氨部监护人员和现场操作工在完成切水阀的工作后，来到气化框架三楼的电梯口休息。听到响声后，现场操作工顺电梯口旁边的步梯跑出气化框架，合成氨部监护人员回到事故现场查看，因能见度极低，从事故形成的方口坠落致死。

气化炉 C 炉正常工作时的压力为 6.5MPa，按照公司操作规程要求，气化炉 C 炉停炉后即进入降压过程，直至完全泄压，需时 1 小时 30 分。事发当日，气化炉 C 炉从 21 时 45 分停炉开始降压，到 22 时 40 分事故发生时，仅经过了 55min，压力从 6.5MPa 降到 3.75MPa。事故单位为追求检修进度，在气化炉 C 炉未完全泄压的情况下，违章指挥，冒险作业，导致事故发生。

2015 年 3 月 3 日 22 时 40 分事故发生后，检维修部副部长在能见度极低的情况下，沿气化装置框架护栏摸爬到三楼电梯口，此时检修人员甲也来到三楼电梯口，检维修部副部长和检修人员甲立即返回作业点查看，发现检修人员乙已面向上躺倒在楼板上。检维修部副部长立即给公司调度室电话报告，并和检修人员甲（均未佩戴空气呼吸器）将检修人员乙背到一楼，后送往医院，经医生确认已死亡。22 时 49 分，公司中控室值班人员接到报告后，生产部经理（当时正在中控室值班）让生产指挥人员立即拨打 120 及公司消防救援电话，并向安全质量环保部和分管生产的副总经理、分管安全副总经理报告。22 时 55 分，公司消防队队长带领 9 名消防员到达现场投入救援行动。23 时 05 分左右，公司总经理和分管安全副总经理同公司相关人员到现场指挥救援行动。23 时 10 分左右，合成氨部合成装置经理在水洗塔正下方地面上发现已经严重受伤的合成氨部监护人员，后与其他人员将合成氨部监护人员抬到公司消防指挥车上，送往医院，经医生确认已死亡。23 时 20 分左右，公司消防队救援人员在距离 V1304C 5m 远处的过道护栏上将已死亡的检修人员丙找到。

2. 原因分析

（1）直接原因

① 在气液分离器 V1304C 压力为 3.75MPa、温度为 211℃，不具备检修作业的条件下，违规指挥拆开底部盲法兰，大量高温高压原料气瞬间喷出，致使检修人员乙和丙受到灼烫冲击死亡。

② 合成氨部监护人员（现场操作工）在现场情况不明的情况下，盲目返回事故现场查看，从 V1304C 底部正下方事故形成的方口坠落死亡。

（2）间接原因

① 检修作业管理违反规定。公司未制定检修方案，一味追求检修进度，违章指挥，违反检修作业票证办理程序，检修作业管理制度不完善，执行不严格。

② 企业安全生产培训、教育不到位。员工的责任意识和安全意识淡薄，对检修作业票办理规定和各自职责认识不清、重视不够，在未对检修作业票要求的作业条件进行确认的情况下，盲目签字，违规办理检修作业票；员工缺少最基本的应急知识和常识，在事故现场情况不明的情况下，盲目进入事故现场，导致事故伤亡人数增加。

③ 企业安全管理混乱。公司检修作业票管理制度不完善，执行不严格，公司领导对公司的生产、安全状况掌握不明，底数不清，过程控制不严，责任不落实，对"三违"现象检查、整改不力。

二、水煤浆管线爆炸事故

2008 年 2 月 13 日 8 时 57 分，某公司合成氨部煤气化装置煤浆泵出口至气化炉段管线发生爆炸事故，导致 1 人死亡，6 人受伤。

1. 事故经过

2008 年 2 月 13 日，某公司合成氨部煤气化装置正在运行的煤气化炉 B 炉锁渣阀 KV210、KV209 关不严，计划切换至 A 炉运行，B 炉进行检修处理。合成氨部安排对 A 炉系统进行倒炉检查，为第二天切换 A 炉作准备。为防止送入 A 炉的煤浆管线堵塞和积水，影响 A 炉开车投料，8 时 30 分左右，工段长通知当班班长检查高压煤浆泵 P3201A 出口阀是否打开，出口导淋阀是否进行排空。班长接到工段长的电话指令后，与一名操作工黄某一起来到高压泵现场，错误地走到正在运行的 P3201B 泵出口，试图开启该泵出口导淋阀。因该阀太紧，开不动，于是两人找到两名民工帮助开阀，班长有事离开。8 时 57 分导淋阀打开，煤浆突然喷出，煤浆排放管线受到煤浆喷出的反作用力而反弹变形，将一名民工挤压在变形的煤浆排放管线与管道支架之间，其他两人紧急救护，但未能将其拽出，后见现场响声增大，两人各自跑开，随即煤浆管线发生爆炸。事故造成 1 人死亡、6 人受伤，P3201B 泵出口到气化炉 B 炉的长度为 124m 的煤浆管线几乎全部炸碎，管线碎片最远抛到 200m 外的其他装置区，煤浆管线附近的电缆桥架及电缆损坏，邻近的灰水罐 V3217、滤液罐 V3222、火炬放空管线、原水管线等被爆炸碎片砸损，邻近的磨煤厂房等建筑物的门窗、玻璃受损。

2. 事故原因

引发此次事故的直接因素是操作工打开了正在运行的煤浆泵 P3201B 出口导淋阀。煤浆管道内压力为12.6MPa，外部为常压，内外压差很大，当阀门打开后，大量煤浆就由导淋管喷出，排向地沟。

煤浆管线上有3个流量计，流量联锁采用三选二参与气化炉安全联锁，当煤浆流量降低时，联锁应立即动作关闭氧气，如图8-2所示。

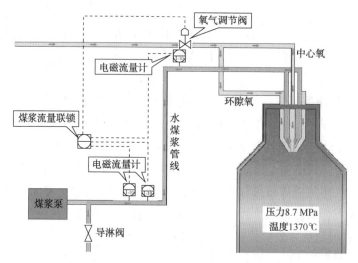

图8-2　工艺流程

但是由于工艺控制系统存在缺陷，在导淋阀意外开启的情况下，不能有效联锁关闭氧气，导致大量氧气进入气化炉，先在喷嘴附近形成过氧区，再从烧嘴煤浆环隙窜到煤浆管线，同时少量工艺气体倒进煤浆管线。在这一阶段，进入管道的气体主要是氧气和少量工艺气，混合气的温度尚未达到氢气的自燃点。

煤浆管线中的煤浆排净后，气体开始由导淋管排出，在这一阶段，由于气体流速大大增加，进入管道的工艺气体的含量增加，工艺气体和氧气混合物的温度升高，超过氢气的自燃点，管道内先发生爆燃，形成"火焰阵面"。爆燃释放的能量压缩未燃气体使周围气体压力升高，产生"前驱冲击波"。在管道的强约束作用下，"后随火焰阵面"会逐渐加速并追赶上"前驱冲击波阵面"，火焰阵面和冲击波阵面合二为一产生"爆轰波"，最终导致爆轰发生。

（1）直接原因

操作工错开阀门，将正在运行的煤浆泵出口导淋阀打开，煤浆泄出，导致进入气化炉的氧气和炉膛内的高温、高压工艺气从烧嘴煤浆环隙倒窜到煤浆管线，形成爆炸性混合气体，发生爆燃，火焰在沿管道传播过程中加速，引起爆轰，将整条管线炸碎。

（2）间接原因

① 工艺控制系统存在缺陷，在气化炉烧嘴停止喷出煤浆后，不能有效联锁关闭氧气。在煤浆管道破裂或导淋阀意外开启的情况下，不能防止进气化炉的氧气和炉内工艺气体从烧嘴环隙倒窜到煤浆管线，使操作工开错阀门的行为酿成爆炸事故。

② 煤浆流量低联锁没有动作。煤浆管线上有3个流量计，流量联锁采用三选二参与气化炉安全联锁，一个在炉顶，一个在距煤浆泵出口40m处的管道上。事故发生前，3个测

点的煤浆流量值都为 67m³/h，事故发生时 DCS 显示两个煤浆流量测点数值急剧上升，为 102m³/h，另一个测点数值有所下降，但没有达到联锁跳车值(跳车值为 17m³/h)，在事故过后才大幅下降。分析其原因是煤浆管线使用的电磁流量计，不识别流向，无论正向流动还是反向流动都显示流量，在煤浆倒窜后，依旧显示流量，所以煤浆流量低联锁也没有起作用，未能及时切断氧气。

③ 事故的发生还暴露出公司在生产现场临时用工管理方面存在的漏洞。目前部分企业聘用大量临时工在装置现场从事清扫等辅助性工作，这些工人并没有受过与相应装置有关的安全培训，对工艺装置现场的危险性不了解，工作时间和地点都不固定，装置发生事故时容易受到伤害。

第二节　合成氨工艺过程安全分析

氨是化肥工业和基本有机化工的主要原料。合成氨过程以煤、天然气、重油或石脑油为原料，通过一系列的化学反应与分离过程获得生产氮肥的重要原料。除液氨可直接作为肥料外，农业上使用的氮肥，例如尿素、硝酸铵、磷酸铵、氯化铵以及各种氮复合肥，都是以氨为原料的。我国合成氨产量位居世界第一位，2014~2016 年我国合成氨产能分别为 $8000×10^4t$、$8350×10^4t$、$8380×10^4t$。天然气、石脑油、重质油和煤等都是合成氨的主要原料来源，因为以天然气为原料的合成氨装置不但投资少成本低，而且能源消耗较少，所以许多企业采用的都是以天然气为主原料的合成氨装置，但自从石油价格上涨以后，考虑到煤的储量在世界燃料储量中居多(约为石油、天然气储量总和的 10 倍)，所以煤制氨路线又受重视起来。我国已掌握了以焦炭、无烟煤、褐煤、焦炉气、天然气及油田伴生气和液态烃等气固液多种原料生产合成氨的技术，形成中国特有的煤、石油、天然气原料并存和大、中、小生产规模并存的合成氨生产格局。

合成氨厂存在不少危险、有害因素，这些危险、有害因素是导致合成氨厂重大事故发生的根源。国内外合成氨厂事故及与液氨有关的事故比较多，如 2015 年 3 月 3 日内蒙古某化肥公司发生的高温高压气体灼烫冲击和高处坠落生产安全事故，造成 3 人死亡；2013 年 6 月 3 日吉林某禽业公司，因为电气线路发生短路从而引发火灾，火势蔓延及燃烧产生的高温导致液氨储罐发生物理爆炸，大量氨气的泄漏，引发化学爆炸，事故造成 120 人死亡，77 人受伤。

合成氨生产的物料(易燃易爆、有毒)和工艺条件决定其固有危险性较高。事故统计表明，多数事故、火灾和爆炸(80%)是由各种工艺设备泄出可燃气体造成的。分析大型合成氨装置开车和操作过程中发生的事故和故障表明，设计错误占事故总数的 10%~15%，施工和设备安装错误占 14%~16%，设备、机械、管件、控制计量仪表等方面的缺陷占 56%~61%，操作人员错误占 13%~15%。

由以上分析可见，合成氨工艺过程安全事故不仅造成严重的财产损失，还会造成重大的人员伤亡。因此，有必要运用系统的方法对合成氨工艺过程进行危害辨识，并采取必要的措施消除和减少危害，或减轻危害可能导致的事故后果。

一、典型合成氨工艺流程

为了生产合成氨，首先需要制备含氮与氢的原料气。这可以通过使用煤、石油、天然气等进行制备，不过，制备的氮、氢原料气一般都含有二氧化碳、一氧化碳、硫化物等杂质。因此，氢、氮的原料气送入合成塔之前，必须进行净化处理，除去各种杂质，最后得到生产所要求纯度的氢、氮混合的合成气。合成氨的生产过程主要包含三个阶段：原料气制备；原料气净化；原料气压缩和合成。

典型合成氨工艺有：①节能 AMV 法；②德士古水煤浆加压气化法；③凯洛格法；④甲醇与合成氨联合生产的联醇法；⑤纯碱与合成氨联合生产的联碱法；⑥采用变换催化剂、氧化锌脱硫剂和甲烷催化剂的"三催化"气体净化法等。下面主要介绍以煤为原料的合成氨工艺路线和以天然气为原料的合成氨工艺路线。

1. 以煤为原料的合成氨工艺路线

以煤为原料的合成氨工艺流程如图 8-3 所示。工艺主要分为三个部分，即造气、净化和合成。

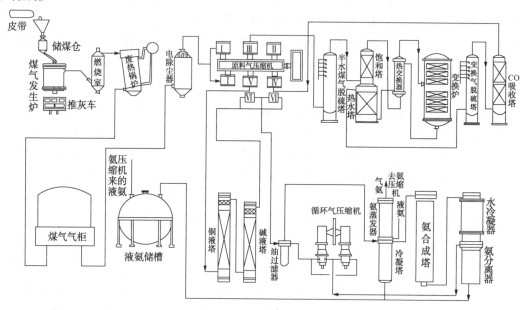

图 8-3　合成氨总流程图

（1）造气

经皮带输送机将粒度为 25~75mm 的无烟煤送到储煤仓，再加入煤气发生炉中，交替地向炉子通入空气和蒸汽，气化所产生的半水煤气(有效成分为 N_2、H_2，还含有 CO、CO_2、H_2S 等杂质)经燃烧室、废热锅炉回收热量后，送到煤气柜储存。

煤气化的主要设备是煤气化炉，又称煤气发生炉(gasproducer)。气化炉中所进行的反应，除部分为气相均相反应外，大多数属于气固相反应过程，所以气化反应速率度与化学反应速度及扩散传质速度有关。原料煤的性质(包括煤中水分、灰分和挥发分的含量，黏结性，化学活性，灰熔点，成渣特性，机械强度和热稳定性以及煤的粒度和粒度分布等)对气化过程有不同程度的影响,因此必须根据煤的性质和对气体产物的要求选用合适的气化方法。按煤在气化炉内的状态,气化方法可划分为三类,即固定床(包括移动床)气化法、流动床气化法和气流床气化法。典型的工业化煤气化炉型有:UGI炉、鲁奇炉、温克勒炉(Winkler)、德士克炉(Texaco)和道化学煤气化炉(DowChemical)等。图8-4为UGI煤气化炉。

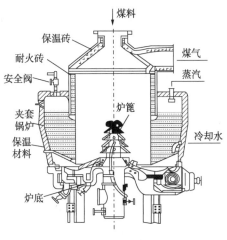

图8-4　UGI煤气化炉

(2)净化

半水煤气先送经电除尘器,除去其中固体小粒后,依次进入氮氢气压缩机的第Ⅰ、Ⅱ、Ⅲ段,加压到1.9~2.1MPa(表压),送到半水煤气脱硫塔中,以含有氧化剂或碱性物质的水溶液(或其他脱硫剂)洗涤,以脱去气体中硫化氢。然后,气体进入饱和塔,用热水使气体饱和水蒸气。经热交换器被变换炉来的变换气加热后,进入变换炉,用蒸汽使气体中CO变换为H_2,反应方程式为

$$CO+H_2O \longrightarrow CO_2+H_2$$

变换后的气体返回热交换器与半水煤气换热后,再经热水塔使气体冷却,进入变换气脱硫塔中洗涤,以脱除变换时有机硫转化而成的H_2S。此后,气体进入CO_2吸收塔,用水(或热钾碱溶液)洗除气体中绝大部分CO_2。经脱除CO_2的气体,回到氮氢气压缩机的第Ⅳ、Ⅴ段,加压到12.0~13.0MPa(表压),依次进入铜液塔(用醋酸铜氨液洗涤)、碱液塔(用苛性钠溶液洗涤)中,使气体中CO和CO_2含量小于20%~30%。这时,气体净化完毕。

(3)合成

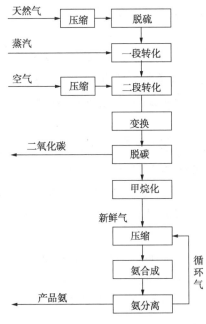

图8-5　以天然气为原料的制氨工艺路线

氮氢混合气回到氮氢压缩机第Ⅵ段,加压到30.0~32.0MPa(表压),进入油过滤器中。在此与循环气压缩机来的循环气混合并除去其中油分后,进入冷凝塔与氨蒸发器的管内,再进入冷凝塔下部分得到部分液氨,再通过冷凝塔管间与管内气体换热后,进入氨合成塔中,在有铁触媒存在的条件下,进行高温高压合成,约有10%~16%合成为氨,再经水冷凝器与氨分离器分离出液氨后,进入循环机循环使用。分离出来的液氨送往液氨储槽。

2. 以天然气为原料的合成氨工艺路线

以天然气为原料的合成氨工艺路线如图8-5所示。合成氨所需的氢气由甲烷(天然气主要成分)与水蒸气反应得到;而合成氨所需的氮气是直接从空气中取得的。

以天然气为原料的蒸汽转化、高温净化工艺流程如图8-6所示。经脱硫后的天然气与蒸汽以一定

比例混合后进入一段转化炉炉管内，在催化剂的作用下进行甲烷转化反应，将甲烷转化为 H_2、CO 或 CO_2，在管外通过燃烧天然气与弛放气来提供甲烷转化反应所需要的热量。

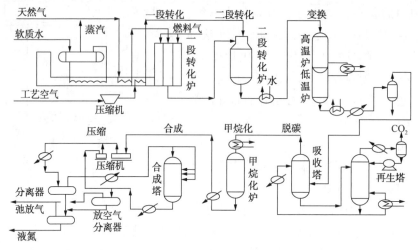

图 8-6　天然气蒸汽转化、高温净化工艺流程

一段转化炉出口气体再与工艺空气和蒸汽混合后进入二段转化炉，空气中的氧气先与一段转化气中的部分氢发生燃烧反应，此反应所放出的热量使气体温度升高，从而使一段转化气中残存的甲烷进一步转化，最终要使二段转化炉出口气体中甲烷含量降到规定指标以下；二段炉加入空气中的氧全部反应后，其剩余的氮为提供合成氨反应所需。在二段炉前配入工艺空气的比例可作为调节合成系统氢氮比的主要手段。

从二段转化炉出来的转化气再经过废热锅炉进行热量回收，以产生整个工艺系统所需要的高压蒸汽。经热量回收后的工艺气进入变换工程，依次经过高温变换炉与低温变换炉，在催化剂床层内进行变换反应，使 CO 与水蒸气继续反应生产合成氨所需的 H_2，并除去 CO。

经低温变换后的出口气体中含有大量二氧化碳，此工艺气被引入二氧化碳吸收塔的底部，在塔内与脱碳溶液逆流接触，气体中的二氧化碳被溶液吸收，脱碳气从顶部引出。从吸收塔底部出来的富液经过降压闪蒸，在再生塔中脱除二氧化碳后再返回循环使用。再生塔顶部出口的二氧化碳则供尿素生产之用。

从吸收塔顶引出的脱碳气再进入甲烷化炉，使未被完全清除的一氧化碳与二氧化碳在甲烷化催化剂的作用下，与氢发生反应生成甲烷，最终使残余的(CO+CO_2)脱除到微量(CO+CO_2含量应在 $20cm^3/m^3$ 以下)，从而制得合成氨所需的氢氮混合气(新鲜气)。此新鲜气经压缩机加压，并与合成出口的循环气相混合后再经循环压缩机压缩后进入合成系统，在合成塔的催化剂床层上进行合成反应生成氨。

合成塔出口气体经过一系列的换热器进行热量回收，经高低压分离器分离出液氨，而大部分气体则返回合成系统循环使用。为防止循环气惰性气体(如 CH_4+Ar)含量的不断累积升高，需要适量排放循环气，从而使合成塔维持在较高的转化率状态下进行生产操作(图8-6)。

二、合成氨工艺过程原理及工艺控制

1. 过程原理

氨的合成是将三份氢与一份氮，在高温高压和有接触媒存在的条件下进行的。合成氨的生产可分为三个部分：

① 造气——制出含氢和含氮占一定比例的原料气；②净化——除去气体中的杂质；③合成——将三份氢和一份氮合成为氨。

合成氨是一个放热、气体总体积缩小的可逆反应。

$$N_2 + 3H_2 \longrightarrow 2NH_3 \tag{8-1}$$

加压、升温、使用催化剂、增加 N_2、H_2 的浓度可以提高合成氨的反应速率。加压、降温可提高平衡混合物中的 NH_3 的含量。

2. 工艺控制

氨合成过程工艺条件主要包括压力、温度、空速、气体组成等。

（1）压力

工业上合成氨的各种工艺流程，一般都以压力的高低来分类。

高压法压力为 70~100MPa，温度为 550~650℃；中压法压力为 40~60MPa，低者也有用 15~20MPa，一般采用 30MPa 左右，温度为 450~550℃；低压法压力为 10MPa，温度为 400~450℃。

从化学平衡和化学反应速度两方面考虑，提高操作压力可以提高生产能力，同时分离流程简单。高压下只需要水冷却就可以分离氨，设备较为紧凑，占地面积也较小。不过，压力高时，对设备材质、加工制造的要求均高。同时，反应温度一般较高，催化剂使用寿命缩短。

因此，中压法是当前世界各国普遍采用的方法。

（2）温度

实际生产中，希望合成塔催化剂层中的温度分布尽可能接近最适宜温度曲线，如图 8-7 所示。催化剂的活性需要在一定的温度范围内才能发挥出来。如果温度过高，会使催化剂过早地失去活性，相反，如果温度过低，则达不到活性温度，催化剂起不到加速反应的作用。

控制最适宜的温度是指控制"热点"温度。"热点"温度是在反应过程中催化剂层中温度最高的那一"点"。以双套管并流式催化剂筐为例分析，如图 8-7 所示。

设气体进入催化剂层时的温度和氨含量分别为 t_1 和 Y_{NH_3}。要求 t_1 大于或等于催化剂使用温度的下限。反应初期，因远离平衡态，氨合成反应速度较快，放热多，为使温度迅速升到最适宜温度，这一段不设冷却管冷却（即图中 L_1 那一段），故称绝热层。在 L_1 一段，氨的浓度也迅速增加。随着温度继续升高，温度上升的速度逐渐缓慢，而且反应后的气体与双套管内的冷气相遇，反应热开始逐步移走。当温度达到最高点后，由于移走的热量超过反应所放出的热量，温度就随催化剂床层深度的增加而降低。在催化剂层中温度最高的那一点即为"热点"。从较理想的情况来看，希望从 t_1 到 $t_热$ 这一段进行得快一些，从 $t_热$ 到 t_2（气

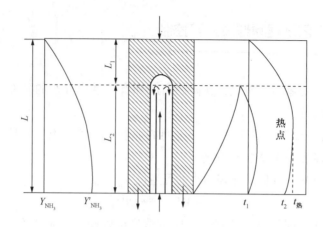

图 8-7　催化剂层不同高度的温度分布和氨含量的变化

L_1—绝热层高度；L_2—冷却层高度；L—催化剂高度；Y_{NH_3}—进口氨含量；

Y'_{NH_3}—出口氨含量；t_1—催化剂层进口温度；t_2—出口温度；$t_热$—热点温度

体出催化剂层的温度），则尽可能沿着最适宜温度线进行。这里的热平衡涉及介质的流速、催化剂的活性、床层厚度以及反应状态等，是合成塔安全运行的核心问题之一。

（3）空间速度

空间速度，简称空速，可以用 S_v 表示。空速是反应器入口处的体积流量 V_0 与反应器有效容积 V_R 之比，为停留时间 τ_c 的倒数，即：

$$S_v = \frac{1}{\tau_c} = V_0/V_R \qquad (8-2)$$

其中，S_v 的单位为 s^{-1} 或 min^{-1}。

空速的意义，是指单位时间内处理的物料量为反应器有效容积多少倍。例如，当 $V_0 = 1m^3/min$，$V_R = 2m^3$ 时，$S_v = \dfrac{V_0}{V_R} = 0.5\ min^{-1}$，其意义是 $1min$ 处理的物料量为 $V_R（2m^3）$ 的 0.5 倍，即 $1m^3$ 的物料。

对氨合成塔而言，空间速度的大小意味着处理量的大小，在一定的温度、压力下，增大气体空速，就加快了气体通过催化剂床层的速度，气体与催化剂接触时间缩短，在确定的条件下，出塔气体中氨含量会降低。因合成氨生产过程是一个循环流程，空速可以提高。空速大，处理的气量大，虽然氨净值有所降低但能增加产量。但空速过大，氨分离不完全，增大设备负荷，不利安全生产。空速也有一个最适宜范围，不仅决定着氨的产量，也关系着装置的生产安全。

3. 氨合成塔

为了结构合理，便于加工和检修方便等原因，合成塔分为筒体（外筒）和内件两部分，内件置入外筒之内，包括催化剂筐、热交换器和电加热器三部分构成，如图 8-8 所示。大型合成氨的内件一般不设电加热器，而由塔外加热炉供热。进入合成氨的气体先经过内件与外筒之间的环隙，内件外面设有保温层，以减少向外筒的散热。因而外筒需承受一定的压力（操作压力与大气压之差），但不承受高温，可用普通低合金钢或优质碳钢制成。在正常情况下，寿命可达四五十年以上。内件虽在500℃左右的高温下操作，但只承受环隙气流与内件气流的压差，一般仅为1.0~2.0MPa，从而可降低对材质的要求。一般内件可用合金钢制作。

三、氨分离过程原理

（1）冷凝法

冷凝法是冷却含氨混合气，使其中大部分氨冷凝与不凝气分开。加压下，气相中饱和氨含量随温度降低，压力增高而减少。若不计惰性组分对氨热力学性质的影响，饱和氨含量可由下式计算：

$$\lg y_{NH_3}^* = 4.1856 + \frac{18.814}{\sqrt{p}} - \frac{1099.5}{T} \qquad (8-3)$$

式中　$y_{NH_3}^*$——气相平衡氨含量，%；

　　　p——混合气总压力，MPa；

　　　T——温度，K。

可见：加压、降温有利于氨冷凝。

（2）水吸收法

氨在水中有很大的溶解度，与溶液成平衡的气相氨分压很小。用水吸收法分离氨效果良好，可得到浓氨水产品。从浓氨水制取液氨须经过氨水蒸馏和气氨冷凝，消耗一定的能量，工业上采用此法者较少。

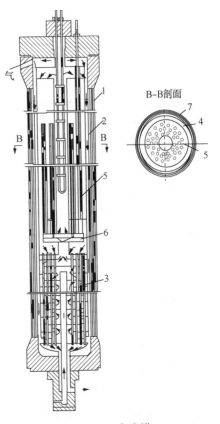

图8-8　合成塔

1—外筒；2—催化剂；3—热交换器；
4—冷却套管；5—热电偶管；
6—分气盒；7—电加热器

四、合成氨工艺过程危险性分析及安全控制

根据GB/T 13861—2009《生产过程危险和有害因素分类与代码》的危害因素定义可知，凡造成人员伤亡或直接影响人的健康，或者引发某种疾病的因素，这里包括吸入慢性有毒气体，都是危险有害因素。危害因素的分类方法有很多种，评价中常把其分为：职业健康、导致事故的直接原因、参照事故类别等。

对于合成氨工艺的危险性，下面从危险化学品物料、工艺、设备、控制和系统等五个方面进行分析。

1. 危险化学品物料

合成氨工艺中涉及的主要危险化学品物料有：一氧化碳、二氧化碳、硫化氢、氢气、氮气、甲烷等。这是由最初的原料采用煤为主而产生的原料气为半水煤气制造出来的。在整个产生氨气的过程中，对净化阶段的要求也非常严格。由此根据《危险货物品名表》可以查出二氧化碳为第2.2类不燃气体；一氧化碳、氢气、硫化氢、甲烷为第2.1类易燃气体；氨水为第8.2类碱性腐蚀品；氨为第2.3类有毒压缩气体。

H_2在空气中的爆炸极限为 4%~74.2%，因此与空气混合有爆炸危险；NH_3本身有刺激性气味，使人窒息。同时NH_3还与空气会发生催化氧化反应，典型反应为

$$4NH_3+5O_2 \longrightarrow 4NO+6H_2O \tag{8-4}$$

因此，这些易燃气体在厂区内如果处理不当，极易诱发火灾爆炸事故，其中液氨储存于储罐罐体时，有一定的腐蚀性，要做好日常维护工作，氨气泄漏后会对周围环境造成污染，对周围工作人员或者附近群众有一定的毒害性。所以，合成氨企业主要存在着爆炸、中毒、火灾等危害因素。

2. 工艺安全分析

工艺上合成氨采用高温、高压工艺技术，工艺指标控制不好，同样会发生危险。比如对合成塔而言，工艺控制指标主要有：温度、压力、空速、气体组成等。工艺危险特点如下：

① 高温、高压使可燃气体爆炸极限扩宽，气体物料一旦过氧(亦称透氧)，极易在设备和管道内发生爆炸；

② 高温、高压气体物料从设备管线泄漏时会迅速膨胀与空气混合形成爆炸性混合物，遇到明火或因高流速物料与裂(喷)口处摩擦产生静电火花引起着火和空间爆炸；

③ 气体压缩机等转动设备在高温下运行会使润滑油挥发裂解，在附近管道内造成积炭，可导致积炭燃烧或爆炸；

④ 高温、高压可加速设备金属材料发生蠕变、改变金相组织，还会加剧氢气、氮气对钢材的氢蚀及渗氮，加剧设备的疲劳腐蚀，使其机械强度减弱，引发物理爆炸；

⑤ 液氨大规模事故性泄漏会形成低温云团引起大范围人群中毒，遇明火还会发生空间爆炸。

例如曾经发生氨合成塔出口的三通法兰接头处氮氢混合气燃烧事故。装置操作过程中，记录仪表显示循环用离心式压缩机电机的电流负荷上升，表明压缩机操作不正常，因此合成塔内停止循环一段时间，导致合成塔出口处氮氢混合气的温度由 220℃下降到 170℃，温度变化使合成塔出口处的三通管法兰接头密封受到损坏，氮氢混合气泄漏并燃烧。

结合前面以煤为原料的合成氨工艺各个工段，根据工艺过程中可能出现的危险有害因素进行辨识，辨识依据主要结合生产场所存在危险有害因素的法规标准和事故分类标准来辨识。下面分析各工段的主要危险有害因素：

(1) 原料生产过程主要危险、有害性分析

原料工段的主要危险有以下几种：煤堆的自燃、机械伤害、电气伤害、粉尘危害、噪声、起重伤害以及黏土煤球利用吹风气热量烘干过程中温度过高引起的煤球燃烧等。

(2) 造气生产过程主要危险、有害性分析

造气装置往往都具有高温低压、有毒有害、易燃易爆的特征。

制作过程中，以水蒸气、空气为气化剂，以煤球、焦炭等为原料来制作合成氨原料气，在发生炉内高温条件下与空气氧化进行化学反应而制得的。选用间歇制气而来，其中间过程分为五个阶段，因此流程中必须安装高质量合格的阀门，必要时让液压系统对其开闭加以控制。像这种高要求的介质流向以及高科学的控制，使生产运行过程尤为显得十分危险。

造气生产过程主要危害因素包括：①火灾、爆炸；②毒物危害；③高温灼烫；④机械

伤害；⑤噪声危害；⑥高处坠落伤害；⑦电气伤害；⑧粉尘危害；⑨物体打击等。

（3）脱硫生产过程主要危险、有害性分析

脱硫工段发生事故主要设备有：罗茨鼓风机、脱硫塔等。脱硫生产过程主要危害因素包括：①火灾、爆炸；②物体打击；③噪声危害；④中毒危害；⑤高处坠落伤害等。

（4）变换生产过程主要危险、有害性分析

在净化过程中，随着二氧化碳、一氧化碳及硫化物的除去，氢的含量相对增高，使爆炸上、下限移动，苛刻的工艺条件，增加了系统的危险性，因此，腐蚀、中毒、泄漏，火灾爆炸是本系统的主要危险。

变换生产过程主要危害因素包括：①火灾、爆炸；②物体打击；③高温灼烫；④中毒危害；⑤高处坠落伤害等。

（5）脱碳生产过程主要危险有害性分析

脱碳工段操作具有 2.1MPa 左右压力，若脱碳塔长期使用，设备腐蚀又未能及时检测不能承受一定的压力而产生爆炸，将造成人员伤亡和严重财产损失。脱碳塔液位在脱碳工段的操作过程中起到非常关键的作用，脱碳塔液位也是保持脱碳塔显示稳定的操控局面。倘若脱碳塔液位低时，致使高压气体很容易造成自动调节阀阀门跳动，使高压气体再次进入再生系统，对低压设备的破坏性极大，易引发事故。

（6）精炼生产过程主要危险、有害性分析

铜洗工段在 11.0MPa 状态下利用醋酸铜氨液在铜液吸收塔内对最后阶段的杂质进一步除杂，通过精炼除去原料气中少量的 CO、CO_2、H_2S 有害气体组分，用来保护合成塔内催化剂的使用安全。

在国家标准中，铜液吸收塔属于特种设备，铜液对吸收塔有腐蚀作用，长期使用有可能会构成泄漏爆炸的危险性。铜液再生系统属常压设备（图 8-9），在使用中若操作不当，将会引发不可估量的设备爆炸事故。再生铜液加热系统，采用蒸汽进行加热，若防护措施不当，存在高温灼烫伤害。员工进行铜液再生设备检修时，倘若没有采取安全措施（如防滑措施），可能引发高处坠落事故，操作人员若未对高处的检修工具按要求放置，当行人路过时，也许会造成物体打击事故。

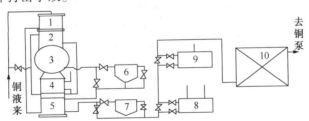

图 8-9　铜液再生部分流程示意图

1、2—回流塔；3—再生器；4—上加热器；5—下加热器；6—沉淀器；

7—化铜桶；8—预冷器；9—氨冷器；10—水冷排

（7）合成生产过程主要危险、有害性分析

合成工段合成塔是合成氨装置的关键设备，俗称氨合成的"心脏"。合格、适宜比例的 H_2、N_2 气体在合成塔中反应生成氨。合成反应在一定温度压力下（如高压高温）进行，若操作反应过程中处理不当则有可能导致反应塔超压而影响正常生产。若输送途中反应物料不慎泄漏，可能引发爆炸、人员中毒事故。

废热锅炉回收利用合成氨反应热副产蒸汽。废热锅炉属特种设备，且工质特殊，具有超温超压爆炸危险，存在高温灼烫伤危险性。氨蒸发冷凝器利用液氨蒸发吸热，产生-8℃左右低温，存在低温冻伤危险危害。两氨分液位如采用含钴60仪表检测指示，则应重视加强放射源管理措施，设置防护屏蔽，尽量远离辐射源，废弃钴60应上交给环境保护部门集中专门处置。液氨储罐操作压力高罐存量多，有泄漏、中毒、火灾爆炸危险性，通过与有关标准对照，许多储罐构成重大危险源。

（8）压缩生产过程主要危险、有害性分析

压缩机在合成氨装置起到的设备间动力的关键作用。生产中合格的氢、氮气在该机经七段压缩加压至24MPa左右，送入氨合成塔。该设备转速高，在操作进行中会造成大量噪声，给机组造成喘振现象，对机组的损害也较大。另外压缩阶段中的辅助油系统是比较复杂的且要求较高，当供油不善引发机器零部件的损坏，严重时导致联锁停车。压缩机各段设置的安全阀失灵会导致超压爆炸危险。若误触及高温出口管路可能造成烫伤。电气系统操作不慎，可造成触电事故。

3. 设备安全

主要生产装置中的危险、有害因素分析是以设备分类，结合容器内化工物料特性，从生产装置各个工段单元的设备、物料、工艺中的危害因素进行分析。比如，就生产过程中的高温高压、有毒、易燃易爆作业区域的性质、条件及后果进行分析。因此，必须根据化工行业的有关规定和《建筑设计防火规范》，参照同类企业情况，从工艺流程和设备分类着手进行分析。

从主要装置危险、有害物质特性及其可能发生的事故性质来看，合成氨生产工艺流程的各个阶段中所产生的中间产品中，大部分都存在着易燃、易爆和毒性危害，主要过程又在一定的温度和压力状态下进行。显而易见，各个生产单元的生产过程存在着火灾、爆炸、毒性泄漏的危险性。各工艺单元设备危险因素及可能发生的事故性质、类型，如表8-1所示。

表8-1　合成氨工艺单元设备主要危险

序号	装置	危险因素	危 险 性
1	电动抓斗桥式起重机	—	起重伤害、高处坠落、粉尘、机械伤害、电气伤害
2	斗式提升机	—	起重伤害、机械伤害、撞击、电气伤害、粉尘
3	煤球机	—	机械伤害、噪声、电气伤害
4	皮带运输机	—	粉尘、机械伤害、噪声、电气伤害
5	粉碎机	—	机械伤害、噪声、粉尘
6	搅拌机	—	机械伤害、噪声、振动、粉尘
7	筛煤机	—	机械伤害、噪声、振动、粉尘
8	烘干机	—	机械伤害、粉尘、高温灼烫
9	煤气发生炉	半水煤气	泄漏、火灾、爆炸、中毒、高温灼烫、粉尘
10	电动葫芦	—	起重伤害、电气伤害、高处坠落、物体打击、撞击
11	空气鼓风机	空气	机械伤害、电气伤害、噪声

序号	装置	危险因素	危 险 性
12	水夹套(汽包)	内：水蒸气 外：半水煤气	断水，铁板烧红，立即加水造成物理爆炸；进出口阀门关闭，安全阀失灵，造成憋压而爆炸
13	集尘器	半水煤气	泄漏、火灾、爆炸、中毒、粉尘、高温灼烫
14	废热锅炉	内：半水煤气 外：水蒸气	火灾、爆炸、高温灼烫、中毒、粉尘
15	洗气塔	半水煤气	泄漏、火灾、爆炸、中毒、高处坠落、物体打击
16	气柜	半水煤气	泄漏、火灾、爆炸、高处坠落、中毒
17	罗茨鼓风机	半水煤气	泄漏、火灾、爆炸、噪声、中毒
18	脱硫塔	半水煤气、脱硫液	中毒、泄漏、火灾、爆炸、化学灼伤
19	焦炭过滤器	半水煤气	中毒、泄漏、火灾、爆炸
20	清洗塔	半水煤气	中毒、泄漏、火灾、爆炸
21	静电除焦塔	半水煤气	中毒、泄漏、火灾、爆炸
22	泵类	脱硫液	噪声、机械伤害、电气伤害
23	变换炉	半水煤气、变换气	泄漏、火灾、爆炸、高处坠落、中毒、高温灼烫
24	热水饱和塔	半水煤气、变换气、水蒸气	泄漏、火灾、爆炸、高处坠落、中毒、高温灼烫
25	热交换器	半水煤气、变换气	泄漏、火灾、爆炸、高处坠落、中毒、高温灼烫
26	水加热器	变换气、热水	泄漏、火灾、爆炸、高处坠落、中毒、高温灼烫
27	冷凝器	变换气、热水	泄漏、火灾、爆炸、高处坠落、中毒、高温灼烫
28	电加热器	半水煤气、水蒸气	泄漏、火灾、爆炸、中毒、高温灼烫、电气伤害
29	泵类	脱硫液、水	噪声、机械伤害、电气伤害
30	脱碳塔	H_2、碳酸丙烯酯	爆炸、火灾
31	脱硫塔	H_2、H_2S 等	爆炸、中毒
32	氢氮压缩机	H_2、N_2 等气体	机械伤害、噪声、烫伤
33	氨压缩机	NH_3	机械伤害、噪声、中毒
34	循环压缩机	H_2、NH_3、N_2 等气体	机械伤害、噪声、中毒
35	铜液洗涤塔	H_2、CO、CO_2、铜氨液	爆炸、中毒
36	铜液泵	铜氨液	机械伤害、噪声、中毒
37	再生器	CO、H_2S 等	中毒、灼烫伤
38	油分、铜分	H_2、N_2 等气体	爆炸、腐蚀
39	铜液加热器	铜氨液	中毒、腐蚀、高温灼烫
40	铜液储槽	铜氨液	腐蚀、泄漏、中毒
41	合成塔	H_2、NH_3、N_2	火灾、爆炸、高温、中毒
42	废热锅炉	H_2、NH_3、N_2	火灾、爆炸、高温、中毒
43	氨蒸发冷凝器	NH_3	火灾、爆炸、中毒、低温
44	油分、氨分	H_2、NH_3、N_2	火灾、爆炸、中毒
45	蒸汽管道	蒸汽	物理爆炸、高温灼烫
46	电气高低压开关	电	触电
47	液氨储罐	NH_3	爆炸、中毒

此外，高温、高压可加速设备金属材料发生蠕变、改变金相组织，还会加剧氢气、氮气对钢材的氢蚀及渗氮，加剧设备的疲劳腐蚀，使其机械强度减弱，引发物理爆炸。曾经发生过一起氮氢混合气循环压缩机活塞杆断裂事故。1997 年 4 月浙江某化肥厂发生的 2 号氮氢循环机活塞杆突然断裂导致爆炸。断裂发生后，有大量高压循环气冲出，同时机组伴随发生强烈撞击和振动。操作人员见此情景立即采取了紧急停机处理，连续按了五次停机按钮，飞轮仍在继续旋转。室内氨气令人窒息。操作人员被迫退到室外换气，此时阀门尚未关闭，合成车间厂房内发生空间爆炸，同时起火。强烈的气浪震塌了面积为 319m² 的厂房，将离事故点 30m 远的房屋门窗玻璃震碎，造成 5 人受伤，其中 2 人伤势较重。分析事故的原因：活塞杆累计运行时间已达 3 年。断口是典型氢腐蚀和循环载荷共同作用下形成的。分析其中氢的来源，主要来自：①混合气体中含有的氢；②镀铬引进的氢。氢不断对活塞杆进行腐蚀，在载荷的作用下活塞杆出现裂纹，氢进入裂纹后，会使裂纹不断扩展。针对该事故可以采取的安全措施主要有：①定期检修，如果能够定期检修发现裂纹后及时更换，可以避免这起事故；②从工艺和选材上避免氢腐蚀，如采用拉氢钢做活塞杆；③厂房在设计之初或改造过程中应该考虑防爆、防火措施并且要有必要的紧急泄压措施等。

4. 控制安全

对合成氨过程而言，基本上都是采取自动化控制。自动化控制大大减轻了劳动力和劳动强度，有利于过程装置的安全运行。但是如果操作失误、或者控制仪表损坏、线路出问题等有可能会造成更大的危险。

下面主要从两个方面来分析安全控制问题，一个是控制系统的安全设计问题，一个是在某个点没有监控所造成的安全问题。

（1）控制系统的安全设计

如果对工艺过程认识不足或者其他原因，导致自动化控制安全设计没有充分考虑可能发生的危险，这样就会由于安全设计不好而发生危险。例如，对液氨蒸发器来说，有以下两套安全设计方案，如图 8-10 所示。

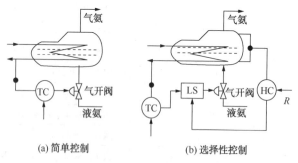

图 8-10 液氨蒸发器控制系统的安全设计方案

液氨蒸发器的原理：蒸发器本身作为一个换热设备，利用液氨的汽化需要吸收大量的热量来冷却流经管内的被冷却物料。生产上，往往要求被冷却物料的出口温度稳定，这样就构成以被冷却物料出口温度为被控变量，以液氨流量为操纵变量的控制方案，通过改变传热面积来调节传热量的方式。液位高度间接反映了传热面积变化，这是一个单输入(液氨流量)两输出(温度、液位)的简单控制系统。

但是如果有意外情况发生,图8-10(a)就满足不了安全生产的要求了。如杂质油漏入被冷却物料管线,使传热系数猛降,这时需增加传热面积,但传热面积会达到极限。这时如果继续增加液氨量,并不会提高传热量,但液位继续提高,会带来生产事故。原因是氨需要回收,氨气将进入压缩机,如果混杂液氨,将损坏压缩机的叶片。这样在设计时就应该如图8-10(b)所示,在原控温基础上,增加防液位超限的控制系统。在正常工况下,温度控制;非正常工况下,液位达到高限,出口温度仍偏高(成为次要因素),需启动液位控制器以保护压缩机。

(2)增加控制点

如果在某个设备或某个工段的某一点没有设置监测点,结果这个位置发生了异常,操作人员无法发现,同样会造成事故。

曾经发生过一起压缩机第三段内气体温度意外升高引起事故。该段内气体温度的升高使得整个设备发生剧烈喘振,造成第三段气缸的浮动环密封遭到破坏,泄漏出来的气体使压缩机的主轴,叶轮严重变形。

如果在该压缩机上设计安装若干个与信号系统和联锁装置相连接的各种信号发送器。一旦发生异常,信号就会传输到控制中心的大屏幕上,操作人员就可以及时发现并处理。如果操作人员来不及处理,可以通过联锁装置发出设备停车动作,这样就可以防止整个装置遭到破坏,从而减少事故损失。

按照《首批重点监管的危险化工工艺目录》和《首批重点监管的危险化工工艺安全控制要求、重点监控参数及推荐的控制方案》(安监总管三〔2009〕116号)的要求进行危险化工工艺的安全控制。对合成氨工艺重点监控工艺参数有:合成塔、压缩机、氨储存系统的运行基本控制参数,包括温度、压力、液位、物料流量及比例等。安全控制的基本要求有:合成氨装置温度、压力报警和联锁;物料比例控制和联锁;压缩机的温度、入口分离器液位、压力报警联锁;紧急冷却系统;紧急切断系统;安全泄放系统;可燃、有毒气体检测报警装置。宜采用的控制方式有:将合成氨装置内温度、压力与物料流量、冷却系统形成联锁关系;将压缩机温度、压力、入口分离器液位与供电系统形成联锁关系;紧急停车系统。合成单元自动控制还需要设置以下几个控制回路:①氨分、冷交液位;②废锅液位;③循环量控制;④废锅蒸汽流量;⑤废锅蒸汽压力。安全设施,包括安全阀、爆破片、紧急放空阀、液位计、单向阀及紧急切断装置等。

5. 系统安全

对任何工艺过程而言,装置生产的安全稳定运行,需要系统内各个元素都正常运行。如果某个地方出现异常,往往需要运用系统分析的方法来进行分析,一个小的参数变化就会引起整个系统的危险。当某个装置的某个指标如温度超限了。要用系统的观点进行分析。比如以合成塔为例,如果塔的操作温度过高,这时候要进行查找原因,造成合成塔温度过高的可能原因有介质流速、催化剂活性、入口气体温度、仪表等。它们都有可能影响影响操作温度。

通过这五个方面的分析,可以发现中压合成氨工艺的危险性因素很多。当然,本书仅仅是从这几个方面给出一个危险性分析的方法,以便把众多的危险因素分类。如果想得到更详尽的危险性分析,还可以通过系统安全的分析方法进一步分析。

五、系统安全分析方法在合成氨工艺中的应用

国际上常用的安全分析评价方法有：安全检查表(SCL)、如果…怎么样？(What if)、故障模式及影响分析(FMEA)、危险与可操作性研究(HAZOP)、保护层分析(LOPA)、事件树(ETA)、事故树(FTA)、道化学公司火灾爆炸危险指数、蒙德火灾爆炸毒性指数等。本节选取三种方法(道化学公司火灾爆炸危险指数、危险与可操作性研究、保护层分析)，将其在合成氨工艺中进行应用。

1. 道化学火灾爆炸危险指数法

道化学火灾爆炸危险指数法是化工领域最早应用于实际的安全评价方法，目前已发展到第7版，其通过工艺单元危险物质的辨识、决定物质的选取和危险系数的计算来确定初始的火灾爆炸危险指数等级，然后针对生产或工艺过程所采取的各种安全装置与措施，计算安全措施补偿系数，进行危险分析，得出安全补偿后的实际危险性等级并用于指导生产。

（1）道化学火灾、爆炸危险指数法的适用性分析

① 合成氨生产工艺流程

某化肥厂采用天然气作原料进行氨的合成。合成氨生产包括转化工序、变换工序、脱碳工序、合成氨工序和辅助工序五个部分。合成氨生产工艺流程如图8-11所示。

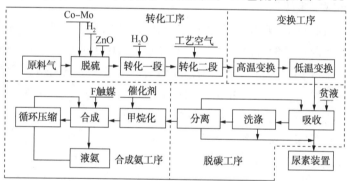

图 8-11 合成氨生产工艺流程图

② 转化工序的工艺过程

下面选取转化工序进行道化学火灾、爆炸危险指数评价。该转化单元主要采用天然气(主要成分为甲烷)饱和增湿工艺，将工艺冷凝液中的 NH_3、甲醇等杂质气提至原料天然气中，并使天然气增湿；经压缩机加压，在一段炉对流段低温段加热至230℃后与氢混合气进入 Co-Mo 氧化锌脱硫槽脱硫；然后在一段转化炉和二段转化炉中进行一段转化和二段转化。

一段转化：原料气与中压水蒸气混合后，经对流混合气盘管加热后，进入一段触媒反应管进行蒸汽转化，气体中残余甲烷为10%。

主要反应为

$$CH_4+H_2O \longrightarrow CO+3H_2 \tag{8-5}$$

$$CO+H_2O \longrightarrow CO_2+H_2 \tag{8-6}$$

二段转化：一段转化气进入二段，同时送入工艺空气并经对流段预热管预热，转化气

中的 H_2 燃烧产生的热量供给转化气中的甲烷在二段触媒床中进一步转化,使得工艺气中甲烷含量为 0.5%,经废热锅炉回收余热后,进入变换。

主要反应为

$$2H_2 + O_2 \longrightarrow 2H_2O \tag{8-7}$$

$$CH_4 + H_2O \longrightarrow CO + 3H_2 \tag{8-5}$$

$$CO + H_2O \longrightarrow CO_2 + H_2 \tag{8-6}$$

③ 道化学火灾、爆炸危险指数评价法的适用性分析

转化工序的原料为天然气。装置中主要成分是由低分子量烷烃组成的混合物,初始时甲烷含量达到 96%;经过反应后达到平衡时的主要成分为:H_2 占 58.08%,甲烷占 0.5%,CO 占 12%~14%。这三种物质与空气的混合物易发生着火爆炸,均属危险物质,在生产中易发生火灾、爆炸事故,且其数量也超过了道化学方法规定的危险物质数量的下限($0.454m^3$)。此外,转化工序与其他工序罐器、塔器相对独立,只是管线、换热等部分相互联系,从空间布置上可以划分为独立的评价单元。因此,用道化学火灾、爆炸危险指数评价方法评价合成氨的转化工序单元是合适的。

(2)转化单元道化学方法评价过程

① 计算程序图

道化学方法计算程序如图 8-12 所示。

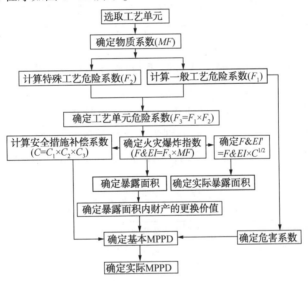

图 8-12 道化学方法计算程序图

② 道化学评价过程

a. 确定物质系数

在火灾、爆炸指数计算和危险性评价过程中,物质系数(MF)是最基础的数值,也是表述由燃烧或化学反应引起的火灾、爆炸过程中潜在能量释放的尺度。数值范围为 1~40,数值大则表示危险性高。物质系数由两个因素确定,首先是物质本身所固有的物质系数,另一个是考虑该物质所处的反应温度,依据其对固有物质系数进行修正。

由于评价工艺单元中的危险物质是混合物,且反应产物存留在该工艺单元内,所以物

质系数应根据初始混合状态来确定。根据道化学评价法中物质系数的确定原则：混合溶剂或含有反应性物质溶剂的物质系数，可通过反应性化学试验数据求得。无法取得时，应取组分中最大的 MF 作为混合物 MF 的近似值（最大组分浓度 $\geqslant 5\%$）。对转化工序中存在的危险物质，CH_4 是转化工序中关键流程（一段转化和二段转化）中参与反应的最关键危险物质，其组分浓度远远超过原则规定值，危险最大，是决定转化工序危险性大小的关键物质，因此将 CH_4 确定为此工艺单元的决定物质，进而确定工艺单元内混合气体的物质系数。CH_4 的物质系数由 DOW 方法第 7 版附录 A 查得为 21。

一段转化气中操作温度为 820℃，属高温操作，应按要求进行温度修正。查附录 A 可知，温度修正前甲烷的易燃性 NF 为 4，化学活性 NR 为 0，填入"物质温度系数修正表"（表 8-2）后并结合原"物质系数取值表"可得温度修正后物质系数 MF 仍为 21。

表 8-2　物质温度系数修正表

物质系数温度修正	NF	St	NR
填入 NF（粉尘 St）NR	4		0
如果温度小于 60℃，转至 5 项			
如果温度高于闪点，或温度大于 60℃，在 NF 栏内填"1"	1		
如果温度大于放热起始温度或自燃点，在 NR 栏内填"1"			1
各竖行数字相加，总数为 5 时填 4	4		1
用 5 项数值和"物质系数取值表"确定 MF	$MF=21$		

b. 确定工艺单元危险系数（F_3）

工艺单元危险系数值是由一般工艺危险系数（F_1）与特殊工艺危险系数（F_2）相乘求出的，即 $F_3=F_1\times F_2$。

$$F_1=基本系数+所有一般工艺危险系数之和$$

其中基本系数为 1.00，其他六方面分别为放热化学反应、吸热反应、物料处理与输送、封闭或室内单元、通道、排放和泄漏控制，取值依据单元内的实际情况并依据表 8-3 的取值标准进行量化。

表 8-3　F_1 计算表

一般工艺危险	危险系数范围	危险系数
基本系数	1.00	1.00
放热化学反应	0.3~1.25	—
吸热反应	0.20~0.40	0.40
物料处理与输送	0.25~1.05	0.50
密闭式或室内工艺单元	0.25~0.90	—
通道	0.20~0.35	—
排放和泄漏控制	0.25~0.50	—
一般工艺危险系数（F_1）		1.90

$$F_2=基本系数+所有选取的特殊工艺危险系数之和$$

其中基本系数为 1.00，特殊工艺危险系数分别为："毒性物质""负压操作""燃烧范围或其附近的操作""粉尘爆炸""释放压力""低温""易燃和不稳定的数量""腐蚀""泄漏-连接头和填料处""明火设备的使用""热油交换系统"和"转动设备"共 12 项。

工艺单元危险系数(F_3)＝一般工艺危险系数$(F_1)\times$特殊工艺危险系数(F_2)

F_2 计算如表 8-4 所示。

表 8-4 F_2 计算表

特殊工艺危险		危险系数范围	危险系数
基本系数		1.00	1.00
毒性物质		0.20～0.80	0.20
负压(66.661kPa)		0.50	—
易燃范围及接近易燃范围的操作	惰性化-未惰性化		—
	罐装易燃液体	0.50	
	过程失常或吹扫故障	0.30	
	一直在燃烧范围内	0.80	
粉尘爆炸		0.25～2.00	
压力 操作压力(绝对压力)14.0MPa 操作压力(绝对压力)16.5MPa			0.64
低温		0.20～0.30	—
易燃及不稳定物质质量为 29815kg,燃烧热值为 18611.2J/kg	工艺中的液体及气体		0.10
	储存中的液体及气体		
	储存中的可燃固体及工艺中的粉尘		
腐蚀及磨蚀		0.10～0.75	0.20
泄漏——接头和填料		0.10～1.50	0.30
使用明火设备			1.00
热油热交换系统		0.15～1.15	—
转动设备		0.50	—
特殊工艺危险系数(F_2)			3.44

则 $F_3 = F_1 \times F_2 = 6.536$

c. 计算 F&EI 及对应初始危险等级

$$F\&EI = F_3 \times MF = 6.536 \times 21 = 137.3$$

对应表 8-5 可知,该单元的初始危险等级为"很大"。

表 8-5 F&EI 及危险等级

F&EI 值	危险等级	F&EI 值	危险等级
1～60	最轻	128～158	很大
61～96	较轻	>159	非常大
97～127	中等		

计算安全措施补偿系数之前,该转化单元 F&EI 值为 137.3,危险等级属于"很大"范畴。

d. 计算安全措施补偿系数 C

安全措施分工艺控制（C_1）、物质隔离（C_2）、防火措施（C_3）3 类，如表 8-6 所示。

表 8-6 安全措施补偿系数汇总表

a. 工艺控制安全补偿系数（C_1）

项　　目	补偿系数范围	采用补偿系数
应急电源	0.98	0.98
冷却装置	0.97~0.99	1.00
抑爆装置	0.84~0.98	0.98
紧急切断装置	0.96~0.99	0.98
计算机控制	0.93~0.99	0.97
惰性气体保护	0.94~0.96	0.96
操作规程/程序	0.91~0.99	0.92
化学活泼性物质检查	0.91~0.98	0.91
其他工艺危险分析	0.91~0.98	0.97
C_1	0.71	

b. 物质隔离安全补偿系数（C_2）

项　　目	补偿系数范围	采用补偿系数
遥控阀	0.96~0.98	0.98
泄料/排空装置	0.96~0.98	1.00
排放系统	0.91~0.97	1.00
联锁装置	0.98	0.98
C_2	0.96	

c. 防火设施安全补偿系数（C_3）

项　　目	补偿系数范围	采用补偿系数
泄漏检测装置	0.94~0.98	1.00
结构钢	0.95~0.98	0.98
消防水供应系统	0.94~0.97	0.97
特殊灭火系统	0.91	1.00
洒水灭火系统	0.74~0.97	1.00
水幕	0.97~0.98	1.00
泡沫灭火装置	0.92~0.97	0.94
手提式灭火器材/喷水枪	0.93~0.98	0.95
电缆保护	0.94~0.98	0.94
C_3	0.80	

则安全措施补偿系数为

$$C = C_1 \times C_2 \times C_3 = 0.71 \times 0.96 \times 0.80 = 0.55$$

e. 危害系数(DF)的确定

危害系数(DF)由单元物质系数(MF)和工艺危险系数(F_3)经单元破坏系数计算图得出，结果为 0.78。

f. 计算暴露半径和暴露区域

暴露半径用 $F\&EI \times 0.84$ 得出(单位为 ft, $1 ft = 0.3048 m$)。

暴露半径 $R = 137.3 \times 0.84 \times 0.3048 = 35 m$。

暴露区域面积 $S = \pi R^2 = 3.14 \times (35)^2 = 3847 m^2$。

g. 补偿后的火灾、爆炸指数

$$F\&EI' = F\&EI \times C^{1/2} = 137.3 \times 0.55^{1/2} = 101.8$$

根据表 8-5 补偿后的单元危险等级为"中等"。

h. 补偿后实际暴露面积 S'

$$S' = \pi R'^2 = \pi (F\&EI' \times 0.84 \times 0.3048) = 2128 m^2$$

i. 最大可能财产损失

假设该影响区域内的财产(装备、设施等的总投资)价值为 A 万元，以此计算出最大可能的财产损失(基本 MPPD)和实际可能的财产损失(实际 MPPD)的表达式，不计算损失的绝对值。

最大可能财产损失(基本 MPPD):

基本 MPPD = 影响区域价值 × 单位危害系数 × 0.82 = A × 单元危害系数 × 0.82 = A × 0.78 × 0.82 = 0.64A

其中，0.82 是一个不经受损失的成本允许量，如场地、道路等。

实际最大可能的财产损失(实际 MPPD):

实际 MPPD = 基本 MPPD × C(安全设施补偿系数) = 0.64A × 0.55 = 0.35A

将上述道化学火灾、爆炸指数评价法对转化单元的评价过程进行汇总，见表 8-7。

表 8-7　转化单元危险分析汇总

项　　目	数值	项　　目	数值
初始火灾、爆炸指数($F\&EI$)及危险等级	137.3(很大)	补偿后火灾爆炸指数($F\&EI$)及危险等级	101.8(中等)
暴露面积 S	3847	补偿后实际暴露面积 S'	2128
危害系数 DF	0.78	基本最大可能财产损失-基本 MPPD	0.64A
安全措施补偿系数 = $C_1 C_2 C_3$	0.55	实际最大可能财产损失-实际 MPPD	0.35A

从以上汇总情况可以看出，该单元的初始火灾、爆炸指数($F\&EI$)为 137.3，危险等级属于"很大"范围，在没有采取任何一种安全措施来降低损失的情况下，如果该单元整体发生火灾爆炸事故，3847 m^2 区域内将有 78% 遭到破坏，最大可能的财产损失将达到影响区域内财产总值的 64%，后果很严重；而采取了相应的安全措施以后，该单元实际最大可能财产损失降低到了影响区域内财产总投资的 35%，补偿后火灾、爆炸指数($F\&EI'$)也降低为101.8，危险等级属于"中等"范围，比补偿前下降了一个等级，虽然未到"较轻""最轻"程度，但是由于该单元自身固有的高风险性(物料危险性大，物料量大，工艺较复杂)，"中等"的危险等级还是属于可接受的范围。

总之，该单元所采取的工艺控制、物质隔离、防火三类安全措施综合起来可以有效控制火灾、爆炸事故的发生，并减少事故损失。

2. 危险与可操作性研究(Hazard and Operability Study，HAZOP)

HAZOP 是一种系统化、结构化的方法，该方法全面、系统地研究系统中每一个元件，其中重要的参数偏离了指定的设计条件所导致的危险和可操作性问题。HAZOP 重点分析由管路和每一个设备操作所引发潜在事故的影响，选择相关的参数，例如：流量、温度、压力和时间，然后检查每一个参数偏离设计条件的影响。采用经过挑选的关键词表，例如"大于""小于""部分"等，来描述每一个潜在的偏离。最终识别出所有的故障原因，得出当前的防护装置和安全措施。所作的评估结论包括非正常原因、不利后果、现有安全措施和所要求的安全防护。

HAZOP 适用范围：既适用于设计阶段，又适用于现有的生产装置。对现有生产装置分析时，如能吸收有操作经验和管理经验的人员共同参加，会收到很好的效果。HAZOP 主要应用于连续的化工过程。在连续过程中管道内物料工艺参数的变化反映了各单元设备的状况，因此在连续过程中分析的对象确定为管道，通过对管道内物料状态及工艺参数产生偏差的分析，查找系统存在的危险，对所有管道分析之后，整个系统存在的危险也就一目了然。HAZOP 也可用于间隙过程的危险性分析。在间歇过程中，分析的对象将不再是管道，而应该是主体设备，如反应器等。根据间隙生产的特点，分成三个阶段(即进料、反应、出料)，对反应器加以分析。同时，在这三个阶段内不仅要按照关键词来确定工艺状态及参数可能产生的偏差，还要考虑操作顺序等项因素可能出现的偏差。这样就可对间歇过程作全面、系统的考察。

HAZOP 主要分析步骤：

① 充分了解分析对象，准备有关资料。

② 将分析对象划分为若干单元，在连续过程中单元以管道为主，在间歇过程中单元以设备为主。

③ 按关键词(引导词)，逐一分析每个单元可能产生的偏差。

④ 分析发生偏差的原因及后果。

⑤ 制定对策。

⑥ 将上述分析结果填入表格中。

本节运用 HAZOP 方法，选择某 300kt/a 氨合成系统在详细工程设计阶段对其卡萨利氨合成塔进行 HAZOP 分析，排查安全隐患，提出应对措施。

(1)氨合成系统工艺流程

该合成氨装置采用 2600mm 氨合成塔内件，第一床层装填预还原催化剂 13m³，第二、三床层共装填氧化态催化剂 52m³，催化剂粒径 1.5~3.0mm；反应气入塔压力 11.31MPa(设计压力 12.0MPa)，入塔温度 230℃(设计温度 260℃)。

氨合成系统工艺流程：来自合成气压缩机的合成气压力为 11.49MPa、温度为 66℃，经合成塔进料/出料换热器预热到 230℃后分成 3 路进入合成塔。一路约 60%的气体通过合成塔壳体和催化剂筐环隙与第一床层出口气体进行换热，以降低合成塔壳体温度和第二床层入口气体温度，同时自身被加热到385℃；一路约30%的气体与第二床层出口气体进行换热，以降低第三床层入口气体温度，同时与主气流混合并预热后进入第一床层；一路约10%的气体直接送至合成塔入口。

上述3路气体混合后进入合成塔第一床层(有50%以上的氨于此处合成)，第一床层出口气体与冷气换热后依次进入第二、三床层，第三床层出口气温度为442℃、压力为11.06MPa，经工艺蒸汽过热器换热后进入合成废锅副产4.15MPa蒸汽，废锅出口合成气降温到282℃，进入合成塔进料/出料换热器，与压缩机来合成气进行换热，温度降到110℃，然后进入合成塔出口冷却器中冷却到38℃，再经过组合式氨冷器的中心管外侧冷凝，最后通过氨分离器分离得到液氨，液氨再送至减压闪蒸罐，未冷凝的H_2、N_2则通过组合式氨冷器中心管换热到27℃后送入压缩机循环段。一级闪蒸罐底部的冷氨经液氨泵送到净化工段作为冷源，再从净化工段返回到一级闪蒸罐；冷氨也可经冷氨产品泵送至氨储罐。

氨合成塔及进出氨合成塔管道系统流程如图8-13所示。

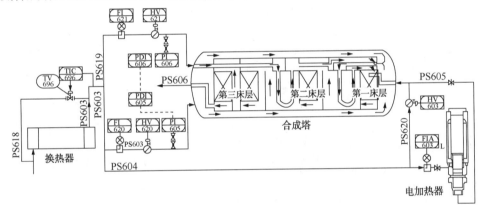

图8-13　氨合成塔及进出氨合成塔管道系统流程简图

(2) 氨合成塔HAZOP分析结果

氨合成系统按照功能划分为合成气预热、反应、氨冷却、氨分离4个节点，本节主要运用HAZOP分析方法对本套300000t/a合成氨装置卡萨利氨合成塔及进出氨合成塔管道进行分析，结果见表8-8。

表8-8　氨合成塔HAZOP分析结果

引导词	偏差	原因	后　　果	已有保护措施	建议
流量					
高	PS604 流量高	HV620或HV621 小开度故障	正常生产时合成塔反应温度波动，反应温度迅速下降乃至垮温停车		
			开车时通过电加热器进入合成塔气体流量过高，反应剧烈直至飞温而造成催化剂烧结和设备损坏	合成塔出口超温报警	

引导词	偏差	原因	后 果	已有保护措施	建议
流量					
低	PS604 流量低	HV620 或 HV621 大开度故障	正常生产时合成塔反应温度波动,合成塔一段入口温度升高直至飞温而造成催化剂烧结和设备损坏	合成塔出口超温报警	
			开车时通过电加热器进入合成塔气体流量少,无法正常开车,电加热器过热损坏	电加热器入口 FIA603 流量低低联锁停电加热器,电加热器出口温度高高联锁停电加热器	
高	PS603 流量高	HV603 或 HV621 小开度故障	合成塔壁温降低,第一床层出口温度降低乃至垮温	设置各床层温度调节报警	
低	PS603 流量低	HV603 或 HV621 大开度故障	合成塔壁温升高,第一床层出口温度升高直至第二床层飞温而造成催化剂烧结	设置各床层温度调节报警	
高	PS619 流量高	HV603 或 HV620 小开度故障	第三床层入口温度降低乃至垮温,合成塔出口温度低	设置各床层温度调节报警	
低	PS619 流量低	HV603 或 HV620 大开度故障	第三床层入口温度升高,合成塔出口温度高	设置各床层温度调节报警	
温度					
高	PS603 温度高	受上游工段影响,合成气旁路 TV696 小开度故障	合成塔温度高,反应剧烈直至飞温而造成催化剂烧结和设备损坏	合成塔出口超温报警	
低	PS603 温度低	受上游工段影响,合成气旁路 TV696 大开度故障	合成塔温度降低乃至垮温停车		
高	PS605 温度高	电加热器控制故障	管道超温损坏,合成塔入口超温,催化剂烧结	电加热器入口 FIA603 流量低低联锁停电加热器,电加热器出口温度高高联锁停电加热器	
低	PS605 温度低	电加热器控制故障	无法升温还原及开车		
高	合成塔壁温高	PS603 流量小	第一床层出口温度升高直至第二床层飞温而催化剂烧结		设置各床层温度调节报警
		内件损坏致气体偏流,催化剂落入并堵塞热交换器列管,合成气流速过快	合成塔壁温过高,造成钢材高温脱碳,强度降低而破裂,乃至发生爆炸	停车检修内件,检查催化剂	严格监控热点温度及合成塔壁温并报警

續表

引导词	偏差	原因	后果	已有保护措施	建议
温度					
低	合成塔壁温低	PS603流量大	第一床层出口温度降低乃至垮温停车		
高	反应温度高	入塔气换热器旁路阀小开度故障	入塔气温度高，合成气温度高	开大入塔气主线手控阀，增大第一床层出口冷却气流量	
		入塔气主线手控阀误操作而开小	第一床层出口反应气温度升高	开大入塔气主线手控阀，增大第一床层出口冷却气流量	
		生产负荷波动大，内件损坏致气体偏流，催化剂落入并堵塞热交换器列管，合成气流速过快	合成塔壁温过高，造成钢材高温脱碳，强度降低而破裂，乃至发生爆炸	停车检修内件，检查催化剂	严格监控热点温度及合成塔壁温并报警
低	反应温度低	入塔气换热器旁路阀大开度故障或故障开	入塔气温度低，反应活性低，反应温度降低	关小入塔气主线手控阀，减少第一床层出口冷却气流量	
		入塔气主线手控阀误操作而开大	第一床层出口反应气温度降低	关小入塔气主线手控阀，减少第一床层出口冷却气流量	
		催化剂活性下降或失活	反应效率降低，反应热减少		更换催化剂或利用停车机会对催化剂进行深度还原
		循环气中惰性气含量高	有效气量较少，反应热减少	来自压缩机的合成气管线设有全组分取样分析	做好空分和净化装置的指标优化和监控
		内件损坏致气体偏流，未换热直接进入催化剂筐	合成塔压差减小，氨净值下降，不能维持正常生产	停车检修内件等	
压力					
大	合成塔进出口压差大	内件损坏，入塔气偏流	气体进出塔阻力大	停车检修内件	
		催化剂装填有问题或坍塌	气体进出塔不通畅	停车更换催化剂氢	

211

引导词	偏差	原因	后果	已有保护措施	建议
压力					
大	合成塔进出口压差大	氢氮比失调，入塔气氮含量增高，惰性气含量高，主副线流量控制不当或合成气实际循环量过大	易损坏合成塔内件；压缩机超电流，跳闸甚至损坏	对来自压缩机的合成气进行全组分取样分析	合理控制主副线流量，按照设计要求严控合成气循环量
高	反应压力高	生产负荷波动大，氢氮比偏高或偏低	发生氢腐蚀，钢材表面鼓包甚至出现裂纹，易引起泄漏		避免设备超温超压运行，定期对合成塔进行全面检查
组分					
高	合成气杂质含量高	净化工段出口新鲜气毒物含量超标	催化剂失活，床层温度波动	对来自压缩机的合成气进行全组分取样分析	做好空分和净化装置的指标优化和监控

基于对氨合成塔的上述 HAZOP 分析，各专业人员提出适宜的几项安全建议措施。

① 控制适宜的温度是氨合成塔生产中的首要任务。温度过高，会导致催化剂烧结，钢材高温脱碳及强度降低乃至破裂；温度过低，会导致氨净值降低，催化床层垮温甚至停车。

② 控制适宜的压力是氨合成塔生产中的第二重要任务。压力过高，会发生氢腐蚀，钢材表面鼓包或出现裂纹，甚至发生爆炸；合成塔进出口压差过大，易导致内件损坏或合成气压缩机超电流。

③ 造成氨合成塔温度与压力或高或低的原因主要有以下三方面：一是氨合成塔局部内件损坏；二是局部或全部催化剂失活；三是氨合成塔进料主副线流量失控。现场人员根据氨合成塔及进出料管线不同部位的温度、压力变化情况和仪表、阀门使用情况，综合分析，应能判断和排查出症结所在，并采取有针对性的措施进行调整或停车检修。

④ 温度、压力、压差报警联锁是氨合成塔安全运行的重要保障。生产过程中要保证氨合成系统的仪表均处于良好运行状态，并对氨合成塔的温度、压力、压差等一定要严密监控，遇到报警时操作人员要能快速、准确地作出判断和处理。

⑤ 预防惰性气和毒物含量超标；严禁超负荷运行，严禁超温、超压运行；对氨合成塔内件、催化剂及氨合成塔进料/出料管线的仪表、阀门进行定期检查。

3. HAZOP-LOPA 分析方法

HAZOP 分析是一种定性的分析方法，是识别危险场景的有效工具，但对于后果严重或风险高的事故场景，缺乏足够的决策依据。而保护层分析（LOPA, layers of protection analysis）则是一种半定量的分析方法，可以对 HAZOP 分析出的事故场景进行半定量分析，是 HAZOP 分析的继续和补充。因此在 HAZOP 分析过程中引入 LOPA 分析，能更加深入地评估风险，提出有效安全措施控制风险。

LOPA 是 2001 年由美国化学工程师协会化工过程安全中心（Center for Chemical Process Safety，CCPS）发布，2003 年《Functional safety—Safety instrumented systems for the process industry sector—Part3：Guidance for the determination of the required safety integrity levels》（IEC 61511-3）引用，2007 年 GB/T 21109.3《过程工业领域安全仪表系统的功能安全 第 3 部分：确定要求的安全完整性等级的指南》引用。

LOPA 方法是在定性危害分析的基础上，进一步评估保护层的有效性，并进行风险决策的系统方法，其主要目的是确定是否有足够的保护层使风险满足企业的风险可接受标准。LOPA 是一种半定量的风险评估技术，通常使用初始事件频率、后果严重程度和独立保护层（IPL）失效频率的数量级大小来近似表征场景的风险，从而确定现有的安全措施是否合适，是否需要增加新的安全措施。

各级保护层所应对的危险级别如图 8-14 所示。

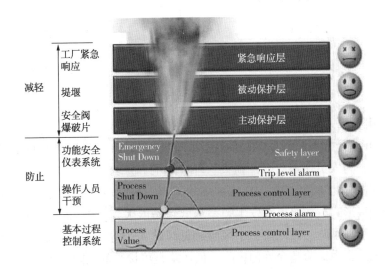

图 8-14　各级保护层所应对的危险级别

不过，LOPA 并不是识别危险场景的工具，LOPA 的正确分析取决于 HAZOP 所得出的危险场景的准确性，包括初始事件和相关的安全措施是否正确和全面。HAZOP 与 LOPA 的关系如图 8-15 所示。

HAZOP-LOPA 技术在液氨罐区的应用示例如下：

某石化公司液氨罐区，主要包括 2 台 50m³ 液氨球罐、1 台 400m³ 液氨球罐、2 台液氨输送泵、2 台液氨蒸发器、1 台氨气缓冲罐、1 台氨压缩机、1 台氨液分离器、1 台氨气吸收罐及烟囱、1 台氨水回炼泵。主要作用是接收和储存硫黄回收装置输送的液氨，另外分别向热电站脱硫脱硝装置输送液氨汽化后的氨气、供汽车槽车充装液氨。液氨或氨气一旦泄漏或失控，容易发生中毒窒息、火灾爆炸等事故。液氨罐区已构成三级重大危险源。

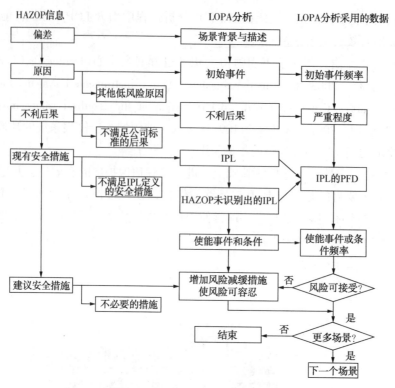

HAZOP信息　　　　　　　　　LOPA分析　　　LOPA分析采用的数据

图 8-15　HAZOP 与 LOPA 的关系

（1）风险矩阵

HAZOP-LOPA 分析中采用 Q/SH 0560—2013《HSE 风险矩阵标准》进行风险等级评估。风险矩阵中后果分为人员伤害、财产损失、环境影响和声誉影响 4 类，每类后果按照其严重性从低到高依次分为 A、B、C、D、E 共 5 个等级。风险矩阵后果发生的可能性采用定性和半定量 2 种分级形式，按照事故发生频率从低到高依次分为 1、2、3、4、5、6 共 6 个等级。风险分为严重高风险、高风险、中风险和低风险 4 个等级，其中高风险和严重高风险是不可接受的风险，中风险是允许的风险，低风险是可接受的风险。

（2）HAZOP-LOPA 分析过程

成立由主席、记录员和工艺、设备、仪表、安全、操作等专业人员组成的分析小组，制订分析计划，准备有关资料。分析前，对小组成员进行 HAZOP、LOPA 方法和风险矩阵标准培训，统一认识。召开分析会议，按照 HAZOP 分析步骤对每个节点和每个偏差进行分析，对 HAZOP 分析出的高风险、严重高风险场景进行 LOPA 分析，最后形成分析报告。

（3）HAZOP-LOPA 分析结果

按工艺流程将液氨罐区划分 3 个节点，分析偏差 62 个，分析事故场景 48 个，其中有 2 个高风险，其余为中风险和低风险。对高风险事故场景进行 LOPA 分析。共提出 8 条建议措施，其中操作与管理类的 3 条，仪表联锁类的 3 条，安全设计类的 2 条。部分 HAZOP 分析记录见表 8-9、高风险场景的 LOPA 记录见表 8-10。

表 8-9 液氨罐区 HAZOP 分析记录（部分）

序号	偏差	可能原因	后果	现有保护措施	严重性	可能性	风险等级	建议措施
1402.6	高液位（液氨罐 G1407、G1408、G1410）	液位计 LT1407、LT1408、LT1410 故障	液位上升，压力增大，引起安全阀起跳，氨气进入氨吸收系统，严重时从烟囱外泄，造成人员中毒	①PI1407、PI1408、PI1410 压力高报警 ②LSH1407、LSH1408、LSH1410 液位高高报警 ③G1410 罐体设置手动冷却喷淋 ④罐区设置有氨气报警仪	D	4	D4 高风险	用 LOPA 分析后提出
			液位上升，压力增大，氨罐超压，氨气泄漏，造成人员中毒	①安全阀 PSV1407A1/A2、PSV1408A1/A2、PSV1410A1/A2 ②PI1407、PI1408、PI1410 压力高报警 ③LT1407、LT1408、LT1410 液位高报警 ④LSH1407、LSH1408、LSH1410 液位高高报警 ⑤G1410 罐体设置手动冷却喷淋 ⑥罐区设置有氨气报警仪	D	3	D3 中风险	
	低压（氨气压缩机 C601 入口）	氨气压缩机 C601 入口阀或槽车气相线阀门误关	氨气中断，氨气压缩机 C601 入口形成负压，严重时空气被吸入系统，存在爆炸风险		D	5	D5 高风险	用 LOPA 分析后提出

表 8-10 液氨罐区 LOPA 记录

项　　目	序　　号	
	1402.6.1	1403.3.1
场景	液位计 LT1407、LT1408、LT1410 故障，液位上升，压力增大，引起安全阀起跳，氨气进入氨吸收系统，严重时从烟囱外泄，造成人员中毒	氨气压缩机 C601 入口阀或槽车气相线阀门误关，氨气中断，氨气压缩机 C601 入口形成负压，空气被吸入系统，发生爆炸
后果及严重性	氨气从烟囱外泄，造成人员中毒（D）	空气被吸入氨气压缩机系统，发生爆炸（D）
初始事件及发生频率	液位计 LT1407、LT1408、LT1410 故障（0.1）	氨气压缩机 C601 入口阀或槽车气相线阀门误关（0.1）
点火概率	—	1
人员暴露概率	0.5	1
致死概率	0.5	0.5

项　目	序　号	
	1402. 6. 1	1403. 3. 1
报警及人员响应 PFD	PI1407、PI1408、PI1410 压力高报警 0.1	1
其他独立保护层 PFD	—	—
后果发生频率	后果发生频率 0.002(0.0025 取整后)	0.05
现有风险等级	D4 高风险	D5 高风险
需求的 SIL 等级或建议的 IPLPDF	投用现有 LSHH1410 液位高高联锁切断 HV14101；新增 G1407、G1408 液位高高联锁锁断罐进料阀 0.1	增设氨气压缩机 C601 入口压力低联锁自动停压缩机，应符合 SIL10.01
减缓后的后果发生频率	0.0002	0.0005
减缓后的风险等级	D3 中风险	D3 中风险

以场景 1"液位计 LT1407、LT1408、LT1410 故障，液氨罐 G1407、G1408、G1410 液位上升，压力增大，引起安全阀起跳，氨气进入氨吸收系统，严重时从烟囱外泄，造成人员中毒"为例进行 LOPA 计算如下：

$$f_i^{\text{toxic}} = f_i^1 \times \left(\prod_{J=1}^J PFD_{ij} \right) \times P_{\text{ex}} \times P_{\text{d}}$$

式中　f_i^{toxic}——初始事件 i 的后果(中毒)发生频率，a^{-1}；

f_i^1——初始事件 i 的发生频率，a^{-1}；

PFD_{ij}——初始事件 i 中第 j 个阻止后果发生的 IPL 的 PFD；

P_{ex}——人员暴露概率；

P_{d}——人员受伤或死亡概率。

场景 1 的后果是造成人员中毒，严重性为 D。在现有保护措施的情况下，场景发生的频率为：$0.1 \times 0.5 \times 0.5 \times 0.1 = 0.0025$，取整后为 0.002，根据后果等级 D 和频率 0.002 查 HSE 风险矩阵标准，场景的现有风险等级为 D4，属高风险，因此，需要增加保护措施把场景风险降低到中风险或低风险。小组建议"投用现有 LSHH1410 液位高高联锁切断 HV14101；新增 G1407、G1408 液位高高联锁切断罐进料阀"，此独立保护层的 PFD 为 0.1，因此，将场景发生的频率由 0.002 降低至 0.0002，根据后果等级 D 和频率 0.0002 查 HSE 风险矩阵标准，场景减缓后的风险等级为 D3，属中风险，因此建议措施可以满足要求。如果提出的建议是"增加液位高高联锁切断罐进料，且符合 SIL1"时，此独立保护层的 PFD 为 0.01，因此，可将场景发生的频率由 0.002 降低至 0.00002，根据后果等级 D 和频率 0.00002 查 HSE 风险矩阵标准，场景减缓后的风险等级为 D2，属中风险。

由此示例可见，对 HAZOP 分析出的事故场景，运用 LOPA 分析可以定量评估保护措施对风险的降低程度、事故场景现有的风险等级以及增加保护措施后的风险等级。

思考题

1. 叙述煤为原料的合成氨工艺路线中造气、净化和合成工段的工艺流程。

2. 叙述以天然气为原料的合成氨工艺流程。

3. 影响合成氨反应放热过程的因素有哪些?

4. 如何控制合成塔中温度、压力等工艺条件?

5. 在合成塔中温度有何要求?"热点"温度如何控制?

6. 空间速度的大小对生产过程有何影响?

7. 氨分离常采用的方法有哪些?

8. 如何危险化学品物料、工艺、设备、控制和系统等五个方面进行分析合成氨过程的危险性?

9. 在合成氨工艺中常用的系统安全分析方法有哪些?

第九章　催化加氢工艺过程安全分析

第一节　典型事故案例分析

一、加氢裂化装置爆炸火灾事故

1. 事故经过

1987 年 3 月 22 日 7 时，英国某炼油厂加氢装置低压分离器因超压发生爆炸，并继而发生大火。事故造成一人死亡，装置严重损坏，经济损失 7850 万美元。

受灾的炼油厂，位于苏格兰首都爱丁堡以西约 30km 的格朗季蒙思市郊外，主要生产灯油、丁烷、轻质油、石脑油、汽油、重油等。加氢裂化装置是在高温高压和催化剂作用下，使低级蜡油及高黏度的油与氢反应，裂化生成高级轻质油、石油醇、液化石油气等的放热反应装置。反应器由 4 个竖式固定床(V301～V304)构成，其操作条件为压力 15.5MPa，温度 350℃。原料从缓冲罐连续进入反应器，出来的生成物经热交换器及空气冷却器冷却到 50℃左右，进入竖式高压分离器 V305。在 V305 中氢及轻质气体和液体分离，分离后的气体经过离心压缩机到反应器循环；液体经过控制阀进入卧式低压分离器 V306，压力变为 0.9MPa，进一步分离出气体。V306 分理出的气体含硫，送入脱硫装置脱硫。从低压分离器 V306 出来的脱气液经过热换热器进入蒸馏塔 V310，分馏出灯油、汽油、石脑油、液化石油气，余下的渣油到反应器循环。

火灾发生前的 3 月 13 日，辅助的放空系统着火，加氢裂化装置临时停工。21 日，加氢裂化装置重新开工。3 月 22 日 1 时 30 分仪表室报警，加氢裂化装置自动跳闸，机泵、压缩机等停运，反应器 V303 的自动切断器(TCO)动作，切断了原料油及氢的来路。操作人员认为 TCO 动作有误，否认 V303 处于异常高温，再次开始氢循环。2 时左右，装置升压至操作压力，同时反应器升温至开工条件，装置处于进料量为零的待进料状态直至 6 时交接班，这段时间除循环氢压缩机振动偏大外没发现其他问题。7 时装置发生猛烈爆炸，30km 以外的地方都可以听到和感觉到，容器四分五裂，碎片散落各处，流出物形成蒸气云，遇火源后形成大火球，立即发生大规模火灾，火焰高达 90 多米。

2. 原因分析

爆炸事故发生后，V306 破裂，碎片向周围飞散，根据碎片散落的状况和爆炸所造成的危害求得爆炸能量换算成 TNT 为 90kg，这一点和理论破裂压力 5MPa 是吻合的，因此，可以肯定 V306 的破裂是超压造成的，低压分离器的超压爆炸造成了这次事故。

加氢裂化装置在 TCO 夜间动作之后，再次建立氢循环，处于待进料状态。这期间操作人员手动操作位于高压分离器 V305 与低压分离器 V306 间的液面调节阀 LICV3-22 使之全开，致使 V305 的液面为零，V305 内 15.5MPa 的高压气体迅速向 V306 排放。V306 出口阀总是关闭的，安全阀的容量与排出气体压力不相适应，因此 V306 的压力短时间内达到了 5MPa，造成本体破裂。为防止液面过低，虽然在 V305 设置了浮子开关，但因 LICV3-22 和 HICV3-22 跳闸的接线被遗漏，所以 LICV3-22 不能紧急关闭，无法阻止 V305 的气体排入到 V306。另外跳闸用的浮子开关长时间处于不能使用状态，在这种情况下，有关操作人员没有认识到由于失误或液面调整机构发生故障，V306 会有超压的危险，尤其是手动操作 LICV3-22 时其危险性更大。

这次事故警示我们在拆卸或撤销跳闸装置或报警装置时，要事先对安全问题进行充分地评价，同时必须以文件的形式得到操作部门及其有关部门领导人的认可，对跳闸装置有必要定期检查，并将检查记录下来。

二、加氢裂解装置爆炸事故

1. 事故经过

1997 年 1 月 21 日 19 时 41 分，位于加利福尼亚州某炼油厂，加氢裂解 2 段 3 号反应器上的出口管破裂，气体(主要是从甲烷到丁烷的混合物、汽油和氢气)从管道中泄出，遇空气立即自燃，引起火灾和爆炸。1 名加氢裂解器操作工在反应器下检查现场温度表时被炸死，46 名工人受伤，其中 13 名重伤。

2. 原因分析

美国环境保护局(EPA)等机构对此起事故原因和基本情况进行了调查。碳氢化合物和氢气泄漏继而起火的直接原因是 2 段 3 号反应器出口管由于极度高温(可能超过 760℃)发生破裂，碳氢化合物和氢气泄漏继而起火。超温是由于反应器的温度偏离引起的，温度偏离始于 3 号反应器的 4 床，并向下一触媒床 5 床扩散，5 床中产生的过量热量使反应器出口温度升高。操作人员没有遵循操作程序中关于"反应器温度超过 426.7℃ 立即泄压停车"的规定，未能及时将 2 段 3 号反应器泄压停车，导致反应器超温。

事故的间接原因有：

(1) 雇员以安全方式操作反应器的力度不足

在出现温度偏离时，没有按规定要求使用紧急泄压系统，管理层没有采取有效的纠正措施以确保这些紧急程序得到遵循。这样的操作环境致使操作工冒险操作，不顾严重的危险操作条件继续生产。反应器的温度极限没有得到一致的表述，操作工未能总是将温度保持在其极限之内，管理层没有认识到或指出可接受的操作目标和危险之间的冲突。过去使用泄压系统的负面后果可能导致操作工在规定时不愿执行泄压操作。

(2) 在设计和运行反应器的温度监控系统过程中没有很好考虑人的因素

操作人员使用 3 种不同的操作系统获取温度数据，不是所有的温度数据可以立即得到，这使得操作人员不能迅速做出关键的决策。尽管不是设计意图，然而最关键的监测点(最高温度)却正好位于反应器之下，而且无法从控制室得到数据。对于外部仪表盘装置没有实施变更管理，数据记录仪上的报警系统在一段时间内仅允许接受一次报警，而且紧急报警和运行报警之间没有区分。操作员靠手动调节温度控制系统控制温度，这使得加氢裂解反应器更加难以操作。氢纯度分析数据在实际分析时间 7min 后才能提供给操作人员，因此误导操作人员。

（3）监督管理不力

这方面存在明显的严重缺陷，例如，工艺单元操作人员在本次以及以前发生的温度偏离事件中没有遵循规定的紧急程序。出现问题时常常不通知管理层，而且违反紧急程序的行为被管理层所认可。操作人员缺乏全面培训以及与认识氢裂解单元操作有关的知识。对于改变催化剂所需的机械变更或操作变更没有实施变更管理计划。

（4）运行准备和维护工作不充分

控制室内的温度监控器（数据记录仪）不可靠，有时不能使用，而反应器的绝大部分温度数据是靠这些仪器记录的。在事故发生前，操作人员会不顾数据记录仪的故障继续运行反应器。在反应器某一点的温度超过正常值 10℃的情况下，数据记录仪无法指示以便测量更高的温度而报警。由于将现场仪表盘的数据传达给控制室的无线通信器在事故期间不起作用，该单元的冷却阀一直泄漏。紧急泄压系统没有得到过测试以保证其使用的可靠性，操作人员就是在这种条件下运行该单元的。

（5）操作人员的培训不够

培训教材过时，单元操作的培训仅局限于工作任务上，且没有形成文件。未制订单元更新培训计划。操作人员在温度仪表方面接受的培训是不充分的，也不理解数据记录仪上的零缺省值可能意味着极高温度，也不理解补充氢流量的降低是发生极高温度偏离的征兆。缺乏异常操作情形的培训以及处理紧急程序的能力。

（6）操作程序过时且不完善

操作程序散见于各种文件当中，而且设备和工艺发生变化后操作程序也没有得到更新。从几次事故中得出的事故教训没有结合进操作程序之中。许多操作没有制订操作程序，例如，从反应器下的现场仪表中获取温度数据的活动。操作程序中催化剂床运行温度的极限存在问题。

（7）工艺危险分析存在错误

工艺危险分析没有指出所有的危险因素和操作缺陷，没有反映工艺过程中实际使用的设备和仪器所存在的问题，没有恰当地给出以前发生的事故可能造成的灾害性后果，如温度偏离事故。对现场温度仪表盘的安装和使用没有进行过工艺危险分析。

第二节　催化加氢工艺过程安全分析

一、加氢工艺过程概述

加氢是氢与其他化合物相互作用的反应过程，通常是在催化剂存在下进行，加氢反应属于还原反应的范畴。

加氢反应类型可分为两大类：

（1）氢与一氧化碳或有机化合物直接加氢

例如，一氧化碳加氢合成甲醇：

$$CO + 2H_2 \longrightarrow CH_3OH$$

苯加氢制环己烷：

$$\text{（苯结构式）} + 3H_2 \longrightarrow \text{（环己烷结构式）}$$

己二腈加氢制己二胺：

$$NC(CH_2)_4CN + 4H_2 \longrightarrow H_2N(CH_2)_6NH_2$$

（2）氢与有机化合物反应的同时，伴随着化学键的断裂

这类加氢反应又称氢解反应，包括加氢脱烷基、加氢裂化、加氢脱硫等。例如烷烃加氢裂化；甲苯加氢脱烷基制苯；硝基苯加氢还原制苯胺；油品加氢精制中非烃类的氢解，非烃类含氮化合物最难氢解，在同类非烃中分子结构越复杂越难氢解。

$$C_nH_{2n+2} + H_2 \longrightarrow C_mH_{2m+2} + C_{n-m}H_{2(n-m)+2}$$

$$RSH + H_2 \longrightarrow RH + H_2S$$

$$\text{（吡啶结构式）} \xrightarrow{H_2} \text{（哌啶结构式）} \xrightarrow{H_2} R'C_5H_{10} + NH_3$$

加氢过程在石油炼制工业中的应用，除用于加氢裂化外，还广泛用于加氢精制，以脱除油品中存在的含氧、硫、氮等杂质，并使烯烃全部饱和、芳烃部分饱和，以提高油品的质量。在煤化工中用于煤加氢液化制取液体燃料。在有机化工中则用于制备各种有机产品，例如一氧化碳加氢合成甲醇、苯加氢制环己烷、苯酚加氢制环己醇、醛加氢制醇、萘加氢制四氢萘和十氢萘(用作溶剂)、硝基苯加氢还原制苯胺等。此外，加氢过程还作为化学工业的一种精制手段，用于除去有机原料或产品中所含少量有害而不易分离的杂质，例如乙烯精制时使其中杂质乙炔加氢而成乙烯；丙烯精制时使其中杂质丙炔和丙二烯加氢而成丙烯；以及利用一氧化碳加氢转化为甲烷的反应，以除去氢气中少量的一氧化碳等。

加氢精制也称加氢处理，是石油产品最重要的精制方法之一。指在氢压和催化剂存在下，使油品中的硫、氧、氮等有害杂质转变为相应的硫化氢、水、氨而除去，并使烯烃和二烯烃加氢饱和、芳烃部分加氢饱和，以改善油品的质量。有时，加氢精制指轻质油品的精制改质，而加氢处理指重质油品的精制脱硫。加氢精制可用于各种来源的汽油、煤油、柴油的精制、催化重整原料的精制，润滑油、石油蜡的精制，喷气燃料中芳烃的部分加氢饱和，燃料油的加氢脱硫，渣油脱重金属及脱沥青预处理等。氢分压一般分 1~10MPa，温度 300~450℃。催化剂中的活性金属组分常为钼、钨、钴、镍中的两种(称为二元金属组分)，催化剂载体主要为氧化铝或加入少量的氧化硅、分子筛和氧化硼，有时还加入磷作为助催化剂。喷气燃料中的芳烃部分加氢则选用镍、铂等金属。双烯烃选择加氢多选用钯。

加氢裂化是石油炼制过程之一，是在加热、高氢压和催化剂存在的条件下，使重质油发生裂化反应，转化为气体、汽油、喷气燃料、柴油等的过程。加氢裂化原料通常为原油蒸馏所得到的重质馏分油，包括减压渣油经溶剂脱沥青后的轻脱沥青油。其主要特点是生产灵活性大，产品产率可以用不同操作条件控制，或以生产汽油为主，或以生产低冰点喷

气燃料、低凝点柴油为主，或用于生产润滑油原料，产品质量稳定性好(含硫、氧、氮等杂质少)。汽油通常需再经催化重整才能成为高辛烷值汽油，但设备投资和加工费用高，应用不如催化裂化广泛，后者常用于处理含硫等杂质和含芳烃较多的原料，如催化裂化重质馏分油或页岩油等。烃类在加氢裂化条件下的反应方向和深度，取决于烃的组成、催化剂性能以及操作条件，主要发生的反应类型包括裂化、加氢、异构化、环化、脱硫、脱氮、脱氧以及脱金属等。

二、催化加氢过程原理分析

加氢反应是可逆、放热和分子数减少的反应，根据吕·查德里原理，低温、高压有利于化学平衡向加氢反应方向移动。加氢过程所需的温度决定于所用催化剂的活性，活性高者温度可较低。对于在反应温度条件下平衡常数较小的加氢反应(如由一氧化碳加氢合成甲醇)，为了提高平衡转化率，反应过程需要在高压下进行，并且也有利于提高反应速度。采用过量的氢，不仅可加快反应速度和提高被加氢物质的转化率，而且有利于导出反应热。过量的氢可循环使用。

1. 温度对反应速度的影响

对于热力学上十分有利的加氢反应，反应温度主要通过动力学因素 k 影响反应速度，即温度越高，反应速度常数 k 越大，反应速度也越快。但对于可逆的加氢反应，反应温度既受动力学因素影响又受热力学因素影响。

$$r = 产物的净生成速度 = \frac{k_1\left(b_A b_{H_2} p_A p_{H_2} - \dfrac{b_R p_R}{K_p}\right)}{(1 + b_A p_A + b_A p_R)^n}$$

由式中可知温度对 r 的影响需视何者是矛盾的主要方面而定。在温度低时，平衡常数 K_p 值很大，决定反应速度的主要是动力学项 k_1，因此随着温度的升高，k_1 值增高，反应速度加快。

一定的起始气体组成，当转化率提高时，由子反应平衡限制的作用增大，因而在较高转化率时的最佳温度必低于转化率较低时的最佳温度。相应于各个转化率时的最佳温度所组成的曲线，称为最佳温度曲线，此关系可应用于反应器的设计和生产控制。

在绝热反应器中进行可逆加氢反应，由子反应是放热的，反应温度随着转化率升高而逐渐升高，所以反应难以控制在最佳温度条件下进行。为使绝热反应器不太偏离最佳温度，可以采用多段冷激式，即把反应器分成多段，在段间混入冷原料进行冷却，移走反应热，使反应温度接近于最佳温度。

2. 温度对反应选择性的影响

反应温度升高能引起不希望的副反应发生，从而影响加氢反应的选择性，并增加产物分离的困难。也可能使催化剂表面积焦，而活性下降。例如，裂解汽油中含有环己烯，在180℃时加氢得环己烷，当温度为300℃是则发生脱氢反应转化为苯。又如乙炔选择加氢时，反应温度高会发生过度氢化，乙烯进一步加氢成乙烷且有相对分子质量大的聚合物(绿油)生成。有的加氢反应在高温时会发生加氢裂解副反应，例如苯加氢制环己烷反应，温度高时，产物环己烷能进一步加氢裂解生成甲烷与碳。又如酯或酸加氢制醇时，温度过高，产物醇会氢解生成相应的烷烃和水。此外温度高时，又会有深度裂解副反应发生。

3. 压力的影响

压力对加氢反应速度的影响，需视该反应的动力学规律而定，且与反应温度也有关。由于反应温度不同，催化剂表面的吸附情况不同，或反应机理不同，其反应速度方程式也可以不同。

一般气相加氢反应，氢反应增加能提高加氢反应速度，大多数加氢反应对反应物 A（氢）的级数为 0~1 级，可以是分数级。一般是 p_A 增加，反应速度增加，但不一定成正比。当为 0 级时，p_A 就与反应速度无关，如乙炔加氢反应及温度低于 100℃ 时的苯加氢反应。有少数情况，对 A 也可能是负数。这样 p_A 增加反应速度反而会下降，对于吸附性能很强的作用物可能会发生此情况。加氢产物对反应速度的影响，需视其在催化剂表面的吸附能力而定，当其有较强的吸附能力时，产物就对反应发生抑制作用，产物分压越高，反应速度越慢，如一氧化碳加氢合成甲醇反应。

对于液相加氢反应，为了是反应物系保持液相，往往需要再高的氢分压下进行。液相加氢首先是气相的氢溶于液相中，然后在固体催化剂表面发生反应，大多数液相加氢得反应速度是与液相中氢的浓度成正比。因此除了需提供充分的气液相接触面积以减少扩散阻力外，并要求氢有较大的溶解度。增大氢的分压，可提高其溶解度，加快氢反应速度。

4. 溶剂的影响

在液相加氢时，有时需要采用溶剂作稀释剂，以带走反应热；当原料或产物是固体时，采用溶剂可使固体物料溶解在溶剂中，以利反应进行。

催化加氢常用的溶剂有乙醇、甲醇、醋酸、环己烷、乙醚、四氢呋喃、乙酸乙酯等。应用溶剂的加氢反应，温度不能超过溶剂的临界温度，否则溶剂不呈液态存在，失掉溶剂作用。一般反应的最高温度要比溶剂的临界温度低 20~40℃。例如以乙醚为溶剂，在临界温度为 192℃，则加氢反应温度低于 150℃；以甲醇为溶剂时，其临界温度为 240℃，则加氢反应温度应低于 220℃。

溶剂对加氢反应速度有较大影响，以苯加氢为例，用不同的溶剂进行加氢反应，以 Ni 或 Co 为催化剂，氢气压力为 4.0MPa，加氢反应速度如表 9-1 所示。表中数字表示加氢速度（mL/min），可以看出溶剂对苯加氢速度的影响是很明显的。例如以骨架镍为催化剂，庚烷为溶剂，则加氢反应增大到 495mL/min，比无溶剂加氢时大 35mL/min。当用甲醇或乙醇为溶剂时，则反应速度降至 3~6mL/min，几乎不进行反应。溶剂对选择性也有影响，例如铂为催化剂进行酮类加氢反应，因溶剂不同而选择性有很大差异。

表 9-1　溶剂对苯加氢反应速度的影响

溶剂	催化剂				溶剂	催化剂			
	$Ni-Cr_2O_3$	骨架镍	$Co-Cr_2O_3$	骨架镍		$Ni-Cr_2O_3$	骨架镍	$Co-Cr_2O_3$	骨架镍
	90℃	70℃	80℃	70℃		90℃	70℃	80℃	70℃
无	112	460	46	178	丁醇	4	—	—	—
环己烷	110	449	103	154	环己醇	20	—	—	—
己烷	110	445	103	114	异丙醇	29	62	—	—

溶剂	催化剂				溶剂	催化剂			
	$Ni-Cr_2O_3$	骨架镍	$Co-Cr_2O_3$	骨架镍		$Ni-Cr_2O_3$	骨架镍	$Co-Cr_2O_3$	骨架镍
	90℃	70℃	80℃	70℃		90℃	70℃	80℃	70℃
庚烷	113	495	96	154	伯丁醇	32	66	1	7
甲醇	3	6	0	—	叔丁醇	34	—	—	—
乙醇	3	3	0	0	异丙醚	46	135	43	—

三、系统热力分析

加氢反应是放热反应，但是由于被加氢的官能团的结构不同，放出的热量也不相同。例如：在25℃时，

$$CH\equiv CH+H_2 \longrightarrow CH_2=CH_2+174.3kJ/mol$$

$$CH_2=CH_2+H_2 \longrightarrow CH_3CH_3+132.7kJ/mol$$

$$\bigcirc(g)+3H_2 \longrightarrow \bigcirc(g)+208.1kJ/mol$$

$$CO+2H_2 \longrightarrow CH_3OH(g)+90.8kJ/mol$$

$$CO+3H_2 \longrightarrow CH_4+H_2O+176.9kJ/mol$$

影响加氢反应化学平衡的因素有温度、压力和用量比等诸因素。

1. 温度的影响

在温度低于100℃时，绝大多数加氢反应的平衡常数数值都非常大，可作为不可逆反应。由热力学方法推导得到的平衡常数 K_p，温度 T 和热效应 $\Delta H^{\ominus}$ 之间的关系式为

$$\left(\frac{\partial \ln K_p}{\partial T}\right)_p = \frac{\Delta H^{\ominus}}{RT^2}$$

加氢反应是放热反应，热效应 $\Delta H^{\ominus}<0$，所以

$$\left(\frac{\partial \ln K_p}{\partial T}\right)_p < 0$$

即平衡常数是随温度的升高而减小。

乙炔选择加氢举例如下：

$$CH\equiv CH+H_2 \longrightarrow CH_2=CH_2$$

温度/℃	127	227	427
K_p	7.63×10^{16}	1.65×10^{12}	6.5×10^6

苯加氢合成环己烷举例如下：

$$\bigcirc(g)+3H_2 \longrightarrow \bigcirc(g)$$

温度/℃	127	227
K_p	7×10^7	1.86×10^2

一氧化碳的甲烷反应举例如下：

$$CO+3H_2 \longrightarrow CH_4+H_2O$$

温度/℃	200	300	400
K_p	2.155×10^{11}	1.516×10^7	1.686×10^4

由所举例可知，从热力学分析，加氢反应有三种类型。第一类加氢反应在热力学上是很有利的，即使在较高温度条件下，平衡常数仍很大。例如乙炔加氢等。第二类加氢反应在低温时平衡常数甚大，但是随着温度升高平衡常数显著变小。例如苯加氢合成环己烷。对于这类反应在不太高的温度条件下加氢，对平衡还是很有利的，可以接近全部转化。第三类加氢反应，例如一氧化碳加氢合成甲醇，在热力学上是不利的。只有在低温时具有较大的平衡常数值，在温度不太高时，平衡常数已很小。对于这类加氢反应，化学平衡就成为关键问题，为了提高平衡转化率，反应必须在高压下进行。

2. 系统压力影响

上述各类加氢反应，可以概括为通式：

$$A+H_2 \rightleftharpoons B \quad \Delta\nu=-1$$
$$A+2H_2 \rightleftharpoons B \quad \Delta\nu=-2$$
$$A+3H_2 \rightleftharpoons B \quad \Delta\nu=-3$$

$\Delta\nu$ 为反应前后的摩尔数之差。加氢反应是分子数减少的反应，$\Delta\nu<0$，故增大反应压力，能提高 K_N 值，即能提高加氢产物的平衡产率。

3. 催化剂的影响

从化学平衡分析，加氢反应是可能进行的。但要使加氢反应具有足够快的反应速度，一般都使用催化剂。不同类型的加氢反应选用的催化剂也不一样，同一类型的反应因选用不同的催化剂则反应条件也各异。为了获得经验的催化加氢产品，选用的催化反应条件应尽量避开高温高压，催化剂的寿命要长，并且价格便宜。

用于加氢的催化剂种类较多，按元素区分时，主要是第八族过渡金属元素，其他族元素也有应用。从元素周期表来看，四、五、六三个周期的元素中元素 Pt、Pd、Cu 以及 Ni、Co、Fe 各元素是常用的加氢催化剂；Mo、W、Zn、Cr 等其氧化物或硫化物也能做加氢催化剂。

以催化剂形态来区分，常用的加氢催化剂有金属催化剂、骨架催化剂、金属氧化物、金属硫化物以及金属络合物催化剂。①金属催化剂，常用的是第八族过渡元素，如骨架镍、镍-硅藻土、铂-氧化铝、钯-氧化铝等。这类催化剂活性高，几乎可用于所有官能团的加氢。②金属氧化物催化剂，如氧化铜-亚铬酸铜、氧化铜-氧化锌、氧化铜-氧化锌-氧化铬、氧化铜-氧化锌-氧化铝等，主要用于醛、酮、酯、酸以及一氧化碳等化合物的加氢。③金属硫化物催化剂，如镍-钼硫化物、钴-钼硫化物、硫化钨、硫化钼等，通常以 γ-氧化铝为载体，主要用于含硫、含氮化合物的氢解反应，部分硫化的氧化钴-氧化钼-氧化铝催化剂常用于油品的加氢精制。④络合催化剂，如 $RhCl[P(C_6H_5)_3]_3$，主要用于均相液相加氢。

加氢反应用的催化剂，一般活性大的往往容易中毒，热稳定性低，为了增加稳定性可适当地加一些催化剂和选用合适的载体。有些场合下用稳定性好而活性低的催化剂为宜。通常反应温度在150℃以下，多用Pt、Pd等贵金属催化剂，以及活性很高的骨架镍催化剂；而在150~200℃的反应温度区间，用Ni、Cu及其合金催化剂；在温度高于250℃时，多用金属及金属氧化物催化剂。为防止硫中毒则用金属硫化物催化剂，通常都是在高温下进行加氢。

四、加氢过程的安全控制

加氢反应器有固定床和沸腾床两类，国内常用固定床反应器。根据反应放热的多少，反应器的结构是不一样的，可以几个串联运转，也可以一段并联运转。加氢反应器有两类，即加氢精致脱硫用固定床反应器，加氢裂化用固定床反应器。加氢精致脱硫用固定床反应器，反应热较小，催化剂床层不分层，注入冷氢调节反应温度，结构较简单，可与催化重整反应器类似。原料油与氢气的混合物经反应器入口流经分配器，自上而下地均匀通过催化剂床层，反应产物从底部排出。加氢裂化用固定床反应器，反应热较大，一般为加氢裂化或含烯烃高的原料油的加氢精制。为了控制与调节催化床层温度，催化剂需分层设置、各层间注入冷氢，原料油与氢气自上而下均匀通过催化床层，反应产物从器底排出。由于反应温度和压力均较高，又接触大量的氢气，火灾爆炸危险性较大。加热炉运行平稳、防止超温，对安全运行十分重要。高压下钢与氢气接触易产生氢脆，使碳钢硬度增大而强度降低，应加强检查，定期更换管道、设备，防止操作事故。氢气经压缩后压力很高，如果管道设备泄漏，导致氢气高速喷出，就会由于高速摩擦产生静电火花而起火。加氢裂化反应器采用隔热衬里，其外层应涂刷超温显示剂，以便及时发现温度异常情况。反应后进入高压分离器前需经降温。在冷却器入口处，注入一定量的软水，以溶解反应中生成的氨，防止产生硫酸铵、碳酸氢铵的结晶而堵塞管道和设备发生事故。

催化加氢是多相反应，一般在高压下进行，这类过程的主要危险性是原料及成品都具有毒性，易燃、易爆等，高压反应设备及管道受到腐蚀及操作不当，也能发生事故。在催化加氢过程中，压缩工段极为重要。氢气在高压情况下爆炸范围加宽，自燃点降低，增加了危险性。高压氢气一旦泄漏，将会充满压缩机室，会因静电火花而引起爆炸。压缩机的各段，应装有压力计和安全阀。在最后一段上，为了可靠，原则上安装两个安全阀和两个压力表。为控制已停车设备内的压力，在与系统连接的切断阀后安装压力表和放空阀，以控制设备和管道中的残余压力。

高压设备和管子的选材要考虑能够防止高温高压下氢的腐蚀问题。管子应采用质量优良的材料制成的无缝钢管。高压设备及管线应该按照有关规定进行检验。安装时，螺栓应均匀地上紧，以免受力过度。螺栓是否上紧，可由精确测量每一个螺栓上紧前后的长度来判断。为了避免吸入的空气形成爆炸性混合物，应使供气管保持压力稳定，同时还要防止突然超压，造成爆炸事故。若有氢气渗入房内，室内应具有充足的蒸汽进行稀释，以免达到爆炸浓度。为了避免设备上的压力表及玻璃液位指示器在爆炸时其碎片打伤操作人员，这些仪器应包以金属网。液面测量器应定期进行水压试验。

冷却机器和设备用水不得含有腐蚀性物质。在开车或检修设备管线之前，必须用氮气吹扫。设备及管道中允许残留的氧气含量不应超过 0.5%。为了防止中毒，吹扫气体应当排至室外。由于停电或无水而停车的系统，应保持余压，以免空气进入系统中。在催化加氢过程中，为了迅速消除可能发生的火灾事故，应备有二氧化碳灭火设备。无论何种气体在高压下泄漏时，人员都不得接近。

五、一氧化碳加氢合成甲醇工艺过程安全分析

1. 化学工业中的合成甲醇

甲醇是一种用途广泛的有机化工原料，在农药、医药、染料、涂料及三大合成材料生产中都需要甲醇作为原料或溶剂，所以甲醇生产对发展工业和巩固国防有重要意义。

1924 年以前，甲醇生产是用木材为原料干馏而得的。1923 年德国巴登苯胺纯碱公司的两位科学家米诺许和施奈德试验用一氧化碳和氢气在 300~400℃ 的温度和 30~50MPa 压力下，通过锌镉催化剂作用合成了甲醇。20 世纪 50 年代合成甲醇的原料开始采用天然气和轻油裂解气。我国甲醇生产的起步较晚，建国前，国内基本没有甲醇工业，第一个五年计划从苏联引进以煤为原料的高压合成甲醇装置。60 年代在南京、淮南、北京等地建设了以煤炭和重油为原料合成甲醇装置。70 年代以来，先后又在广东、湖南、湖北等地建成以煤炭和重油为原料合成甲醇的装置，并将上海等地原有的甲醇生产企业扩大了生产能力；随着国民经济和技术进步的需要，又分别从英国、西德引进了低压合成甲醇装置。

据不完全统计，我国现在已有 50 多套合成甲醇生产装置，形成 $(50~60) \times 10^4 t$ 的年生产能力，其中 30 多套是合成氨联产甲醇装置，年生产能力约为 210~220kt，在建或缓建的生产能力约 $10 \times 10^4 t$，总能力在 $70 \times 10^4 t$ 左右。国内重点企业的甲醇的装置，分别采用煤、重油、天然气三种原料。据不完全统计，甲醇生产工艺中联产甲醇的生产能力占总生产能力的 27.7%，而单生产甲醇占 72.3%。

随着生产和技术的提高，生产甲醇的方法已有单产甲醇发展为联产甲醇，联醇的生产是在 $13 \times 10^6 Pa$ 压力下，采用铜基催化剂，串联在合成氨工艺之中，用合成氨原料之中的 CO、CO_2、H_2 合成甲醇。与传统的高压或低压法相比，联醇法生产甲醇有以下特点：

① 串联在合成氨工艺中，因此既要满足合成氨工艺条件，又要满足甲醇合成的工艺要求，任何一方工艺条件变化都会影响合成甲醇和合成氨的生产和操作，所以必须在生产中有补充和调节措施，以维持两个合成或生产的同时进行。

② 由于串联在合成氨工艺中，合成甲醇以后的工艺气体还需经精炼，再去进行氨合成反应，甲醇合成气采取部分循环，合成甲醇不是全部生产的总终端。

③ 与合成氨工艺相比，因联醇采用铜基催化剂，其抗毒性能较差，所以必须采取特殊的净化措施。既保证合成甲醇所必需的 CO、CO_2 又不使 H_2S 等气体进入系统。

2. 甲醇合成工艺流程和方法

（1）联醇生产工艺

联醇的生产形式较多，由变换送来经过净化的变换气，其中含有约 28% 左右的 CO_2，

为了减少氢气的消耗与提高粗甲醇的质量，变换气经压缩机加压到 2×10^6 Pa 后进水洗塔，用水吸收 CO_2，使降低到 1.5% ~ 3.0%。然后回压缩机进一步加压到 13×10^6 Pa，经水冷器和油分离器，分离去油、水，与甲醇循环及出口的循环气混合，进循环机滤油器，进一步分离油水后进入活性炭过滤器。在活性炭过滤器中气体夹带少量润滑油、铁锈及其他杂质都被活性炭吸附，出来的是比较纯净的甲醇合成原料气，经甲醇合成塔之主、副线进入甲醇合成塔。

由合成塔主线进塔的气体，从塔上部沿塔筒体内壁与催化剂管之间的环隙向下，进入塔内热交换器的管间，经加热后到热交换器上部。在这里与塔副线进来、未经加热的气体混合入分气盒，分气盒与插在催化剂管内的冷管相连，气体在冷管内直接受到催化剂合成反应释放热量加热。此为合成塔的关键部分。

中心管内装有加热器，如果进气经换热后达不到催化剂的起始反应温度，则可启用电加热器进一步加热。达到反应温度的气体出中心管，从上部进入催化床，一氧化碳与氢在催化剂作用下进行甲醇合成反应，并且释放热量，加热尚未参加反应的冷管内的气体。反应后的气体到达催化床底部。为了防止催化剂破碎漏出，在催化剂筐底有一定量的钢球与钢丝网。气体出催化筐后进分气盒外环隙流入热交换器管内，把热量传给进塔冷气，温度低于 160℃ 沿副线管外环隙从塔底出塔。合成塔副线不经过热交换器，改变副线进气量，可作为控制塔催化床层温度的一个重要调节措施，维持催化床热点温度 260~280℃ 范围之内。

出塔气体进入套管式水冷凝器管内，管外用冷却水冷却，使合成的气态甲醇、二甲醚、高级醇、烷烃与水凝或溶解成液体，然后在分离器中把液体分离出来。被分离的液体粗甲醇经减压后到粗甲醇贮槽，以剩余压力送往精馏工段。经分离液体后的一部分气体，由循环压缩机循环，继续合成甲醇；另一部分气体经醇后气分离器。进一步分离气体中的少量甲醇，进铜洗塔、碱洗塔精制，使精制后气体中 $CO+CO_2 < 25 cm^3/m^3$，再回压缩机，加压到 32×10^6 Pa，送氨合成。醇后气分离器分离的少量稀甲醇，减压后去粗甲醇中间储槽。

（2）高压法合成甲醇工艺

高压法工艺流程一般使用锌铬催化剂，在 300~400℃，30MPa 高温高压下合成甲醇。甲醇合成塔内移热的方法有冷管型连续换热式和冷激型多段换热式两大类；反应气体流动的方式有轴向和径向或者二者兼有的混合型式；有副产蒸汽和不副产蒸汽的流程等。高压工艺流程中使用活塞式压缩机的情况下，应设置专门的滤油设备。另外还必须除去气体中的羰基铁，主要是五羰基铁 $Fe(CO)_5$。一般在气体中含 3~5mg/m³（图 9-1）。

（3）中压法合成甲醇工艺

中压法合成甲醇工艺如图 9-2 所示。

① $CO+2H_2 \Longrightarrow CH_3OH$

② $CO_2+3H_2 \Longrightarrow CH_3OH+H_2O$

反应温度为 230~250℃，反应压力为 5~15MPa，催化剂采用铜系催化剂。

中压法是在低压法研究基础上进一步发展起来的，由于低压法操作压力低，导致设备体积相当庞大，不利于甲醇生产的大型化。因此发展了压力为 10MPa 左右的甲醇合成中压法。它能更有效地降低建厂费用和甲醇生产成本。例如某公司研究成功了 51-2 型铜基催化

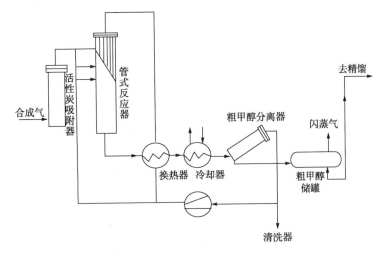

图 9-1　高压法合成甲醇工艺流程

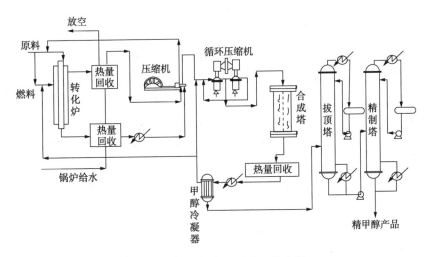

图 9-2　中压法合成甲醇工艺流程

剂，其化学组成和活性与低压合成催化剂 51-1 型差不多，只是催化剂的晶体结构不相同，制造成本比 51-1 型高贵。由于这种催化剂在较高压力下也能维持较长的寿命。从而可使原有的 5MPa 的合成压力提高到 10MPa，空时产率由 0.33 提高到 $0.5\sim0.6t/(m^3 \cdot h)$。所用合成塔也是四段冷激式，流程与低压法也类似，其他一些公司也发展了 8MPa 的中压法合成甲醇，其流程和设备与低压法类似。

（4）低压法合成甲醇工艺

低压合成甲醇工艺流程是较普遍采用的典型流程。合成甲醇工艺是由造气、压缩、合成以及粗甲醇精制四个工序组成的。所用原料是天然气或煤炭转化成 H_2 和 CO，称合成气。若用天然气为原料，采用炉后补加 CO_2 气体以达到所要求的原料气用量比（图 9-3）。

合成气经过换热、冷却和压缩，压力升至 5.0MPa 或 10MPa，进入反应器，在催化剂床中进行合成反应。由反应器出来的反应气体中含有 6%~8% 的甲醇，经过换热器换热后进入冷凝器，使物甲醇冷凝，然后将液态的甲醇在气液分离器中分离出，得到液态的粗甲醇。粗甲醇进入闪蒸罐，闪蒸出溶解的气体。然后把粗甲醇送去精制。在分离器中分出的气体

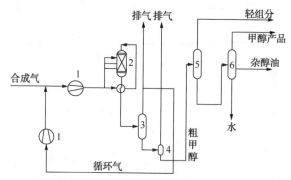

图 9-3 低压法合成甲醇工艺流程

1—压缩机；2—合成反应器；3—分离器；4—闪蒸罐；5—脱轻组分塔；6—精馏塔

中还含有大量未反应的 H_2 和 CO 部分排出系统，以维持系统内惰性气体在一定浓度范围内，排放气可做燃料用。其余气体与新鲜合成气相混，用循环压缩机增压后再进入合成塔。

粗甲醇中除甲醇外，基本上含有两类杂质。一类是溶于其中的气体和易挥发的轻组分如氢气、一氧化碳、二氧化碳、二甲醚，乙醛、丙酮，甲酸甲酯和羰基铁等。另一类杂质是难挥发的重组分如乙醇、高级醇，水分等。可用两个塔精制。第一塔为脱轻组分塔，为加压操作，分离易挥发物，塔顶馏出物经过冷却冷凝回收甲醇。不凝气体及轻组分则排放。一般此塔为 40~50 块塔板。第二塔为精制塔，用来脱除重组分和水。重组分乙醇、高级醇等杂醇油在塔的加料板下 6~14 块板处，侧线气相采出，水由塔釜采出，塔顶排除残余的轻组分，距塔顶 3~5 块塔处侧线采出产品甲醇。一般常压下操作需要塔板数为 60~70 块。

（5）三相流化床反应器合成甲醇工艺流程

合成反应器是个空塔，塔上部有一个溢流堰，塔内用液态惰性烃进行循环，催化剂悬浮在液态烃中，含有 H_2、CO 的原料气由塔底进入，与液态烃一起向上流动，液态烃能使催化剂分散流化，在合成反应器内形成固、液、气三相流。在三相流中进行合成反应。反应热被液态烃吸收，固、液、气三相物料反应器顶部分离，催化剂留在反应器内，液态惰性烃在反应器上部溢流堰溢出，通过换热器加热锅炉给水，并发生水蒸气，回收反应热。冷却后的液态烃再用泵送回反应器。从反应器顶部出来的反应气，经过冷却冷凝分离出蒸发的惰性烃和反应生成的甲醇，液态的惰性烃返回合成塔，甲醇送去精制。未凝气体中还含有大量的 H_2、CO，部分排放以便维持反应气中惰性气体浓度不积累增大，其余的气体增压后循环回反应器(图 9-4)。

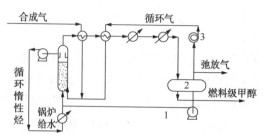

图 9-4 三相流化床反应器合成甲醇工艺流程

1—三相流化床甲醇合成塔；2—气液分离器；3—循环气压缩机

3. 过程反应机理与平衡条件分析

一氧化碳加氢合成甲醇是一个可逆反应：

$$CO + 2H_2 \rightleftharpoons CH_3OH(l)$$

当反应物中有二氧化碳存在时，还能发生下述反应：

$$CO_2 + 3H_2 \rightleftharpoons CH_3OH(l) + H_2O(l)$$

除了上述反应还有一些副反应。

（1）反应热效应

一氧化碳加氢合成甲醇是放热反应，在 25℃ 的反应热为 $\Delta H_{298}^{\ominus} = -90.8 \text{kJ/mol}$。常压下不同温度的反应热可按下式计算。

$$\Delta H_T^{\ominus} = 4.186(-17920 - 15.84T + 1.142 \times 10^{-2}T^2 - 2.699 \times 10^{-6}T^3)$$

式中　$\Delta H_T^{\ominus}$——溶压下合成甲醇反应热，J/mol；

　　　T——开氏温度，K。

根据上式可计算不同温度下的反应热见表 9-2。

表 9-2　不同温度下的反应热

温度/K	298	373	473	573	673	773
$\Delta H_T^{\ominus}$/(J/mol)	90.8	93.7	97.0	99.3	101.2	102.5

反应热与温度及压力的关系如图 9-5 所示。从图中可以看出，反应热的变化范围较大。在高压下温度低时反应热大，而当反应温度低于 200℃ 时，反应热随压力变化的幅度比反应温度高时大，25℃、100℃ 等温线要比 300℃ 等温线的斜率大。所以合成甲醇在低于 300℃ 的条件下操作比在高温条件下操作的要求严格，温度与压力波动时容易失控。在压力为 20MPa 左右、温度为 300~400℃ 进行反应时，由图可以看出，反应热随温度与压力变化甚小，故采用这样的条件合成甲醇，反应是比较容易控制的。

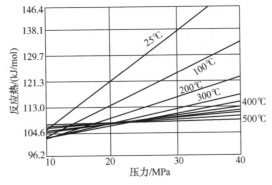

图 9-5　反应热与温度及压力的关系

（2）平衡常数

由一氧化碳加氢合成甲醇反应的平衡常数 K_f 与标准自由焓 $\Delta G_T^{\ominus}$ 的关系式如下：

$$K_f = f_{CH_3OH}/f_{CO} = \exp(-\Delta G_T^{\ominus}/RT)$$

式中　f——逸度；

　　　$\Delta G_T^{\ominus}$——标准自由焓变，J/mol；

T——反应温度，K。

由上式可以看出平衡常数 K_f 只是温度的函数，当反应温度一定时，可以由 $\Delta G_T^\ominus$ 值直接求出 K_f 值。不同温度下的 $\Delta G_T^\ominus$ 与 K_f 值如表 9-3 所示。

表 9-3 合成甲醇反应的 $\Delta G_T^\ominus$ 与 K_f 值

温度/K	$\Delta G_T^\ominus/(\text{J/mol})$	K_f	温度/K	$\Delta G_T^\ominus/(\text{J/mol})$	K_f
273	-19917	527450	623	51906	4.458×10^{-5}
373	-7367	10.84	673	63598	1.091×10^{-5}
473	16166	1.695×10^{-2}	723	75967	3.265×10^{-6}
523	27925	1.629×10^{-3}	773	88002	1.134×10^{-6}
573	39892	2.316×10^{-4}			

由表 9-3 可以看出，随着温度的升高，标准自由焓变 $\Delta G_T^\ominus$ 增大，平衡常数 K_f 变小。说明在低温下反应对合成甲醇有利。

表 9-3 中 K_f 值与实测值基本符合。

已知
$$K_f = K_\gamma K_p = K_\gamma K_N p^{-2}$$

$$K_p = \frac{p_{CH_3OH}}{p_{CO} p_{H_2}^{\ 2}}$$

$$K_N = \frac{N_{CH_3OH}}{N_{CO} N_{H_2}^{\ 2}}$$

$$K_\gamma = \frac{\gamma_{CH_3OH}}{\gamma_{CO} \gamma_{H_2}^{\ 2}}$$

式中　p_{CH_3OH}、p_{CO}、p_{H_2}——CH_3OH、CO、H_2 的分压，p 为总压；

N_{CH_3OH}、N_{CO}、N_{H_2}——CH_3OH、CO、H_2 的摩尔分数；

γ_{CH_3OH}、γ_{CO}、γ_{H_2}——CH_3OH、CO、H_2 的逸度系数。

不同温度和压力下有不同的 K_p 和 K_N 值。由表 9-4 中的数据可以看出在同一温度下，压力越大 K_N 值越大，即甲醇平衡产率越高。在同一压力下，温度越高 K_N 值越小。所以从热力学来看，低温高压对合成甲醇有利。如果反应温度高，则必须采用高压，才有足够大的 K_N 值。降低反应温度，则所需压力就可相应降低。合成甲醇所需反应温度与催化剂的活性有关。

表 9-4 合成甲醇反应的平衡常数

温度/℃	压力/MPa	γ_{CH_3OH}	γ_{CO}	γ_{H_2}	K_f	K_γ	K_p	K_N
200	10.0	0.52	1.04	1.05	1.909×10^{-2}	0.453	4.21×10^{-2}	4.20
	20.0	0.34	1.09	1.08		1.292	6.53×10^{-2}	26
	30.0	0.26	1.15	1.13		0.177	10.80×10^{-2}	97
	40.0	0.22	1.29	1.18		0.130	14.67×10^{-2}	234

温度/℃	压力/MPa	γ_{CH_3OH}	γ_{CO}	γ_{H_2}	K_f	K_γ	K_p	K_N
300	10.0	0.76	1.04	1.04	2.42×10^{-4}	0.676	3.58×10^{-4}	3.58
	20.0	0.60	1.08	1.07		0.486	4.97×10^{-4}	19.9
	30.0	0.47	1.13	1.11		0.338	7.15×10^{-4}	64.4
	40.0	0.40	1.20	1.15		0.252	9.60×10^{-4}	153.6
400	10.0	0.88	1.04	1.04	1.079×10^{-3}	0.782	1.378×10^{-5}	0.14
	20.0	0.77	1.08	1.07		0.625	1.726×10^{-5}	0.69
	30.0	0.68	1.12	1.10		0.502	2.075×10^{-5}	1.87
	40.0	0.62	1.19	1.14		0.400	2.695×10^{-5}	4.18

（3）副反应分析

一氧化碳加氢除了生成甲醇反应外，还有下列几个副反应：

$$2CO+4H_2 \longrightarrow (CH_3)_2O+H_2O$$

$$2CO+3H_2 \longrightarrow CH_4+H_2O$$

$$4CO+8H_2 \longrightarrow C_4H_9OH+3H_2O$$

$$CO+H_2 \longrightarrow CO+H_2O$$

此外还可能生成少量的乙醇和微量醛、酮、酯等副产物，也可能形成少量的 $Fe(CO)_5$。

合成甲醇的反应温度低，所需操作压力也低，但温度低，反应速度太慢。关键在于催化剂。20 世纪 60 年代中期以前，由于所使用的催化剂活性不够高，需要在 380℃左右的高温下进行，故所有甲醇生产装置均采用高压法（30MPa）。1966 年英国卜内门化学工业公司研制成功了高活性的铜系催化剂，并开发了低压合成甲醇新工艺，简称 ICI 法。1971 年前联邦德国鲁奇公司开发了另一种低压合成甲醇的工艺，之后世界上新建和扩建的甲醇厂均采用低压法。

（4）催化剂影响

合成甲醇催化剂最早使用的是 $ZnO-Cr_2O_3$，该催化剂活性较低，所需反应温度高（380~400℃），为了提高平衡转化率，反应必须在高压下（高压法）进行。20 世纪 60 年代中期以后开发成功了铜系催化剂，其活性高，性能良好，适宜的温度为 230~270℃，现在广泛用于低压法合成甲醇。

4. 联醇生产过程物质、物系危险分析

（1）氢气危险分析

氢气的汽化热 454.27kJ/kg；爆炸极限：4.1%~74.2%；最易传爆浓度（体积分数）为 24%；产生最大爆炸压力的浓度为 32.3%；最大爆炸压力为 0.74MPa；最小引燃能量为 0.019mJ；燃烧热值 119.742kJ/g；蒸气密度 0.069g/L；临界温度 -239℃；临界压力 1.2974MPa。

危险特性：氢气与空气混合能成为爆炸性混合物，遇火星、高热能引起燃烧爆炸。在室内使用或储存氢气，当有漏气时，氢气上升滞留屋顶，不易自然排出，遇到火星时会引起爆炸。灭火剂可用雾状水、二氧化碳。

储运注意事项：氢气应用耐高压的钢瓶盛装；储存于阴凉通风的仓间内，仓温不宜超过30℃，远离火种、热源，切忌阳光直射。氢气应与氧气、压缩空气、氧化剂、氟、氯等分仓间存放，严禁混储混运。搬运时轻装轻卸，防止钢瓶及瓶阀等附件损坏；集装运输要按规定路线行驶，中途不可停驶。

（2）一氧化碳危险分析

一氧化碳为无色、无臭、无刺激性的气体，不易液化和固化，微溶于水，能溶于乙醇和苯。易燃烧，燃烧时火焰呈蓝色，有毒，空气中最大容许浓度为 $30mg/m^3$。相对分子质量28.01，气体密度1.250g/L，液体密度0.793g/L，凝固点-207℃；沸点-191.30℃；自燃点610℃；爆炸极限12.5%~74.2%；最易引燃浓度为30%；产生最大爆炸压力的浓度为35.2%；最大爆炸压力为0.63MPa；燃烧热值为 $12.7488kJ/m^3$；汽化热为211.4kJ/kg；蒸气压在-161℃时为1.0136MPa；-149.7℃时为2.0272MPa；临界温度-140℃；临界压力3.497MPa。

危险特性：与空气混合能成为爆炸性混合物。遇高热瓶内压力增大，漏气遇火种有燃烧爆炸危险。

储运注意事项：储存于阴凉通风仓间内，仓温不宜超过30℃，远离火种、热源，避免阳光直射。应与氧气、压缩空气他开存放。验收时核对品名，注意验瓶及附件等损坏。

（3）甲醇危险分析

甲醇易燃，因在干馏木材中首次发现，故又称"木醇"或"木精"，是无色有酒精气味易挥发的液体。甲醇有麻醉作用，有毒，对眼睛有影响，严重时可致失明，在空气中最高容许浓度为200ppm。甲醇相对分子质量32.04；相对密度为0.7913（20℃）；凝固点为-97.8℃；沸点为64.8℃；闪点为11.11℃；自燃点为385℃；爆炸极限为6.7%~36%；最大爆炸压力为0.74MPa；产生最大爆炸压力的浓度为13.6%；最易引燃浓度为13.7%；蒸气压13332Pa（21.2℃）；蒸气密度1.11g/L。

危险特性：易燃，燃烧时无光焰。其蒸气能够与空气形成爆炸性混合物，遇明火、高温、氧化剂有燃烧爆炸的危险。与铬酸、高氯酸、高氯酸铅反应剧烈，有爆炸危险。

储运注意事项：储存于阴凉通风仓间内，最高仓温不宜超过30℃，远离火种、热源，不可与氧化剂混储混运。发现仓内甲醇蒸气浓时，必须先进行通风，查出漏桶，搬运时要轻装轻卸，防止包装损坏。

5. 原料气制造及净化过程危险分析

联醇生产与单醇的生产方法不同，联醇生产对原料气的要求，既要满足合成氨的生产，又要具有甲醇生产的特点，两者兼顾，不能偏废任何一个方面。联醇生产的原料气的具体要求如下。

在联醇工艺生产中甲醇产品要消耗一定的物料。合成氨生产必须要有3mol的氢和1mol的氮，而生产甲醇则需要2mol氢和1mol一氧化碳，原料气中一氧化碳的含量需根据甲醇产量在整个生产中的比例、甲醇合成催化剂反应活性、由一氧化碳到甲醇的转化率来确定。因此在原料气制造时应具有调节和改变原料气中一氧化碳量的手段。

原料气的含氮量应较低。合成氨和甲醇联产，原料气中的氢必须同时满足氨和甲醇的需要，而其中只有合成氨需要氮作为原料，因此氮气在原料气中的比例与单纯生产合成氨时相比较是相对降低了。在制造原料气时，以煤焦为原料的固定层造气炉为例，制气时必须先吹入空气，使煤焦燃烧以供应给制气时水蒸气分解所需的热量。空气中氧燃烧掉以后，不参加反应的氮就成了原料气，这就是原料气中氮的来源。为了使原料气同时能满足生产合成氨与生产甲醇的需要，必须降低合成氨中原料气中氮的含量，制造氮含量低的原料气。

清除原料气中催化剂毒物十分重要，单产合成氨时，原料气中的硫、磷、氯、砷、汞以及碳的含氧化合物，都是合成氨催化剂的毒物，必须在进入合成氨合成塔之前彻底清除。所以在合成氨中都设有除尘、脱硫、脱碳等净化工序，使原料气在经精炼后所有的催化剂毒物都全部被清除，以保证催化剂的正常使用。生产甲醇是在甲醇合成塔内通过以铜、锌、铝为主的铜基催化剂进行合成的，虽然碳的含氧化合物不能使铜基催化剂中毒，但是铜基催化剂对硫、磷、砷等毒物比合成氨催化剂更加敏感。所以联醇生产工艺既要利用原料气中的一氧化碳、二氧化碳生产甲醇，又为合成氨清除一氧化碳、二氧化碳。联醇生产装置设在铜洗之前，使联醇反应剩余的一氧化碳与二氧化碳及其他微量毒物经铜洗后除去，得到精制的合成氨原料气，为了保护甲醇合成用的铜基催化剂，还必须清除联醇生产对铜基催化剂有害的毒物，尤其是微量硫的脱除，促进甲醇合成原料气中硫和其他毒物含量降低到 $1\mu g/g$ 以下。为了提高甲醇的生产效率，要求原料气中不参加反应的组分如甲烷、氩等惰性气体降低到最低限度，以减少合成气后惰性气的积累与外排惰性气体时造成有效气的损耗。

6. 生产工艺及装置危险分析

联醇装置是以合成氨工艺为基础，利用合成氨设备进行一定的技术改造而建成的，主要设备有：合成塔、冷凝器、分离器、活性炭过滤器、粗甲醇中间储槽和循环压缩机。

（1）合成塔

甲醇合成是放热反应，要求在反应过程中将放出的热量不断移走，以保持理想的反应状态。甲醇合成在有催化剂存在条件下才能进行，合成塔的生产能力和催化剂充填装量成比例关系，所以要充分利用合成塔容积，多装催化剂以提高生产能力。合成塔的内件结构要使全部催化剂接近理想温度分布曲线，高空速能得到高产率，要求尽可能减少合成塔内的流动阻力。气体通过催化剂床必然会产生压力降，催化剂管应能承受克服阻力而产生的压力差。合成塔外壳必须能承受高压，高压筒体必须符合国家有关压力容器的各项要求。甲醇催化剂更换频繁，因此甲醇合成塔的结构必须便于拆装，催化剂易于装卸，结构简单、紧凑、密封可靠。要选择耐氢腐蚀的优质钢材，防止氢、一氧化碳、甲醇、有机酸及羰基物在高温下对设备的腐蚀。催化剂升温时要有开工加热装置，催化床要有温度测量装置以及冷气和热气调节副线以便于操作控制、调节，设备材质及防腐、保温有严格的要求。

联醇合成塔在 13×10^6Pa 压力下，280℃温度下工作，接触介质为氢、氮、一氧化碳、二氧化碳和少量的甲烷等，在合成醇的同时还产生如有机酸等有腐蚀的副产物。设备、管道腐蚀产生的铁化合物，在反应气体作用下生成的羰基铁是沸点很低的物质，随气体进入催化剂床层时能被催化剂吸附，使催化剂中毒或促使副产物的生成，因此对合成塔的材质有严格的要求：①具有良好的抗氢、氮及有机酸、碱腐蚀能力；②具有较好的机械加工性能，安全强度高，塑性和抗断性好；③选用材料资源来源可靠、价格便宜；④热定态性好。

根据以上要求，通常合成塔内件都选用 1Cr18Ni9Ti 材料来制作，机械强度高，高温性能与塑性都好，常用的甲醇合成塔的高压筒体选用低合金钢，如多层卷焊筒体采用 15MnVR、18MnMoNbR 等制造，低合金钢具有较高的机械强度，在高压下易变性、拉裂、伸长、疲劳。

（2）冷凝过程及冷凝器

合成塔的出口气体中含有 5%左右的甲醇，已经接近合成反应的平衡浓度。水冷凝器是将合成塔反应后的气体用水冷却，使甲醇冷凝分离出来。未反应的不凝气体也应降温，以利于通过循环机送回合成塔，或去铜洗后作为合成氨原料气。

（3）分离过程及分离器

甲醇分离器作用是将经过冷凝下来的液体甲醇进行气液分离，被分离的液体甲醇从分离器底部减压后送粗甲醇储槽，甲醇分离器承受 $13×10^6$Pa 压力，通常采用普通钢制造。

（4）活性炭过滤器

联醇铜基催化剂对于气体中夹带的润滑油，羰基铁及少量有机硫十分敏感，它们是催化剂的毒物，为了保护铜基催化剂，原料气在进入甲醇合成塔前用装有活性炭的过滤器进行吸附、过滤，使气体进一步得到净化。

活性炭过滤器的工作效率直接影响过滤后气体的质量与联醇铜基催化剂的使用寿命。因此，活性炭过滤器结构选择与设计应符合如下要求：

① 活性炭过滤器壳体必须承受工作压力为 $13×10^6$Pa 的高压；

② 压力容器容积有限，因此要求内件占用的空间少，能多装活性炭，结构紧凑；

③ 要求有较高的机械分离能力；

④ 活性炭吸附能力有限，当达到饱和时必须进行再生和更换，因此要求利于拆装；

⑤ 要求阻力小。

（5）粗甲醇中间储槽

中间储槽的工作压力为 $10×10^6$Pa，液体从 $13×10^6$Pa 减压到 $0.6×10^6$Pa 时，溶解在液体中的氢、氮、一氧化碳等有一部分要从液相中解吸出来，经压力调节从气体出口管排出。液体甲醇靠罐中压力送粗甲醇中间储槽计量、储存。中间储槽的甲醇出口管上装有调节阀，控制液位高度在储槽的 1/2。中间储槽是接受减压液体的设备，为保证安全，在槽顶装有压力表和安全阀，为便于清理和检修顶部还装有人孔，大部分设有排污口，粗甲醇中间储槽用普通碳钢制造。

（6）循环过程及循环压缩机

循环压缩机的任务是把出合成塔的未反应的气体送回甲醇合成塔。根据联醇生产的特点，对循环机有以下要求：因联醇生产选择在压缩机五段出口，压力为 $13×10^6$Pa，因此必须选择适合这种压力等级的循环压缩机；联醇铜基催化剂使用初期活性较高，合成反应放热量大，极需较大的循环量来维持塔内反应热平衡，铜基催化剂又极易衰老，到催化剂使用后期，反应热难以维持全塔热平衡，循环气量减得很小，因此要求循环机有较大的打气量和较大的调节幅度；铜基催化剂反应活性高，但抗毒性能差，而可以造成催化剂中毒的物质很多，其中润滑油就是毒物之一，因此采用无润滑油或在出口采取有效的去油措施，以保证循环气的纯净；联醇采用铜基催化剂活性高，反应剧烈，温度变化快，因此要求循环压缩机调节气量方便、稳定、可靠等，要求设备选用体积小、占用孔较小，容易安装，检查方便的循环压缩机；要求能量利用率高，结构合理，运转可靠等。

7. 低压合成甲醇工艺安全控制

（1）反应温度

$ZnO-Cr_2O_3$ 催化剂最适宜温度为 380℃ 左右，而 $CuO-ZnO-Al_2O_3$ 催化剂最适宜温度则为 230~270℃。最适宜温度及转化深度与催化剂的老化程度也有关。一般为了使催化剂有较长的寿命，开始时宜采用较低温度，过一定时间后再升至适宜温度，其后随着催化剂老化程度的增加，反应温度也需相应提高。由于合成甲醇是放热反应，反应热必须及时移出，否则易使催化剂温升过高，这不仅会使副反应增加，主要是高级醇的生成，且会使催化剂因发生熔结现象而活性下降，尤其是使用铜系催化剂时，铜系催化剂热稳定性较差，因此要严格控制反应温度、及时移出反应热，都是低压法甲醇合成反应器设计和操作的关键问题。

（2）压力

增加压力可加快反应速度，所需压力与反应温度有关，当用 $ZnO-Cr_2O_3$ 催化剂时，反应温度高，由于化学平衡的限制，必须采用高压，以提高其推动力。而用铜系催化剂，由于催化剂最适宜温度降为 230~270℃，故所需压力也可相应降至 5~10MPa。在生产规模大时，压力太低也会影响经济效果，一般采用 10MPa 较为适宜。

（3）空速

合成甲醇的空速大小影响选择性和转化率，直接关系到催化剂的生产能力和单位时间的放热量。合适的空速与催化剂的活性和反应温度是密切相关的。一般来说，接触时间长是不适宜的，不仅有利于副反应进行，生成高级醇类，且使催化剂的生产能力降低。高空速下进行操作可以提高合成反应器生产能力，减少副反应，提高甲醇产品纯度。但是，空速太高也有缺点，因为这样单程转化率小，甲醇浓度太低，甲醇难于从反应气中分离出来。采用铜系催化剂的低压合成法适宜空速一般为 10000h^{-1} 左右。

（4）原料气组成

合成甲醇原料气（H_2/CO）的化学计量比是 2∶1。CO 含量高，不仅对温度控制有害，而且能引起羰基铁在催化剂上的积聚，使催化剂失掉活性，低 CO 含量有助于避免上述困难，故一般常采用 H_2 过量。

由于 CO_2 的比热容比 CO 高而其加氢反应热却较小，故原料气中有一定 CO_2 含量，可以降低峰值温度。对于低压法合成甲醇，CO_2 含量为 5% 时甲醇产率最好，当 CO_2 含量高时，甲醇产率降低。此外 CO_2 的存在也可抑制二甲醚的生成。

原料气中有氮及甲烷等惰性物存在时，使 H_2 及 CO 的分压降低，导致反应的转化率降低。由于合成甲醇的空速大，接触时间短，单程转化率低，只有 10%~15%，因此反应气体中仍含有大量未转化的 H_2 及 CO，必须循环利用。为了避免惰性气体的积累，必须将部分循环气从反应系统排出，以使反应系统中惰性气体含量保持在一定浓度范围。一般生产控制循环气量是新原料量的 3.5~6 倍。新鲜原料气组成主要取决于操作的运行条件，可在一定范围内变动。

（5）催化剂的活化

低压合成甲醇的催化剂，其化学组分是 $CuO-ZnO-Al_2O_3$。催化剂只有还原成金属铜才有活性，一般称此还原过程为活化。活化是升温还原的反应过程。以低压合成甲醇催化剂为例，可分为氮气升温和还原过程。

采用 0.4MPa、99% 的纯氮气(允许含氮 0.5%)，经过加热炉升温之后，将热氮气导入合成反应器的催化剂床内，进行缓慢地升温。一般控制催化剂的温升速度为 20℃/h，不能升温过猛，以防损坏催化剂。

当催化剂温度达到 160~170℃，即告升温结束。开始导入还原性气体进行催化剂的还原操作。

8. 合成反应器的结构和材质

合成甲醇反应是一个强放热过程。因反应热移出方法不同，有绝热式和等温式两类反应器。按冷却方法区分，可区分成直接冷却的冷激式和间接冷却的列管式合成反应器。

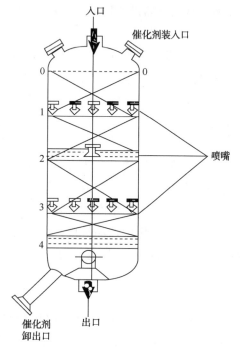

图 9-6　冷激式绝热反应器

（1）冷激式绝热反应器

这类反应器是把反应层分成若干绝热段，两段之间直接加入冷的原料气使反应气体冷却。故名冷激式绝热反应器。图 9-6 是冷激式绝热反应器结构示意图。催化剂由惰性材料支撑，反应器的上下部分别设计有催化剂装入口和催化剂卸出口，冷激用原料气分数段由催化剂段间嘴喷入，喷嘴分布在反应器的整个横截面上。冷的原料气与热的反应气体相混合，其混合后的温度刚好是反应温度低限。然后进入下一段催化剂床层，继续进行合成反应。两层喷嘴间的催化剂床层是在绝热条件下操作的，释放的反应热又使反应气体温度升高，但未超过反应温度高限。于下一个段间再用冷的原料气进行冷激，降低温度后继续进入下一段催化剂床层。

（2）列管式等温反应器

用于低压法的列管式等温反应器，结构类似列管式换热器，催化剂置于列管内，壳程走锅炉给水。反应热由管外锅炉给水排走，同时发生高压蒸汽，供给本装置使用，以带动压缩机的透平。通过对蒸汽压力的调节，可以简便地控制反应器内的反应温度。

年产 0.1Mt 甲醇所用的列管式反应器有反应管 3000 余根($\phi38\times2mm$)，管长达 6m。一般反应器的直径可达 6m，高度可达 8~16m。

（3）反应器材质

合成气中含有氢和一氧化碳，因此反应器材质要求有抗氢蚀和抗一氧化碳腐蚀的能力。在一般情况下，于 150℃ 一氧化碳和钢铁即发生作用生成 $Fe(CO)_5$。CO 的分压越高，反应越强烈。有时于常温下也能生成 $Fe(CO)_5$。此作用能破坏反应器和催化剂。然而高于 350℃，此反应几乎不发生。

为了保护反应器钢材强度，采用在反应器内壁衬铜，铜中还含有 1.5%~2% 锰，但衬铜的缺点是在加压膨胀时会产生裂缝。当 CO 分压超过 3.0MPa 时，必须采用特殊钢材以防 H_2 和 CO 的腐蚀作用，可用铬钢，其中含有少量碳并加入钼、钨和钡，例如可用 1Cr18NiTi 不锈钢。

思考题

1. 什么是加氢工艺过程？加氢反应有哪些类型？
2. 从热力学和动力学角度分析温度对催化加氢过程有何影响？
3. 加氢过程的主要危险性是什么？如何对加氢过程进行安全控制？
4. 甲醇生产有哪些工艺？其优缺点是什么？
5. 试分析联醇法生产过程的危险性。
6. 如何实现低压合成甲醇工艺的安全生产？

第十章　硝化工艺过程安全分析

第一节　典型事故案例分析

一、浓硝酸灼伤人身安全事故

1. 事故经过

2008年4月21日19时55分，兰州某化肥厂因硝基装置中稀硝单元停工，浓硝酸生产所用原料稀硝酸库存低，浓硝单元C、F两套浓缩塔进行停车退酸处理，硝酸镁系统正常循环，以备及时复工。21日下午，稀硝酸单元复工开车后，因仪表氨空比高造成工艺联锁停工，因此浓硝单元开工进度顺延。因硝酸镁循环过程中产生的冷凝液需要排放，4月22日凌晨3时30分，化工班长安排浓硝酸外操将C套成冷器入口弯头连接法兰断开进行排水。两名外操按照班长指示，到现场检查1#、2#球阀处于关闭状态，旁通阀3#球阀也处于关闭状态。漂白塔下不合格酸排酸4#球阀及总管导淋5#打开排水，正常后，二人随即开始对弯头法兰进行拆卸。螺栓拆除后，管道中无酸流出，随即将入口1#球阀打开约45°当时仍无酸流出，在大约30s后，管线中的存酸突然从法兰断开处喷出，造成一人面部、颈部Ⅲ度灼伤(2%面积)、另一人面部、颈部Ⅱ度灼伤(1%面积)。

2. 原因分析

（1）直接原因

①由于浓缩塔硝镁循环过程中产生的冷凝液量大，不合格酸管线上排水导淋小(DN25)，水不能及时排出，同时进成冷器前管线没有排放管线。为了避免漂白塔冷凝液积液造成设备问题发生，故每次停工必须断开成冷器弯头法兰进行排水。总会有存酸积在弯头处，在断开法兰处排水时，存酸排出造成人员灼伤。

②操作工个人对危害认识不足，安全防范意识淡薄，没有按照安全着装要求穿连体防酸服进行处理。

（2）间接原因

①在工艺处理过程中，当打开1#球阀时，无酸流出，误认为管线中无酸，忽视了漂白塔负压对竖管内的存酸的抽吸作用，在存液高度克服抽吸力时竖管内存酸排出，造成灼伤事故。

②管理存在漏洞，对工艺处理过程规范不够，虽然对该处理过程制定了专门的补充操作规定，但在实际执行过程中不严不细，风险控制措施没有完全落实到位。

3. 建议及措施

① 对原流程缺陷进行改造，在漂白塔出口增加一套试用酸封。在成冷器入口排放处新增排放导淋，工艺处理过程可以完全排干净余酸。在成冷器底部安装储槽，收集异常情况下排放和泄漏的硝酸，防止发生次生事故。

② 在彻底消除缺陷以前，落实各项风险控制措施，严格按照操作规程进行操作。

③ 对硝酸装置进行进一步风险辨识和评价，避免同类事故重复发生。

④ 在开停工操作时，严格执行各项规章制度，按照要求佩戴防护用具，防患于未然。

二、双苯厂爆炸事故

1. 事故经过

2005 年 11 月 13 日，吉林某双苯厂苯胺二车间化工二班班长顶替休假的硝基苯精馏岗位内操工操作。根据对硝基苯精馏塔 T102 塔釜液组成分析结果，应进行重组分的排液操作。10 时 10 分，班长进行排残液操作，在操作前，错误地停止了硝基苯初馏塔 T101 的进料，也没有关闭硝基苯进料预热器 E102 的加热蒸汽阀，导致硝基苯初馏塔进料温度升高，超过 150℃量程上限。11 时 35 分左右，班长发现超温，关闭了硝基苯进料预热器蒸汽阀，硝基苯初馏塔进料温度下降至 130.4℃。13 时 21 分，该班长对硝基苯初馏塔进料时，再一次错误操作，没有按照"先冷后热"的原则进行操作，而是先开启进料预热器的加热蒸汽阀，进料预热器温度再次超过 150℃量程上限。13 时 34 分，启动硝基苯初馏塔进料泵，向进料预热器输送粗硝基苯，此时，进料预热器发生爆炸，继而硝基苯初馏塔和硝基苯精馏塔相继发生爆炸，而后引发装置火灾和后续爆炸。

2. 原因分析

（1）直接原因

本爆炸事件发生的直接原因在于硝基苯精制岗位外操人员违反操作规程，在停止粗硝基苯进料后，未关闭预热器加热蒸汽阀门，造成长时间超温，导致预热器内物料汽化；恢复硝基苯精制单元生产时，再次违反操作规程，先打开了进料预热器蒸汽阀门加热，后启动粗硝基苯进料泵进料，使进料预热器温度再次出现升温。当温度较低的粗硝基苯进入超温的进料预热器后，由于温度差较大，引起进入预热器的物料突沸，急剧汽化，产生应力并发生剧烈振动，使预热器及管线的法兰松动、密封失效，空气被吸入至系统内，与硝基苯初馏塔内的可燃气体形成爆炸性气体混合物，由于摩擦、静电等原因，导致硝基苯精馏塔发生爆炸，并引发其他装置、设施连续爆炸。

（2）间接原因

① 工厂、车间的生产指挥失控。重组分的排液操作属正常间断操作，不应切断进料，但从上午 10 时 10 分开始切断进料，排液操作，直到下午 1 时 34 分 37 秒爆炸，整个过程只有一名班长在操作，安全生产指挥处于严重失控状态。

② 工厂、车间的生产管理不严格，工作中有章不循。排液操作是每隔 7～10 天进行一次不定期的间歇式常规操作，对于一项常规的简单操作，却反复出现操作错误，反映了工厂操作规程执行不严，管理不到位。

③ 追求经济增长，忽视安全教育。班长是一名五级操作员，在常规的化工工艺操作过程中，多次出现错误，暴露出岗位操作人员技术水平低、业务能力差，安全教育不到位。

④ 生产技术管理存在问题。在车间工艺规程和岗位操作法中，没有明确该岗位在排液操作中应注意的问题以及岗位存在的安全风险，对超温可能带来的严重后果也没有提示。

⑤ 工厂、车间在生产组织上存在漏洞，生产过程安全信息封闭，在整个排液操作中，只有班长一人内外操作，缺少相互配合。班长在外操作时，操作室无人监控温度，超温后无人进行及时的调节或汇报，使得操作严重失控，导致事故。

3. 建议及措施

① 要形成全面、系统、长效的安全管理机制。在现代企业管理理论中，人是生产经营的主体，生产力和生产关系的核心是人，而构筑以人为本的企业管理机制，是保证生产经营活动有序进行，减少事故发生的有效措施。

② 实行安全教育培训制度。必须坚持"入厂三级安全教育培训制度"和"持证上岗制度"。

③ 全面落实安全责任制。建立健全安全生产责任制可大大提高企业的安全管理水平，有效预防、控制、减少伤亡事故，降低安全风险。

④ 加强安全监管。建立安全监管体制，便于及时发现问题，尽早解决问题，防止和减少事故的发生。

第二节　硝酸生产工艺过程安全分析

一、硝酸生产方法简介

目前生产稀硝酸有十多种大同小异的工艺流程，可因操作压力的不同而分为常压法、中压法、高压法、综合法和双加压法五种类型。

（1）常压法

氨的氧化和氮氧化物的吸收均在常压下进行。该法压力低，氨氧化率高，铂消耗低，设备结构简单，吸收塔除可采用不锈钢外，也可采用花岗石、耐酸砖或塑料。缺点是成品稀硝酸浓度低，尾气中氮氧化物浓度高需经处理才能放空，吸收容积大，占地面积大，投资大。

（2）中压法

氨的氧化和氮氧化物的吸收均在中压（0.2~0.5MPa）下进行。该法吸收率高，成品酸浓度高，尾气中氮氧化物浓度低，吸收容积小，能量回收率高。但在中压条件下氨氧化率略低，铂损失较高。

（3）高压法

氨的氧化和氮氧化物的吸收均在高压（0.7~1.2MPa）下进行。该法较中压法吸收率更高，吸收容积更小，能量回收率更高。但在高压条件下氨氧化率低，氨耗高，铂耗高，且尾气中氮氧化物浓度也高需经处理才能放空。

（4）综合法

该法氨的氧化与氮氧化物的吸收在两个不同压力下进行，即常压氧化，中压(0.2~0.5MPa)吸收。此法集中了常压法和中压法的优点。氨消耗、铂消耗低于高压法，不锈钢用量低于中压法，吸收容积则小于常压法。

（5）双加压法

该法氨的氧化在中压条件(0.2~0.5MPa)下进行，氮氧化物的吸收则在高压条件(0.7~1.2MPa)下进行。采用较高的吸收压力和较低的吸收温度，成品酸浓度一般可达60%，尾气中氮氧化物含量低于0.02%，可直接放空。

制取浓硝酸的方法通常有间接合成法、直接合成法和超共沸精馏法三种类型。

（1）间接合成法

浓硝酸不能由稀硝酸直接蒸馏制取，因为 HNO_3 和 H_2O 会形成二元共沸物。即在开始蒸馏时，硝酸溶液沸点随着浓度的增加而升高，但到一定浓度时，沸点却随着浓度的增加而下降。在标准大气压下，硝酸水溶液的共沸点温度为120.05℃，相对应的硝酸浓度为68.4%。也就是说，采用直接蒸馏稀硝酸的方法，最高只能得到68.4%的硝酸。欲制取得到96%以上的浓硝酸，必须借助于脱水剂以形成硝酸-水-脱水剂三元混合物，从而破坏硝酸与水的共沸组成，然后蒸馏才能得到浓硝酸。工业上常用的脱水剂有浓硫酸和碱土金属的硝酸盐，其中以硝酸镁的使用最为普通。

（2）直接合成法

在工业生产上，直接合成法在技术上和经济上是较为完善的一种方法，它是利用液态四氧化二氮、氧气和水直接反应生产浓硝酸。

$$2N_2O_4(l)+O_2(g)+2H_2O(l)\Longrightarrow 4HNO_3(l) \quad \Delta H=-78.9kJ$$

其生产过程包括以下五个基本工艺步骤：氨的催化氧化、氮氧化物气体的冷却和过量水分的除去、一氧化氮的氧化、液态四氧化二氮的制备、液态四氧化二氮直接合成浓硝酸。

（3）超共沸精馏法

生产过程主要包括氨的氧化、超共沸酸的制造和超共沸酸的精馏三个部分。其特点：

① 用氨和空气生产浓硝酸，氨在常压下氧化，氮氧化物的吸收则在加压的条件下进行，吸收后的尾气中 NO_x 含量可降低到200ppm以下。

② 在不需要氧气、冷冻量和脱水剂的条件下即可同时生产任意比例和任意浓度的浓硝酸和稀硝酸。

③ 与传统直硝法相比，原料费用基本相同，但投资费用低，公用工程费用低。

二、硝酸生产的基本原理

硝酸生产涉及的化学反应有：

$$4NH_3+5O_2\Longrightarrow 4NO+6H_2O \tag{10-1}$$

$$2NO+O_2\Longrightarrow 2NO_2 \tag{10-2}$$

$$3NO_2+H_2O\Longrightarrow 2HNO_3+NO \tag{10-3}$$

$$总反应：12NH_3+21O_2\Longrightarrow 8HNO_3+14H_2O+4NO \tag{10-4}$$

界区来的液氨进入氨蒸发器蒸发形成气氨，气氨送至氨过热器，经低压蒸汽加热后，进入氨过滤器过滤除杂后，进入氨空混合器与空压机来的一次空气混合，作为氨氧化反应的原料气。

氨空气在氧化炉内经铂网催化氧化反应生成氧化氮气体，气体经内部安装的过热器、废热锅炉回收热量后，出口氧化氮气体依次经过高温气气换热器、省煤器、低压反应水冷器降温，部分 NO_2 在此生成稀硝酸，酸气混合物进入氧化氮气分离器，分离出的稀酸被送入吸收塔，气体与漂白塔来的脱硝气混合后经氧化氮压缩机加压至 1.0MPa，然后经尾气预热器、高压反应水冷器降温冷却后进入吸收塔底部，与塔顶进入的工艺水逆流接触生成浓度约 60% 的稀硝酸，塔底出来的稀酸进入漂白塔漂白后，再经酸冷器冷却送至中间酸槽储存。

塔顶尾气先经尾气分离器除酸雾后，经二次空气冷却器、尾气预热器及高温气气换热器升温至 360℃，进入尾气膨胀机回收膨胀功，然后经尾气筒排入大气。

外界来的脱盐水经除氧器除氧后引入汽包中，汽包中的锅炉水由锅炉循环水泵送入废热锅炉形成强制循环，汽包出口中压蒸汽经蒸汽过热器过热后，进入汽轮机做功拖动机组运行，中压蒸汽冷凝后，经冷凝液泵送入除氧器中除氧循环使用(图 10-1)。

三、物料危险性分析

1. 氨的危险性分析

氨是一种无色透明的带刺激性臭味的气体，易液化成液态氨。氨比空气轻，极易溶于水。由于液态氨易挥发成氨气，氨气与空气混合到一定比例时遇明火能爆炸，爆炸范围的体积分数为 15%~27%，车间环境空气中最高允许浓度为 $30mg/m^3$。泄漏氨气可导致中毒，对眼、肺部黏膜、或皮肤有刺激性，有化学性冷灼伤危险。

2. 硝酸的危险性分析

硝酸蒸气有刺激作用，引起黏膜和上呼吸道的刺激症状。如流泪、咽喉刺激感、呛咳、并伴有头痛、头晕、胸闷等。长期接触可引起牙齿酸蚀症，皮肤接触引起灼伤。口服硝酸，引起上消化道剧痛、烧灼伤以至形成溃疡；严重者可能有胃穿孔、腹膜炎、喉痉挛、肾损害、休克以至窒息等。

硝酸是强氧化剂，能与多种物质如金属粉末、电石、硫化氢、松节油等猛烈反应，甚至发生爆炸。与还原剂、可燃物如糖、纤维素、木屑、棉花、稻草或废纱头等接触，引起燃烧并散发出剧毒的棕色烟雾。其还具有强腐蚀性。

四、硝酸工艺危险性分析

1. 氨的催化氧化

(1)氨催化氧化的基本原理

氨和氧可以进行下列三个反应：

$$4NH_3+5O_2 \Longrightarrow 4NO+6H_2O \qquad \Delta H=-907.28kJ \qquad (10-5)$$

$$4NH_3+4O_2 \Longrightarrow 2N_2O+6H_2O \qquad \Delta H=-1104.9kJ \qquad (10-6)$$

$$4NH_3+3O_2 \Longrightarrow 2N_2+6H_2O \qquad \Delta H=-1269.02kJ \qquad (10-7)$$

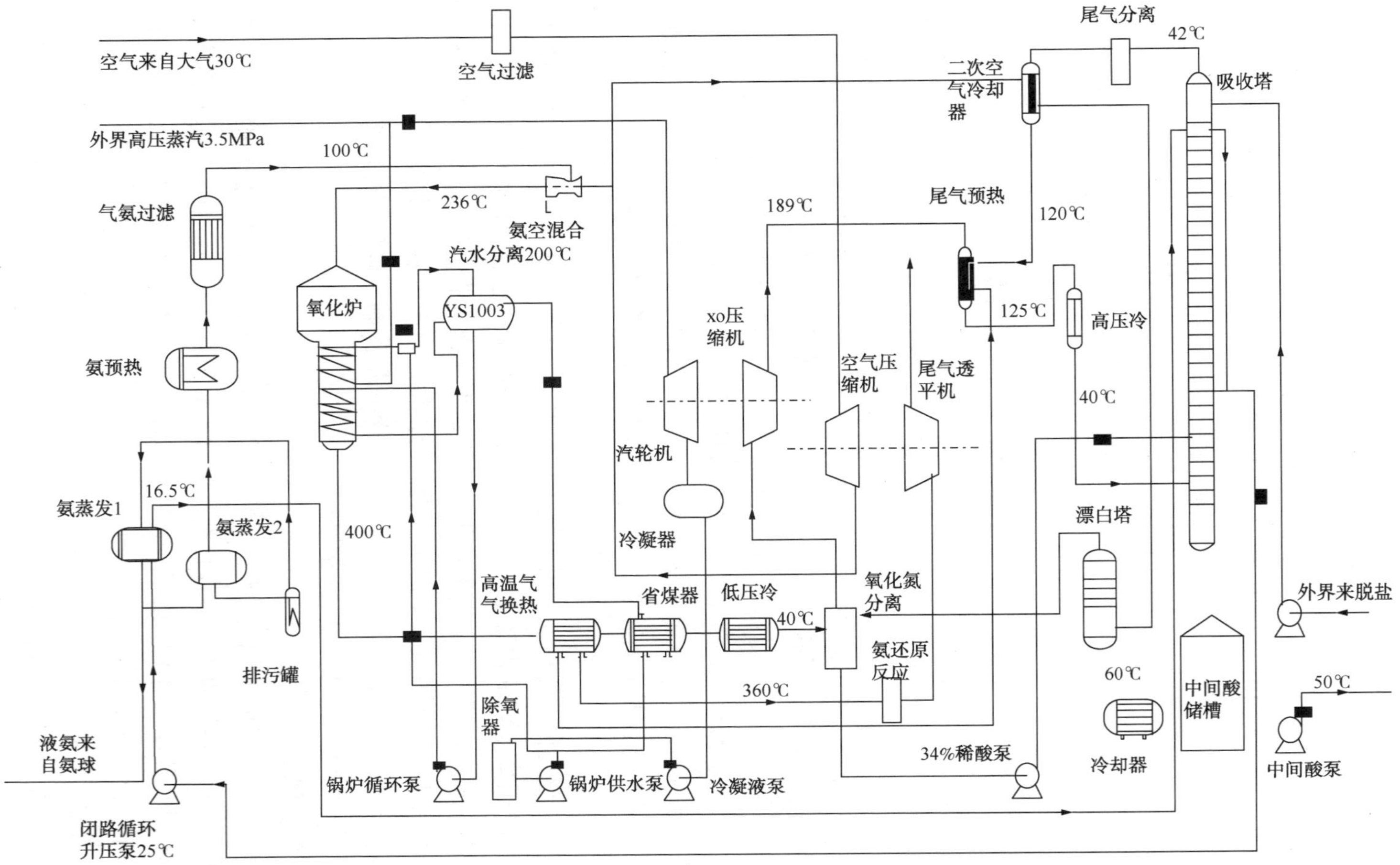

图10-1 双加压简易工艺流程图

外界来脱盐
中间酸泵
50℃

吸收塔
尾气分离
42℃

中间酸储槽

高压冷
40℃
漂白塔
60℃
冷却器

一次空气冷却器
120℃
125℃
尾气预热
尾气透平机
空气压缩机
189℃
34%稀酸泵
氧化氮分离
氨还原反应
低压冷
40℃
360℃
冷凝液泵

xo压缩机
汽轮机
冷凝器
省煤器
锅炉供水泵
高温气气换热
除氧器
锅炉循环泵

空气过滤
氨空混合
汽水分离200℃
236℃
YS1003
400℃
氧化炉

空气来自大气30℃
100℃
外界来高压蒸汽3.5MPa
气氨过滤
氨预热
16.5℃
氨蒸发2
氨蒸发1
排污罐
闭路循环升压泵25℃
液氨来自氨球

245

除此以外，还可能发生下列反应：

$$2NH_3 = N_2 + 3H_2 \qquad \Delta H = 91.69kJ \qquad (10-8)$$

$$2NO = N_2 + O_2 \qquad \Delta H = -180.6kJ \qquad (10-9)$$

$$4NH_3 + 6NO = 5N_2 + 6H_2O \qquad \Delta H = -1810.8kJ \qquad (10-10)$$

在不同温度下，式（10-5）、式（10-6）~式（10-8）的平衡常数见表10-1。

表 10-1　不同温度下氨氧化或氨分解反应的平衡常数（$p = 0.1013MPa$）

温度/K	K_{p1}	K_{p2}	K_{p3}	K_{p4}
300	6.4×10^{41}	7.3×10^{47}	7.3×10^{56}	1.7×10^{-9}
500	1.1×10^{26}	4.4×10^{28}	7.1×10^{34}	3.3
700	2.1×10^{19}	2.7×10^{20}	2.6×10^{25}	1.1×10^{2}
900	3.8×10^{15}	7.4×10^{15}	1.5×10^{20}	8.5×10^{2}
1100	3.4×10^{11}	9.1×10^{12}	6.7×10^{16}	3.2×10^{3}
1300	1.5×10^{11}	8.9×10^{10}	3.2×10^{14}	8.1×10^{3}
1500	2.0×10^{10}	3.0×10^{9}	6.2×1012	1.6×10^{4}

从表10-1可知，在一定温度下，几个反应的平衡常数都很大，实际上可视为不可逆反应，比较各反应的平衡常数，以式（10-7）为最大。如果对反应不加任何控制而任其自然进行，氨和氧的最终反应产物必然是氮气。欲获得所要求的产物NO，不可能从热力学去改变化学平衡来达到目的，而只可能从反应动力学方面去努力。即要寻求一种选择性催化剂，加速反应式（10-5），同时抑制其他反应进行。长时期的实验研究证明，铂是最好的选择性催化剂。

氨在催化氧化过程中的程度，用氨氧化率来表示，是指氧化生成NO的耗氨量与入系统总氨量的百分比率。氨催化氧化反应为气固相催化反应，包括反应物的分子从气相主体扩散到催化剂表面；在催化剂表面进行化学反应；生成物从催化剂表面扩散到气相主体等阶段。据研究表明，气相中氨分子向铂网表面的扩散是整个过程的最慢一步，即过程的控制步骤。诸多学者认为氨的催化氧化反应速度是外扩散控制。该反应速度极快，生产条件下，在$10^{-4}s$时间内即可完成，是高速化学反应之一例。

（2）氨氧化催化剂

目前，氨氧化用催化剂有两大类：一类是以金属铂为主体的铂系催化剂，另一类是以其他金属如铁、钴为主体的非铂系催化剂。但对于非铂系催化剂，由于技术及经济上的原因，节省的铂费用往往抵消不了由于氧化率低造成的氨消耗，因而非铂催化剂未能在工业上大规模应用，此处仅介绍铂系催化剂。

① 化学组成

纯铂具有催化能力，但易受损。一般采用铂铑合金。在铂中加入10%左右的铑，不仅能使机械强度增加，铂损失减少，而且活性较纯铂要高。由于铑价格更昂贵，有时也采用铂铑钯三元合金，其常见的组成为铂93%、铑3%、钯4%。也有采用铂铱合金，铂99%，铱1%，其活性也很高。铂系催化剂即使含有少量杂质（如铜、银、铅，尤其是铁），都会使氧化率降低，因此，用来制造催化剂的铂必须很纯净。

② 形状

铂系催化剂不用载体，因为用了载体后，铂难以回收。为了使催化剂具有更大的接触面积，工业上都将其做成丝网状。

③ 铂网的活化、中毒和再生

新铂网表面光滑而且具有弹性，活性较小。为了提高铂网活性，在使用前需进行"活化"处理，其方法是用氢气火焰进行烘烤，使之变得松疏、粗糙，从而增大接触表面积。

铂与其他催化剂一样，气体中许多杂质会降低其活性。空气中的灰尘(各种金属氧化物)和氨气中可能夹带的铁粉和油污等杂质，遮盖在铂网表面，会造成暂时中毒。H_2S 也会使铂网暂时中毒，但水蒸气对铂网无毒害，仅会降低铂网的温度。为了保护铂催化剂，气体必须经过严格净化。虽然如此，铂网还是随着时间的增长而逐渐中毒，因而一般在使用3~6个月后就应该进行再生处理。

再生的方法就是把铂网从氧化炉中取出，先浸在10%~15%的盐酸溶液中，加热到60~70℃，并在这个温度下保持1~2h，然后将网取出用蒸馏水洗涤到水呈中性为止，在将网干燥并在氢气火焰中加以灼烧。再生后的铂网，活性可恢复到正常。

④ 铂的损失和回收

铂网在使用中受到高温和气流的冲刷，表面会发生物理变化，细粒极易被气流带走，造成铂的损失。铂的损失量与反应温度，压力、网径气流方向以及作用时间等因素有关。一般认为，当温度超过880~900℃，铂损失会急剧增加。在常压下氨氧化铂网温度通常取800℃左右，加压下取880℃左右。铂网的使用期限一般约在2年或者更长一些时间。

由于铂是价昂的贵金属，目前工业上有机械过滤法、捕集网法和大理石不锈钢筐法可以将铂加以回收捕集网法是采用与铂网直径相同的一张或数张钯-金网(含钯80%，金20%)，作为捕集网置于铂网之后。在750~850℃下被气流带出的铂微粒通过捕集网时，铂被钯置换。铂的回收率与捕集网数、氨氧化的操作压力和生产负荷有关。常压时，用一张捕集网可回收60%~70%的铂；加压氧化时，用两张网可回收60%~70%的铂。

(3) 氨催化氧化的工艺条件

在确定氨催化氧化工艺条件时首先应保证高的氧化率，因为硝酸成本中原料氨占比很大，提高氧化率对降低氨的消耗非常重要。以前氨的氧化率一般为96%左右，随着技术的进步，常压下可达97%~98.5%，加压下可达96%~98%。其次，应有尽可能大的生产强度。此外还必须保证铂网损失少，最大限度地提高铂网损失少，最大限度地提高铂网工作时间，保证生产的高稳定性和安全等。

① 温度

在不同的温度下，氨氧化后的反应生成物也不同。低温时，主要生成的是氮气，650℃时，氧化反应速率加快，氨氧化率达90%；700~1000℃时，氨氧化率为95%~98%；温度高于1000℃时，由于一氧化氮分解，氨氧化率反而下降，在650℃~1000℃范围内，温度升高，反应速率加快，氨氧化率也提高。但是温度太高，铂损失增大，同时对氧化炉材料要求也更高。因此一般常压氧化温度取750~850℃，加压氧化取870~900℃为宜。

② 压力

由于氨催化氧化生成的一氧化氮的反应是不可逆的。因此改变压力不会改变一氧化氮的平衡产率。在工业生产条件下，加压事氧化率比常压时氧化率低1%~2%如果要提高加压下的氨催化氧化率，必须同时提高温度。铂网层数由常压氧化用3~4层提高到加压氧化用16~20层，氨催化氧化率可达96%~98%，与常压氧化接近。同时氨催化氧化压力的提高，还会使混合气体体积减小，处理气体量增加，故提高了催化剂生产强度。比如常压氧化每千克铂催化剂每昼夜只氧化1.5t氨，而在0.9MPa压力下可提高到10t。此外加压氧化比常压氧化设备紧凑，投资费用少。

但加压氧化气流速度较大，气流对铂网的冲击加剧，加之铂网温度较高，会使铂网机械损失增大。一般加压氧化比常压氧化铂的机械损失大4~5倍。

实际生产中，常压和加压氧化均有采用，加压氧化常用0.3~0.5MPa压力，但也有采用更高压力的，国外氧化压力有的高达1MPa。

③ 接触时间

接触时间应适当。时间太短，氨气体来不及氧化，致使氧化率降低；但若接触时间太长，氨在铂网前高温区停留过久，容易被分解为氮气，同样也会降低氨氧化率。

为了避免氨过早氧化，常压下气体在接触网区内的流速不低于0.3m/s。加压操作时，由于反应温度较高，宜采用大于常压时的气速。但最佳接触时间一般不因压力而改变。故在加压时增加网数的原因就在于此。一般接触时间在10^{-4}s左右。

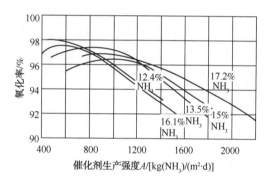

图 10-2　在 900℃时，氧化率于催化剂
生产强度、混合气体中氨含量的关系

另外，催化剂的生产强度与接触时间有关。在其他条件一定时，铂催化剂的生产强度与接触时间成反比，即与气流速度成正比。从提高设备的生产能力考虑，采用较大的气速是适宜的。尽管此时氧化率比最佳气速（一定温度、压力催化剂及起始组成条件下，氧化率最大时所对应的气速）时稍有减小，但从总的经济效果衡量时有利的。工业上选取的生产强度多控制在$600 \sim 800 kg(NH_3)/(m^2 \cdot d)$，如图10-2所示。

④ 混合气体的组成

选择混合气体的组成时，最主要的时氨的初始组成c_0。同时还应考虑初始氨含量和水蒸气存在的影响。氨氧化成一氧化氮，理论上的氨氧化比可由反应式$4NH_3+5O_2 \Longrightarrow 4NO+6H_2O$来确定，即氨氧化比为1.25若采用氨空气混合物，最大氨含量为

$$\frac{\dfrac{21}{1.25}}{100+\dfrac{21}{1.25}} \times 100\% = 14.4\%$$

实践证明，氨浓度为14.4%（即$O_2/NH_3=1.25$），氨的氧化率只有80%左右，而且有发生爆炸的危险。氧含量增加，有利于一氧化氮的生成，但也不能无限制地增加。要增加混合气体中氧含量，加入空气量就多，带入氨气也多，使混合气体中氨浓度下降，炉温下降，生产能力降低，动力消耗增加。当O_2/NH_3比值为1.7~2.0范围内，氨氧化率最高。此时

混合气体中氨浓度为 9.5%~11.5%。

混合气体组成对氨氧化率的影响如图 10-3 所示。氧化率与氧氨比曲线时根据 900℃所得出的数据绘制而成。当曲线 1 表示完全按式(10-1)反应进行的理想状态，曲线 2 表示实际情况。由图 10-3 可知，当氧氨比值小于 1.7 时，随着氧氨比增大，氧化率急剧上升。氧氨比大于 2 时，氧化率随氧氨比增大而增大极小。

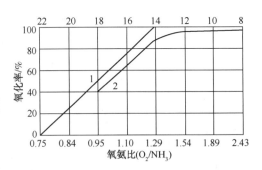

图 10-3　氧化率与氧氨比的关系
1—理论情况；2—实际情况

考虑到一氧化氮还要进一步氧化生成二氧化氮，并用水吸收制成硝酸。故在氮氧化合物混合气体中必须要有足够的氧，一般在透平压缩机或吸收塔入口补充二次空气。若吸收后为其中含氧保持在 3%~5%，则氧化氮(NO₂)吸收率最高。这说明控制氨空气混合气体中的组成，不仅考虑到氨氧化，而且还应考虑到硝酸生产的其他过程。

理论上需氧量由下式可知

$$NH_3 + 2O_2 = HNO_3 + H_2O$$

此时 $O_2/NH_3 = 2$。则混合气体中氨浓度为

$$\frac{\frac{21}{2}}{100 + \frac{21}{2}} \times 100\% = 9.5\%$$

这说明氨空气中氨浓度超过 9.5% 时，透平压缩机入口或吸收塔入口必须补充二次空气。

若不降低氧氨比，又要提高混合气体中氨含量，以满足高氧化率和高生产能力，可采用氨富氧空气混合物。但氨浓度不能超过 12.5%~13.0%，否则，就会形成爆炸气体。

⑤ 爆炸及其防止

氨-空气混合气体和其他可燃气体一样，当氨浓度在一定范围内能着火爆炸，这一范围的上下限称为爆炸极限。当氨空气混合气体中氨浓度大于 14%，温度在 800℃以上具有爆炸危险。影响爆炸的因素有以下七点：

a. 爆炸前的温度　由表 10-2 可知，当温度增高时，爆炸极限变宽。即温度升高，爆炸危险性增大。

表 10-2　氢-空气混合气的爆炸极限

气体火焰方向	爆炸极限(NH₃含量)/%				
	18℃	140℃	250℃	350℃	450℃
向上	16~26.6	15~28.7	14~30.4	13~32.2	12.3~33.9
水平	18~25.6	17~27.5	15.9~29.6	14.7~31.1	13.5~33.1
向下	不爆炸	19.9~26.3	17.8~28.2	16~30	13.4~32.0

b. 混合气体的流向 由表 10-2 可以看出，气体自上而下通过氨氧化炉时爆炸极限变窄。

c. 氧含量 由表 10-3 可以看出，含氧量越多，爆炸极限越宽。

表 10-3 NH₃-O₂-N₂ 混合其他的爆炸极限

(O₂+N₂)混合气中的氧含量/%		20	30	40	50	60	80	100
极限爆炸 NH₃含量/%	最低	22	17	18	19	19	18	13.5
	最高	31	46	57	64	69	77	82

d. 压力 对氨氧混合气体，压力越高，越容易爆炸。如在 0.1MPa 压力时爆炸极限下限为 13.5%，在 0.5MPa 压力时，为 12%。但对氧-空气混合物则压力影响不大，在 0.1～1MPa 之间，下限均为 15%。

e. 容器的表面积与容积之比 比值也大，散热越快，越不易爆炸。

f. 可燃气体的存在 可燃气体的存在会增加爆炸威力，例如氨空气混合气体中有 2.2% 的氢气，便会使混合气体中氨爆炸极限下限从 16.1% 降至 6.8%。

g. 水蒸气的存在 在混合气体中由大量水蒸气存在时，氨的爆炸极限边窄。因此在氨空气混合气体中加入一定量的水蒸气可减少爆炸危险。

综上所述，为防止爆炸，在生产中应严格控制操作条件，设计上应保证氧化炉结构合理，使气流均匀通过铂网。

(4) 氨的催化氧化危险性分析

① 生产过程物料危险特性分析

氨氧化生产工艺过程主要物料是氨和空气，燃料为氢，主要中间产品硝酸，工艺过程可能形成副产物硝酸铵，其物料危险特性分析如下：

液氨危险特性：经过实验，液氨常用理化常数。相对密度为 0.817(-79℃)；熔点为 -77.7℃；沸点为 -33.5℃；自燃点为 651℃；爆炸极限为 15.7%～27.4%；最易引燃浓度为 17%；蒸气密度为 0.6(空气=1)；蒸气压力为 -33.6℃，0.101MPa；4.7℃，0.507MPa；25.7℃，1.013MPa；50.1℃，2.027MPa；遇火星会引起燃烧爆炸，有油类存在时，更增加燃烧危险；本品有毒，液氨接触到皮肤可造成灼伤和冻伤等。

氢气危险特性：无色无味，非常轻，相对密度为 0.07，自燃点为 570℃，爆炸极限为 4.0%～75%，与空气混合易形成爆炸混合物，引燃能量小。

硝酸铵危险特性：白色结晶粉末，溶于水，加热 160℃ 以上放热分解，加热至 400℃ 爆炸，与有机物、可燃物、氯离子、铜、锌、铝等接触时能发生爆炸或燃烧，遇雷汞会爆炸。

② 氨氧化装置的爆炸危险性

在氨氧化装置中，氨、空气经催化剂的作用，在爆炸反应条件下进行氧化反应，控制条件十分严格，在操作过程中，氨、氢易形成爆炸混合物，开停车过程中易形成硝酸铵爆炸物。

③ 氨氧化反应器系统火灾爆炸危险性

氨易于挥发、刺激性气味浓，具有可燃性，在不同的温度、压力下，具有不同的爆炸极限。如：1993 年 12 月 15 日，某公司化肥厂拆除 630m³ 的氨水储罐时，内部余 0.2m 液位的氨水，氨水蒸发，在储罐壁上焊吊耳时发生爆炸。

从氨气爆炸极限曲线图可知，常压 20℃时，氨的爆炸极限为 15.2%~25.25%（体积）随压力的升高爆炸极限的浓度增大；温度、压力升高爆炸下限降低；因此，在一定的温度、压力和催化剂的作用下，氨能实现控制氧化反应并放出大量的热，一旦氨空比失调，超出 10%（体积），产生爆炸反应。

④ 氢气的爆炸性

氢气用于反应系统引燃氨燃烧，氢气易燃易爆，爆炸下限为 4%上限为 75%，操作处理不当，未关或阀门泄漏，极易形成爆炸混合物。

⑤ 硝酸铵的爆炸性

在氨氧化装置停车后，如果未进行清洗吹扫，残存的硝酸和泄漏氨形成硝酸铵，在开车的过程中，硝酸铵受热或者检修碰撞时，容易产生爆炸。

⑥ 锅炉系统的爆炸危险

锅炉系统是将氨氧化反应热及时移走，副产 3500kPa、350℃的高压蒸汽，锅炉给水系统缺水、中断或者循环泵断电停运、高温、压力联锁报警失灵、调节阀控制不能自动开关的情形下，汽包液体大量汽化，造成汽包系统超压，锅炉会发生爆炸；锅炉炉管遭受严重冲刷腐蚀，也可能发生爆管。

（5）安全控制技术

① 氨蒸发、反应系统

严格控制氨蒸发器的液位、蒸发的压力和温度，避免液氨超压、超温，引起过量的液氨带入氧化反应系统，及时地查看氨蒸发系统的高、低液位、温度、压力；定期对系统的液位、温度、压力及其联锁报警系统进行检查和校验。

② 锅炉系统

建立锅炉水系统的开车程序，并严格锅炉水系统的开车程序，开车之前必须对系统进行预热、建立热循环；严格锅炉给水水质标准，避免劣质水对锅炉炉管的腐蚀，加强对系统进行定期排污。

③ 仪表安全措施

设置氨空比例仪、工艺进料程序控制器及低流量开关，并严格调校氨空比例仪、工艺进料程序控制器及低流量开关；在开车之前，对设置的氨空比例仪、高低流量控制开关，按照不同的负荷比例进行氨空比实验，并对其进行校验，保证功能正常，避免系统的氨空比例失调、联锁报警系统失灵等。

④ 设备与电气系统

锅炉水系统循环系统的循环水泵实行双电源供电、设置备用蒸汽透平循环泵，定期对锅炉给水系统的高低液位、高压开关报警联锁系统、水质电导仪校验和检查。对系统设置的静电接地装置联接定期检测。

⑤ 安全生产管理措施

严格系统的开、停车程序化管理；制定开停车方案，指挥畅通、层次分明、责任严格系统操作、培训，加强突发事故处理，强化三大规程的教育，组织突发性的停电、停汽、停水事故处理预案演习，防止误操作；严格关键程序的检查确认和特护设备管理，坚持专业监督管理，责任到人。

⑥ 检修安全控制措施

完善停车处理方案和检修规程。与系统相连物料管线，可能残存有可燃物和爆炸物品，检修作业前，应采取置换、溶解法等措施消除危险危害因素；定期校验安全附件和仪表设施，检修后系统进行吹扫、试压和气密合格后，才能投入运行。

⑦ 原材料安全控制措施

重视原材料中杂质和有机物控制：对液氨过滤器中的油、催化剂定期排净，严格工艺水中氯离子含量控制等。

⑧ 重视压缩机和设备运行完好的监控管理

防止压缩机油及杂质污染系统，以及系统物料反串至压缩机系统，定期对事故电源系统试验。

2. 一氧化氮的氧化

氨氧化后的 NO 继续氧化，可得到氮的高价氧化物 NO_2、N_2O_3 和 N_2O_4。

$$2NO+O_2 =\!\!=\!\!= 2NO_2 \qquad\qquad \Delta H=-112.6kJ \qquad\qquad (10-11)$$

$$NO+NO_2 =\!\!=\!\!= N_2O_3 \qquad\qquad \Delta H=-40.2kJ \qquad\qquad (10-12)$$

$$2NO_2 =\!\!=\!\!= N_2O_4 \qquad\qquad \Delta H=-56.9kJ \qquad\qquad (10-13)$$

上述三个反应都是可逆放热反应，反应后摩尔数减少。所以，从平衡角度考虑，降低温度，增加压力，有利于 NO 氧化反应的进行。

NO 氧化反应的速率主要与 NO 的氧化度 $\alpha(NO)$、温度和压力有关。$\alpha(NO)$ 增大，反应速率减慢。$\alpha(NO)$ 较小时，反应速率减慢的幅度也较小；$\alpha(NO)$ 较大时，反应速率减慢的幅度增大。当其他条件不变时，降低温度，可加快反应速率。当其他条件，增加压力，可增大反应速率。

综上可知，压力高，温度低利于 NO 的氧化，这也是吸收所需的良好条件。氮氧化物在氨氧化部分经余热回收后，一般可冷却至 200℃ 左右，为了使 NO 进一步氧化，需将气体进一步冷却，且温度越低越好。但气体中由于含由水蒸气，在到达露点时水蒸气开始冷凝，会有部分氮氧化物溶解在水中形成冷凝酸。这样降低了气体中氮氧化物浓度，不利于以后的吸收操作。

为了解决这一问题，必须将其快速冷却，使其中的水分很快冷凝。同时，使 NO 来不及充分氧化成 NO_2，减少 NO_2 的溶解损失。一般采用快速冷却器冷却氮氧化物气体。

经过快速冷却器后，混合气体中大部分水分被除去。此时，就可以进行一氧化氮的氧化，一氧化氮氧化可在气相或液相中进行，故分为干法氧化和湿法氧化两种。

（1）干法氧化

将气体送入氧化塔使气体在氧化塔中有足够的停留时间，从而达到一定的氧化度。氧化可在室温下进行。氧化使一个放热过程，为了强化氧化反应，可采用冷却除去热量。有的工厂不设氧化塔，输送氮氧化物气体的管道就相当于氧化设备。

（2）湿法氧化

将气体送入塔内，塔顶喷淋较浓的硝酸，一氧化氮与氧气在气相空间，液相内和气液界面均能进行氧化反应，大量的喷淋酸可以移走氧化放出的热量，从而加快了氧化速率。当气体中 NO 的氧化度达到 70%~80% 时，即可进行吸收制酸操作。

3. 氮氧化物的吸收

除了一氧化氮外，其他氮氧化物均能于水作用：

$$2NO_2 + H_2O \Longrightarrow HNO_3 + HNO_2 \qquad \Delta H = -116.1kJ \qquad (10-14)$$

$$N_2O_4 + H_2O \Longrightarrow HNO_3 + HNO_2 \qquad \Delta H = -59.2kJ \qquad (10-15)$$

$$N_2O_3 + H_2O \Longrightarrow 2HNO_3 \qquad \Delta H = -55.7kJ \qquad (10-16)$$

在吸收过程中，N_2O_3 含量极少，因此式（10-16）可以忽略。此外，HNO_2 只有在 0℃ 以下及浓度极小时才较稳定，在工业生产条件下，它会迅速分解：

$$3HNO_2 \Longrightarrow HNO_3 + 2NO + H_2O \qquad \Delta H = 75.9kJ \qquad (10-17)$$

综合式（10-14）和式（10-17），用水吸收氮氧化物的总反应式可概括为

$$3NO_2 + H_2O \Longrightarrow 2HNO_3 + NO \qquad \Delta H = -136.2kJ \qquad (10-18)$$

因此，在氮氧化物的吸收过程中，NO_2 的吸收和 NO 氧化同时交叉进行。由此可见，用水吸收 NO_2 时，只有 $2/3NO_2$ 转化为 HNO_3，而 $1/3NO_2$ 转化为 NO。工业生产中，需将这部分 NO 重新氧化和吸收。

吸收反应式（10-18）为放热的及分子数减少的可逆反应。由化学平衡基本原理知，提高压力降低温度对平衡有利。尽管低温高压有利于硝酸的生成，但受平衡所限，一般条件下，用硝酸水溶液吸收氮氧化物气体，成品酸所能达到的浓度受到限制，常压法制得的硝酸浓度不超过 50%；加压法制得的硝酸浓度不超过 7%。

用水吸收氮氧化物制造稀硝酸，分为常压吸收和加压吸收两种流程。反应中放出大量热，可采用直接或间接冷却方式除去。在吸收系统的前部，反应热比较多，此处要求较大的冷却面积；在吸收系统的后部，反应热较少相对应的冷却设备面积可以小些，以至于在最后可以利用自然冷却来清除热量。对于加压吸收，一般选用 1~2 个吸收塔；常压吸收则要用 6~8 个吸收塔，以保证获得一定浓度的稀硝酸。由于常压法吸收热时靠大量循环酸除去的，若只用一个吸收塔，势必要求塔顶喷淋酸浓度高，这就造成硝酸液面的平衡分压较大，相应的为其中氮氧化物含量增高，致使总吸收度降低。因此，通常总是采用若干个塔来吸收氮氧化物，吸收塔按气液逆流的方式组合，即后一个塔的吸收液，经冷却后逐一向前一个塔转移。第一及第二吸收塔为成品酸产出塔。

工业生产中，成品酸浓度越高，氮氧化物溶解量越大，酸呈现黄色。为了减少酸中氮氧化物损失及提高成品酸的质量，需要在成品酸被送往酸库之前，将酸中溶解的氮氧化物解吸出来，这一工序称之为"漂白"。

（1）吸收工艺条件的选择

① 温度的选择

温度对吸收的影响较大，在吸收过程中的反应，除了亚硝酸分解是吸热反应外，其余都是放热反应，所以降低温度，有利于平衡向生成硝酸的方向移动。同时，NO_2 的吸收反应的速率和 NO 的氧化速率也随温度的降低而加快，因此吸收容积系数可减小，即降低温度可以提高吸收塔的生产强度。故无论是从提高成品酸浓度，还是从提高吸收设备生产强度来考虑，降低温度都是有利的。

② 压力的选择

根据吸收的总反应是体积减小的可逆反应，所以，提高压力，不仅可使吸收向生成硝酸方向移动，而且可以加快反应速率。同时，加压可以大大减少吸收容积，从而可降低设备的费用。但压力不可选择过高，如果压力过高，一是动力消耗增加得多，二是吸收设备对材料的要求更为苛刻。

③ 气体组成的选择

a. 氧化物浓度　由吸收反应的化学平衡可知，要获得高浓度的成品酸，其措施之一就是要提高 NO_2 的浓度。为此，气体在进入吸收塔前必须经过充分的氧化，以提高 NO_2 的浓度。为了使第一吸收塔出成品酸，在常压下操作时，气体应当从第一吸收塔的塔顶部加入。当气体由上而下通过第一吸塔时，在塔的上半部可以使 NO 继续氧化为 NO_2，而在塔的下半部 NO_2 被吸收成硝酸，这样成品酸就可以从第一吸收塔导出，同时也提高了吸收效率。

b. 氧的浓度　如前所述，当氨–空气混合气体中的氨浓度大于 9.5% 时，在吸收部分必须补加二次空气。通常时控制吸收后的问起中氧浓度在 3%～5%，当尾气中的氧含量太高时，说明前面补加的二次空气时太多，稀释了氮氧化物浓度，导致处理气量大，而且阻力也大。反之，若尾气中氧含量太低，说明补加空气量少弥补利于 NO 的氧化，应适当补加二次空气。

4. 硝酸尾气的处理

酸吸收后，尾气中仍含有残余的氮氧化物，含量取决于操作压力。如果将尾气直接放空，势必造成氮氧化物损失和氨消耗增加，不仅提高了生产成本，而且严重污染大气环境。因此，尾气放空前必须严格处理。

国际上对硝酸尾气排放标准日趋严格，一般 NO_x 排放浓度不得大于 2×10^{-4}（质量分数）。为此，经常对治理硝酸尾气的大量研究，开发了多种治理方法，归纳起来有三类，即溶液吸收法、固体吸附法和催化还原法。

（1）溶液吸收法

吸收剂一般用碱的水溶液，其中用得最多的时碳酸钠，此法简单易行，处理量大，适用于含氮氧化物最多的尾气处理。但难以将尾气中氮氧化物降至 0.02% 以下。碳酸钠溶液吸收之后，可生成有用的副产品 $NaNO_2$ 和 $NaNO_3$。其反应为

$$Na_2CO_3 + N_2O_3 \Longrightarrow 2NaNO_2 + CO_2 \tag{10-19}$$

$$NaCO_3 + 2NO_2 \Longrightarrow NaNO_2 + NaNO_3 + CO_2 \tag{10-20}$$

（2）固体吸附法

这种方法时以分子筛、硅胶、活性炭和离子交换树脂等固体物质做吸附剂。其中活性碳的比附容量最高，分子筛次之，硅胶最低。当吸附剂失效后可用热空气或蒸汽再生。

此法优点时净化度高，同时又能回收氮氧化物。缺点是吸附量低。当尾气中 NO_x 含量高时，吸附剂需要量很大，且吸附再生周期短。因此，该方法在工业上未能得到广泛应用。

（3）催化还原法

催化还原法的特点时脱出 NO_x 效率高，并且不存在溶液吸收法伴生副产品需要对废液进行处理的问题。气体在加压时，还可以采用尾气膨胀透平回收能量。是目前广泛采用的硝酸尾气治理方法。

催化还原法依还原气体的不同，可分为选择性还原和非选择性还原两种方法。前者采用氨作为还原剂，以铂为催化剂，将 NO_x 还原为 N_2：

$$8NH_3+6NO_2 =\!=\!= 7N_2+12H_2O \tag{10-21}$$

$$4NH_3+6NO =\!=\!= 5N_2+6H_2O \tag{10-22}$$

非选择性还原法时在催化剂存在下将尾气中的 NO_x 和 O_2 一同除去。还原气体可采用天然气、炼厂气及其他燃料气，以甲烷为例，其反应为：

$$CH_4+2O_2 =\!=\!= CO_2+2H_2O \tag{10-23}$$

$$CH_4+4NO_2 =\!=\!= 4NO+CO_2+2H_2O \tag{10-24}$$

$$CH_4+4NO =\!=\!= 2N_2+CO_2+H_2O \tag{10-25}$$

非选择性还原最好的催化剂是钯与铂。

第三节　苯胺生产工艺过程安全分析

苯胺微溶于水，能与乙醇、乙醚、苯混溶；有碱性，能与盐酸（或硫酸）反应生成盐酸（或硫酸）盐；可发生卤化、重氮化等反应。

20 世纪 80 年代中期以前，橡胶助剂、医药及染料工业是苯胺三大传统消费领域。1988 年以后，聚氨酯塑料工业快速发展，MDI 的需求急剧增长，需要 MDI 级苯胺。在苯胺的下游产品中，环己胺、香兰素、对苯二酚、橡胶助剂等产品。在染料行业中，还原靛蓝和色酚 AS 两个染料品种。在医药工业中，以苯胺为原料生产的药品主要有两大类，一种是磺胺类抗菌药，另一种是安替比林类镇痛药。苯胺在农药中主要用做生产水田除草剂丁草胺的中间体 2,6-二乙基苯胺的主要原料。用于生产稳定剂的二苯胺，生产香兰素的 N,N-二甲基苯胺，生产橡胶防老剂、染料中间体及感光材料的对苯二酚等。

一、苯胺生产基本原理和工艺流程

1. 苯胺生产基本原理

目前世界上苯胺生产大多数采用硝基苯催化加氢法仅有个别公司采用苯酚氨化法和铁粉还原法。硝基苯催化加氢法制苯胺有气相加氢法及液相加氢法。气相加氢法又因采用的反应器形式不同分为固定床气相催化加氢和流化床气相加氢一种工艺。固定床气相催化加氢是在 200～220 ℃，0.1～0.5MPa 条件下进行的，苯胺的选择性大于 99%。此法设备及操作简单，维修费用低，不需分离催化剂，反应温度低，产品质量好。但由于固定床传热不好，易发生局部过热而引起副反应及催化剂失活，因此催化剂的活性周期短。流化床气相催化加氢是在 260～280 ℃，0.05～0.1MPa 条件下进行的，苯胺的选择性大于 99%，该法传热状况好，避免了局部过热，减少了副反应的发生，延长了催化剂的使用寿命。但反应器操作复杂，催化剂磨损大，操作及维修费用高。液相催化加氢工艺是采用贵金属为催化剂，在 210～240℃，1.5～2.0MPa 条件下进行的，苯胺的选择性大于 99%，该法为气液两相反应，反应热由反应生成物汽化带出，反应设备简单，操作、维修费用低。但此技术需引进，引进费用较高。本文主要介绍硝基苯催化加氢法。

硝酸和苯反应，生成硝基苯：

$$C_6H_6 + HNO_3 \longrightarrow C_6H_5-NO_2 + H_2O$$

硝基苯加氢生成苯胺，硝基苯中 O 被 H 取代：

$$C_6H_5-NO_2 + H_2 \longrightarrow C_6H_5-NH_2 + O_2$$

苯胺生产中的原料氢与系统中的循环氢混合经氢压机增压至 0.2MPa 后，与来自流化床顶的高温混合气在热交换器中进行热交换，被预热到约 180℃进入硝基苯汽化器，硝基苯经预热在汽化器中汽化，与过量的氢气混合并过热到约 180~200℃进入流化床反应器，与催化剂接触。硝基苯被还原，生成苯胺和水并放出大量热，利用流化床反应器中的余热锅炉中的软水汽化产生蒸汽带走反应热来控制反应温度在 250~270℃。反应后的混合气与催化剂分离，进热交换器与混合氢进行热交换，用水冷却，粗苯胺及水被冷凝，与过量的氢分离，过量氢循环使用，粗苯胺与饱和苯胺水进入连续分离器分离，粗苯胺进入脱水塔脱水，然后进精馏塔精馏得到成品苯胺。含少量苯胺的水进共沸塔回收苯胺，废水去污水车间进行二级生化处理。

2. 苯胺生产工艺流程

（1）硝基苯单元

① 反应工序

在硝基苯单元中，硝化部分采用的是苯绝热硝化工艺技术。

由罐区苯储罐来的石油苯沿外管架送入苯中间罐，经输送泵打入硝化器中，与泵打入的混酸进行绝热硝化反应，反应后的反应液进入分离罐，分离出的酸性硝基苯经冷却后去精制工序，废酸进入蒸发器利用自身带的热量进行废酸浓缩。浓缩后的废酸浓度可达 70%，再循环使用。浓缩过程中产生的废气进入精制工序的苯回收塔进一步回收。

② 精制工序

自硝化分离器来的酸性硝基苯流入酸洗槽中，用废酸浓缩分离出的废水进行洗涤，洗涤后的酸性废水排掉，酸性硝基苯再进入碱洗槽中进行碱洗，碱洗后的碱性废水排掉，硝基苯进入水洗槽中进行水洗，水洗后的废水循环使用。水洗至中性的硝基苯进入苯提取塔，在真空的条件下将苯从塔顶蒸出，进入苯水分层器，经分层器将苯、水分离，水做硝基苯的洗水用，苯回反应工序循环使用。分层器出来的气体与废酸浓缩过程产生的废气一并进入苯回收塔，用精硝基苯回收苯，其他不凝气去尾气处理。提取塔釜得合格的精硝基苯，做为苯胺单元的原料。

③ 尾气处理工序

来自硝化反应的尾气经压缩机升压后进入氮氧化物气体吸收塔，被用泵送来的脱盐水吸收成稀硝酸，在吸收过程中，吸收塔用冷却水冷却，塔顶未被吸收的不凝气经升压后进入催化氧化器内处理，处理合格后排入大气。塔釜的稀硝酸浓度达到 50%~55% 后被送至反应工序循环使用。

（2）苯胺单元

① 加氢还原工序

来自氢气球罐的新鲜氢气与氢压机升压的循环氢在氢气缓冲罐混合之后进入氢气第一、第二换热器，在此与来自流化床的反应后气体进行两次热交换，进入硝基苯汽化器和混合气体加热器。硝基苯在汽化器被热氢气流所汽化，混合气体继续升温至190℃，送入流化床内，硝基苯在此进行气相催化加氢反应，反应在245~295℃进行。加氢反应所放出的热量被汽包送入流化床内换热管的软水带出。水被汽化副产1.0MPa(G)蒸汽，该蒸汽量除满足装置需用量外，剩余部分送入装置外的蒸汽管网。

流化床反应器的气体经第二氢气换热器和第一氢气换热器，被由氢气缓冲罐来的混合氢气在换热器中进行间接冷却至120℃后，进入第一、二冷凝器，苯胺与水被冷凝为液体。在触媒沉降槽中除去液体中的触媒颗粒，再经冷却器冷却至30℃后流入苯胺-水分层器静止分层。未被冷凝的反应气体经捕集器后回收，含氢气90%(V)的气体作为循环氢使用。从冷凝器出来的循环氢压力为3.92~6.86kPa(G)，经捕集器进行两次捕集，再经管式除尘器过滤后，气体进入氢压机升压至160kPa(G)，与新氢在氢气缓冲罐混合。

由硝基苯精制工序制取的纯度为99.94%硝基苯，由泵送入加热器升温至170~180℃后，进入硝基苯汽化器。

从分层器上部流出来的水(含苯胺3.6%)进入苯胺水储槽，从分层器下部流出的粗苯胺(含水5%)，储存于粗苯胺储槽内，去苯胺单元精馏工序。

流化床所用冷却水系中压膨胀槽和低压膨胀槽蒸汽冷凝后产生的105℃的冷凝水，由热水给水泵送至汽包后，利用热水循环泵打入流化床换热管内。

② 苯胺废水处理工序

苯胺废水罐内的废水用泵以一定流量送入一级萃取的静态混合器内，同时用泵打入萃取剂精硝基苯，在静态混合器中进行液-液传质后，进入分层器中进行分层，上层萃余相进入贮罐，作为下一级萃取的萃取剂，下层的物料去加氢还原单元，作为加氢原料。经三级萃取后，废水中苯胺浓度将在50ppm以下，排入下水。

③ 苯胺精馏工序

粗苯胺罐内的粗苯胺用粗苯胺泵以一定流量输送到脱水塔内，控制脱水塔顶温、釜温和塔顶压力，进行精馏，塔顶蒸出物经共沸物冷凝器冷凝后流入苯胺水分层器内进行分层，塔釜高沸物进入精馏塔内。在一定的顶温、釜温及真空下进行精馏，塔顶蒸出物(苯胺)经精馏塔冷凝器冷凝后，一部分以一定的回流比从塔顶送入精馏塔内作为回流，其余再经冷凝器进一步冷凝后进入苯胺成品罐。

二、物料危险性分析

(1) 苯胺

苯胺为无色或淡黄色油状液体，呈弱碱性，具有特殊臭味；微溶于水，能溶于醇及醚；露置在空气中将逐渐变为深棕色；能被皮肤吸收而引起中毒；在车间空气中的最高容许质量分数为$5×10^{-6}$。

理化常数：相对密度1.02(20℃)，凝固点-6.2℃，沸点184.4℃，闪点70℃(闭杯)，自燃点615℃，爆炸下限1.3%，燃烧热3.39MJ/mol，蒸气密度3.22g/L。

危险特性：具有很高的毒性，易经皮肤吸收以及经呼吸道吸入而中毒；中毒现象为头晕、乏力、嘴唇发黑、指甲发黑、甚至呕吐；饮酒后更容易引起中毒；苯胺可燃，遇明火、强氧化剂、高温有火灾危险。储运注意事项：储存于阴凉通风的库房内，远离火种、热源；应与氧化剂及食用原料隔离堆放。

（2）氢气

氢气为无色无臭气体，极微溶于水、乙醇、乙醚；无毒、无腐蚀性，极易燃烧，燃烧时发出青色火焰，并发生爆鸣，燃烧温度可达 2000℃，氢氧混合燃烧火焰温度为 2100～2500℃；与氟、氯等能起猛烈的化学反应。

理化常数：密度 0.0899g/L，熔点 -259.18℃，沸点 -252.8℃，自燃点 400℃，爆炸极限 4.1%～74.2%，最易传爆体积分数 24%，产生最大爆炸压力的体积分数 32.3%，最大爆炸压力 0.74MPa，最小引燃能量 0.019MJ，临界温度 -239℃，临界压力 1.307MPa。

危险特性：与空气混合能成为爆炸性混合物，遇火星、高热能引起燃烧爆炸；在室内使用或储存氢气，若泄漏，氢气上升并滞留屋顶，不易自然排出，遇火星会引起爆炸。

储运注意事项：氢气应用耐高压的钢瓶盛装；储存于阴凉通风的仓间内，仓温不宜超过 30℃，远离火种、热源，切忌阳光直射；应与氧气、压缩空气、氧化剂、氟、氯等分仓间存放，严禁混储混运。

三、工艺危险性分析

苯胺生产分两部分：硝基苯催化氢气还原，粗苯胺精制及苯胺水回收处理。氢气柜、氢压机、硝基苯汽化器、流化床反应器、氢气换热器等处于正压操作，应防止发生泄漏引起火灾和爆炸，污染环境造成人员伤亡。粗苯胺精制系统重点要防止跑料和蒸干塔堵管。

（1）氢气柜系统

氢气柜的主要作用是：起缓冲作用，减少波动，稳定各生产系统。氢气柜在保障苯胺生产安全方面越发显得重要，气柜本身的状况直接关系到苯胺生产的安危，在大修时对气柜自身存在的缺陷进行了整改，气柜浮筒的浮动高低进入 DCS 系统监测并有上下限报警，又有电视监视系统，相对降低了自身风险。

（2）氢压机系统

氢压机是苯胺生产的心脏。由于苯胺生产是长周期连续运行，一旦任何一台氢压机出现故障都直接危及安全和正常生产。苯胺生产的重要工艺参数之一是氢油比，若氢压机输出氢量低于标准将造成局部反应温度过高，轻者造成催化剂烧结，重则发生火灾和爆炸。江苏某厂 1987 年某夜，操作工巡回检查，发现温度套管已烧红，反应床严重超温，所幸没酿成大祸。原因是氢压机循环阀未关死，氢气流量过低，氢油比严重失调，反应热聚集造成严重超温。

（3）硝基苯汽化系统

液体硝基苯加热到 180～200℃进入汽化器，在高摩尔比氢存在下降膜蒸发汽化过程为物理过程，但是设计不合理及管理不善，同样会发生严重事故。江苏某厂生产邻甲苯胺过程中汽化器发生爆炸，其原因在于原料中含有多硝基化合物、硝基酚钠及一硝基苯类等，经汽化后被浓缩且过热分解从而导致事故发生。硝基苯与苯胺在高温无催化剂情况下会发生缩合反应，生成高沸物，长时间高温加热易分解，结焦，造成汽化器堵塞。

（4）流化床反应器系统

流化床反应器是苯胺生产的核心设备，硝基苯和氢气在流化床中遇到催化剂瞬间即反应放出大量热，反应物料有毒有害、易燃易爆，属带压高温操作。一旦反应失控，轻者超温烧毁催化剂，重则物料泄漏酿成大祸。吉林某厂苯胺车间流化床控制仪表失灵，造成流化床超压，防爆膜破裂，反应混合气带催化剂喷出发生火灾爆炸事故。

（5）精馏回收后处理系统

精馏回收后处理系统是纯物理加工系统，基本无化学反应，脱水精馏采用负压操作，物料基本对设备无腐蚀，回收系统常压操作，物料主要含苯胺，生产过程中发生最多的事故是残液蒸干造成堵管和溢料，会污染环境及造成人员中毒。生产过程中发生最多的事故是残液蒸得过干，造成堵管和溢料，所以一定要杜绝干塔事故的发生。

苯胺生产反应物及生成物易燃易爆、有毒有害，且反应高温带压，是一个安全生产十分重要的典型化工装置。为了保证安全生产，装置必须采用 DCS 进行控制；保证工艺管线和生产设备的密闭，实现动密封和静密封泄漏率为零；严格执行工艺纪律。在管理有序的情况下，要做到居安思危，增加必要的安全保护设施，保持生产装置安全稳定长周期运行。

思考题

1. 常见的硝酸生产方法有哪些？
2. 硝酸生产的基本原理是什么？
3. 硝酸生产过程涉及哪些危险化学品，有什么危险特性？
4. 硝酸工艺过程有哪些危险？
5. 苯胺生产涉及哪些反应？
6. 简述苯胺生产过程工艺流程。
7. 苯胺生产工艺过程涉及哪些危险？

第十一章 蒽醌法双氧水工艺过程安全分析

第一节 典型事故案例分析

一、萃取塔火灾事故

1. 事故经过

2013 年 7 月 27 日 16 时 45 分左右，某公司双氧水生产装置的萃取塔发生火灾事故，直接经济损失约 200 万元。

7 月 25 日，该企业双氧水装置开始投料试生产，装置运行平稳，至 27 日 12 时 05 分，萃取塔开始分出双氧水，浓度为 27%。至 27 日 16 时 45 分左右（累计运行约 29h），中控室操作人员通过远程视频监控发现萃取塔附属萃余液分离器位置先有火光，后有浓烟冒出，部分操作人员前往现场，发现萃余液分离器部位起火，火势随萃余液（油质可燃物）的泄漏增大，并伴有爆鸣声。中控室其他操作人员接到通知后立刻进行一键安全停车，同时启动装置切断氢气并充氮保护。企业和当地政府迅速启动应急预案扑救火灾，27 日 20 时左右，火势得到控制，28 日 3 时 36 分，火灾被全部扑灭。经环保部门检测，事故现场大气和周边水体未发现有毒有害物质和水体污染。

2. 原因分析

（1）直接原因

系统内杂质的存在是造成双氧水分解加速的原因。

新建的双氧水装置为原始开车，虽经常规酸洗钝化处理，但设备、管道系统及原材料内残余金属等杂质仍然较多，随装置运行后大量积聚在萃取塔内。在双氧水浓度萃取提升过程中，这些杂质导致了萃取塔内双氧水的加速分解，分解产生的氧气及残留空气与低沸点物料形成易燃易爆混合气体，遇装置系统未导出的静电发生爆燃，萃取塔视镜及萃余液分离器排污管视镜和萃余液出口法兰破损，循环工作液从塔体上部及萃余液分离器泄漏并发生火灾。

（2）间接原因

① 企业对双氧水的危险特性认识不足，对双氧水装置的工艺安全分析不彻底，没有制订和采取及早加大萃取塔内双氧水的放出量、降低金属等杂质的含量、控制双氧水分解的速率、防止事故发生的可靠措施。

② 双氧水装置的防静电设施和措施不全面，萃取塔至萃余液分离器、高位集液槽、工作液计量槽的气液相管路法兰既未做静电跨接，也没有测量接触电阻，存在静电积聚的安全隐患。

③ 企业对双氧水行业发生的事故案例了解不全面、学习不透彻、分析不深入，没有深入汲取各类事故教训、研究制定完备的预防措施。

3. 建议及措施

① 改进设计，应充分考虑到在操作不当或失误的情况时，仍能最大限度地避免发生恶性燃烧、爆炸事故。萃取塔、精馏塔等存有大量过氧化氢的设备，在发生剧烈分解、温度骤升时可自动注水等。同时与工艺结合，尽量提高生产过程的自动联锁调控水平（包括建立紧急情况下自动联锁停车装置和保护系统等）。要根据生产实践经验和实际需要，不断修改和完善设计，提高设计的安全技术水平。

② 加深对工艺技术的了解，对开车过程中可能出现的危险性进行全面系统分析，并制定应急措施。

③ 举一反三，认真汲取行业发生的各类事故教训、研究制定相关完备的预防措施。

④ 加强三级安全培训，注重对车间技术员、操作工等进行工艺过程、操作参数、控制指标、常见异常现象、紧急处理措施等知识的灌输，不断提高员工安全意识；定期进行应急演练，提高员工应急处置能力。

⑤ 全面落实安全生产责任制。

二、双氧水车间爆炸火灾事故

1. 事故经过

2004年4月6日至16日，某公司对所有生产装置实施年度停产大检修。4月13日氯碱系统大修结束，恢复生产；4月16日双氧水车间大修结束，并于当日23时50分开始开车。2004年4月21日10时56分，因外电网波动，引起全厂联锁停车，同日13时25分氯碱系统恢复开车，16时双氧水车间恢复开车。根据分析和DCS记录的曲线，双氧水装置运行状况正常。2004年4月22日8时左右，该厂双氧水岗位的操作员张某和许某一起到双氧水岗位的操作室，与21日20时到22日8时上班的操作员朱某交接班后，换上工作服，准备去巡检，走到门边，正伸手去推门时，就听到"嘶嘶"的声音，接着听到一声巨大的爆炸声，这时车间内马上浓烟滚滚，张某怕第二次爆炸，赶紧到操作室放工具箱的墙角里躲起来，与此同时张某看到许某打开了窗门，就与许某从窗口跳下去，经过雨棚落到地上，然后迅速逃离现场。当时正在双氧水车间4楼拆除管道保温脚手架的潘某、纪某，听到爆炸声后，在迅速逃离现场过程中，潘某从二楼楼梯拐角处逃生不及被大火烧死，纪某从二楼楼梯平台跳到地面，脸部轻度烧伤，被送往医院治疗。

2. 原因分析

发生爆炸火灾事故车间是2003年12月投产的双氧水装置，年产双氧水 4×10^4 t。通过对事故现场的勘查和对相关人员进行调查取证、笔录，并进行了详细的综合分析，调查组认定这是一起"违规操作引起的爆炸火灾事故"。

（1）直接原因

双氧水车间内氧化残液分离器排液后，操作工未按规定打开罐顶的放空阀（事故现场发现的放空阀是关闭的），造成氧化残液分离器内残液中的双氧水分解产生的压力得不到及时有效的泄压，使之极度超压，导致氧化残液分离器发生爆炸；爆炸碎片同时击中氢化液气分离器、氧化塔下面的工作液进料管和白土床至循环工作储槽的管线，致使氢化气液分离器内的氢气和氢化液喷出，发生爆炸和燃烧，氧化塔内的氧化液喷出并燃烧，白土床出口管内的工作液流出并燃烧，继而形成了双氧水车间的大面积火灾，造成了1人烧死，1人烧伤。

氧化残液分离器 V1204 的作用是收集氧化塔上、下节塔底的排污物。氧化塔排污每小时一次，每日 9：00 左右由操作人员处理在 V1204 内的残液。正确的操作步骤（要点）如下：

① 氧化塔排污的时候和残液停留在 V1204 内的任何时候，V1204 的放空阀必需全开；

② 在将残液中双氧水排完，回收工作液时，可将顶部放空阀关闭，用低压氮气（0.3MPa）将废工作液压至地槽加以回收；

③ 处理完残液后必需全开放空阀。

在现场发现的 V1204 的残片中，与阻火器连在一起的 V1204 的放空阀基本处于完好状况。经对该阀门（J41W—16PDN40）检查，确认放空阀处于关闭状态。说明在氧化塔排污过程中和事故发生时，该阀门处于关闭状态。V1204 处于相当危险的状态。

V1204 中的残液主要是杂质含量非常多的双氧水、盐类、降解物和氧化液等。残液中的双氧水含杂质多，双氧水浓度高、稳定性差，较容易分解。若 V1204 顶部放空阀门处于关闭状态时，使 V1204 内压力升高，双氧水分解放热，使残液温度升高，加速残液中双氧水分解，加速处在密闭状态中 V1204 压力的上升。若此阀门开启时，尽管残液不稳定也可使每小时定期排放出的残液分解出的气体及时排出。

从整个双氧水工艺控制指标中可以看出，我们认为氧化液酸度偏低，事故发生前连续三个分析数据（不少于 6 个小时）氧化液酸度为 0.001g/L。氧化液酸度低，氧化残液的稳定性会变差。也会加速残液中双氧水的分解。我们认为 V1204 的爆炸是由于 V1204 放空阀没有开启，氧化残液中双氧水分解产生的气体得不到及时有效的泄压，产生超压，导致爆炸。

（2）间接原因

这起事故的发生，暴露出该公司领导对安全生产重视不够，管理不力，安全生产管理机构不健全，配备的专职安全干部没有经过专门培训，未做到持证上岗等问题。公司建立10 年来，设备、技术较先进，管理有一定基础，也没有发生过重大事故，因此，在安全生产上产生了麻痹思想，安全生产意识淡化。

① 公司安全生产目标管理不够明确，安全责任制没有层层分解，安全责任制没有签订落实到班组和职工；部门之间配合不协调，工作出现推诿现象；对员工的安全教育和培训不到位，对员工中出现的"三违"现象监督不力，处理不严，导致职工违规操作，酿成事故。

② 公司为提高双氧水质量和生产能力的技措改造，未按《危险化学品安全管理条例》的要求，报有关部门审批，也没有经原设计单位确认。

③ 双氧水生产线改造后，未对设备设施运行情况及时进行有效监控。在生产报表中反映的整个双氧水工艺控制指标中，事故发生前连续

三个分析数据氧化液酸度为 0.001g/L，没能对酸度低、氧化残液的稳定性变差，会加速残液中双氧水的分解，导致氧化残液分离器压力升高等异常状况采取有效的安全措施。

④ 公司消防设备不完善，消防水源不足，自防自救能力差。尽管制定了危险的化学品事故应急救援预案，但预案不全面、不系统，平时演练不够，对突发事故未能采取有效措施予以消除。

⑤ 工艺设计不尽合理，对氧化残液分离器的危险性认识不足，工艺设计中对该设备位置设计不当，未在氧化残液分离器的工艺流程图上设计压力表和泄压装置。

3. 建议及措施

① 全面落实安全生产责任制，层层分解落实到每个员工，并建立起严格的奖惩考核制度，要进一步完善安全组织机构，强化安全管理人员、危险化学品操作人员、特种作业人员的自我保护意识，认真开展反"三违"活动，坚决杜绝"三违"现象发生。

② 进一步健全安全生产规章制度，全面检查安全、工艺、设备等管理制度的适用性和可操作性，修订完善各类安全操作规程，加强设备监控管理，严格化工现场巡检制度，并严格执行。

③ 加强公司义务消防队建设和业务训练，保证安全生产投入，完善消防设施的建设，提高自防自救能力。修订完善危险化学品事故应急救援预案，并做到经常演练。

④ 加强对管辖区内危险化学品生产企业的管理，加强日常监督检查，防止类似事故的再次发生。

第二节　蒽醌加氢工艺过程安全分析

一、蒽醌法生产过氧化氢工艺流程

过氧化氢(H_2O_2)又名双氧水，是一种重要的无机化工原料，主要应用在纺织品、竹制品和纸浆的漂白和三废处理等领域，此外在无机及有机高分子等化学品的合成，电子、食品、医药和冶金工业等方面也有广泛的应用。

1935~1938 年，G. Pfleiderer 和 H. J. Ried 的研究工作为蒽醌法(anthraquinone process) 奠定了理论基础。1943 年德国 I. G. 染料公司建成 30t/a 中试装置，发明了蒽醌法。1953 年美国 DuPont 公司建成第一套工业化装置。

蒽醌法以 2-烷基蒽醌为载体，钯(或镍) 为催化剂，交替进行 2-烷基蒽醌的氢化和氧化。2-烷基蒽醌可以重复使用，相当于由 H_2 和 O_2 合成 H_2O_2。分为氢化、氧化、萃取、纯化(国内称后处理)四个工序。工艺原理如下：

氢化工序，2-乙基蒽醌在钯(或镍) 催化下，被 H_2 还原为 2-乙基氢蒽醌。

氧化工序，2-乙基氢蒽醌被氧气或空气中的氧气氧化成原来的 2-乙基蒽醌，同时生成

H_2O_2。反应中 2-乙基蒽醌可循环使用。

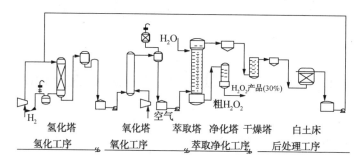

理论总反应为：$H_2+O_2 \longrightarrow H_2O_2$

萃取工序，过氧化氢被纯水萃取，得到过氧化氢水溶液。

蒽醌法的优点：电耗低、自动化程度高、单元设备生产能力高、不消耗其他稀缺资源（仅消耗氢气、氧气、水）。

蒽醌法的缺点：产品含有有机杂质，生产中使用氢气、有机溶剂等易燃易爆原料，需要合理的氢源做支撑。蒽醌法是工业过氧化氢生产的主流方法，全球工业过氧化氢以产量计99%以上是由蒽醌法生产的。我国已建和在建的万吨以上的过氧化氢装置都是蒽醌法工艺。

蒽醌法流程示意图如图11-1所示。

![流程示意图，氢化塔、氧化塔、萃取塔、净化塔、干燥塔、白土床]
H_2　氢化塔　　氧化塔　萃取塔　净化塔　干燥塔　白土床
　　氢化工序　　　氧化工序　　萃取净化工序　　后处理工序
（图中标注：H_2O、空气、粗 H_2O_2、H_2O_2产品(30%)）

图 11-1　蒽醌法过氧化氢流程示意图

二、氢化工序原理

1. 化学原理

主反应：

![2-乙基-9,10-蒽醌 +H2 Pd→ 2-乙基-9,10-蒽氢醌]

2-乙基-9,10-蒽醌　　　　　　　　2-乙基-9,10-蒽氢醌

由于催化剂的选择性、温度、氢气分压控制等因素，2-乙基-9,10-蒽醌在羰基加氢生成 2-乙基-9,10-蒽氢醌的同时，也发生芳环加氢生成 2-乙基四氢蒽醌，四氢蒽醌在循环氢化、氧化过程中也能产生过氧化氢，且与 2-乙基-9,10-蒽醌形成低共溶体，增加了总蒽醌的溶解度，但在工艺过程中又不能避免四氢蒽醌的产生，因此将四氢蒽醌也视为有效蒽醌。

2-乙基四氢蒽醌　　　　　　　　　　　2-乙基四氢氢蒽醌

氢化反应热：$\Delta H = -75.33\,\mathrm{kJ/mol}$

原始的工作液载体全部是 2-乙基-9,10-蒽醌，加氢后工作液由淡黄色变成黑褐色；工作液形成四氢蒽醌后，逐渐由淡黄色变成橘红色，加氢后的工作液颜色也由黑褐色变成淡淡的褐色。颜色的变化预示着四氢蒽醌含量的增加。从氢化液颜色的深浅，可以初步判断氢化效率的高低。一般来说，颜色深表示氢化效率高。氢化液呈褐色，并不意味氢蒽醌本身是褐色，实际上氢蒽醌固体是白色的。

副反应：氢化副产物主要是蒽酚酮、蒽酮、八氢蒽醌等，是由于加氢时，苯环加氢和羰基不完全加氢所致。

2. 反应器

氢化反应器的工业化装置的主要形式有：悬浮床、固定床、流化床。

悬浮床主要用在以 Ranney 镍为催化剂的工艺，也有用在钯催化剂工艺的文献报道。通过推进式机械搅拌，将反应釜中的 Ranney 镍催化剂悬浮起来，增大催化剂与工作液和氢气的接触面积，促进氢化反应进程。

悬浮床的优点是可以通过补充催化剂调节氢化效率。缺点是动力消耗高，催化剂选择性差，单釜产量低不容易扩大生产能力。

固定床主要用在载体钯催化剂工艺。催化剂使用前按要求充填，加氢前进行通氢活化。活化初期有一个升温阶段，不同的催化剂升温持续时间不同，一般至少 4h 左右。使用时，工作液和氢气并流而下经过催化剂层，氢气是连续相。固定床的特点是设备结构简单、扩大生产能力容易；缺点是一次投入催化剂过多，通过调节催化剂用量来调节氢化效率并非轻而易举。

流化床也用在钯催化剂工艺，氢化效率比较高。可以通过调节催化剂加入量调节氢化效率。靠氢气使催化剂流化起来，不用搅拌；催化剂的一次投入量相对较少。缺点催化剂在流化的过程中易磨损，催化剂尤其是催化剂粉的过滤分离比较困难。对设备加工要求比较高。

固定床氢化虽然设备简单，温度、流量等控制相对容易。但也存在必须严格控制催化剂装填、催化剂活化、工作液的碱度等工艺条件的问题；还要防止氢化时，工作液偏流、催化剂结块(粉化)等现象。

三、固定床氢化工艺流程

1. 固定床氢化工艺流程图

工艺流程图如图 11-2 所示。

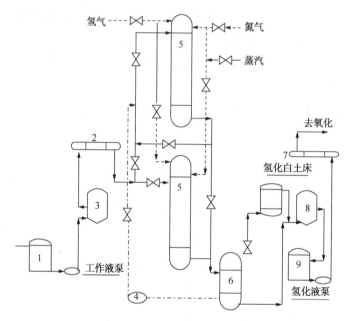

图 11-2　固定床氢化流程示意图

1—工作液储槽；2—工作液预热器；3—工作液过滤器；4—氢化液循环泵；5—氢化塔；
6—氢化气液分离器；7—氢化液冷却器；8—氢化液过滤器；9—氢化液储槽

2. 工艺流程简述

工作液自再生液储槽经再生液泵输送至工作液换热器，初步提温后再经过工作液预热器、再生白土床、工作液过滤器、工作液冷却器，工作液冷却至室温时与由氢化液循环泵送来的循环氢化液汇合后进入氢化塔。由氢处理工段输送的氢气在配制工段经压缩、冷却除水后与工作液混合进入氢化塔顶部。进入氢化塔的工作液和氢气的混合物，经过分配器分散后均匀通过触媒床层，在一定的温度和压力下，氢气和工作液中的蒽醌进行加氢反应，生成氢蒽醌和四氢氢蒽醌，加氢后的工作液称为氢化液。

氢化液和过量的氢气从氢化塔底部出来，进入氢化液气液分离器内进行气液分离，尾气经再生蒸汽冷凝器冷凝所夹带的芳烃，再进入冷凝液受槽。冷凝的芳烃定期排放回收。分离芳烃后的氢化尾气经压力调节后排空。

自氢化液气液分离器下侧部出来的氢化液，部分进氢化白土床后一并经氢化液过滤器、工作液换热器后进氢化液储槽。

固定床设有氢化液循环泵。正常生产时保持一定的氢化液循环量，用来调节氢化温度、催化剂床的喷淋密度、控制氢化塔顶氧含量以保证氢化操作安全等。

四、物料危险性分析

1. 氢气

氢气是易燃易爆气体，当和空气、氧气等混合时，易形成爆炸性混合气体。氢气在空气中的爆炸极限为 4%~74%（体积分数）；在氧气中的爆炸极限为 4.7%~94%（体积分数）。但爆炸极限不是一个固定的数值，受诸多因素的影响，温度、压力、惰性介质、容器材质及能源等都可使其改变，明火和高温均可引起爆炸。

2. 催化剂

过氧化氢生产所用的催化剂主要有兰尼镍和钯两种。前者在空气中可自燃，需经常保存在水或溶剂中，使用时切忌散落在外与空气接触，更不能漏入到后面工序中，导致过氧化氢分解。钯催化剂本身无危险，但如漏入氧化系统或萃取系统中，或过氧化氢进入氢化塔中，也将导致过氧化氢剧烈分解。

3. 工作液

工作液中含有重芳烃，它来自石油工业铂重整装置，主要为 C_9 或 C_{10} 馏分，即三甲苯、四甲苯异构体混合物，另外还含有少量二甲苯、萘及胶质物。重芳烃为可燃性液体，当周围环境达到燃烧条件（如火源、助燃剂等）时即可燃烧。其蒸气与氧或空气混合后，可形成爆炸性混合物，达到爆炸极限后，在明火、静电等作用下可发生爆炸、燃烧。

4. 氢化液

工作液中的蒽醌在催化剂的作用下，与氢气反应生成氢蒽醌并溶解在经过氢化过程的工作液中，这种加氢后的工作液称为氢化液。因此，氢化液中会含有工作液的成分，并混有少量氢气，遇明火或高温会有一定危险性。

5. 催化剂

过氧化氢生产所用的催化剂主要有兰尼镍和钯两种。前者在空气中可自燃，需经常保存在水或溶剂中，使用时切忌散落在外与空气接触，更不能漏入到后面工序中，导致过氧化氢分解。钯催化剂本身无危险，但如漏入氧化系统或萃取系统中，或过氧化氢进入氢化塔中，也将导致过氧化氢剧烈分解。

五、工艺危险性分析

1. 氢化液循环分析及控制

氢化操作时，进行氢化液循环有以下好处：

① 实现大流量下的氢化可以避免反应器中反应物分布不均匀，而发生局部反应过度；

② 增加氢气溶解量，提高催化剂生产能力；

③ 提高工作液通过床的线速度，使液流处于湍流状态，有利于提高物质的扩散速度，加速氢化；

④ 最后如果氢化液循环回入氢化反应器之前，通过换热降低温度，则还有移出氢化反应热，降低氢化反应温升，避免不必要的降解反应的作用以及热失控。

循环氢化液量与去氧化的氢化液量之比，可以高达10：1，甚至19：1，循环氢化液量高，对加速氢化反应控制降解反应有利，但增加动力消耗，甚至需要加大反应器，增加投资，这是我们不希望的。一般循环量比控制在0.8~5，最好控制为1左右。

针对氢化塔内可能氧含量过高，发生气相燃爆的危险，主要的防护措施有两个：

① 氢化塔设置带阻火器安全阀，起跳压力0.35MPa，这对保证氢化塔安全运行及减小燃爆的破坏后果有重要作用；

② 取样分析氧含量，每4h 1次。

2. 催化剂

（1）触媒粉化或中毒，引起氢化塔工艺波动，导致喷料、超压等后果。

对钯催化剂已经明确的毒物有一氧化碳、硫化氢等。根据国外的研究成果，凡是分子中有孤对电子的第5、第6主族元素的化合物都有可能使钯催化剂中毒，如亚硫酸盐、硫醇、有机硫化物等；对铂催化剂毒物的研究结果也值得我们借鉴。有些过渡金属离子也会造成铂催化剂中毒，铂和钯同族不同周期可能有类似的性质。这些离子有Mn^{2+}，Fe^{2+}，Co^{2+}，Ni^{2+}以及铜、锌、锡、银、锡等离子，要说明的是这些离子会使铂催化剂中毒，是否会使钯催化剂中毒还没有结论。

（2）钯催化剂的合理流速。

钯催化剂活性的急剧变化会导致反应速率的急剧变化，氢化过程为放热反应，所以反应速率的急剧提升会导致反应产生的热量不能及时移出，从而可能造成事故。

图11-3是国外曾经对钯催化剂的活性和流速的关系做的试验。从图中可见在20~200 $L/(ft^2 \cdot min)$ [相当于0.215~2.15$m^3/(m^2 \cdot min)$]流速范围内，工作液流量大、催化剂活性高而且稳定。不能把流速控制在0~20$L/(ft^2 \cdot min)$内，此区间不但催化剂活性低，而且工作液流量的变化会引起催化剂活性的急剧变化。

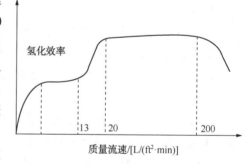

氢化效率

质量流速/[L/(ft²·min)]

图11-3　流速与催化剂活性示意图

虽然每种催化剂对应的性能不完全一致，但这些数据还会给我们有益的启示。究其原因：可能是工作液流量高，流动状态发生变化，由滴流转为泡沫流，消除了催化剂的死角。另外，工作液流量高，氢气在工作液中的溶解度增加。

（3）钯催化剂或粉尘被带入到氧化系统，造成氧化单元双氧水分解，发生泄漏、火灾、爆炸等事故。

纯净的过氧化氢是稳定的，只有杂质和外界条件诱发才会引起过氧化氢的分解，因此，一旦钯催化剂或粉尘被带入到氧化系统，在氧化塔中生成的过氧化氢会迅速发生分解并失控，产生严重后果。

导致钯催化剂或粉尘进入氧化系统的原因及相应措施如下：

① 过滤器失效。已有措施：过滤器压差指示。

② 触媒粉化。建议增加措施：在易积累部位取样分析杂质含量，并及时清除以保证杂质含量不超过10ppm。

3. 工作液中过氧化氢含量控制

过氧化氢遇到钯催化剂会产生分解，分解产生的氧气又可能与氢气形成爆炸混合物。因此，控制进入氢化工序的工作液中的过氧化氢含量至关重要。国外在这方面做了大量的工作，因国外装置的工作液从萃取塔出来后没有干燥塔，经过白土床后直接进入氢化工序，过氧化氢的含量控制就更为重要。文献报道工作液中过氧化氢含量成 150mg/L 是安全的。实际上控制还应远低于这个数值。造成氢化塔内氧含量增高重要的因素还有工作液中溶解氧的解析。

4. 氢化液储槽的氮封和液封、氢化液气液分离器或氢化液受槽发生气相燃爆

在氢化工序还有一个事关安全的问题，就是有关设备的氢含量控制。工作液从氢化塔出来后，有一些辅助的常压设备直通大气，其中储存不同量的氢化液。氢化液在氢化塔中溶解了相当数量的氢气，由于操作压力及氢气分压的变化，部分氢气解析出来，与常压设备中的空气混合极易形成爆炸混合物。

氢气的爆炸能量很低。因此，在氢化液储槽设立安全氮封至关重要。另外，为防止氢化液储槽溢料，在设计时有一根与工作液应急储槽相连的管道。这根管道在有的装置中是直通的，很容易使解析的氢气进入工作液应急储槽，造成不应该发生的事故。有些公司的工作液应急储槽爆炸，究其原因就是这根直通管惹的祸。简单的做法就是在这根管道上设置一个 U 形液封，既能保住氢化液储槽的微正压氮封，又能防止氢气串到工作液事故储槽。

氢化液气液分离器中含有尾氢，若由于异常而吸入空气，则可能发生燃爆危害。氢化液受槽中主要为氢化液，工作液闪点为 59.8℃，该闪点温度主要由约占总工作液质量 60% 的三甲苯所决定，氢化液闪点应与工作液闪点相近，因此，若无其他易挥发易燃物质污染，控制氢化液受槽温度在 55℃ 以下，气相氧含量 8% 以下，可保证氢化液受槽无闪爆危险。

5. 氢化温度

蒽醌氢化温度一般为 40~60℃，根据催化剂活性状况，氢化温度最高可达 70℃。提高氢化温度，可加快氢化速度，获得高氢化效率。实际操作中，除调节氢气分压外主要通过提高氢化温度来补偿催化剂活性的下降，以获取预期的氢化效率，使生产能力保持恒定，稳定生产量。

氢化温度在保证一定氢化效率的前提下，应当尽可能低。反应温度高容易引起降解反应产生降解物，特别是在固定床中，容易产生反应分布不均衡，加之蒽醌氢化反应是放热反应，反应温度高可导致局部温度超高，使降解变得突出。当然温度也不能太低(催化剂活性很高时)，导致氢蒽醌过饱和，析出氢蒽醌，这在较高氢化效率下操作时，应引起足够重视(图 11-4)。

还应当指出的是，氢气压力和氢化温度两个操作条件的操作中，当氢化效率下降时，应当首先提高氢气压力，然后才提高温度来保证氢化效率，因为温度的提升对降解反应更为敏感。

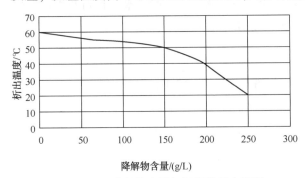

图 11-4 降解物含量与氢蒽醌析出温度

第三节　氢蒽醌氧化工艺过程安全分析

氧化工序的任务是将氢化液在氧化塔内用空气氧化，使氢化液中的氢蒽醌氧化为蒽醌，同时生成过氧化氢。并把含有过氧化氢的氧化液送往萃取工序。

一、氧化工序原理

氢化液中的2-乙基氢蒽醌被 O_2 氧化，生成原来的2-乙基蒽醌和 H_2O_2。

$$+O_2 \longrightarrow$$

2-乙基氢蒽醌(EHAQ)　　　　　　　　　　　2-乙基蒽醌(EAQ)

同时，氢化液中的2-乙基四氢氢蒽醌也被氧化成2-乙基四氢蒽醌和 H_2O_2。

2-乙基四氢氢蒽醌(H_4EHAQ)　　　　　　2-乙基四氢蒽醌(H_4EAQ)

一般认为，2-乙基四氢氢蒽醌的氧化速度比2-乙基氢蒽醌慢，要控制工作液中四氢蒽醌的含量。实际上工作液中的四氢蒽醌含量达到一定比例时，就不应担心这个问题。2-乙基氢蒽醌与四氢蒽醌间存在一种转化反应，这个反应的平衡是向右的，其平衡常数为 1×10^5（50℃）。从这个角度，我们可以说四氢蒽醌的氢化速度比2-乙基氢蒽醌快，相当于参加氢化反应的是2-乙基四氢蒽醌。

氧化系统的副反应：

$$THEAHQ \longrightarrow 环氧化的 THEAQ + H_2O$$

环氧化的 THEAQ 化合物，这一反应过程未生成双氧水而生成的是水。其副产物在氢化时又转化为 THEAQ。但这一副反应在氧化系统为酸性时是不会发生的。

$$\longrightarrow$$

在四氢蒽醌占一定比例的氢化液氧化时，实际参加氧化反应的是2-乙基四氢氢蒽醌。四氢蒽醌的氧化经历了下面的历程：

后两个中间产物的形成均涉及原子或基团的离去和电子云向芳环的移动。我们知道芳环是吸电子性的，而2-乙基氢蒽醌的芳香性要比四氢氢蒽醌强，更有利于基团的离去，其氧化速度快就理所当然了。氧化反应热 $\Delta H = -29.22 \text{kJ/mol}$。

在蒽醌法过氧化氢生产中，有一个很有趣的现象。除了蒽醌的交替还原、氧化外，工作液的颜色也随着交替变化。深或浅褐色的氢化液经过氧化后，又变成了淡黄色（原始开车初期）或橘红色的氧化液，只是比工作液多了溶解的过氧化氢和极少部分未完全氧化的氢蒽醌。

二、氧化工序工艺流程

图11-5为氧化工序工艺流程示意图（以气液并流两节并联再与第三节串联氧化塔为例）。

氢化液自氢化液储槽经氢化液泵送至氧化上塔底部，来自空压机的压缩空气经过滤后，分两路同时从氧化上、下塔的底部进入氧化塔，在一定的温度和压力下进行氧化反应，氢化液中的一部分氢蒽醌和四氢蒽醌与氧气反应得到相应的蒽醌和四氢蒽醌，并生成双氧水。氧化上塔的气液混合物从上塔顶部进入1#气液分离器，分离尾气后的工作液进入氧化下塔，与下塔的空气进一步反应，直至所有的氢蒽醌全部转化为相应的蒽醌。氧化下塔的气液混合物从下塔顶部进入2#气液分离器，分离尾气后的工作液（又称氧化液）经调节阀进入萃取塔。1#、2#气液分离器出来的尾气汇集后，经尾气冷凝器、尾气缓冲罐、氧化尾气吸附装置、鼓泡塔后排空，冷凝回收的芳烃，经芳烃接受罐定期排至氢化液储槽，尾气吸附装置回收的芳烃进入酸性工作液回收罐。为了防止氢化液在氧化过程中过氧化氢的分解，连续向氢化液泵进口管内加入一定量的工业磷酸，以保证氧化液酸度。

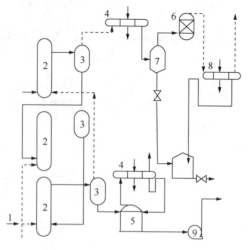

图 11-5　氧化工艺流程示意图

1—空气 ;2—氧化塔；3—氧化气液分离器；4—氧化尾气冷凝器 A，B；

5—氧化液储槽；6—活性炭吸附器；7—回收芳烃储槽；8—尾气冷凝器；9—氧化液泵

三、物料危险性分析

1. 磷酸

为防止过氧化氢在氧化塔内遇碱分解，因此要加入磷酸控制酸度，氧化液酸度控制的好坏，直接影响产品质量、产品收率和安全生产。依据每小时现场巡检的滴酸情况和氧化液酸度分析数据，要及时调节磷酸泵的打酸量，使氧化液酸度数据始终控制在工艺指标内。要绝对避免氧化液呈碱性。氧化液呈碱性，会使氧化液中的过氧化氢在氧化塔、氧化液储槽、萃取塔、净化塔等设备内分解，导致发生事故，严重时会发生着火爆炸。使用的磷酸有强的腐蚀作用，必须严防溅入眼内和皮肤上。如不慎溅入眼内或皮肤接触，要立即用大量清洁水冲洗。

2. 过氧化氢

纯净的过氧化氢在任何浓度下都很稳定，但与重金属及其盐类、灰尘、碱性物质及粗糙的容器表面接触，或受光、热作用时可加速分解，并放出大量的氧气和热量。过氧化氢分解反应速度随温度、pH 值及杂质含量的增加而增加。温度每升高 10℃，分解速度约增加 1.3 倍，分解时进一步促使温度升高和分解速度加快，对生产安全构成极大的威胁。当 pH 值低(呈酸性)时，对稳定性影响不大，但当 pH 值高(呈碱性)时，稳定性急剧恶化，分解速度明显加快。当过氧化氢和含碱(如 K_2CO_3、NaOH 等)成分的物质及重金属接触时，则迅速分解。虽然通常在过氧化氢产品中都加有稳定剂，但当污染严重时，对上述的分解也无济于事。

当过氧化氢与可燃性液体、蒸气或气体接触时，如果此时的过氧化氢浓度过高，可导致燃烧甚至爆炸。因此，过氧化氢储槽的上部空间存在一定的危险性，因为过氧化氢上部漂浮的芳烃是可燃性液体和气体的混合，一旦过氧化氢分解或有明火，就会引起爆炸。随着过氧化氢水溶液浓度的提高，爆炸的危险性也随着增加。在常压下，气相中过氧化氢爆炸极限质量分数为40%，与之对应的溶液中的质量分数为74%。压力降低时，爆炸极限值提高，因此负压操作和储存是比较安全的。过氧化氢系一强氧化剂，可氧化许多有机物和无机物，容易引起易燃物质如棉花、木屑、羊毛、纸片等燃烧。

3. 氧化液

氧化液含有过氧化氢，遇碱、重金属离子、灰尘、受热都会分解，剧烈分解时会发生爆炸。在生产过程中，应避免上述因素的影响。检修时，必须将设备及管线内的工作液撤净、清洗合格，且与存有物料的装置用盲板隔绝。如需动火要将需动火的设备或管道清洗置换至可燃气体含量<0.5%。

4. 氧化残液

氧化塔每小时都要从每节塔底排放一部分含过氧化氢的水相，称为氧化残液。氧化残液有较强腐蚀性。

装置排放的含有过氧化氢的废水不得直接排入下水，必须排放到污水处理装置的氧化残液收集槽。有两套以上过氧化氢生产装置的公司，更应注意两套装置间的联系与协调。某公司曾经发生这样的事故，在检修时，一套装置排放清洗净化塔的残液，另一套装置排放废碱液，恰逢检修停水，结果引起过氧化氢在污水管道内分解，将阴井盖垂直掀起2m多高并发生明火(事故后分析阴井水中过氧化氢含量52g/L，pH=9.5)，幸运的是没有引发次生事故。

四、工艺危险性分析

1. 氧化塔危险性分析及控制

（1）氧化塔气液流程

以三节并流串联氧化塔为例，三节并流串联氧化塔也是一种工业化应用的氧化塔。

如图11-6所示，空气从下塔底部进入，向上通过下塔；经分离器C进入中塔；又经过分离器B进入上塔。氢化液从上塔底部进入，与中塔来的空气并流向上，溢流经分离器A进入中塔底部；与下塔来的空气并流向上，溢流经分离器B进入下塔底部；与新鲜空气并流向上进入分离器C。

从空气的流向看，气体依次经过三节塔，所以称串联；每节塔空气和氢化液又都是并流而上，又称并流。上塔底部粗实线为氢化液入氧化塔总进料点。此时氢效最高而空气含氧量最低；下塔底部细实线为空气入氧化塔总进气点，此时氢化效率最低，而空气中氧含量最高。从化学反应的角度，这样的氧化塔是合理的，氧化的收率也应该高。

另外，串联塔只要入塔空气压力够，就不存在并联塔空气有时进不去塔的问题。关键是，开车时要缓慢送空气，待空气经过三节塔到达放空处；再逐渐提高空气流量，以防将塔内氢

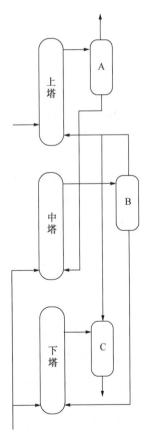

图11-6　两节并联再与第三节串联氧化塔示意图

化液吹出氧化塔。

（2）潜在危险

在氧化塔中存在有机溶剂、过氧化氢和助燃的氧气，如果进入了使过氧化氢分解的杂质碱性物质、重金属、催化剂粉末等立即可能发生因过氧化氢的剧烈分解而燃烧、爆炸。

由于氧化塔内氧化液含双氧水一般为 8g/L 左右，双氧水分解后绝热温升约为 13℃，温度增幅不大。但 8g/L 双氧水分解释放出的氧气约为 0.003L/g（标准状态下），按氧化塔内物料为 300t 计算，则氧化塔中双氧水分解可释放出氧气量为 900m³，因此可造成氧化塔喷料、超压、设备损坏等严重后果。

（3）安全控制技术

由于氢化液本身为弱碱性，必须向氧化塔中加入磷酸，利用泵叶轮的高速旋转使其与氢化液混合均匀，使反应介质转呈弱酸性，并保持过氧化氢稳定。

此外，还应考虑如下措施：

① 氧化液气液分离器设置安全阀，起跳压力 0.35MPa。

② 氧化塔温度指示与报警。

③ 氧化塔压力指示与报警。

由于碱液或其他杂质污染时，首先表现为氧化残液温度上升，其次才是氧化塔温度整体上升，因此当氧化残液温度高报警时，除紧急卸料外，还应注意氧化塔的温度、压力变化，采取相应措施防止氧化塔超温超压。

2. 气相闪爆

（1）危险性

氧化液气液分离器、氧化液受槽、氧化液储罐、酸性工作液受槽发生气相燃爆，酸性工作液受槽由于双氧水含量高，在工艺温度下双氧水存在分解，因此气相处于富氧条件，燃爆危险性较大；氧化液受槽进出物料流速高，静电产生的可能性较大，若不能有效控制气相氧含量，将极具潜在燃爆危险性。

（2）产生原因及控制措施

导致这三个设备（氧化液气液分离器、氧化液受槽、酸性工作液受槽）发生气相燃爆的其他原因及相应措施如下：

① 空气反应不完全，氧化液气液分离器尾氧含量高。已有措施：取样分析尾气氧含量，每 8h1 次。

② 氧化液气液分离器液位低，空气串入氧化液受槽。已有措施：氧化液气液分离器液位指示控制与报警。控制气液分离器液面 50%~60%。

③ 氧化液冷却器换热效果差，氧化液受槽温度高。已有措施：氧化液冷却器氧化液出口温度与冷却水流量关联。

④ 氧化液受槽或酸性工作液受槽双氧水异常分解。

⑤ 来料中易挥发性有机物含量高，氧化液受槽或酸性工作液受槽有燃爆危险。建议增加措施：增加液相取样分析，保证环己烷及其他易挥发性有机物总含量不超过 1000ppm。

⑥ 管线中物料流量过高，在氧化液受槽中可能产生静电积累，有燃爆危险。已有措施：安装静电消除器。建议增加措施：氧化液受槽进料采用液相进料的方式。

⑦ 酸性工作液受槽中油相过多。及时将酸性工作液受槽中油相转移，及时将氧化残液排至事故池。

若处于空气或贫氧环境，在无易挥发易燃物质污染时，只要保证氧化液气液分离器、氧化液受槽、氧化液储罐、酸性工作液受槽温度低于55℃，就可保证这三个设备无气相燃爆危险。但是，在工艺条件下，这几个设备只有氧化液气液分离器可以较容易控制在贫氧环境，氧化液受槽、氧化液储罐及酸性工作液受槽中由于双氧水的分解产生氧气，气相空间很可能处于富氧状态，若氧含量未知，只有保证温度低于45℃方无气相燃爆危险性（在无易挥发易燃物质污染时），而氧化液受槽、氧化液储罐及酸性工作液受槽工艺控制温度为45~55℃，控制温度不可行，因此建议氧化液气液分离器氧含量控制在8%以下，氧化液受槽、氧化液储罐及酸性工作液受槽增加氮封，控制氧含量低于8%，温度低于55℃。

此外，当碱液或其他杂质污染，导致双氧水分解时，由于双氧水分解可使温度升高，并放出大量氧气，当存在点火源时极易发生气相燃爆。因此，应防止碱液或其他杂质污染，防止措施与酸性工作液受槽双氧水分解的防止措施相同。

针对氧化液气液分离器、氧化液受槽、氧化液储罐、酸性工作液受槽可能发生气相燃爆危害，现有的主要防护措施有：

① 取样分析尾气氧含量，每8h分析1次；

② 氧化液受槽安装静电消除器。

因此，建议增加的防护措施有：

① 控制氧化液气液分离器温度不超过55℃，氧含量不超过8%；

② 在无法确认气相空间是否处于富氧或贫氧环境下，酸性工作液受槽、氧化液受槽、氧化液储罐建议增加氮封，保证氧含量低于8%。特别是工艺不稳定，温度异常升高时，一定要进行氮封；氧化液受槽及酸性工作液受槽安装爆破片。

另外，在设计时，氧化液、氢化液储槽顶部应留有紧急加磷酸孔，并常备磷酸在加酸孔处。加酸孔的进料管应设计为插底管，防止槽内气体从加酸管内喷出酿成事故。如果发生氧化塔过氧化氢分解、萃取塔内工作液乳化或过氧化氢分解，可从这里加酸应急，这也是最快的应急措施。

3. 酸性工作液

酸性工作液受槽双氧水分解，发生喷料、超压或爆炸等事故。

4. 氧化残液分离器

氧化残液分离器的作用主要是收集氧化塔上、下节塔底的排污物，其残液主要成分是杂质含量较多的双氧水和工作液，杂质主要为盐类、降解物和少量的氧化液等。

在氧化过程中由于副反应会生成少量游离水，此酸性氧化残液双氧水含量较高（超过35%），极具分解爆炸危害，凡氧化残液经过的管线，严禁出现封闭空间。同时氧化残液有较强腐蚀性，给系统增加不安全因素。

5. 氧含量控制

运行中应严格控制尾气中氧含量，如果空气进入量大，氧在反应器内吸收不完全，使得尾气中氧含量增高，达到爆炸极限浓度范围，遇火花或受到冲击就会引起爆炸。

若氧化反应出现异常，不能有效消耗氧气，则尾氧含量必然高，导致氧化塔或氧化液气液分离器发生气相燃爆危害。同时，若过程物料被环己烷污染，环己烷可能从氧化液气液分离器气相经冷凝而进入氧化尾气分离器，因此氧化尾气分离器气相环己烷含量必然较其他设备气相环己烷含量高，危险性增加。

因此，我们需要对尾气氧含量进行监测并控制，若系统内无环己烷污染，氧化尾气冷凝器危险性不大，建议措施为保证氧含量不超过8%；若系统被环己烷污染，由于氧化尾气冷凝器中的物料来自氧化液气液分离器气相，因此气相环己烷含量将比一般设备气相的环己烷含量高得多，因此应加强环己烷及氧含量的检测，控制气相氧含量低于5%。

6. 氧化液酸度控制

氧化液的酸度很重要，一方面如果氧化液显碱性会造成氧化液的分解，另一方面氧化液酸度过高会影响到产品质量，同样会影响氧化液的稳定。氧化液酸度是每升氧化液中含有磷酸的质量(以毫克计)，一般控制在3~10mg/L。

7. 气速的影响及控制

氧化工序采用空气液相氧化的工艺。虽然本工艺具有氧化剂来源丰富、生产效率高等优点，但安全性较差。这主要表现在氧化反应和条件上，因为氢化液用空气氧化是气-液相反应，气相向液相扩散速度慢，又由于空气中氧含量的限制，反应速度就受到了影响，提高温度虽然有利于反应的进行，但又不利于空气中氧被氢化液吸收，这又是一对矛盾。解决办法就是提高空气压力(或空气速度)来提高反应速度，这就增加了不安全因素，如果空气进入量大，氧在反应器内吸收不完全，使得尾气中氧含量增高，达到爆炸极限浓度范围，遇火花或受到冲击就会引起爆炸。

为此，可对照表11-1参数进行控制。

表11-1　空气流量参数表

氢化液流量	\multicolumn{2}{c}{160~220m³/h}	
空气流量	上塔	1400~2000m³/h
	中塔	1400~1900m³/h
	下塔	1400~1700m³/h

8. 紧急泄料

在蒽醌法过氧化氢生产工艺中，氧化尾气活性炭吸附塔采用安全水封，当氧化尾气系统发生堵塞时可以确保氧化系统的安全泄放。

9. 温度的影响及控制

氧化反应是放热反应，反应热若不及时移走，温度过高，会引起爆炸。通过对双氧水分解危险特性的定量研究，可看出，双氧水极易分解，特别是随着储存和使用温度的升高，双氧水的分解速率明显加快，而且分解热在短时间内的积累又会加速双氧水的分解，最终导致危险事故的发生。因此，加强双氧水储存和使用过程的温度监控，采取有效的降温措施，对减少双氧水的分解，避免危险事故的发生意义重大。

图11-7为双氧水在不同扫描速率下的C80测试曲线。从图中可以看出，扫描曲线中出现1个尖锐的放热峰，此峰即为双氧水的分解放热峰，对不同扫描速率下的放热峰积分并取平均值，得浓度为27.5%成品双氧水的放热量为682.3J/g(理论放热量为852.5J/g，主要

是由于热量损失导致的误差）。同时，从图中可以看出，随着升温速率的增加，放热峰后移，放热峰更加尖锐，这主要是由于随着升温速率的增加，双氧水分解起始温度提高，放热集中。

图 11-8 为双氧水在不同恒温条件下 1h 内的分解率。从图中可以看出，双氧水的分解率与时间基本呈线性关系，温度达到 40℃ 以后，分解速率明显加快，100℃ 恒温条件下，双氧水 1h 的分解率为 21%。这主要是由双氧水的稳定特性所决定，同时也对双氧水的储存、运输和使用提出了明确要求，即温度不应超过 40℃，以便有效减少双氧水的分解，而且双氧水的储运必须设置足够的放空口。

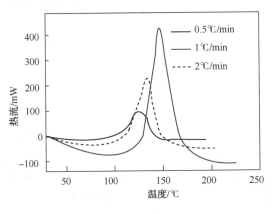

图 11-7　双氧水在不同扫描
速率下的 C80 测试曲线

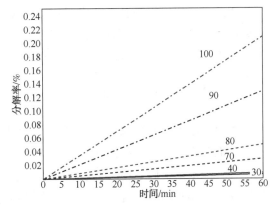

图 11-8　双氧水在不同恒温
条件下 1h 内的分解率

在氧化液和空气流量稳定的情况下，主要控制手段是氧化温度，提高反应温度有利于氧化反应。而控制反应温度的主要手段是调节氢化液冷却器和氧化液冷却器的冷却水的用量。

第四节　双氧水萃取工艺过程安全分析

萃取工序的任务是将氧化工序送来的氧化液中的过氧化氢，在萃取塔内用酸性纯水做萃取剂萃取到水相，得到粗过氧化氢溶液。粗过氧化氢溶液经过净化塔脱除有机物后，送往包装工序。

一、萃取工序原理

总的原则：利用过氧化氢在水和工作液中溶解度的不同及工作液与水的密度差。

水为连续相，从萃取塔顶加入。水相中过氧化氢浓度由 0 逐步增加到预期浓度 Y_{cp}。氧化液为分散相，从塔底进入经逐板分散，其中过氧化氢浓度逐渐降低，由入塔的 X_{yh} 降到出塔的 X_{cy}。

氧化液经过筛板时，通过筛孔形成一定直径的液滴。靠与水的密度差向上漂浮，经过另一块板进行再分散，液滴表面反复更新，内部的过氧化氢不断地被萃取到水中。氧化液

277

与水的密度差，是氧化液向上漂浮的推动力。工作液与水的密度差增加，有利于氧化液的漂浮。氧化液穿过筛孔，需要克服两种力：筛孔的阻力和界面张力。界面张力和液滴浮力有下面的平衡关系：

$$\pi d_0 \sigma = (\pi d_p^3 / 6) \Delta \rho g$$

式中　d_0——筛孔直径；

　　　σ——界面张力；

　　　d_p——氧化液液滴直径；

　　　$\Delta \rho$——氧化液和水的密度差。

由此式可以求得筛孔直径或氧化液油珠的直径。在萃取塔的视镜，可以看到筛板下氧化液的液层，液层的厚度就是为了克服小孔阻力和界面张力。决定氧化液流动状况的因素是：界面张力、黏度、密度和两相的流速。

二、萃取工序工艺流程

萃取工序工艺流程如图 11-9 所示。氧化液储槽内的氧化液，由氧化液泵经流量控制后送入萃取塔底部；与从塔顶部进入的酸性纯水逆流接触。靠二者密度不同，氧化液由下向上漂浮，纯水由上向下连续流动。萃取塔系不锈钢筛板塔，氧化液经每层筛板分散成细小液滴穿过连续水相后再凝聚，在萃取塔塔顶与水沉降分离后，溢流入萃余液分离器。在萃余液分离器分离掉水分的萃余液进入工作液计量槽。萃余液分离器分离出来的水分排入地下槽。

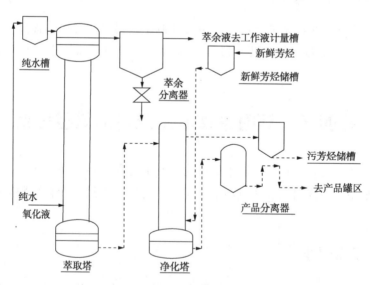

图 11-9　萃取工序流程示意图

三、工艺危险性分析

由于本段工序危险性物料同上一工序一致，因此其危险性不再赘述。萃取塔主要工艺控制参数为温度 45~55℃，压力常压，入萃取塔氧化液流量 380~420m³/h，入萃取塔纯水流量 5~6t/h，萃取液酸度≤0.5g/L，萃取液中双氧水含量 394.8~401.3g/L。萃取塔中由纯水萃取出氧化液中的双氧水，得到高浓度的成品双氧水。萃取效果受温度、萃取比、流量、油水界面、酸度等的影响，如果萃取效果不好，可能造成萃取收率低、萃余液双氧水含量高等后果，进而引发危险。

1. 萃取塔双氧水分解爆炸

萃取塔含 200m³ 浓度约为 35% 的双氧水，如果双氧水分解失控，将导致灾难性后果，萃取液流经的管线，应防止因双阀门关死而出现封闭空间。

导致萃取塔双氧水分解爆炸的可能原因及相应措施有：

① 由于氧化液受槽中物料可直接到萃取塔，因此当氧化液受槽受碱液或其他杂质污染时，若处理不及时，可导致萃取塔物料亦受碱液或其他杂质污染。

② 若纯水受碱或其他杂质污染时，可能导致萃取塔双氧水异常分解；萃取用的纯水质量关系到产品的稳定度。其电导率一般控制在不高于 $6×10^{-6}$ S/m，特别是水中的重金属离子必须去掉，因为重金属离子能促使双氧水的分解。已有措施：纯水酸度检测，每罐 1 次；每天 1 次纯水电导监测。

③ 由于萃取塔有伴热蒸汽，蒸汽压力超过 1MPa，温度超过 200℃，因此萃取塔内双氧水可能过热而分解。

已有措施：蒸汽流量调节阀，蒸汽流量与萃取塔温度关联。

④ 萃取塔顶排出的萃余液能否封住后处理工序碱干燥塔的倒流碱液，是安全的最大保证，一旦干燥塔的碱液倒流到萃取塔，就会引起萃取塔塔中的双氧水迅速分解，放出氧气，使塔内急剧升压，轻者从塔顶放空管泛出萃取液，重者发生萃取塔爆裂。

需要注意的是，当萃取塔中有机相减少，水相与有机相的体积比超过 1 时，危险性将增加，此时物料与本文所述萃取塔液的性质不同，因此应保证萃取塔内有机相的量，若有机相减少，控制措施应相应苛刻。

2. 萃取塔发生气相燃爆

萃取塔中工作液闪点 59.8℃，在纯氧中最低闪爆温度为 45.9℃，而萃取塔由于双氧水分解而放出氧气，气相空间可能处于富氧环境，因此可能有气相燃爆危险。表 11-2 为利用自制压力釜测试的气相空间通入不同氧含量气体时的最低闪爆温度，液相物料为工作液。

表 11-2　气相空间通入不同氧含量气体时最低闪爆温度

通入氧氮混合气体中氧含量/%	最高无闪爆点/℃	最低闪爆点/℃	最低闪爆点闪爆前后压差/kPa
15.1		67~110℃内点火无闪爆	
16.95		61.8~109.4℃内点火无闪爆	
18.93	64.4	64.6	101
20.9	66	66.3	130
30.4	62	62.5	213
100	45.1	45.9	269

由于萃取塔气相很可能处于富氧环境，因此建议增加氮封，保证氧含量不超过 8%。导致萃取塔发生气相燃爆的原因及相应措施有：

① 由于双氧水分解放出氧气，因此所有引起双氧水分解的因素，都将可能导致气相燃爆。

② 温度异常升高；已有措施：温度指示。

③ 萃余液分水器液位波动，空气吸入。已有措施：萃余液分水器液位指示控制与报警萃余分离器如图 11-10 所示。萃余液从入口管经漏斗进入分离器底部，经中心管汇集向上，中心管侧面开有一定面积的孔，萃余液从中心管的侧孔流过伞形面，再流经上一层伞形面，部分水借助重力与萃余液分离。分离后的萃余液，最后经出口管进到下一个设备。

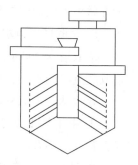

图 11-10　萃余分离器结构示意图

萃余分离器很关键的是中心管的开孔直径的分布。经常见到的是开孔直径均布，结果造成分离效率下降。应该从下至上，开孔直径逐渐增加，整个中心管的开孔面积之和略大于进口管截面积，这样才能保证萃余液流经每一层伞形板，实现水和萃余液的分离。

3. 萃余液双氧水含量高

萃余液中双氧水含量高低，除了直接影响产量外，还影响后处理工序的安全运行。当双氧水含量高时，后处理工序的干燥塔负荷加大，被塔中的碱液分解后释放出的氧气就多，不管是排入大气还是对于干燥塔设备本身，都是不安全的。一般将萃余液中双氧水的含量控制在 0.7% 左右。

若萃余液双氧水含量高，将导致后处理工序工艺波动，且干燥塔气相有燃爆危险。现主要防护措施为每 4h 1 次萃余液双氧水含量分析，保证萃余液双氧水含量不超过 0.3g/L。

萃余液双氧水含量高的原因及相应措施如下：

① 进出水量小。处理方法：加大进出水量。

② 萃取塔液泛。处理方法：减少氧化液流量。

③ 工作液组份不合适。处理方法：调整组分。

4. 设备位差

在萃取的设备布置时，要特别留意设备位差的问题。一是萃取塔与萃余分离器的位差，二是工作液计量槽与纯化工序的干燥塔的位差。有许多公司改造或扩建时，忽略了这个问题，两个靠静压流动的设备之间的位差超过 7m。由于虹吸作用导致后一设备将前一设备的空气抽出，在后一设备造成大量气体喷出，影响操作稳定、物料消耗和设备安全。虽然在工艺上采取了相应的措施，结果却不理想。看过位差不合理的设备布置的人，会对此有深刻的感受。实际上为了消除位差造成的虹吸现象，在流程上增加一台设备是值得的。

5. 萃取塔液泛

萃取塔液泛又叫萃取塔积料，即萃取塔塔顶水位不下降，纯水（重液）加不进去，筛板下工作液（轻液）增厚，淹没降液管，使工作液在塔内积聚造成系统流量低，严重影响产品产量和质量。

萃取塔液泛，轻者造成萃取塔筛板下工作液增厚，使工作液在塔内积聚；重者会淹没降液管，造成萃取塔塔堵，即萃取塔塔顶水位不下降，纯水加不进去，萃余液大量带水，萃余液中双氧水含量增高，对后系统造成较大危害。

（1）液泛的危害

① 萃余液进入干燥塔，所含双氧水分解产生大量气泡，改变了工作液与碱液的接触状态，易造成出干燥塔的工作液带碱，碱液分离不彻底，夹带的碱液进入白土床，导致活性氧化铝失效快，降解物再生不完全，操作难度增大，极易造成安全事故。

② 萃余液中双氧水含量越高，双氧水损耗就越大。

③ 萃余液中双氧水含量增高，轻者会造成大量双氧水带入后序工序，系统被迫停车；重者会造成碱塔内碱液带入后处理白土床，甚至带入氢化塔，直接影响到装置的安全生产。大量双氧水及纯水被带入后处理工序，会导致系统被迫停车，工作液状况恶化，系统内氢化工序、氧化工序降解物大量产生。因此，避免萃取塔"液泛"是装置操作的重中之重，更是难点之一。

（2）造成液泛的原因分析

通过现场观察及萃取塔"液泛"时表现出突然性、"液泛"时大量水被带入后处理设备内、持续时间长等特点，结合萃取塔"液泛"前的现象，经讨论分析，认为造成萃取塔"液泛"的主要原因如下：

① 工作液碱度失衡

切换白土床时，后处理负荷加重，部分碱性物料带入氢化塔内，造成氢化反应过程中氢化降解，随之带有降解物的氢化液进入氧化塔内，在氧化过程中产生新的氧化降解物，工作液物性发生恶化。

② 操作工艺指标控制不合理

工作液碱度及氢化效率控制过高，使副反应加剧，降解物增多；氧化温度、纯水温度偏低，造成系统温度降低，工作液和纯水的界面张力降低，工作液黏度增加，影响工作液通过萃取塔筛板的能力。

③ 氧化液中夹带气体的影响

氧化液夹带气体有两种情况：一是双氧水分解，产生大量的氧气，通过萃取塔筛板时，这部分气体阻碍工作液通过筛板的速度；二是氧化液储槽液位波动大，极易造成氧化液泵带气。一方面造成氧化液流量、压力波动大，导致工作液不是匀速地通过萃取塔筛板；另一方面工作液中夹带的气体通过筛板后造成气阻，影响塔顶部纯水顺畅通过降液管，萃取塔就会突然出现"液泛"现象。

④ 工作液物性发生变化

随着系统的变化，氢化、氧化反应过程中的副反应急剧增加，降解物随之增加，工作液物性越来越差，工作液的黏度增大，通过萃取塔筛板孔时阻力增加，筛板层下的工作液的厚度逐渐增厚，一旦超过降液管，就会突然出现"液泛"现象。

⑤ 工作液乳化

有时老装置开车时，容易发生工作液在萃取塔乳化的现象。工作液和水乳化成一相，筛板的分散作用加剧了乳化，使萃取塔无法操作。起作用的主体因素是工作液中降解物增加，改变了工作液的界面张力，使工作液液珠凝聚困难。发生乳化的工作液的界面张力，多数小于20mN/m。外界因素是温度低，低温加剧乳化，高温有利于破乳；所以，开车时萃取塔的温度不应低于40℃。另一个外界因素是工作液中碱金属离子含量高，尤其是 Na^+、

K^+，这时可以用磷酸洗工作液，在乳化的工作液中加入磷酸也可以破乳。还可以在氧化液储槽，临时加入磷酸破坏乳化层。也可以加入其他的酸，但是引入了其他阴离子。

（3）控制

① 控制工作液碱度

a. 后处理工序增加 1 台白土床，加大后处理再生能力。

b. 严格工艺指标控制，配制新碱液，置换稀碱的同时合理控制碱塔内的液位。

c. 定期对白土床、循环工作液储槽、循环工作液及氢化液过滤器底部工作液退料清洗，避免工作液碱度时而出现偏高，造成工况恶化。

② 严格控制操作工艺指标

缩小氢化效率、氧化效率、工作液碱度、氧化酸度、萃取酸度、纯水温度等工艺指标的控制范围，避免大幅度波动。如：氢化效率由原来的 $6.8\sim7.5g/L$ 调整为 $6.8\sim7.0g/L$；氧化效率由原来的 $6.5\sim7.0g/L$ 调整为 $6.5\sim6.7g/L$。

③ 控制氧化液中夹带气体

a. 提高氧化液气液分离器 B 液位，减少氧化液带气。

b. 优化改造氧化液储槽结构，提高氧化液夹带气体的分离效果，避免氧化液泵带气。

c. 氧化液气液分离器 B 增加一放空管，接到氧化液气液分离器 A 的气相出口。

④ 净化工作液，改善工作液物性

a. 从萃余分离器排污、白土床排污将工作液抽回到配制釜进行清洗，以去除工作液中的降解物，同时进行取样分析，根据分析结果调整工作液组分，以改善系统内工作液性能。

b. 增开循环氢化液泵，改善氢化反应条件，增加氢化塔内的喷淋密度，避免部分工作液偏流造成部分氢化过度，同时提高工作液中有效四氢蒽醌的含量，以利于工作液性能的恢复。

c. 适当提高通过氢化液白土床的氢化液量，更多地将降解物再生，便于工作液的恢复。

⑤ 萃取浓度控制

萃取浓度低，适当减少萃取液流量（生产上通常称为出水量）；萃取浓度高，适当增加萃取液流量。萃取液流量的调节也应避免操之过急，应根据氧化效率和萃取浓度缓慢进行调节。若萃取液流量调节过大、过急，影响萃取效果，严重时会造成萃取塔液泛。

第五节　双氧水净化工艺过程安全分析

一、净化工序原理

利用重芳烃不溶于水，而水相中的有机物在重芳烃中的溶解度更大，经过逆流萃取，从而达到净化的目的。

二、净化工序工艺流程

净化工序工艺流程如图 11-11 所示，从萃取塔底部出来的过氧化氢水溶液称为萃取液

（aqueous H₂O₂ solution）。萃取液进入装有填料塔的
净化塔。萃取液从净化塔的顶部进入，与塔内重芳
烃经填料分散后充分接触，除去水相中的有机物，
达到脱色和脱碳目的后，从塔底部流出，经稀品分
离器分离出可能夹带的少量芳烃后，靠位差进入产
品罐区，调整浓度后检验出厂。净化用的芳烃，从
净化塔底部进入，与过氧化氢逆流接触，萃取出过
氧化氢中的有机物后，从塔的上部溢流入污芳烃
受槽。

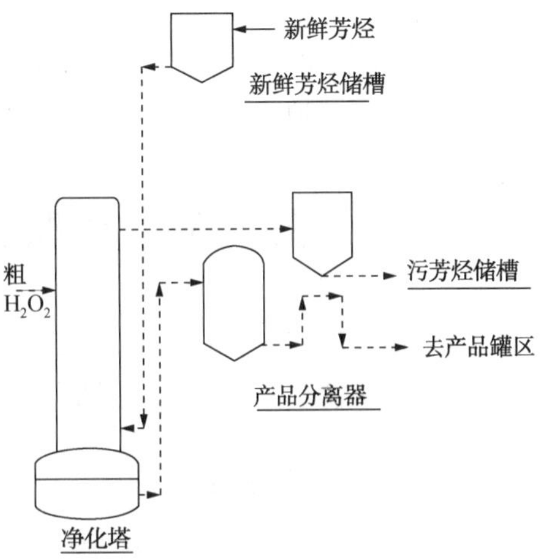

图 11-11　净化工序工艺流程图

三、工艺危险性分析

净化塔所出的事故主要由重芳烃引起，如果重
芳烃将铁锈或其他可能使过氧化氢分解的杂质带入，是非常危险的。因此，芳烃经过蒸馏
再加入系统是十分必要的，这样还可提高氢化效率。

1. 芳烃高位槽、芳烃储罐及净化塔发生气相燃爆

芳烃高位槽、芳烃储罐及净化塔内所含的芳烃为易燃液体，闪点比工作液更低，因此
当气相有空气进入时，可能有燃爆危险。

芳烃高位槽、芳烃储罐中物料为芳烃，净化塔油相为芳烃。芳烃主要由三甲苯构成，
含量在 99% 以上。均三甲苯、联三甲苯闪点为 44℃，偏三甲苯闪点为 48℃，因此芳烃闪点
应在 44~48℃ 之间。为保证芳烃高位槽、芳烃储罐无气相燃爆危险，需要保证这两个设备
氧含量低于 8%，且温度最好在 40℃ 以下；为保证净化塔无燃爆危险，应对净化塔进行
氮封。

除此之外，还可以考虑增加芳烃罐温度远传显示；芳烃高位槽及涉及芳烃的管线加保
温，避免阳光直射，涂防辐射涂料。

向芳烃高位槽打芳烃，看护好高位槽液面；当液面计达 80%，打开净化塔加芳烃阀门，
打开污芳烃槽阀门，做好接污芳烃准备。按工艺指标要求向净化塔连续加入芳烃。

2. 净化塔内双氧水分解爆炸

如果进入净化塔的新鲜芳烃混有杂质，则会引起双氧水异常分解，塔内压力及温度升
高，有燃烧爆炸的危险。建议塔底增设温度远传报警，以便于及时采取措施，降低后果严
重程度。

3. 净化塔相界面的控制

净化塔塔釜相界面是指过氧化氢和芳烃的界面。过氧化氢相界面低，易使产品夹带芳
烃，影响产品质量；严重时，芳烃会跑入产品罐区影响包装工作的正常进行。过氧化氢相
界面高，影响净化效果，使净化不能正常进行，甚至造成塔内的过氧化氢溢流入芳烃高位
槽发生事故。净化塔相界面通过自调阀控制，现场巡检发现界面有异常时，要及时调整。
净化塔的界面由于过氧化氢和芳烃都是无色的，有时难以辨认，要特别注意。

4. 净化塔内气相物料排出或吸入空气

进出料速度快，造成净化塔液位波动过大，塔内压力大幅波动，造成气相物料排出或

吸入空气。

控制措施：净化塔设有液位显示与控制，净化塔通过排液至 SRS 系统平衡压力，并且在塔顶加氮气保护，氮气管线安装自力式调节阀。

第六节　双氧水提浓工艺过程安全分析

过氧化氢浓缩（concentration）工序的任务是将低浓度过氧化氢，在真空条件下，进行蒸发、精馏，获得预期的高浓度过氧化氢。

一、提浓工序原理

利用过氧化氢和水的挥发度不同，在真空状态下，实现二者的分离。蒽醌法生产中，萃取工序得到的是 27.5%~48.6% 含量不等的过氧化氢水溶液。现代工业，有时需要含量超过 50% 的过氧化氢，这时就要浓缩。

由于过氧化氢和水的沸点相差很大，且又不形成共沸物，人们最开始想到的就是蒸馏。就是把水蒸出去，剩余的就是浓缩的过氧化氢。由于过氧化氢在高温下会发生分解；过氧化氢在萃取时又把工作液中的少量有机物溶解过来，造成爆炸的危险。靠蒸馏釜简单蒸馏来获取高浓度的过氧化氢，使人们不得不冒着很大的危险。

膜式蒸发器给人们带来希望。膜式蒸发器液体滞留量小，停留时间短；蒸发后汽和液实现了分离，避免了蒸馏釜单一蒸发釜液的危险。为了避开高温度的威胁，人们采用了真空蒸发和精馏，达到了安全浓缩的目的。

膜式蒸发分为升膜和降膜，是从液体在蒸发器的流动方向来区分的。液体从蒸发器底部进入，成膜后边上升边蒸发，然后在气液分离器中分离叫升膜蒸发。升膜蒸发液体到蒸发管的顶部浓度最高，随气体在分离器中分离。降膜蒸发，液体从蒸发器顶部进入，蒸发出的气体向上进入精馏塔，液体进入收集槽，称为技术级产品，相当于简单蒸馏的釜液。蒸发温度的控制，取决于系统压力和要得到产品的浓度。

二、提浓工序工艺流程

提浓工序工艺流程如图 11-12 和图 11-13 所示。

稀品过氧化氢送入原料储罐中，由原料泵经过滤器和换热器，与技术级产品换热被预热到 35℃ 后，打入蒸发器中。蒸发器是降膜式蒸发器。进入的新鲜原料被蒸发，生成的气相经精馏塔内的除沫器除去夹带的液滴后，进入精馏塔下部。含有全部杂质的没有被蒸发的液相汇集到蒸发器底部称为技术级产品，其含量约为 55%~65%。蒸发器由来自蒸汽喷射泵靠动力蒸汽抽取的精馏塔的低压蒸汽加热，节约了热能。

由蒸发器来的气相进入精馏塔后，与水在塔内逆向接触并在填料表面的液膜上进行传质。塔底得到含量为 50% 的化学级产品。50% 的化学级产品被冷却后靠重力进入化学级产品罐中，用化学级产品泵打往包装工序。塔顶的气相大部分被蒸汽喷射泵抽出，没被抽出的气相进入塔顶冷凝器中被冷凝，凝液进入塔顶内的凝液收集器靠重力流入塔顶凝液罐，用塔顶凝液泵将塔顶凝液打入稀品工段纯水罐中；不凝汽进入冷凝器再进行冷凝，凝液排入废水处理装置，不凝气被抽入真空泵排入大气。

稀释水罐的纯水也可以从稀品工段纯水高位槽通过回流液泵供给。正常情况下的纯水作为塔顶回流，异常情况下作为紧急稀释水。

新鲜蒸汽进入蒸汽喷射泵和从精馏塔塔顶抽来的气相混合，一起进入蒸发器作为加热热源，凝液流入蒸汽冷凝液罐中。新鲜蒸汽经调节后可进入凝液分离罐，从凝液分离罐中出来的低压蒸汽用于再沸器的加热热源，再沸器的蒸汽冷凝液也流入凝液分离罐中。凝液分离罐中的蒸汽凝液由蒸汽冷凝液泵打入蒸汽凝液回收装置。再沸器是升膜式蒸发器，只有在生产70%级化学产品时使用。

苏尔寿的浓缩流程（图11-12），充分利用了"大气腿"对真空的液封作用。只有蒸发器和精馏塔是真空状态，且真空管道足够短、直径足够大，减少了真空系统的阻力；苏尔寿的浓缩装置，蒸发器和精馏塔都在高处，就是充分利用"大气腿"；其技术级罐、化学级罐都是常压的，既节省能量，又可以在过氧化氢分解时，使"大气腿"起到泄压的作用。其降膜蒸发系统，是在蒸发的尾端，技术级产品浓度最高、稳定性降低的时候，离开真空系统，确保工艺的安全和化学级产品的质量。

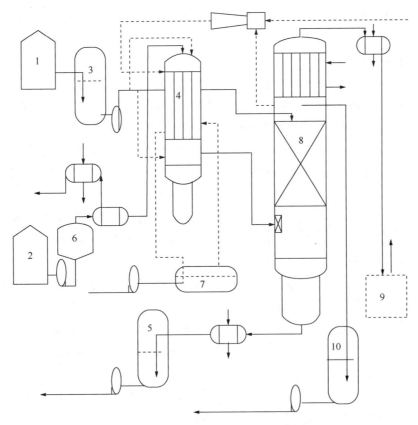

图11-12　降膜蒸发浓缩流程示意图

1—纯水槽；2—稀品原料槽；3—技术产品罐；4—蒸发器；5—化学级产品罐；
6—原料过滤器；7—蒸汽凝液分离罐；8—精馏塔；9—真空机组；10—冷凝水罐

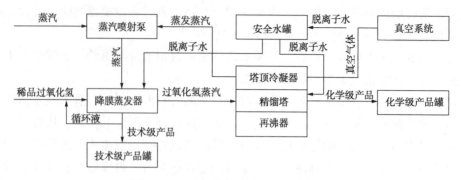

图 11-13　过氧化氢浓缩工艺流程简图

三、工艺危险性分析

浓缩工序是将质量分数较低的过氧化氢通过蒸发精馏过程使质量分数提高到50%以上。由于过氧化氢浓缩过程也是杂质富集的过程，这些杂质包括无机盐类和有机物(如不挥发物、溶剂和蒽醌)都能促使过氧化氢分解、燃烧或爆炸，进料过氧化氢稀品中杂质越多，发生事故的危险性越大。抑制过氧化氢分解过快的最有效办法之一是加入大量纯水稀释，这样可同时降低过氧化氢和杂质浓度，同时降低温度。因此，在设计中必须考虑在紧急状况时补加纯水的措施。

1. 工艺条件分析

(1) 稀品原料液质量浓度对系统安全的影响与控制

进入系统的稀品原料液质量浓度一般控制在27.5%~35%范围以内，总有机碳含量控制在300mg/L以下。精馏塔顶部压力为8kPa(绝)，其底部产品浓度为50%~60%时，降膜蒸发器底部液相质量浓度一般为64%~68%，与其相平衡气相过氧化氢质量浓度为18%~26%，从图11-14就可看出，操作区域远离爆炸线。因此，原料液质量浓度在27.5%~35%

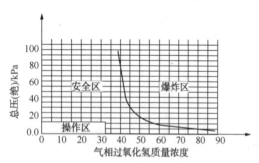

图 11-14　总压力对气相过
氧化氢着火极限的影响

时，对系统安全生产无任何影响，蒸发器底部液相浓度和气相浓度仍处于安全范围内。当要求塔底浓度为80%~90%时，如果原料液中过氧化氢浓度≥35%时，有机碳含量300mg/L，塔顶压力仍为8kPa(绝)时，降膜蒸发器底部液相过氧化氢质量浓度将达到75%，与液相浓度成平衡的气相过氧化氢质量浓度就高达45%。从图11-14看出气相过氧化氢浓度接近爆炸线。因此，生产不同浓度过氧化氢产品时，严格控制原料液中过氧化氢质量浓度，是很有必要的。

(2) 蒸发器顶部降液密度对系统安全的影响与控制

布膜密度的极限值为最小降液密度。必须保证在每根换热管内最小降液密度，才能在管的内壁上获得均匀快速的膜，而不发生干管现象。长期布膜不均会产生严重的干管现象，使管内壁结疤，将发生严重后果。因此保证最佳的循环量是保持最小降液密度最理想的操作手段。通过技术级产品出料管线上的流量调节阀来调控降膜蒸发器底部储液槽液相沸点；再用原料稀品给料管线上的流量调节阀来调控蒸发器储液槽液位，使这两个参数处于稳定状态来保证循环量不发生较大的波动。

（3）降膜蒸发器的热负荷对系统安全的影响与控制

当进料总量减少时，热流量的强度便会大大增加，降膜蒸发器底部储液槽液位明显下降，使换热管内壁形成的薄膜受到破坏，液膜受到破坏的主要症兆就是管内壁产生干管现象。为了避免对膜的破坏，稳定储液槽液位，则通过输送原料液管道上的流量调节阀增加进料量来控制热负荷超出极限热负荷；蒸发器底部沸点温度由排出的技术级产品的流量来调节，使这两个参数处在一个恒定波动范围之内。

降膜蒸发器靠自循环将其循环液与换热后的料液混合，混合料液基本是沸点进料。这样使底部沸点、液位及进料温度都得以控制不变，传热面积是固定的，可变参数只有加热蒸汽。因为蒸发器的加热蒸汽是饱和蒸汽，只要将压力控制稳定，温度是不会变的。为了控制蒸汽流量与压力的波动，在蒸汽喷射器出口和吸入口管道间设置一条副线，通过手动快开摇控阀调控，使吸入蒸汽流量和蒸汽喷射器出口的混合蒸汽的压力基本不变，这样使加热蒸汽的流量与压力基本也不变，保证了热负荷的稳定。

（4）精馏塔塔顶压力与进入精馏塔饱和蒸汽里过氧化氢浓度对系统安全因素影响与控制

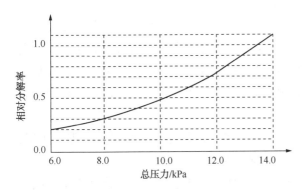

图 11-15　总压力对过氧化氢分解速度的影响

从图 11-15 可看出，随着压力的增加过氧化氢的相对分解率也随之增加；反之分解率下降。过氧化氢分解多了，容易引起系统爆炸。所以要根据所要求的产品浓度合理地确定系统压力。

从蒸发器出来进入精馏塔底部的饱和蒸汽，其里面过氧化氢质量浓度较高时，蒸发器来的原料气与再沸器蒸发出来的蒸发气混合，塔底气相过氧化氢质量浓度将达到 40%，从图 11-14 可看出，塔底气相过氧化氢浓度接近爆炸极限。当要求塔底产品浓度很高，例如产品质量浓度为 75% ~ 90% 时，塔顶压力必须降低，以降低过氧化氢在塔内分解量和速度；同时使塔顶与塔底沸点均降低，以保证塔内安全。

通过分析可以认为：塔底气相过氧化氢质量浓度达到爆炸极限的主要原因是再沸器设计的不合理和操作不当而引起的。所以，在设计再沸器时，它的热负荷要根据精馏塔的热平衡确定。它的蒸发率应严格控制为 ≤10%。

（5）沸点对系统安全的影响与控制

从图 11-16 可看出，当要求产品质量浓度为 50% ~ 70% 时，精馏塔底部液相沸点对系统安全无影响；如果要求产品质量浓度为 75% ~ 90% 时，塔底液相沸点在 60℃ 以上时，沸点温度就落在 6.9kPa（绝）爆炸区。所以，在生产 75% ~ 90% 质量浓度过氧化氢时，要把系统压力控制在 2~3kPa（绝），才能将沸点控制到 60℃ 以下，使系统处于安全状态。

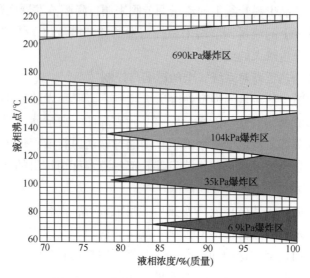

图 11-16　沸点和液相浓度对安全的影响

2. 装置危险性分析

（1）降膜蒸发器

① 主要危险性分析

主要有双氧水分解爆炸和气相空间燃爆两种危险。

② 安全控制技术

a. 为防止温度及降膜蒸发器内有机碳含量过高，降膜蒸发器应设置温度显示、控制与温度高报警，要确保温度调控措施灵敏，同时建议在降膜蒸发器底部设置采样口，分析双氧水浓度；降膜蒸发器底部要设置液位显示与控制，避免因降膜蒸发器液位高而导致大量物料进入精馏塔。

b. 为防止蒸发液循环泵故障停车，应设置一开一备，值得注意的是要考虑停电工况，因此蒸发液循环泵可采用三路供电，设置备用泵故障自启动。

c. 为避免降膜蒸发器真空度无法及时调节，导致真空度波动较大，可将抽真空管线中设置调节阀，并设置压力显示报警。

d. 双氧水通过量较大的管线设置安全阀，以便在管线双氧水发生失控分解后保护管线不受损坏。

（2）蒸发液循环泵

为了防止因蒸发循环泵停止运行导致物料不能及时排出或稀释，发生反应，损坏设备及管线，可增加蒸发循环泵至剩余液储槽的管线，并在泵出口靠近总线处加 FO 气动开关阀，并纳入 SIS 系统；在泵蒸发循环泵出口单向阀前后管线设旁路阀。

（3）双氧水储槽（化学级产品中间槽、剩余液储槽、技术级产品槽）

① 主要危险性分析

a. 冷却效果差，储槽温度高，引发双氧水分解爆炸。

b. 进出口调节阀失灵，造成储槽液位高，双氧水跑料。

c. 进料双氧水浓度高，脱盐水进料不足，导致双氧水浓度高，反应风险高。

d. 出料不畅，出料泵出口憋压，温度快速升高，造成管线内双氧水分解爆炸。

② 安全控制技术

a. 储罐设置温度高报警及保温措施；双氧水储罐及相关管线避免阳光直射，刷防辐射胶。

b. 各储槽均应设有液位显示与控制；如果现有液位控制措施中将液位与出料泵设置了控制回路，但未设置泵出口回流，在泵出料不畅时易引起出料管线双氧水温度升高，为此还应增设泵出口管线到储罐的回流线，回流线要设限流流孔板，并核算孔板直径。

c. 脱盐水设有流量控制，目前对双氧水含量的分析主要是取样分析，无法实时跟踪其含量变化，因此可以在剩余液冷却器入口管线控制阀前设置流量计、温度计，在线计算分析显示双氧水浓度；通过新加流量计与脱盐水管线上的 FV1502 进行比值控制，从而避免双氧水浓度升高。

d. 罐顶部设有放空，调节压力平衡，但易进入杂质，因此各储罐放空线弯头可设阻火器，防止灰尘等杂质进入。

如图 11-17 所示，储槽进料管接近罐底，并朝向罐壁，主要是防止静电。储槽中间有隔板，将进料管和泵入口隔成两个区，防止泵入口直接将夹带的气体吸入。隔板底部留有开孔，保证两个区有足够的液体，防止泵抽空。有的装置三个储槽(工作液、氢化液、氧化液)中间没有隔板，在氧化液储槽经常造成氧化液泵流量不稳，由于带入的气体被压缩引起很大的振动声音。

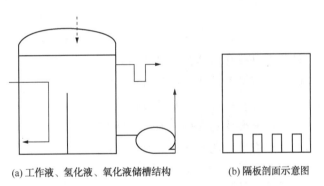

(a) 工作液、氢化液、氧化液储槽结构　　　(b) 隔板剖面示意图

图 11-17　工作液、氢化液、氧化液储槽结构示意图

储槽顶部设有溢流管与罐区工作液应急储槽相连，防止工作液溢流到地面。一定要注意的是储槽的溢流管应设有 U 形液封，尤其是氢化液储槽。防止氢气由没有液封的溢流管扩散到罐区工作液储槽造成事故，国内已有一些厂家因此而发生事故。另外，三个储槽内的工作液性质不同，不能三个储槽共用一根溢流管。罐区应急储槽也要相应分开。氧化液储槽的氧化液中含有过氧化氢，工作液储槽的工作液显碱性，二者相遇可能造成过氧化氢分解，酿成事故。

储槽设有氮封(虚线)，溢流管设有 U 形液封，与后续设备和大气实现气相隔离。

(4) 安全水罐

为了避免影响底部产品纯度，避免杂质积累于塔内，所有蒸馏液均排放到界区外，而采用新鲜脱离子水作回流液，回流液通过安全水罐溢流至塔内。

当处于紧急状态时，如精馏塔底部沸点升高或者降膜蒸发器顶部或底部沸点升高时，通过联锁自动将关闭的注水阀门打开，将安全水罐存放的纯水导入精馏塔底部的塔槽，或进入蒸发器顶部与底部，以稀释双氧水来制止双氧水进一步分解。

需要注意的是，安全水罐导入纯水需要依靠位差来冲洗相关设备及管线后进入剩余液储槽，因此设计的位差要满足系统压力的要求，同时要核算剩余液储槽与安全水罐的罐容，以满足事故处理的要求。

3. 对设备的要求

根据生产特点，对设备要求如下：

① 密封性良好，不漏气，不漏液；

② 选用重金属杂质极少的材质制造设备；

③ 制造设备的材质要耐腐蚀；

④ 电气、仪表等要防爆；

⑤ 设备、管道等有良好的静电接地；

⑥ 储存含过氧化氢的容器有卸压口。

由于过氧化氢产品要求设备应特别纯净，因此与工艺介质（工作液、氧化液、氢化液）及中间产品相接触的设备壳体、管道选用不锈钢材质。所有设备的垫片根据介质性质及操作温度，分别采用聚乙烯、聚四氟乙烯、氟橡胶垫及石棉垫。生产过氧化氢的设备内表面必须光滑，在使用前应用酸、碱进行脱脂钝化，以除掉其表面污垢，并形成氧化膜。

思考题

1. 蒽醌加氢工艺过程有哪些危险性？如何控制？

2. 氢蒽醌氧化工艺过程有哪些危险性？如何控制？

3. 双氧水萃取工艺过程有哪些危险性？如何控制？

4. 双氧水净化工艺过程有哪些危险性？如何控制？

5. 双氧水提浓工艺过程有哪些危险性？如何控制？

第十二章 常见化工工艺过程安全分析工具

第一节 流体力学软件 FLUENT

FLUENT 计算流体力学软件自 1983 年问世以来，一直是 CFD（计算流体动力学）软件技术的领先者，被广泛应用于航空航天、旋转机械、航海、石油化工、汽车、能源、计算机/电子、材料、冶金、生物、医药等领域。2006 年 5 月，FLUENT 成为全球最大的 CAE 软件供应商——ANSYS 大家庭中的重要成员。所有的 FLUENT 软件被集成在 ANSYS WORK-BENCH 环境下，共享先进的 ANSYS 公共 CAE 技术。

一、FLUENT 软件模块及其功能

1. GAMBIT——专用的 CFD 前处理器

随着 CFD 技术应用的不断深入，能够模拟的工程问题越来越复杂，因此对 CFD 的前处理器软件提出了严峻的挑战，要求前处理器能够处理真实的几何外形，如燃烧室、压气机和涡轮叶片等复杂几何外形，同时能够高效率地生成满足 CFD 计算精度的网格。GAMBIT 就是 FLUENT 公司根据 CFD 计算的特殊要求而开发的专业 CFD 前处理软件。

（1）GAMBIT 软件的几何处理能力

GAMBIT 软件作为专业的 CFD 前处理软件，具有非常完备的几何建模能力，同时可以和主流的 CFD 软件协同工作，实现从 CAD 到 CFD 的流水线作业。GAMBIT 同时具备功能非常强大的几何修复能力，为 GAMBIT 生成高质量的计算网格打下坚实的基础。

（2）GAMBIT 功能强大的网格生成技术

FLUENT 公司在其强大的财力与研发投入下，非结构化网格能力远远领先其竞争对手。GAMBIT 能够针对极其复杂的几何外形生成三维四面体、六面体的非结构化网格。GAMBIT 提供了对复杂的几何形体生成附面层内网格的重要功能，而且附面层内的贴体网格能很好地与主流区域的网格自动衔接，大大提高了网格的质量。另外，GAMBIT 能自动将四面体、六面体、三角柱和金字塔形网格自动混合起来，这对复杂几何外形来说尤为重要。FLUENT 的网格技术具有以下优势：

① 分区结构化网格生成能力：GAMBIT 支持分区结构化网格生成能力，通过布尔运算或者几何分裂，可以把复杂的工程结构分解为多个六面体块，在每一个六面体块里面通过网格影射生成质量受到精确控制的结构化网格。

② 子影射网格生成技术：尽管分区结构化网格生成方法可以生成高质量的结构化网格，但复杂结构的分区过程是费时费力的，并且不同的网格分区策略对网格质量有着重要

的影响，工程师的分区经验决定了网格质量。为了解决这一问题，FLUENT 提出了子影射网格生成技术，当用户对某一个区域划分网格时，网格生成器在生成网格之前，自动从现有的边界线出发，将几何区域自动分割成多个六面体块，从而部分减少了复杂的分区过程。例如对于图 12-1 左侧几何图形无需分区就可以划分高质量的结构化网格。

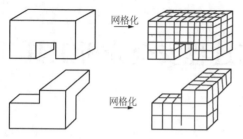

图 12-1　子影射网格技术划分的结构化网格

③ 四面体基元网格生成技术：对于任意形状的逻辑四面体几何结构，GAMBIT 的网格生成器能够自动将逻辑四面体分割成 4 个六面体，然后在每一个六面体里划分结构化网格，这种分割完全是由网格生成器自动完成的，避免了人工分区过程，图 12-2 表示了四面体基元网格技术生成网格的原理。

④ COOPER 网格生成技术：COOPER 网格生成技术能够将一个较为复杂的工程机构自动分割成多个逻辑圆柱体，对于每一个逻辑圆柱体采用单向影射的方法生成结构化网格，分割圆柱的过程完全由网格生成器自动完成。图 12-3 是采用 COOPER 技术所生成的网格，划分网格过程是完全自动的，不需要人工分区。

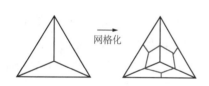

图 12-2　四面体基元网格生成技术的原理　　　图 12-3　采用 COOPER 技术划分的结构化网格

⑤ 非结构化网格和混合网格技术：对于特别复杂的工程结构，采用结构化网格方法，分区工作量巨大，可以采用非结构化的四面体网格，能够在短时间内生成复杂工程结构的计算网格，在四面体和六面体网格之间能够自动形成金字塔网格过渡（图 12-4）。

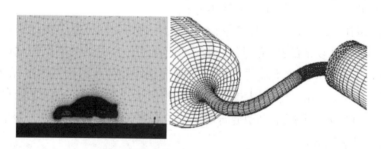

图 12-4　完全非结构化网格和混合网格

⑥ 六面体核心网格技术：六面体核心网格技术是 GAMBIT 自动在形状复杂的几何表面采用非结构化的四面体网格，在流体的中间采用结构化的六面体网格，二者之间采用金字塔网格过渡，六面体核心网格技术集成了非结构化网格几何适应能力强以及结构化网格数量少的优点。

⑦ 多面体网格技术：在新版本的 FLUENT 软件中，其求解器支持六面体网格，在 FLU-ENT 软件中包含一个网格自动转换开关，可以自动把四面体网格转换为多面体网格。我们知道有限体积法的计算量主要由网格数量决定，在节点总数(几何分辨率)不变的情况下，多面体网格量只有四面体网格的 $1/3 \sim 1/5$，因而将极大地降低解算时间。这是 FLUENT 特有的网格处理技术。

⑧ 网格自适应技术：FLUENT 采用网格自适应技术，可根据计算中得到的流场结果反过来调整和优化网格，从而使得计算结果更加准确。这是目前在 CFD 技术中提高计算精度的最重要技术之一。尤其对于有波系干扰、分离等复杂物理现象的流动问题，采用自适应技术能够有效地捕捉到流场中的细微的物理现象，大大提高计算准确度。

⑨ 边界层网格技术：在靠近固体壁面的区域，由于壁面的作用，流体存在较大的速度梯度，为了准确模拟壁面附近要求壁面网格正交性好，同时具有足够高的网格分辨率满足壁面的黏性效应。

(3) 利用 GAMBIT 建立混合器造型以及内部三维造型的划分

① 启动 GAMBIT 并选定求解器 FLUENT；

② 建混合器主体；

③ 设置混合器的切向入流管；

- 绘制入流管；

- 将入流管移到混合器主体的中部的边缘；

- 将入流管绕 Z 轴旋转 $180°$ 并复制；

④ 去掉小圆柱体与大圆柱体相交的多余部分并且将三个圆柱体连接成一个整体；

⑤ 创建主体下面的圆锥；

⑥ 创建出流小管；

- 创建出流口小管；

- 将其下移并与锥台相接；

⑦ 将混合器上部、渐缩部分和下部出流小管组合成一个整体(同第四步)；

⑧ 对混合内区域划分网格；

⑨ 检查网格划分情况；

⑩ 设置边界条件；

⑪ 输出网格文件(.mesh)。

2. FLUENT 的数值求解方法

(1) 基于压力求解器

基于压力求解器采用的计算法则属于常规意义上的投影方法。投影方法中，首先通过动量方程求解速度场，继而通过压力方程的修正使得速度场满足连续性条件。由于压力方程来源于连续性方程和动量方程，从而保证整个流场的模拟结果同时满足质量守恒和动量守恒。由于控制方程(动量方程和压力方程)的非线性和相互耦合作用，就需要一个迭代过程，使得控制方程重复求解直至结果收敛这种方法求解压力方程和动量方程。在 FLUENT 软件中共包含两个基于压力的求解器，一个是分离算法，另一个是耦合算法(图 12-5)。

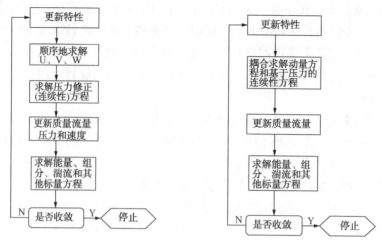

图 12-5　分离算法和耦合算法计算流程

（2）基于密度求解器

基于密度方法就是直接求解瞬态 N-S 方程（瞬态 N-S 方程是理论上绝对稳定的），将稳态问题转化为时间推进的瞬态问题，由给定的初场时间推进到收敛的稳态解，这就是我们通常说的时间推进法（密度基求解方法）。这种方法适用于求解亚音、高超音速等流场的强可压缩流问题，且易于改瞬态求解器。

3. FLUENT 的物理模型

（1）动网格模型

FLUENT 软件中的动网格模型是用来模拟由于计算域边界运动的运动而引起的计算域形状随时间改变问题的流体流动，动网格模型也可以用于稳态应用。边界的运动可以是已知的，也可以是由流动来决定运动。动网格技术是新一代 CFD 技术新的竞争焦点，而 FLU-ENT 软件早先便推出了动网格技术，网格的重新生成完全由求解器控制，不需要用户干预。动网格模型中的关键技术是网格重新生成的方法，FLUENT 提供三种网格重新生成方式：

①基于弹簧的光顺方法：在基于弹簧的光顺方法中，网格节点之间的边都被理想化互相联结的弹簧网络。网格的形状可以改变，但网格数量、网格的拓扑结构保持不变。这种方法简单可靠，表达小位移和小变形是非常合适。

②动态层铺：随着计算区域被压缩，网格一层一层被去掉；随着计算区域的扩张，网格一层一层增加。动态层铺的初始网格应该是可以单向可影射的，确保网格可以精确去掉和增加。动态铺层方法非常适合于表达阀的运动而引起的计算域形状的改变，以及与此类似的所有单自由度运动问题。它的突出优点是网格质量高，网格重新生成方法可靠，阀的运动位置可以精确控制。

③局部网格重构：当边界移动引起计算域变形时，FLUENT 软件根据新的边界重新生成计算域的部分网格。局部网格重构方法适合于表达设计多自由度的大位移和大变形，如投弹、降落伞打开过程的模拟。

上述三种网格重新生成方法可以任意组合，这样就可以表到非常复杂动网格问题，三种运动方式可以任意组合。例如，对于机弹分离问题，以同时采用两种局部网格重构和基于弹簧的光顺方法生成网格，当网格变形较小时，采用基于弹簧的光顺方法；当变形增大，网格质量变差时，采用局部网格重构来避免网格质量的下降。

动网格的核心技术就是网格重新生成，FLUENT 软件是唯一支持三种网格生成技术的商业 CFD 软件，确保 FLUENT 软件在这一领域的绝对领先地位。为了提高动网格技术的易用性，降低用户使用门槛，FLUENT 软件专门针对不同的工业问题开发了面向专业的动网格模型。它们是多体分离模型(六自由度)模型和两维半动网格模型。

① 多体分离模型：它基于 FLUENT 软件中的动网格技术，它通过对物体表面压力和剪切应力的积分获得气动力、力矩，并且将它与重力和用户提供的附加外力叠加，从而确定运动体的加速度和速度。多体分离模型的推出，极大地简化了这一类问题的应用。

② 两维半动网格模型：对许多工程问题，仅仅在一个平面内发生变形，在和这个面垂直的每个断面形状完全相同。针对这一类问题，FLUENT 公司以动网格技术为基础，开发了专门的两维半动网格模型。从基础上来讲，两维半网格就是两维三角形网格沿着指定动网格的区域的法向延伸，三角形的面网格重新生成和光顺后，这种变化沿着法向扩展。通常来说，两维半动网格模型具有网格生成迅速、可靠的优点，由于三维空间的网格质量完全用面网格控制，因而容易保证网格质量，提高网格生成过程的鲁棒性。两维半的动网格模型主要应用如齿轮泵、发动机内流等复杂工程问题。

（2）传热和辐射模型

FLUENT 软件的基本模型就包含传热模型，可以求解燃气轮机中燃烧室内由于高温导致的换热问题。在 FLUENT 软件中包含丰富的辐射模型，它们是 Rosseland、P1、DTRM、S2S、DO 五种辐射模型，与 FLUENT 软件中的基本方程相结合，可模拟极其复杂的传热过程，可以模拟流体流动、热传导及热辐射。由于辐射是一种基本的传热方式，在所有的高马赫数气动问题中，由于相对温差较大，辐射都会扮演重要角色。除了这些基本辐射模型之外，在 FLUENT 软件之中还包含一个太阳辐射模型，该模型除了可以极为方便模拟太阳辐射以外，还可以模拟其他与此类似的所有有源辐射问题。据我们所知，截至目前为止，FLUENT 软件是唯一具有专门太阳辐射模型的软件。

（3）气动噪声模型

气动噪声问题是航天工业关注的另外一个焦点，FLUENT 软件提供了非常丰富的气动噪声解决方案。FLUENT 软件中包含四个噪声模型，可以精确预测导弹、飞行器的气动噪声。

① F-W-H 噪声模型：FLUENT 软件中的噪声模型基于 F-W-H 方程和它的积分解，F-W-H 方程是对通用形式 Lighthill 声学模型改进，它能够模拟像单极子、偶极子、四极子这样的等价声源产生的声音。F-W-H 模型在启动之前，应当首先获得一个时变流场，启动 F-W-H 模型后，FLUENT 软件中的噪声模型自动扑获压力随时间的变化规律，噪声模拟对所获得的时变压力进行分析处理，得到我们所需要的声学指标。F-W-H 模型适合于模拟中场和远场噪声。它的典型应用包括导弹、飞行器、汽车的气动噪声。

② 宽频噪音源模型：在许多湍流的应用实例中，声能分布在一个很宽的频率范围内。这种情况涉及宽频噪声，通过统计雷诺平均的 N-S 方程所获得的湍流量，结合半经验的修正和 Lighthill 声学分析理论，就可以模拟宽频噪声。与 F-W-H 模型不同，宽频噪音源模型

不需要流体动力学方程的瞬态解，它所需要的源是基于 RANS 方程能够提供的平均速度、湍流动能和湍流耗散率，因而使用宽频噪声源模型需要计算成本非常低。

③ 直接计算声学模型，通过高分辨率的流体动力学方程来直接模拟噪声，精确地计算了声波和流动的相互作用。通常由于声场的能量远远小于流场的能量，因此要捕捉到声波需要很高的网格分辨率，因此计算成本较高。

④ SYSNOISE 的接口：FLUENT 软件作为计算流体动力学的行业标准，几乎所有与流体相关的其他领域的软件都包含了和 FLUENT 软件的接口，在声学领域也不例外，SYSNOISE 是著名的第三方声学计算软件，FLUENT 的 SYSNOISE 直接输出 SYSNOISE 需要的网格和时变压力场数据，最后通过 SYSNOISE 完成声场分析。

（4）自由表面模型

FLUENT 软件中的自由表面模型（VOF 模型）是通过求解一组动量方程和追踪计算域中每一流体的体积分数来模拟两种或两种以上互不相溶的流体，它可以精确追踪互不相溶的流体之间的自由界面，在 FLUENT 6.3 中增加了高分辨率的几何重构模型，使 VOF 模型的界面分辨精度进一步提高。在航天工业领域，它可以用来模拟轴承中润滑油流态问题、导弹入水和出水过程、导弹水下发射问题。

（5）离散相模型

FLUENT 软件中的离散相模型可采用拉格朗日方法研究稀疏两相流问题。颗粒相可以是液体或气体中的固体颗粒，也可以是液体中的气泡，以及在气体当中的液滴。FLUENT 当中的离散相模型具备以下能力：

- 颗粒可以和连续相交换热、质量和动量；
- 每一个轨道表达具有相同初始特性的一组粒子；
- 离散相的加热和冷却；
- 液滴的蒸发和沸腾；
- 可燃性粒子的挥发和燃烧；
- 丰富的雾化模型可以模拟液滴的破碎和凝聚；
- 颗粒的腐蚀和成长。

（6）欧拉多相流模型

FLUENT 软件中的欧拉多相流模型可以模拟可以多个分离的，而且相互作用的相。相可以是液体、气体、固体以及它们的任意组合，每一相都用欧拉方法处理。FLUENT 软件中的欧拉多相流对相之间的体积分率没有任何限制，而且欧拉模型对相的数目没有限制，它可以分析最大相的数目仅仅受到内存的限制。FLUENT 软件中的欧拉多相流模型允许相间的化学反应。在航天工业中，欧拉多相流可以用来模拟油水分离、换热器中的相变。

（7）混合分数多相流模型和空泡模型

FLUENT 软件中的混合分数模型可以模拟相互贯通的两相之间的混合和流动，空泡模型是混合分数模型的子模型，利用汽蚀模型可以模拟弹体在水下航行时的空泡（图 12-6）。

（8）湍流模型

常见湍流模型见表 12-1。

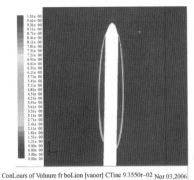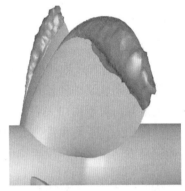

ConLours of Voluure fr boLion [vaoor] CTine 9.3550r-02 Nor 03,2006
FU[N]6.3 13D.peas.dyraaesh.mixtuee.rte.utscedy

图 12-6   弹体和水力推进器所产生的空泡

表 12-1   FLUENT 软件中提供常见湍流模型

模　　型	功能及主要使用范围
混合长度模型	零方程模型，模拟简单的流动，计算量小
Spalart-Allmaras	针对大网格的低成本本湍流模型，适于模拟中等复杂的内流和外流以及压力梯度下的边界层流动(如螺旋桨、翼型、机身、导弹和船体等)
标准 k-ε	鲁棒性最好，优点和缺点非常明确，适于初始迭代、设计选型和参数研究
RNGk-ε	适于涉及快速应变、中等涡、局部转捩的复杂剪切流动(如边界层分离、块状分离、涡的后台阶分离、室内通风等)
Realizablek-ε	与 RNGk-ε 性能类似，计算精度优于 RNGk-ε 模型
标准 k-ω	在模拟近壁边界层、自由剪切和低雷诺数流动时性能更好。可以用于模拟转捩和逆压梯度下的边界层分离(空气动力学的外流模拟和旋转机械)
SSTk-ω	与标准 k-ω 性能类似，对壁面距离的依赖使得它不适合于模拟自由剪切流动
雷诺应力	最好的基于雷诺平均的湍流模型。避免各向同性涡粘性假设，需要更多的 CPU 时间和内存消耗。适于模拟强旋转流和涡的复杂三维流动
大涡模拟	模拟瞬态的大尺度涡，通常和 F-W-H 噪声模型联合使用
分离涡模拟	改善了大涡模拟的近壁处理，比大涡模拟更加实用，可以模拟大雷诺数的空气动力学流动
V2F 湍流模型	与标准 k-ε 相似，但结合了近壁湍流各向异性和非局部压力应变效应

4. FLUENT 软件的并行计算能力

FLUENT 强大的分析能力给我们提供了燃气轮机设计的有力工具，而我们也不断提出一些新的课题。燃烧室多反应物燃烧、喷嘴雾化、辐射换热、轴承润滑液自由表面模拟、磁流体模拟、干/湿空气颗粒蒸发模拟等。这些课题都导致 CFD 计算工作量越来越大。单 CPU 计算往往难于满足现代设计的要求，因而并行计算能力也是考核 CFD 软件的重要指标之一。FLUENT 软件的并行功能具有以下三个特点：

① 自动分区技术：FLUENT 软件采用自动分区技术，自动保证各 CPU 的负载平衡。在计算中自动根据 CPU 负荷重新分配计算任务。

② 并行效率高：FLUENT 软件的并行效率很高，双 CPU 的并行效率高达 1.8~1.9 倍，四个 CPU 的并行效率可达 3.6 倍，因而大大缩短了计算时间。

③ 支持网络并行：除支持单机多 CPU 的并行计算外，FLUENT 还支持网络分布式并行计算。FLUENT 内置了 MPI 并行机制，在网络分布式并行计算方面有着非常高的并行效率。

5. 强大的后置处理能力

FLUENT 具有强大的后置处理功能，能够完成 CFD 计算所要求的功能，包括速度矢量图、等值线图、等值面图、流动轨迹图，并具有积分功能，可以求得力、力矩及其对应的力和力矩系数、流量等。对于用户关心的参数和计算中的误差可以随时进行动态跟踪显示。对于非定常计算，FLUENT 提供非常强大的动画制作功能，在迭代过程中将所模拟非定常现象的整个过程记录成动画文件，供后续的分析演示。

二、FLUENT 软件的使用概述

1. 计划 CFD 分析

当你决定使 FLUENT 解决某一问题时，首先要考虑如下几点问题：

① 定义模型目标：从 CFD 模型中需要得到什么样的结果？需要得到什么样的精度？

② 选择计算模型：你将如何隔绝所需要模拟的物理系统？计算区域的起点和终点是什么？在模型的边界处使用什么样的边界条件？二维问题还是三维问题？什么样的网格拓扑结构适合解决问题？

③ 物理模型层的选择：无黏，层流还是湍流？定常还是非定常？可压流还是不可压流？是否需要应用其他的物理模型？

④ 确定解的程序：问题可否简化？是否使用缺省的解的格式与参数值？采用哪种解格式可以加速收敛？使用多重网格计算机的内存是否够用？得到收敛解需要多长时间？

2. 解决问题的步骤

① 创建网格；

② 运行合适的解算器：2D、3D、2DDP、3DDP；

③ 输入网格；

④ 检查网格；

⑤ 选择解的格式；

⑥ 选择需要解的基本方程：层流还是湍流、化学组分还是化学反应、热传导模型等；

⑦ 确定所需要的附加模型：风扇，热交换，多孔介质等；

⑧ 确定材料物理性质与边界条件；

⑨ 调节解的控制参数；

⑩ 初始化流场；

⑪ 计算解；

⑫ 检查结果；

⑬ 保存结果；

⑭ 如有需要，细化网格，改变数值和物理模型。

三、FLUENT 使用案例

问题描述：长为 2m、直径为 0.45m 的圆筒形燃烧器结构，燃烧筒壁上嵌有三块厚为

0.0005m，高为 0.05m 的薄板，以利于甲烷与空气的混合。燃烧火焰为湍流扩散火焰。在燃烧器中心有一个直径为 0.01m、长为 0.01m、壁厚为 0.002m 的小喷嘴，甲烷以 60m/s 的速度从小喷嘴注入燃烧器。空气从喷嘴周围以 0.5m/s 的速度进入燃烧器。总当量比大约是 0.76(甲烷含量超过空气约 28%)，甲烷气体在燃烧器中高速流动，并与低速流动的空气混合，基于甲烷喷嘴直径的雷诺数约为 5.7×10^3。

假定燃料完全燃烧并转换为：$CH_4 + 2O_2 \longrightarrow CO_2 + 2H_2O$

反应过程是通过化学计量系数、形成焓和控制化学反应率的相应参数来定义的。利用 FLUENT 的 finite-rate 化学反应模型对一个圆筒形燃烧器内的甲烷和空气的混合物的流动和燃烧过程进行研究。

① 建立物理模型，选择材料属性，定义带化学组分混合与反应的湍流流动边界条件；

② 使用非耦合求解器求解燃烧问题；

③ 对燃烧组分的比热分别为常量和变量的情况进行计算，并比较其结果；

④ 利用分布云图检查反应流的计算结果；

⑤ 预测热力型和快速型的 NO_x 含量；

⑥ 使用场函数计算器进行 NO 含量计算。

1. 利用 GAMBIT 建立计算模型

【第 1 步】 启动 GAMBIT，建立基本结构

分析：圆筒燃烧器是一个轴对称的结构，可简化为二维流动，故只要建立轴对称面上的二维结构就可以了，几何结构如图 12-7 所示。

(1) 建立新文件夹

在 F 盘根目录下建立一个名为 combustion 的文件夹。

(2) 启动 GAMBIT

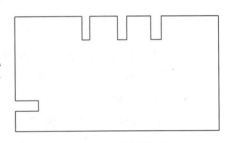

图 12-7 几何结构图

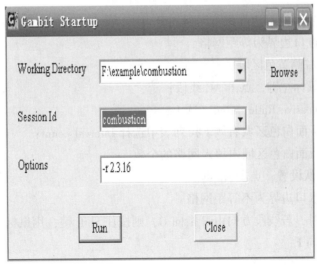

图 12-8 项目启动

（3）创建对称轴

① 创建两端点 A(0, 0, 0)，B(2, 0, 0)；

② 将两端点连成线。

（4）创建小喷嘴及空气进口边界

① 创建 C、D、E、F、G 点（表 12-2）；

表 12-2　设置边界参数

项目	C	D	E	F	G
x	0	0.01	0.01	0	0
y	0.005	0.005	0.007	0.007	0.225

② 连接 AC、CD、DE、DF、FG。

（5）创建燃烧筒壁面、隔板和出口

① 创建 H、I、J、K、L、M、N 点（y 轴为 0.225，z 轴为 0，表 12-3）；

表 12-3　设置相关参数

项　目	H	I	J	K	L	M	N
x	0.500	0.505	1.000	1.005	1.500	1.505	2.000

② 将 H、I、J、K、L、M、N 向 y 轴负方向复制，距离为板高度 0.05；

③ 连接 GH、HO、OP、PI、IJ、JQ、QR、RK、KL、LS、ST、TM、MN、NB。

（6）创建流域

将以上闭合线段创建为面（图 12-9）。

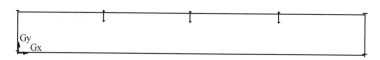

图 12-9　创建流域

【第 2 步】　对空气进口边界进行网格划分

（1）划分甲烷进口边界为等距网格

① 点击 Edges 右侧黄色区域；

② 按下 Shift+鼠标左键，点击 AC 线段；

③ Type 选 Successive Ratio，Radio 选 1；

④ 在 Spacing 下面白色区域右侧下拉列表中选择 Interval count；

⑤ 在 Spacing 下面白色区域内填入网格的个数 5；

⑥ 保留其他默认设置，点击 Apply。

（2）划分空气入口边界为不等距网格

① 选择 FG 线时，若线段方向由 F 指向 G，则按住 Shift 键，用鼠标中键点击 FG 线段，使线段方向由 G 指向 F；

② 在 Type 项选择 Exponet；

③ 在 Ratio 项输入 0.38；

④ Spacing 选择 Interval size 并输入 0.005;

⑤ 点击 Apply。

（3）划分小喷嘴壁面为等距网格

① 把 CD、EF 线段划分为网格数为 4 的等距网格;

② 把 DE 线段划分为网格数为 3 的等距网格。

（4）划分燃烧器出口边界为等距网格

把燃烧器出口边界 BN 划分为 35 个等距离网格。

（5）划分燃烧器壁面为网格

燃烧器壁面由 GH、IJ、KL、MN 组成。

① 在 Edges 项选择 GH、IJ、KL、MN;

② 在 Type 项选择 Bi-exponent，在 Ratio 项输入 0.55;

③ 在 Spacing 项选择 Interval count，并输入 62;

④ 点击 Apply。

（6）对壁筒上的三个隔板进行网格划分

① 把六个竖直边 HO、IP、JQ、KQ、LS、MT 分别划分为 10 个等距网格;

② 把三个横边 OPQRST 分别化为 2 个等距网格。

（7）对整个计算域进行面网格划分

① 点击 Face 右侧黄色区域;

② 按下 Shift+鼠标左键，点击面上的边线;

③ 在 Elements 选择 Quad;

④ 在 Type 项选择 Pave;

⑤ 在 Spacing 项选择 Interval size，并输入网格间距 0.008;

⑥ 点击 Apply(图 12-10)。

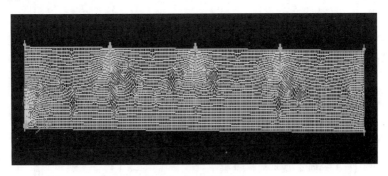

图 12-10　网格划分

【第 3 步】　设置边界类型并输出文件

（1）设置甲烷速度入口边界

① 在 Action 项为 Add;

② 在 Name 项填入边界名 inlet-fuel;

③ 在 Type 项选择 WELOCITY_INLET;

④ 点击 Edges 右侧黄色区域;

⑤按住 Shift 键点击 AC 线段;

⑥点击 Apply。

(2)设置空气速度入口边界

①在 Name 项填入边界名 inlet-air;

②在 Type 项选择 WELOCITY_INLET;

③在 Edges 项选择 FG 线段;

④点击 Apply。

(3)设置压力出流边界

①在 Name 项填入边界名 outlet;

②在 Type 项选择 PRESSURE_OUT;

③在 Edges 项选择 BN 线段;

④点击 Apply。

(4)设置对称轴边界

①在 Name 项填入边界名 axis;

②在 Type 项选择 axis;

③在 Edges 项选择 AB 线段;

④点击 Apply。

(5)设置小喷嘴的边界类型

①在 Name 项填入边界名 zozzle;

②在 Type 下选择 WALL;

③在 Edges 项选择 CD、DE、EF;

④点击 Apply。

(6)输出网格文件

①在 File Name 项确认文件名;

②选择 Export 2-D(X-Y)Mesh;

③点击 Apply(图 12-11)。

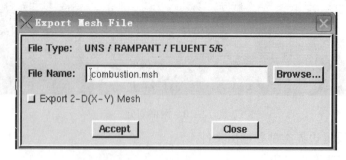

图 12-11 文件输出

2. 利用 FLENT-2d 求解器进行模拟计算

【第 1 步】 启动 FLENT-2d 求解器,读入网格文件。

①启动 FLUENT-2d 求解器;

② 读入网格文件 combustion. msh；

③ 检查网格；

④ 网格信息(图 12-12)；

Grid Size				
Level	Cells	Faces	Nodes	Partitions
0	8106	16542	8437	1

图 12-12　网格数据信息

⑤ 网格长度单位设置(图 12-13)；

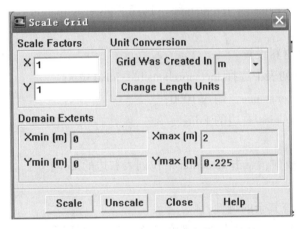

图 12-13　网格长度单位设置

⑥ 显示网格(图 12-14)。

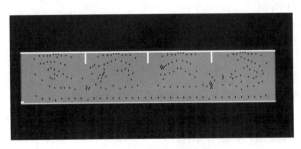

图 12-14　网格显示

【第 2 步】　设置求解模型

(1) 设置求解器

① 在 Solver 项选择 Segregated；

② 在 Formulation 项选择 Implicit；

③ 在 Space 项选择 Axisymmeric；

④ 在 Time 项选择 Steady；

⑤ 点击 OK。

(2) 选用 k-ε 湍流模型

① 在 Model 项选择 k-epsilon；

② 点击 OK。

（3）激活能量方程

① 选择 Energy Equation；

② 点击 OK。

（4）启动化学组分传输和反应

① 在 Model 先选择 Species Transport；

② 在 Reaction 下选择 Volumetric；

③ 在 Options 下选择 Diffusion Energy Source；

④ 在 Mixture Material 下拉列表中选择 methane-air；

⑤ 在 Turbulence-Chemistry Interaction 下选择 Eddy-Dissipation；

⑥ 点击 OK。

【第 3 步】 流体材料设置

① 在 Denity 下拉列表中选择 incomprehensible-ideal-gas；

② 在 Cp 项选择 Constance，输入 1000；

③ 点击 Mixture Species 右边的 Edit；

④ 点击 Cancel；

⑤ 在 Material 面板中，点击 Reaction 下拉列表右边的 Edit；

⑥ 点击 OK；

⑦ 使用滚动条检查其余的物性；

⑧ 点击 Chang/Create，接受材料物性的设置并关闭对话框。

【第 4 步】 设置边界条件

（1）打开边界条件面板

（2）设定空气进口 inlet-air 的边界条件

① 在 Zone 项选择 inlet-air；

② 确定在 Type 项为 velocity-inlet；

③ 在 Velocity Magnitude 项输入空气入口速度 0.5；

④ 在 Turbulence Specification Method 项选 Intensity and Hydraulic Diameter；

⑤ 在 Turbulence Intensity 项输入 10；

⑥ 在 Hydraulic Diameter 项输入燃烧筒直径 0.45；

⑦ Species Mass Fractions 项均为常数，且在 O_2 项输入 0.22；

⑧ 点击 OK。

（3）设定燃料进口边界条件

① 在 Zone 项选择 inlet_fuel；

② 确定 Type 项为 velocity-inlet，点击 Set，打开燃料速度入口边界设置对话框；

③ 设置后点击 OK。

（4）设定压力出口边界条件

① 在 Zone 项选择 outlet；

② 确定 Type 项为 pressure-outlet 点击 set，打开压力出流白边界设置对话框；

③ 进行设置，点击 OK。

（5）设定燃烧筒外壁的边界条件

① 在 Zone 项选择 wall；

② 点击 set，打开壁面边界条件设置对话框；

③ 在 Thermal 选项卡中的 Thermal Conditions 项选择 Temperature；

④ 在 Temperature 项输入温度 300；

⑤ 保留其他默认设置，点击 OK。

（6）设置燃料进口喷嘴壁面的边界条件

① 在 Zone 项选择 nozzle；

② 点击 set，打开喷嘴壁面边界设置对话框；

③ 在 Thermal 选项卡中 Thermal Conditions 项 选择 Heat Flux；

④ 在 Heat Flux 项保留默认的零值；

⑤ 保留其他默认设置，点击 OK。

【第 5 步】 初始化流场并求解

（1）设置求解控制参数

① 打开求解控制参数设置对话框，在 Under-Relaxation Factors 项，设置每个组分的松弛因子为 0.8；

② 保留其他默认设置，点击 OK。

（2）流场初始化

① 在 Compute From 下拉列表中选择 all-zones；

② 设置 CH_4 为 0.2；

③ 调整温度初始值到 2000；

④ 点击 Init。

（3）在计算期间打开残差图形监视器

① 打开残差监视器设置对话框在 Options 下，选择 Print 和 Plot；

② 调整 energy 残差收敛标准为 1×10^{-5}；

③ 保留其他默认设置，点击 OK。

（4）保存 case 文件

打开文件保存对话框，键入文件名 combustion1，点击 OK。

（5）进行 1000 步迭代计算

打开迭代计算对话框，填入 1000（图 12-15）。

（6）保存 case 和 data 文件

Case&Data 保存的文件名为 combustion1. cas 和 combustion1. dat。

（7）绘制温度分布云图

① 打开绘制分布云图设置对话框 在 Option 项选择 Filled；

② 在 Contours of 下拉列表中选择 Temperature... 和 Static Temperature；

③ 保留其他默认设置，点击 Display。

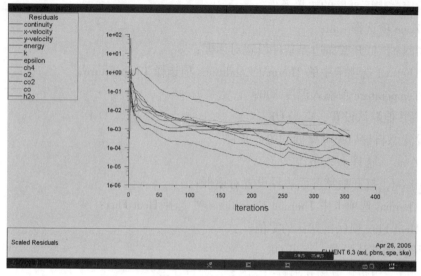

图 12-15　迭代计算

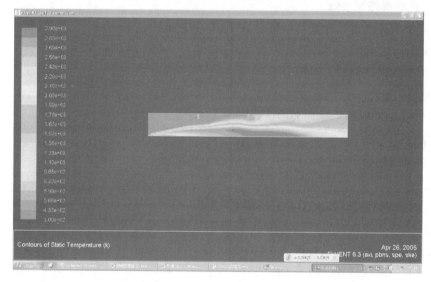

图 12-16　绘制分布云图

第二节　火灾动力学模拟软件 PYROSIM

一、火灾模拟计算软件简介

FDS(Fire Dynamics Simulator)，火灾模拟计算软件，是一种以火灾中流体运动为主要模拟对象的计算流体动力学软件，由美国国家标准技术研究所(NIST)开发。软件具有观察界面友好、可视性强、针对性强等优点，并且可以得到物理量比较详细的时间分布及空间分布，能精细模拟火灾现象，同时对计算机的计算能力和运算时间均可根据所研究对象的实际需求调节。随着高速、大容量计算机的发展，FDS 也得到了更广泛的应用，常用该软件对火灾进行研究，模拟再现火灾过程。

FDS 重要作用为：FDS 以火灾中流体运动为主要模拟对象，重点计算火灾中烟气开放和热传递过程。FDS 旨在解决消防工程中的实际问题，也可为火灾科学的理论研究作指导。进行 FDS 模拟是为了得到一系列有关烟雾、温度、毒气等相关参数，再对实际工程进行设计，以保证一旦火灾发生，其烟雾保持在一定的高度之上，毒气的浓度在一定的范围内，从而不会威胁到疏散人员的安全。

二、PYROSIM 软件概述

PYROSIM 是美国国家标准技术研究所在 FDS 基础上发展而来的，是 FDS 进行前处理和后处理的图形用户界面，可以进行三维图形化前处理，编辑效果可视。PYROSIM 可视化的建模界面融合了 FDS 语言中的所有功能，用户从网格划分开始到输出设置都可以通过弹出窗口进行设置，随时可以修改建模中发现的问题，从而提高了建模的速度。与 FDS 命令相比，PYROSIM 构建场景更直观简便，模块的辅助创建可直接调用 FDS 计算核心，实现 SMOKE VIEW 并输出数据。PYROSIM 软件是美国 RJA 公司开发的 FDS 建模工具，建筑工程师和消防工程师对它广泛使用，用来建模；PYROSIM 被用来建立消防模拟，并对火灾中烟气的运动、温度和毒气浓度进行准确预测分析，该软件可以建立模型，导入 FDS 软件。PYROSIM 不仅能够比较方便进行建模计算，可以快捷进行模型预览，还可以自动编写 FDS 输入文件。

PYROSIM 为建立火灾模型提供了四个编辑器：3D 模式、2D 模式、导航模式和记录模式。这些都可以显示您现在的模型。当添加了、移除了、或在一个模式中选择了一个物体，其他的模式也同时反映出这些变化。下面简要介绍这几种模式。

导航视图：在这个视图下列出了模型中许多重要的记录。它可以使您将您的模型中几何体组成一个组，例如组成房间或者沙发（图 12-17）。在这个模式下，定位和修改档案比较快捷。

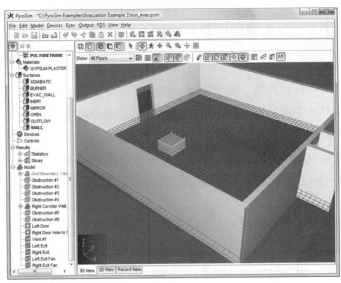

图 12-17　软件主界面

3D 视图：这个视图中以 3D 形式显示了火灾模型，可以以不同的视角查看模型。也可以控制模型的外观细节，如平滑阴影、纹理和物体轮廓线，还可以改变几何特征。

2D 视图：在这个视图中可以快速画出几何体，例如墙和家具。可以从三个视角查看模型，也可以执行许多有用的几何操作。

档案视图：这个模式给出了为本次模拟产生的 FDS 输入文件的预览，它提供了加入不经过 PYROSIM 处理而直接输入 FDS 的自己的代码的方式。

三、PYROSIM 软件的特点

- 使用地板平面图、直角墙以及其他功能强大的工具进行二维和三维交互式几何编辑；
- 整合执行 FDS 与 Smokeview；
- 一次点击就可运行多 CPU 模拟；
- 可导入现有的 FDS4 和 FDS5 模型；
- 可把 FDS4 格式文件转换为 FDS5 格式文件；
- 可直接导入 AutoCAD 的 DXF 文件或是作为背景图片导入；
- 烟层高度计算；
- 支持 FDS 额外类型；
- 编辑几何使用平面图，倾斜的墙壁，以及其他强大的工具；
- 综合 FDS 和 Smokeview 执行；
- 全面支持 64 位操作系统；
- 运行多 CPU 模拟单一点击；
- 导入现有 FDS4 和 FDS5 模型；
- 转换 FDS4 输入文件 FDS5；
- 导入 AutoCAD 的 DXF 模型直接或作为背景图像。

四、PYROSIM 软件主要模块及其功能

1. 主要模块

模型设置模块——分析网格、几何物体、形状、尺寸、各部分材料、质地等；

表面设置模块——表面特性绝缘、惰性、供排气、加热或冷却炉；

化学反应设置模块——化学组成、燃点、燃烧热值等；

设备设置模块——一些烟气和温度探测，喷淋等方面的设备设置；

运行模拟模块——运行，并输出数据、图表、动画等。

2. 软件功能

可用于模拟建筑火灾、自然通风、机械通风以及污染物扩散；

可用于自然通风和机械通风，可以模拟区域的风速、风向、风压等气体参数；

可用于火灾模拟，可以模拟烟气的速度分布、烟气层高度、烟气浓度分布以及区域的温度场、污染物浓度场等火灾发生时的重要参数；

可用于城市规划中的污染物扩散模拟，模拟区域污染物浓度以及风速等气体参数。

五、PYROSIM 软件操作及应用实例

1. 确定基本操作步骤

① 启动 PYROSIM（并打开 Example Guide，Chapter1）；

② 建立网格；

③ 定义粒子；

④ 建立面；

⑤ 定义边界条件；

⑥ 定义切面；

⑦ 设定模拟参数；

⑧ 运行 FDS；

⑨ 检查结果。

2. PYROSIM 使用实例

本实例计算酒精炉燃烧，在 PYROSIM 中，模拟燃烧主要有两种方式：①采用热释放率（Heat Release Ratio，HRR）模拟燃烧过程；②求解详细化学反应动力学。本例采用热释放率来近似描述燃烧过程。

（1）采用 SI 单位制

启动 PYROSIM 后，选取菜单【View】>【Units】>【SI】采用国际单位制。如图 12-18 所示。

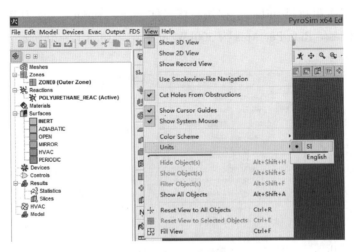

图 12-18　选择单位

（2）创建计算域

选择菜单【Model】>【Meshes】打开 Edit Meshes 对话框。如图 12-19 所示。

点击图中的 New 按钮，采用默认的计算域名称新建计算域。设置计算域大小为 $X[-1, 1]$，$Y[-1, 1]$，$Z[0, 3]$，设置 X 方向网格数 15，Y 方向网格数 15，Z 方向网格数为 24。

（3）编辑表面

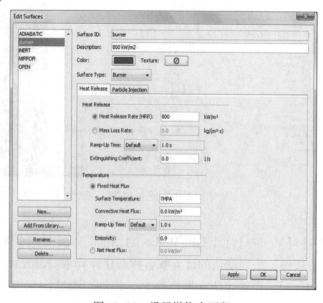

图 12-19　创建计算域

　　这里定义一个燃烧表面。PYROSIM 与一般的 CFD 软件不同，它的边界定义中，物理条件定义与几何定义是分离的。这里先定义物理条件：

点击菜单【Model】>【Edit Surfaces…】打开 Edit Surfaces 对话框；

点击【New…】按钮新建 surface。采用默认名称，设置 Surface type 为 Burner；

设置 Heat Release Rate Per Area 为 500kW/m²，结果如图 12-20 所示。

（4）设置位置

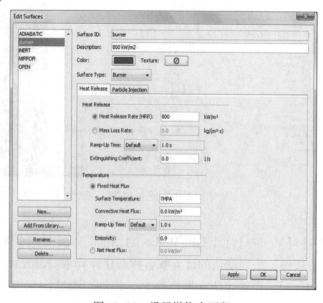

图 12-20　设置燃烧表面积

选择菜单【Model】>【new Vent…】打开 Vent Properties 对话框。注意 Surface 选择上一步创建的 surface01；切换至 Geometry 标签页，设置 vent 的几何位置，如图 12-21 所示。

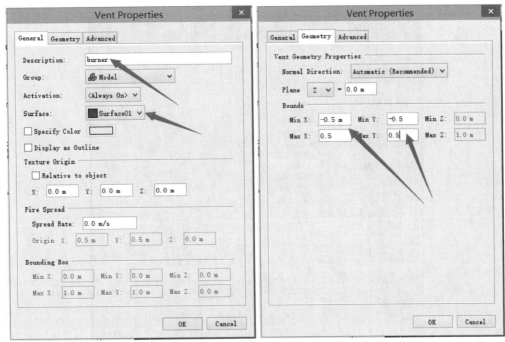

图 12-21　设置 vent 的几何位置

（5）创建通风口

采用相同的步骤，创建另一个通风口，如图 12-22 所示。

（6）创建热电偶

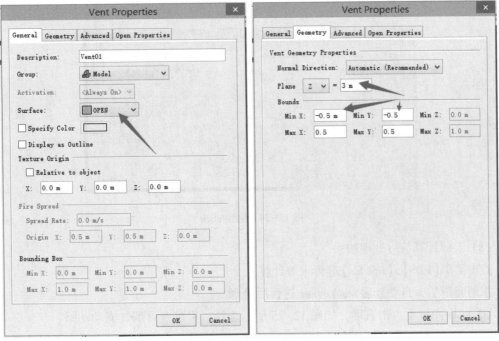

图 12-22　创建通风口

选择菜单【Devices】>【new Thermocouple…】打开 Thermocouple 对话框，设置热电偶的位置，如图 12-23 所示。

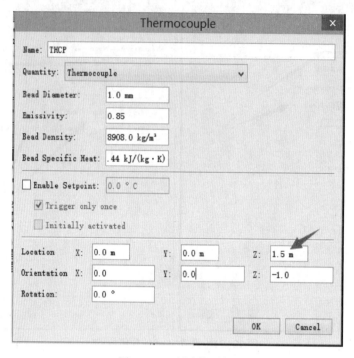

图 12-23　创建热电偶

（7）创建 slice

点击菜单【Output】>【slices】打开编辑框，进行如图 12-24 所示编辑。

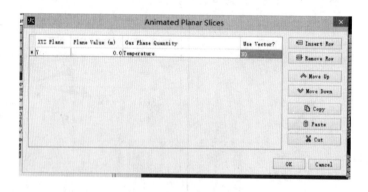

图 12-24　创建 slice

（8）求解计算与后处理结果

点击菜单【FDS】>【run fds】进行求解计算。

求解完毕后，自动开启 smokeview 进行后处理。

在 smokeviwe 上点击右键，如图 12-25 所示选择，可以查看烟气流动动画。

选择 PYROSIM 菜单【FDS】>【Plot Time History result】，在弹出的对话框中可以选择结果

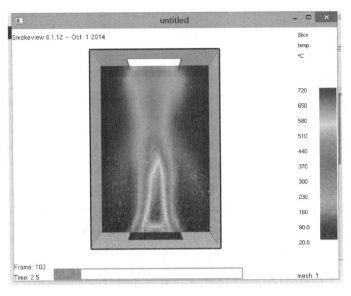

图 12-25　查看烟气流动动画

数据。如图 12-26 所示为选择热电偶数据的计算结果。此图显示了热电偶位置温度随时间变化曲线。

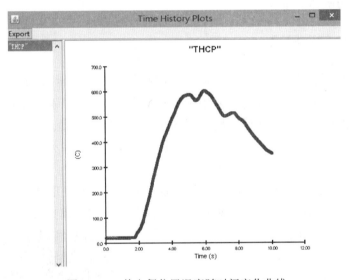

图 12-26　热电偶位置温度随时间变化曲线

第三节　爆炸模拟计算软件 FLACS

一、应用背景

FLACS(Flame Accelaratition Simulatation)是国际先进的气体流体流通与扩散、蒸气爆炸和爆破过程模拟仿真工具。气体泄漏、爆炸、粉尘爆炸的安全评估和定量风险分析正日益受到越来越多的重视，在海洋平台、岸上石油化工厂、煤矿等设施中的爆炸以及在城市、工厂、民房等设施中的有毒/可燃气体泄漏和扩散的安全评估和分析越来越需要更加专业和精确的解决方案。采用传统的事故后果预测方法的用户们已经开始寻求更加精确的爆炸安全咨询方案和后果预测工具。三维仿真模拟软件可根据石化企业的实际情况，在事故发生之前模拟泄漏、火灾和爆炸，从而通过优化安全设计、加强防火防爆系统设置等手段，消除事故隐患。

自20世纪70年代以来，全球的石化行业巨头如英国石油公司、壳牌、道达尔、挪威石油公司等，为了降低海上石油平台爆炸风险，共同出资，研制了一款三维爆炸仿真软件，也就是FLACS的前身。仿真模拟软件可根据石化企业的实际情况，在事故发生之前模拟泄漏、火灾和爆炸情形，从而通过优化安全设计、加强防火防爆系统设置等方式，消除事故隐患。同时，模拟仿真软件还可以在事故发生之后，进行危害评估，通过模拟仿真的手段寻找事故发生的原因，从而得出较为准确的事故调查结论。

在国际上，仿真模拟软件工具主要分为二维和三维。二维模拟软件使用比较简单，模拟速度快。但是可模拟的气体种类较少，因此只能用于简单的几何障碍物环境。对于复杂的几何障碍物环境，模拟的结果就不太精确或者无法模拟，如：无论空间内障碍物密度多高，模拟结果都一样；无法模拟风向和泄漏方向相反的情况；无法模拟没有风的情况。三维模拟软件则可以弥补上述不足。

二、FLACS 软件概述

FLACS 是一个用有限体积法在三维笛卡尔网格下求解可压 N-S 方程的 CFD 软件。FLACS 使用标准的 $k-\varepsilon$ 湍流模型，并采用了一些重要的修正。FLACS 采用一个描述火焰发展的模型实现对燃烧和爆炸的建模，研究局部反应随浓度、温度、压力、湍流等参数的变化。对复杂几何形状的准确描述以及将几何形状和流动、湍流和火焰相结合是建模的关键因素之一，也是 FLACS 的一个重要优势。

采用分布式多孔结构的思想(distributed porosity concept)表现几何形状是 FLACS 相比其他 CFD 工具的重要优势之一。将小于网格尺度的火焰用亚格子模型来表现，这对于研究火焰和小于网格尺寸的物体之间的相互作用是很重要的(图12-27)。

FLACS 程序能够研究复杂结构的通风情况，定义泄漏源的种类，气体泄漏到复杂结构的扩散过程，和点燃这样一个真实云团，在更真实场景下研究爆炸过程。因此，这个特点使得 FLACS 可以研究风向、风速、泄漏尺寸、泄漏方向、点火位置和点火时间等因素对爆炸特性的影响。

使用 FLACS 软件工具可以基于真实、复杂几何场景评估假定释放的可燃气体、粉尘的扩散以及潜在的后续爆炸情况的后果，以便确定作用在研究对

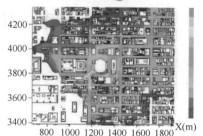

图 12-27　计算效果图

象上的设计爆炸载荷。FLACS 模拟爆炸的结果有助于：

① 基于真实的通风情况和泄漏情况的爆炸后果研究；

② 推断爆炸风险，作为质量可靠性保证；

③ 最优化防爆安全设计；

④ 检验现有的防爆设施等。

三、FLACS 的主要功能

① 通风模拟。

② 定量爆炸风险评估。

③ FLACS-DISPERSION 是 FLACS 模拟器在扩散和通风方面功能的子集，但去掉了爆炸功能。

④ FLACS-FIRE 模块专门用于火灾的模拟，其功能将继续被完善。基于涵盖可燃气体泄漏事件树中更多事故场景的目的，GexCon 开发了专门模拟火灾的模块 FLACS-FIRE 和爆炸事故相比，火灾具有非预混、近乎固定、持续时间长、损失主要由热量造成等特点。

⑤ FLACS-HYDROGEN 在氢扩散和爆炸方面或气体混合中氢占主导的情况与 FLACS 有相同的功能。

⑥ DESC 是基于 FLACS 技术的粉尘爆炸模拟器。

⑦ 爆炸过程仿真：

- 任意起火点位置；

- 定义可燃气团体积；

- 可选择多种碳氢化合物气体(甲烷、乙烷、丙烷、丁烷及其混合物)；

- 可选择不同气体浓度；

- 可定义通风口盖板：质量、开口形式、开启压力；

- 屈服墙仿真：墙体失效模式；

- 模拟喷水系统作用：喷口形状、流速和位置；

- 爆炸点外围冲击波强度的预测；

- 可考虑惰性气体作用：CO_2、N_2以及不同 O_2 浓度。

⑧ 气体扩散仿真：

- 建立气体释放模型；

- 定义气体泄漏源位置、大小和方向；

- 受迫或自然情况下通风状态；

- 气体检测器处气体浓度特征；

- 喷射器启动或气体收集器启动；

- 逼真的场景设计：扩散过程中任意时间和位置起火仿真。

⑨ 气体流通仿真：

- 外部风场建模；

- 受迫或 HVAC 流通模拟；

- 风窗拖拽系数；
- 不同外部风况下气体变化速率；
- 网状物和其他阻碍物的作用；
- 模块中和通过风窗时的流动速率。

四、FLACS 软件应用领域

目前，FLACS 主要应用以下领域：

① 陆上过程工业的优化分类布置、示范当前爆炸安全措施、灾难规划、事故调查等；

② 海洋工程的爆炸设计载荷建立、现有设计的验证、概率评估、管路阻力的计算等；

③ 城市安全方面的楼房/厂房/机场/地铁系统/隧道的爆炸模拟、有害气体泄漏与扩散、评估重大事故的范围及程度、验证当前安全措施、事故调查等。

另外，FLACS 扩散提供建模功能：

- 稳态分析(喷气式飞机)；
- 瞬态分析；
- 多泄漏位置；
- 多个动力源(通风系统和方向风扇)；
- 瞬态和稳态风场；
- 水池蒸发。

FLACS 涉及到爆炸载荷分析的应用案例包括：

- VCE 在海上和陆上对石油和天然气生产平台或设施危害评估；
- 爆炸缓解特性(例如，光栅，面板或开关开启，水喷雾等)；
- 炼油厂和化学加工厂爆炸事故危害管理；
- VCE 附加在化学加工厂房的爆炸载荷；
- 由于含放气机壳的 VCE 内部爆炸载荷加载。

五、FLACS 软件各模块介绍

1. FLACS-EXPLO

FLACS-EXPLO 提供定义充满高性能炸药，并模拟绑定场景下压力波，可用于建筑物如楼顶，机场，地铁系统，隧道的爆炸模拟。

功能包括：

- 手工定义几何或从 CAD 系统进入；
- 不同类型的爆炸；
- 装填位置和重量的定义；
- 高效计算的多块选项；
- 无反射边界条件；
- 大量输出时间李成和二维三维图形等。

2. FLACS-ENERGY

专门用于应对高压设备如变压器和开关相关选项的爆炸评估工具功能包括：

- CAD 几何导入；
- 快速预处理、合理的模拟时间；
- 石油量产生可变的气体量；
- 能够定义输油设备的泄漏；
- 泄漏的可能扩散；
- 扩散点燃或预定义气体云；
- 不同区域和平面压力曲线；
- 不同变量的二维三维场图示；
- 后续处理自动产生；
- 扩散和爆炸的大量验证等。

3. FLACS-DISPERSION

模拟在扩散和通风方面功能的子集，但去掉了爆炸功能，由于能够通过分布多孔概念具体的几何，多用于计算加工区的释放现象。功能包括：

- 从 CAD 导入几何；
- 多种气体的混合；
- 特有情况的风边界条件；
- 高效处理、合理的模拟时间；
- 气体云团的输出以及进行爆炸计算；
- 局部气体浓度和累积云团的估计；
- 二维和三维不同变量图；
- 大量验证。

4. FLACS-FIRE

专门用于火灾的模拟，基于涵盖可能气体泄漏事件中更多事故适量的目的而设计。功能包括：

- 可模拟三维火焰面；
- 闪火；
- 无限制火焰；
- 修改的温度场计算程序；
- 烟灰模型；
- 燃烧模型等。

5. FLACS-GASEX

模拟爆炸功能的子集，通用于海上、路上设备、厂房生产设备、排气系统等。功能包括：

- CAD 几何导入；
- 导入扩散的气体云团；
- 良好验证 CFD 爆炸模拟器；

- 高效率模拟和处理时间；
- 燃烧状态、逻辑配比及参与空气的混合；
- 空气中氧含量增加的影响；
- 保险片、减压面板的失效；
- 不同含量的二维和三维图示等。

6. FLACS-HYDROGEN

在氧扩散和爆炸方程或气体混合中氧占据主导的情况与全 FLACS 与相同的功能。用于氧作为能量气体主体的相关风险评估。功能包括：

- 手动几何定义或从 CAD 导入；
- 高效的处理、合理的模拟时间；
- 氧占主导导致泄漏的混合扩散；
- 不同位置和平面的压力曲线；
- 多种变量的二维和三维场图；
- 自动在后台处理生成图片等。

六、FLACS 的应用案例

1. FLACS 模拟封闭式地面火炬爆炸后果

本案例利用 FLCAS 软件对某石化厂封闭式地面火炬进行三维建模，根据实际情况设定可能的排放气爆炸事故场景，研究不同排放气爆炸对地面火炬和周边环境的影响。

（1）三维建模

通过使用三维激光扫描仪对地面式封闭火炬进行三维扫描，确定了 18 个扫描点进行精确扫描。按照扫描数据对封闭式地面火炬进行三维建模。该封闭式地面火炬建在平坦的地面，排气筒体高度 30m，外围防风墙高 7m，地面火炬内部分布有 44 个燃烧器，分四级进行燃烧。整个封闭地面火炬整体占地约 500m²。三维建模图如图 12-28 所示。

图 12-28　三维建模图示

（2）爆炸场景设置

假设三种场景分别是封闭式地面火炬排放气 H_2 100%、CH_4 100%、C_3H_8 100%，气云充满整个排气筒空间，点火点位置位于排气筒中心燃烧器的上部。

（3）FLACS 模拟结果

FLACS 模拟结果见表 12-4。当排放气为 CH_4 和 C_3H_8 发生爆炸时，分别在点火后 0.588s 时和 0.440s 时，在高于地面 2.3m 处爆炸超压值大于 5kPa 的区域最大，该区域都在排气筒内，如图 12-29 和图 12-30 所示。

表 12-4　FLACS 计算结果

气　体	爆炸超压值大于 5kPa 区域的半径/m	到达最大区域所需时间/s	最大爆炸超压值/kPa
CH_4	7	0.588	10
C_3H_8	7	0.44	19
H_2	15	0.154	191

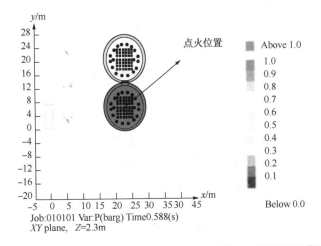

图 12-29　点火后 0.588s，2.3m 高处 CH_4 爆炸超压范围

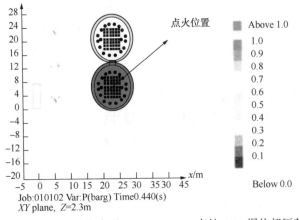

图 12-30　点火后 0.440s，2.3m 高处 C_3H_8 爆炸超压范围

（4）爆炸超压范围

当排放气为H_2发生爆炸时，在0.154s时爆炸超压值大于5kPa的区域最大；最大区域平面位于高于地面11.3m处，如图12-31所示。

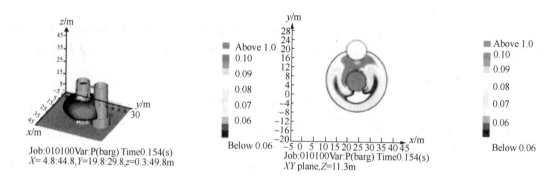

图12-31　点火后0.154s，H_2爆炸超压范围

根据蒸气云爆炸对建筑物的破坏原则（表12-5），当CH_4和C_3H_8发生爆炸，爆炸超压值都在D范围内，对周边环境和建筑物影响较小；当H_2发生爆炸，爆炸超压值最大值达到A，对周围建筑物破坏较大。图12-32为在地面火炬内部及周边区域，H_2发生爆炸后超压波随时间的变化过程。其大致可以分为以下四个阶段：①超压波产生阶段。点火后H_2燃烧速度较慢，经历一段时间的火焰加速后，产生爆炸冲击波（0～0.106s）。②超压波增强扩展阶段。这一阶段H_2燃烧速度加快，爆炸冲击波在排气筒内迅速地向上部和底部扩展。当超压波在底部扩展时，由于遇到防风墙阻挡，在防风墙边缘处强度最大，最大值为191kPa（0.106～0.142s），如图12-32（c）所示。③超压波扩展阶段，随着时间推移，超压波会逐渐通过防风墙向外围扩展，随后影响到周边装置区域，同时超压波在排气筒内向上扩展（0.142～0.168s）。④超压波扩展衰减阶段，随着时间推移，超压波强度开始减弱，并通过排气筒上端扩展到外围，并最终消失（0.168～0.204s）。结果表明H_2爆炸冲击波影响范围较大，且在局部区域爆炸超压值较高，需要考虑安全距离。

表12-5　蒸气云爆炸破坏准则

破坏等级	描　　述	爆炸超压值/kPa	破坏等级	描　　述	爆炸超压值/kPa
A	完全破坏	>83	C	中等破坏	>17
B	严重破坏	>35	D	轻微破坏	>3.5

2. 模拟结论

通过FLACS软件研究封闭式地面火炬排放气爆炸对周边环境的作用过程，结果表明：

①当封闭式地面火炬排放气为烃类气体时发生爆炸，最大爆炸超压值较小，对周边环境和建筑物破坏轻微，如果排气筒的强度设计满足要求，其爆炸冲击波范围只在排气筒内部。

②当封闭式地面火炬排放气为H_2时发生爆炸，其爆炸冲击波影响范围较大，爆炸超压造成破坏的半径约为15m；在防风墙内侧处爆炸超压值最大，其最大值为191kPa，需要在防风墙上设计有效的泄压装置。

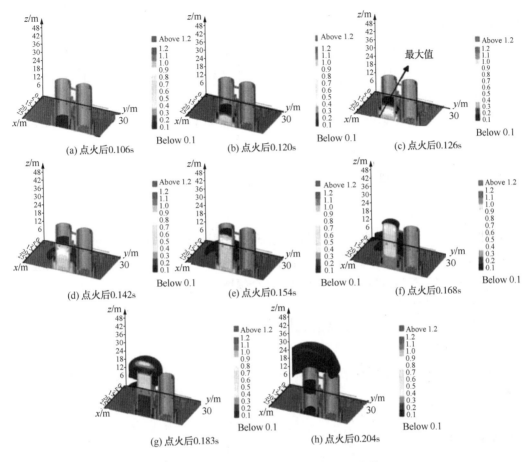

图 12-32 H$_2$爆炸后超压波随时间的变化

③ 基于 FLACS 的模拟计算方法能预测封闭式地面火炬爆炸后空间各个部位超压的变化规律,能够实时的对爆炸冲击波的进行三维展示,为优化封闭式地面火炬安全设计、确定封闭式地面火炬安全距离提供技术支撑。

第四节 定量风险评估软件 SAFETI

定量风险评估(Quantitative Risk Assessment,简称 QRA),又称为定量安全评价。通过对系统或设备的失效概率和失效后果的严重程度进行量化分析,进而精确描述系统的风险。按照给出的定量结果的类别不同,定量安全评价还可分为概率风险评价(事故概率分析)、伤害(或破坏)范围评价和危险指数评价。

挪威船级社(DET NORSKE VERITAS,DNV),在多年积累的安全管理与技术评价领域工程经验的基础上,开发了应用于化工行业定量风险分析的 SAFETITM 系列软件,至今已经拥有超过 20 年的历史。DNV 在全球同类软件中具有领先地位,尤其是 SAFETI 定量风险评估软件,是目前全球同类软件中最全面,应用最广泛的软件之一。国内目前很少开展定量风险分析,主要是缺乏相应的风险值标准及计算手段,而 SAFETI 软件可帮助我们进行定量风险计算的模拟预测。该软件被中国国家安全生产监督管理总局所认可，并且被写进了《安全预评价导则》作为推荐的评价方法。

SAFETI 软件主要有事故后果定量计算模块和风险计算模块组成，其中事故后果计算子模块名称为 PHAST，用户可以单独购买此模块用于计算化学物质泄漏后产生的事故后果。而另外一款名为 LEAK 的软件，是用来计算工艺厂区和装置泄漏频率的专业软件。通过 LEAK 软件计算得到的泄漏频率可以输入到量化风险评价软件(SAFETI)中用于进行量化风险评价。

一、SAFETI 软件概述

1. 应用领域

SAFETI 软件是对岸上石油化工工艺装置实施量化风险评价(QRA)的专业软件。该软件可以通过计算得到各类型风险的排序，从而把有限的物力人力集中投入到降低高风险的活动中。目前 SAFETI 软件已经广泛应用于以下几个领域：

- 模拟计算事故后果；
- 厂区选址、厂区设计和平面布置；
- 制定应急救援计划；
- 保证与法律法规的相符性；
- 提高安全意识；
- 进行量化风险评价(QRA)。

2. 应用模块介绍

（1）泄漏模块

泄漏模块是用来计算物料泄漏到大气环境中的流速和状态。PHAST 的泄漏计算考虑了多种可能的情况，包括有液相、气相或者气液两相泄漏；纯物质或者混合物的泄漏；稳定的泄漏或随时间变化的泄漏；室内泄漏；长输管道泄漏等。

（2）扩散模块

通过对泄漏模块得到的结果以及天气情况进行计算得到云团的传播扩散情况。在扩散模块中，PHAST 也考虑了多种可能的情况，包括：云团中液滴的形成；云团中的液滴下落到(地)表面；下落后在表面形成液池；液池形成后可能会再次蒸发；与空气的混合、气团的传播；云团的降落；云团的抬升；密云的扩散模型；浮云的扩散模型；被动(高斯)扩散模型。

（3）后果影响模块

① 燃烧性模块

在 PHAST 中可以计算得到可燃性后果，包括沸腾液体扩展蒸气云爆炸(BLEVE)、火球、喷射火、池火、闪火、蒸气云爆炸。

燃烧性模块计算得到的结果有以下几种表征形式：辐射水平、闪火区域、超压水平。

另外，当计算晚期爆炸(云团扩散一段距离后发生的爆炸)产生的影响时，可燃物的质量是通过云团扩散模块提供的数据进行计算的。

② 毒性模块

通过毒性模块计算可以得出浓度随下风向距离变化的曲线；某个位置浓度随时间的变化曲线；室内浓度的变化；毒性概率值或者云团中毒性载荷值；毒性致死率。

(4) 风险模块

通过分析上述计算得到的燃烧性和毒性结果，以及事件频率来计算风险值，有以下几种形式的风险结果：

- 个人风险等高线；
- 个人风险排序报告；
- 社会风险 $F-N$ 曲线；
- 社会风险排序报告。

二、PHAST 软件概述

1. 应用领域

PHAST 是对实施事故后果计算的专业软件，可以通过计算得到各种可能的燃烧性、爆炸性和毒性的后果。目前，PHAST 已经广泛应用于以下几个领域：

- 厂区选址、厂区设计和平面布置；
- 模拟计算事故后果的严重程度；
- 为有针对性地采取相应的安全措施提供参考；
- 制定应急救援计划；
- 提高安全意识；
- 进行定量风险分析。

2. 应用模块介绍

PHAST 的计算包括泄漏模块、扩散模块和后果影响模块(包括燃烧性和毒性)，与 PHAST 所含模块相同，在此不再赘述。

三、LEAK 软件概述

LEAK 软件采用了碳氢化合物泄漏的历史失效数据库(HCRD)，这个数据库包括了可用于进行定量风险评价和可靠性分析的通用风险和可靠性数据。

用户可以在 LEAK 软件中将整个装置划分为不同的区域，在每个区域下还可以划分不同的工艺段，而每个工艺段中则包括不同的设备。LEAK 软件可以计算出总体的泄漏频率，也可以计算出各个区域、工艺段和设备对风险的贡献。

LEAK 软件可以计算出指定泄漏孔径范围或泄漏速率范围的泄漏频率。用户可以指定多个泄漏孔径范围，如 0~10mm，10~100mm 等，软件会依次给出各个孔径范围的泄漏频率值；另外，用户也可以指定多个泄漏速率的范围，如 0~5kg/s，5~10kg/s 等，软件会依次给出各个泄漏速率范围的泄漏频率值。

LEAK 软件的计算包括以下几个步骤：收集数据；创建一个新的 LEAK 项目分析；设置这个分析的属性；将装置下划分区域、工艺段、设备；输入各个设备的压力；输入各基本设备：储罐、管道等；定义输出的结果形式：泄漏孔径/泄漏速率；计算泄漏频率；增加其他设备。

四、SAFETI定量风险分析软件在石油天然气开发风险评估中的应用

1. 基本流程

运用DNV公司SAFETI软件进行定量风险计算，要求在充分熟悉装置情况和周围环境情况的条件下，输入相关的工艺设备参数、气象参数、平面布置、点火源位置及人口分布等，分析可能发生的事故；根据评价人员对事故状态的分析，选用不同的模型进行计算，以数字或图表的形式，计算出某事故的风险结果，然后将该结果与相应的风险标准进行比较，若得到的风险结果是可以接受的，则评价工作完成；若风险结果不能接受，则应考虑相应的安全措施，并进行重复计算，直到降低风险至可以接受程度，完成最终评价。其模拟流程示意框图如图12-33所示。

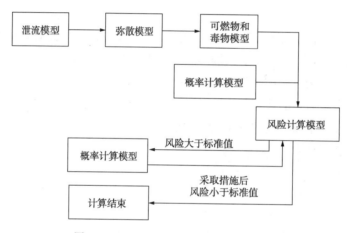

图12-33　SAFETI软件模拟流程示意图

（1）确定事故类型

通过各评价单元危险有害因素分析，找出可能引起较严重后果的事故类型，建立相应的事故模型。

（2）泄流模型

通过输入物料数据（种类、物料量）、设备运行工况参数（温度、压力）、管道粗糙度、各种阀门及弯头的数量以及事故类型，选择模型计算方法（平均速率或最大初始速率）以及有毒物影响的平均时间，设定泄漏点位置与高度等，软件将模拟计算出物料靠自身动能释放到大气环境中的各项指标，如释放速率、释放持续时间等。

（3）弥散模型

当容器内的物料释放到大气环境中且自身动能已基本消耗完后，其扩散主要受气象条件、地形等因素的影响，包括风向、风速、大气稳定度、气温、气压、相对湿度、地面粗糙度等。

（4）火灾爆炸模型

当易燃易爆物质扩散到大气环境中，若遇火源，可能产生闪火、喷射火、火球及爆炸

等事故后果，对人及环境产生的危害主要是燃烧热辐射和爆炸冲击波。燃烧热辐射的计算模型有 API 和 Shell 模型，爆炸冲击波的计算模型有 TNT、Multi-Energy 及 Baker-Stewhlow，可根据工程项目的特征及资料情况选择不同的火灾爆炸模型。

（5）风险计算

建立了事故模型后，输入项目所在地的大气稳定度、风向及风速联合频率，然后输入人口分布、点火源分布及关心点的地理坐标，导入项目平面布置图，可计算出关心点的风险值、个人风险等值线以及表示社会风险水平的 F-N 曲线。

2. 应用实例

（1）事故描述

该工程天然气增压站规模为 $100 \times 10^4 \text{m}^3/\text{d}$，场界内主要的设备包括 3 台分体式压缩机，3 台卧式气液分离器和 2 台卧式过滤分离器，若高压设备或连接管道由于高压、腐蚀等因素导致连接管线破裂，将可能导致大量天然气泄漏并引起火灾爆炸事故。该增压工程设置紧急停车系统（ESD），当出现天然气泄漏或火灾时，关闭进出站切断阀，同时对压缩机进行紧急停车，保障人身安全及站内设备的安全运行。

（2）模拟条件

① 事故后果计算参数。事故后果模拟中主要考虑天然气泄漏引起的火灾爆炸事故。气象条件为：风速 1.5m/s，大气稳定度 F。另外，假定从泄漏事故发生到 ESD 启动时间为 2min，其他软件模拟所用的基本参数见表 12-6。

表 12-6　事故后果计算采用的基本参数

事故单元	危险物质	物质量/kg	系统温度/℃	系统压力/MPa	泄漏孔径/mm
增压站	CH_4	985	25	6.9	100

② 风险计算参数

由于高压、材质、焊缝、腐蚀等因素造成高压设备及连接管线出现大孔泄漏或破裂，并引发火灾、爆炸事故的概率取 8.4×10^{-4}；天然气泄漏后出现不同事故后果的概率采用 SAFETI 软件中默认值。增压站场界内外的人口分布情况见表 12-7。

表 12-7　增压站场界内外的人口分布情况

区　域	位　　置	人口数
厂界内	值班室	6
	值班宿舍	6
厂界外	增压站北侧 170m	4
	增压站东北侧 112m	10
	增压站东南侧 60m	12
	增压站东南侧 100m	15
	增压站西南侧 173m	3

如果高压设备发生天然气泄漏，产生立即点燃的原因主要来自外力撞击。在 SAFETI 模式中，立即点燃由事件树点燃概率处理。如果不发生立即点燃，则产生天然气可爆云团，

延迟点燃火源则分为点源(如火炬和燃烧炉等)、线源(如道路)和面源(如住宅区)三种。该增压站点火源分布情况见表 12-8。

表 12-8　增压站点火源分布情况

点火源	类型	点火概率	点火时间/s	出现概率
火炬	点源	0.9	60	0.005
值班室	面源	0.01	60	1
值班宿舍	面源	0.01	60	1
发电房	点源	0.1	600	0.01
压缩机	点源	0.05	60	1

(3) 风险评价标准

一般量化风险计算结果可以用两种风险度量,分别为个人风险及社会(群体)风险。特定场所个人风险是表示界区外某一个体持续出现在某一特定场所内所遭遇的某种危险发生的频率,通常以每年个人死亡率来表示;社会(群体)风险常用单位时间(每年)的死亡人数概率来表示,即用 $F-N$ 曲线表示累积频率(F)和死亡人数(N)之间关系。世界上一些政府和单位所采用的界区外个人风险标准详见表 12-9;表 12-10 为世界上几个现有官方持用的社会风险标准。由于目前国内还没有个人风险标准,也没有社会风险标准,根据世界各国采用的不同标准值,结合国内的实际情况,本次风险评价采用的界区外个人风险标准为 1×10^{-6}/年(相当于乘飞机带来的风险),它表示对位于该风险等值线内的居民来说,该项目带来的风险是不可接受的;而表示社会风险标准的 $F-N$ 曲线则采用表 12-11 中所示标准值。

表 12-9　世界上采用的界区外个人风险标准

机构及应用	最大容许风险(每年)	可忽视风险(每年)
荷兰(新建设施)	1×10^{-6}	1×10^{-8}
荷兰(已建设或结合新建设施)	1×10^{-5}	1×10^{-8}
英国(已建危险工业)	1×10^{-4}	1×10^{-6}
英国(新建核能发电厂)	1×10^{-5}	1×10^{-6}
英国(新建危险性物品运输)	1×10^{-4}	1×10^{-6}
英国(靠近已建设施的新民宅)	3×10^{-6}	3×10^{-7}
中国香港(新建和已建设施)	1×10^{-5}	—
新加坡(新建和已建设施)	5×10^{-5}	1×10^{-6}
马来西亚(新建和已建设施)	1×10^{-5}	1×10^{-6}
澳大利亚西部(新建设施)	1×10^{-6}	
美国加利福尼亚(新建设施)	1×10^{-5}	1×10^{-7}

表 12-10　世界上现有官方持用的社会风险标准

机　构	F-N 曲线斜距	最大容许斜距 $N=1$	可忽视斜距 $N=1$	界限点 N
VROM，荷兰(新工厂)	-2	10^{-3}	10^{-5}	
中国香港(新和现有工厂)	-1	10^{-3}	10^{-5}	1000
卫生安全部，英国(现有工厂)	-1	10^{-1}	10^{-4}	

表 12-11　社会风险标准的 F-N 曲线标准值

F-N 曲线斜距	最大容许风险斜距($N=1$)	可忽视风险斜距($N=1$)	界限点(N)
-1	10^{-3}	10^{-5}	10000

（4）风险评价结果

通过建立以上事故模型，并导入该增压站平面布置图，得到风险值计算结果。由天然气泄漏造成的社会风险 F-N 曲线，如图 12-34 所示。

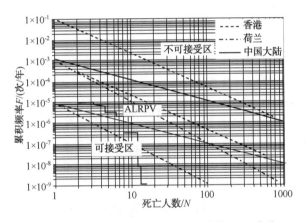

图 12-34　天然气泄漏造成社会风险的 F-N 曲线

（5）小结

对于该增压站，由于附近居民点分布较远，厂界外所有的居民均处于 1×10^{-6}/(每年)风险等值线以外，而且表明社会风险的 F-N 曲线全处于风险可接受区域。这说明该增压站的天然气泄漏火灾爆炸风险水平是完全可以接受的。

由此可见，通过应用 SAFETI 软件进行事故模拟，并将模拟结果以图表形式表达出来，可以直观地看出事故的影响范围。为保证正确使用该软件，需结合工程实际，积累实际工程事故经验，并对模拟过程中每一参数都要加以深入了解，确保每一输入项的合理性，使模型能够准确地模拟工程事故实际。

参 考 文 献

[1] 田文德，张军. 化工安全分析中的过程故障诊断[M]. 北京：冶金工业出版社，2008.

[2] 程春生，魏振云，秦福涛. 化工风险控制与安全生产[M]. 北京：化学工业出版社，2014.

[3] 粟镇宇. 工艺安全管理与事故预防[M]. 北京：中国石化出版社，2007.

[4] 徐志胜，姜学鹏. 安全系统工程[M]. 北京：机械工业出版社，2017.

[5] 蒋军成. 化工安全[M]. 北京：中国劳动社会保障出版社，2008.

[6] 林柏泉. 安全学原理[M]. 北京：煤炭工业出版社，2008.

[7] 崔克清. 化工过程安全工程[M]. 北京：化学工业出版社，2002.

[8] 王凯全. 石油化工安全概论[M]. 北京：中国石化出版社，2011

[9] 汪元辉. 安全系统工程[M]. 天津：天津大学出版社，1999.

[10] 张景林，崔国璋. 安全系统工程[M]. 北京：煤炭工业出版社，2002.

[11] 吴穹，许开立. 安全管理学[M]. 北京：煤炭工业出版社，2002.

[12] 王芳，姚飞，魏颖昊. 我国电子政务安全管理评价体系研究[J]. 北京理工大学学报(社会科学版)，
2009，11(3)：79-83.

[13] 林卫. 管理疏忽和风险树分析方法在供电企业安全管理中应用的探讨[J]. 广东电力，2006，19(7)：
14-16.

[14] 杨立中. 工业热安全工程[M]. 合肥：中国科学技术大学出版社，2001.

[15] 匡永泰，高维民. 石油化工安全评价技术[M]. 北京：中国石化出版社，2005.

[16] 谢兴华. 燃烧理论[M]. 徐州：中国矿业大学出版社，2002.

[17] Daniel ACrowl. Understanding Explosions[M]. New York：American Institute of Chemical Enginers，2003.

[18] 宇德明. 易燃、易爆、有毒危险品储运过程定量风险评价[M]. 北京：中国铁道出版社，2000.

[19] 刘诗飞，詹予忠. 重大危险源辨识及危害后果分析[M]. 北京：化学工业出版社，2004.

[20] 顾祥柏. 石油化工安全分析方法及应用[M]. 北京：化学工业出版社，2001.

[21] 廖学品. 化工过程危险性分析[M]. 北京：化学工业出版社，2000.

[22] [英]丹尼尔 A. 劳克尔，约瑟夫 F. 卢瓦尔. 化工过程安全理论及应用[M]. 蒋军成，潘旭海，译.
北京：化学工业出版社，2006.

[23] 杨泗霖. 防火与防爆[M]. 北京：首都经济贸易大学出版社，2000.

[24] 蔡凤英，谈宗山，孟赫，等. 化工安全工程[M]. 北京：科学出版社，2009.

[25] [瑞士]施特塞尔. 化工工艺的热安全：风险评估与工艺设计[M]. 陈网桦，彭金华，陈利平，译. 北
京：科学出版社，2009.

[26] 陈利平. 甲苯硝化反应热危险性的实验与理论研究[D]. 南京理工大学，2009.

[27] 陈网桦，陈利平，李春光，等. 苯和甲苯硝化及磺化反应热危险性分级研究[J]. 中国安全科学学报，
2010，20(5)：67-74.

[28] 戴耀. RC1e全自动反应量热仪硬件组成及运行操作注意事项[J]. 化工管理，2017，(9)：170-170.

[29] 罗云. 中国氯碱工业格局演变及展望[J]. 中国氯碱，2017，(1)：1-3.

[30] 幺恩琳，翟良云，胡永强，等. 中国氯碱行业安全现状分析[J]. 中国氯碱，2015，(12)：37-41.

[31] 高荣. 氯碱厂电解装置废气处理的工艺技术改造研究[D]. 北京化工大学，2015.

[32] 杨波，何勇. 离子膜烧碱工艺中的职业病危害因素及对策措施[J]. 广东化工，2014，41，(12)：
127-128.

[33] 吴广军. 盐水澄清桶返浑原因分析及防范措施[J]. 齐鲁石油化工，2010，38(3)：201-204.

［34］戴荣辉．凯膜和陶瓷膜盐水过滤技术应用比较［J］．氯碱工业，2015，51（7）：3-6.

［35］张兰贵．一次盐水精制技术发展现状［J］．化工管理，2014，（5）：127.

［36］单明月．离子膜烧碱项目工艺研究［D］．北京化工大学，2014.

［37］王盼盼，李全良，王筠．年产10万吨烧碱车间化盐工段模拟工艺设计［J］江西化工，2014，（1）：104-107.

［38］高锁成．盐水二次精制工艺控制［J］．中国氯碱．2008，（1）：20-22.

［39］张国锋，肖娜．二次盐水制工艺的研究［J］．山东化工，2013，42（3）：46-48.

［40］刘刚．电解槽加酸过量事故分析［J］．氯碱工业，2015，（8）：15-16.

［41］梁威赵．盐水二次精制及淡盐水回收工艺［J］．中国氯碱，2017，（6）：3-6.

［42］于凤刚，魏占鸿，马旻锐，等．淡盐水脱氯及氯酸盐分解工艺改进［J］．中国氯碱，2016，（6）：9-11.

［43］刘红星，魏成江，王军营，等．离子膜电解装置氯气泄漏微正压操作处置总结［J］．氯碱工业，2014，50（12）：35-37.

［43］鄢明甫．氢气处理工艺流程及氢压机在线切换控制要点［J］．氯碱工业，2012，48（8）：18-19.

［45］翟亚辉．浅析二合一石墨合成炉法生产高纯盐酸工艺危险性及安全设施设计［J］．广东化工，2013，40（18）：115-116

［46］刘太令．液氯包装系统安全生产管理的措施［J］．中国氯碱，2005，（12）：29-31.

［47］许红霞，张金，梁红娥．液氯包装区事故预防措施的工艺改进［J］．工业安全与环保，2012，38（7）：25-27.

［48］杨国稳．三效逆流降膜蒸发在离子膜烧碱中的应用［J］．中国氯碱，2016，（7）：9-12.

［49］刘冬华，景国勋．氯碱生产中氢气火灾爆炸事故树分析［J］．工业安全与环保，2006，32（5）：52-53.

［50］苏操文．化工企业最不利点氯气泄漏的事故树分析［J］．现代工业经济和信息化，2013，（10）：64-67.

［51］颜才南，胡志宏，曾建华．聚氯乙烯生产与操作［M］．第二版．北京：化学工业出版社，2014.

［52］［美］Charles E Wildes，James W Summers，Charles A Daniels．聚氯乙烯手册［M］．乔辉，丁筠，盛平厚，等，译．北京：化学工业出版社，2008.

［53］崔克清，陶刚．化工工艺及安全［M］．北京：化学工业出版社，2004.

［54］王静，胡久平．烧碱与聚氯乙烯生产技术［M］．北京：中国石化出版社，2012.

［55］王德堂，周福富．化工安全设计概论［M.北京：化学工业出版社，2008.

［56］张涵，基于模糊综合评判的聚氯乙烯生产安全评价研究［D］．西安科技大学，2007.

［57］何照龙，俞文光，范争争，等．HAZOP在氯化聚氯乙烯装置安全分析中的应用［J］．化工生产与技术，2015，22（2）：34-38.

［58］孙渊．从一起重大爆炸事故灾害成因分析谈聚氯乙烯工业生产的火灾预防［C］．中国消防协会科学技术年会论文，2012.

［59］于铁，时晓云，陈全．道化学火灾爆炸指数评价法在氯乙烯储罐区安全评价中的应用［J］．天津理工大学学报，2008，24（4）：62-66.

［60］袁健才．关于氯乙烯合成工序混合脱水系统爆炸事故的浅析［J］．聚氯乙烯，2006，（1）：45-46.

［61］成云飞，张峰．氯乙烯生产过程危险分析及安全对策［J］．化工工业，2007，25（1）：5-8.

［62］张悦，景国勋，马树宝．模糊事故树在分析氯乙烯单体槽爆炸风险中的应用［J］．中国安全科学学报，2009，19（11）：89-94.

［63］刘佳，王伟娜，张洁．悬浮法氯乙烯聚合工艺的风险分析及安全技术［J］．安全与环境学报，2005，5（5）：15-19.

[64] 宋文华，李小伟，李冬梅. 道化学火灾爆炸指数评价法在合成氨装置转化工序安全性评价中的应用[J]. 消防科学与技术，2008，27(5)：321-324.

[65] 席琦. 合成氨安全生产技术[M]. 太原：山西人民出版社，2010.

[66] 李晓萌. 合成氨厂重大危险源辨识及储罐区监测研究[D]. 哈尔滨理工大学，2014.

[67] 路晓青. 合成氨生产过程控制方法的研究[D]. 河北科技大学，2015.

[68] 中国化学品安全协会. 全国化工和危险化学品典型事故案例汇编，2016.

[69] 李文. 合成氨企业液氨泄漏机理与防控技术研究[D]. 武汉工程大学，2016.

[70] 宋文华，李小伟，李冬梅. 道化学火灾爆炸指数评价法在合成氨装置转化工序安全性评价中的应用[J]. 消防科学与技术，2008，27(5)：321-324.

[71] 牟善军，王广亮. 石油化工风险评价技术[M]. 青岛：青岛海洋大学出版社，2002.

[72] 鲁凤. HAZOP 在卡萨利氨合成塔上的应用[J]. 中氮肥，2017，(5)：23-26.

[73] 张武星，李晓明. HAZOP-LOPA 分析方法在液氨罐区的应用[J]. 安全、健康和环境，2016，16(8)：47-51.

[74] 钱丽娜. 危险化学品重大危险源评估与防范研究[D]. 西南交通大学，2015.

[75] 吴重光. 危险与可操作性分析（HAZOP）应用指南[M]. 北京：中国石化出版社，2012.

[76] 王凯全. 化工安全工程学[M]. 北京：中国石化出版社，2007.

[77] 马银善. 探讨双加压法稀硝酸生产工艺技术的应用[J]. 化工管理，2015，(30)：194.

[78] 李风娟，齐娜娜. 双加压法稀硝酸工艺技术探析[J]. 化工管理，2015，(28)：210.

[79] 彭友德，何建辉. 氨氧化工艺爆炸危险性分析与控制措施[J]. 湖南安全与防灾，2005，(2)：41-43.

[80] 刘月生. 氨法脱硫监测系统的设计及脱硝问题的研究[D]. 华北电力大学，2006.

[81] 周进. 苯胺装置工艺安全因素分析与控制[J]. 山东化工，2016，45(8)：137-138.

[82] 张惜光. 苯胺装置火灾爆炸原因分析及防范措施[J]. 石油化工安全技术，2006，(6)：17-21+58.

[83] 赵刚，夏家欢，段冬松. 硝基苯催化加氢制苯胺的安全技术分析[J]. 消防科学与技术，2003，(2)：150-152.

[84] 陶刚，崔克清. 硝基苯催化加氢制苯胺的安全技术分析[J]. 氯碱工业，2001，(7)：24-27.

[85] 丁朝刚，郭志伟，王鹏辉. 硝基苯催化加氢制苯胺的安全技术分析[J]. 河南化工，2006，(6)：46-47.

[86] 毛义田. 蒽醌法生产过氧化氢的安全事故分析及防范措施[J]. 中国氯碱，2007，(7)：34-37.

[87] 姚冬龄. 蒽醌法生产过氧化氢安全技术[J]. 无机盐工业，2007，(5)：47-51.

[88] 王洪艳. 蒽醌法生产双氧水技术的安全性探讨[J]. 现代经济信息，2016，(10)：351.

[89] 郭成林，邹春萍，王玉强. 过氧化氢生产安全事故分析[J]. 山东化工，2015，44(1)：103-104.

[90] 罗乐. 蒽醌法双氧水生产装置的危险性和预防措施[J]. 化工技术与开发，2007，(3)：39-41.

[91] 张文兵，李晓莉，董武杰. 蒽醌法制过氧化氢生产典型事故分析及防范[J]. 化学推进剂与高分子材料，2002，(2)：40-41.

[92] 郑四仙. 关于蒽醌法双氧水生产安全控制的研究[J]. 化工管理，2014，(9)：31-32.